一般線形モデルによる
生物科学のための現代統計学

―あなたの実験をどのように解析するか―

Alan Grafen, Rosie Hails 著
野間口謙太郎・野間口眞太郎 訳

共立出版

© Alan Grafen and Rosie Hails, 2002

Modern Statistics for the Life Sciences was originally published in English in 2002. This translation is published by arrangement with **Oxford University Press**.

原著 **Modern Statistics for the Life Sciences**（英語版）は 2002 年に出版されました．日本語版になる本書は，共立出版と Oxford University Press の協定により翻訳出版したものです．

なぜこの本を使うのか

　本書の教える方法で統計学を学んで欲しいと考える5つの理由を挙げる．
　まず，本書は統計に関する情報交換のための言語について教えてくれる．日々，どのような検定をやりたいのかコンピュータに伝えるときにその言語を使えるし，どのような検定をやってきたのか，やれるのか，あるいはやるべきなのか統計アドバイザーに相談するときにも同じ言語が使える．それは，統計の理論家たちによって1960年代に開発され，今日でもその専門家に広く利用されている，モデルを記述するための言語[†1]である．よく利用されている統計パッケージはすべて，このモデル式を使った命令文をもっているので，この強力な言語を今やすべての統計ユーザーが修得することができる．本書は，読者にその言語を教えるのである．
　モデル式の言語は，一般線形モデル（GLM）と呼ばれる大きな概念体系を基礎にしている．t検定，分散分析，対比分析，線形回帰，多重回帰，共分散分析，多項式回帰など，通常用いられるパラメトリック検定のすべてがこの中に含まれる．ほとんど同じような特徴をもっているにもかかわらず，腹立たしいほどに異なるとされる別々の検定としてこれらを学ぶのではなく，1つにまとまった体系として本書は教える．つまり，手前勝手に名付けられた偶産物の寄せ集めとしてではなく，意味のあるまとまりとしての統計学を提供する．これは知的満足を与えるばかりか，2つの点で実質的にも役に立つ．1つは非常に覚えやすいということ，もう1つは各手法が統合されているので，同じ時間で多くの概念を理解できるということである．より多く，より速く学べ！
　統計の教科書は，料理本（理解しなくても使えればいいとする読者向け）と，理屈本（その逆に，実践のない理論家向け）に分類されるかもしれない．書き手がぶつかる問題は，ある検定がなぜ有効なのか説明するいちばん明解な方法が数学的証明であるということである．しかし，毎日の統計の利用において数学は重要ではないし，ともかく，たいていのユーザーには理解できないだろう．そこで，本書は統計を説明するために，別の概念的枠組みを用いる．それは，新しい言語や考え方の統一があって初めて可能となるものである．この枠組みの中でのアイデアのいくつかは，幾何的な図を少し使って，GLMがどのように有効かを説明するために導入される．本書で幾何的に説明されるアイデアや概念は，統計を適切に使うために本当に必要なものである．自分の学習を，本当に重要なことに集中させよう．
　もし学生が古いやり方の授業を受けているようなら，ある段階で次のような経験をするに違いない．実験や調査を計画し実行したとしよう．そのとき，統計学の授業をしてくれた先生に

[†1]（訳注）この翻訳書では，この言語で記述されたモデルをモデル式と訳している．

助けを求めに行くことになる．残念ながら，学生が抱えた課題が比較的単純なものであったとしても，その授業を受けただけでは実際には役に立たなかったということである．そのとき，返ってくる助言は「私が教えたこの簡単な検定をやってみなさい．実際は正しい検定ではないけれども」，あるいは「データを渡してごらんなさい．私がやってあげよう」くらいのものだろう．2番目の助言は歓迎されるかもしれないが，学生自身でどうすべきか知っているほうが本当は良いに決まっている．モデル式を使うGLMは，本書の提供する基本的な道具をもとに自分の課題を解析できるというすばらしい機会を，読者自身に与えるだろう．

最後の理由は，GLMが統計学のすべてを含むわけではないということである．しかし，本書から学ぶ概念の骨組みは，ほとんどそのまま，一般化線形モデルに対応する．これには，ロジスティック回帰，プロビット回帰，対数線形モデル，その他多くのモデルが含まれている．よって，基礎統計学を今まさに学ぼうとする者にとって，本書の内容を学ぶことは有益である．なぜなら，将来さらに前に進みたいと思ったときの良い準備になるからである．一方，もし読者が，感心にも，すでに一般化線形モデルを学びたいという望みをもっているにもかかわらず，数学的な技能がなく，あるいはそのような教科書に取り組むために必要な技術修得への勇気もないのであれば，まず本書から一般線形モデルのしっかりした基礎概念を修得すべきである．次の学習への船出は穏やかなものになるだろう．

本書で扱っていない検定が多くあると述べておくのは重要だろう．それらの主なものには，簡単すぎるものもあれば複雑すぎるものもある．ノンパラメトリック検定はGLMには属していない．もしも自分のデータセットが，この方法で十分に処理できるぐらいいつも単純でありつづけるのならば，たぶんそれを利用していけば良いだろう．しかし，高度な検定を行うべきときでも，やり方がわからないからといって単純な検定ですましてしまうようならば，その危険性に気付くべきである．たとえば，変数を統計的に消去するという選択の度合いは著しく制限されるし，ノンパラメトリック統計量の推定は，通常，かなり危うい論理に基づいている．

複雑すぎる検定のうち，一般化線形モデルの傘の下に入るものについては，すでに述べたが，その他に，要因分析，主成分分析，時系列分析などがある．統計学のこれらの分野は，すべて一般線形モデルに基礎をおいている．本書に直接出てくるわけではないが，本書から学ぶ概念と技術がのちにこれらの分野に挑戦するときの良い準備となるだろう．

私達は，この授業をオックスフォード大学の生物学の学部1年，2年生向けに約10年間教えてきた．その講義録に対して世界中から興味が寄せられてきた事実から，これが統計学を教える現代的な正しいやり方であると確信してきた．この講義録が，今回，平易さとその論理的な構成を考慮に入れて，完全に書き直されたのである．本書の主要な企ては，生命科学専攻の学部生のだれにでも一般線形モデルの考えがわかるようになってもらうということである．

この本をどのように使うか

必要な基礎統計の知識が自分にはないのではないかという不安のある読者のために，備忘録として役立つ程度ではあるが，末尾の「復習」の章に大体の内容を簡単にまとめている．それを読んで疑問が生じるようであっても，その部分はたいていの初等教科書で包括的に解説されているだろう（たとえば，ML Samuels著「*Statistics for the life sciences*」Maxwell–Macmillan

International (1989)，その他の推薦書は参考文献リストにある）．この教科書のねらいは，なにか特定の統計パッケージに縛られることなく，基本的な統計学の概念を紹介することにある．Minitab, SAS, SPSS などを使って本書と同じ解析を行いたい場合は，附随する Web 上のパッケージ専用の補足において，そのために必要な技術的情報をすべて与えるよう工夫している．本文では，統計解析の一般的な形式で出力した結果を Box に与えている．一方 Web 上の補足では，同じ解析のいくつかがパッケージ特有の出力形式で示されている．読者自身が同じ結果を出力できるように，すべてのデータセットは Web 上にそろっている．

統計学のいちばん大事な一般原理の一つは，2つの集団を比較したいとき，単にそれらの差を計算するだけでは不十分だということである．つまり，2つの集団がどのように変動するかを計算する必要がある．変動量は，2つの平均が異なる2母集団からのものであると判断するほど，十分に離れているかどうかを決める核心部分である．この基本原理は，ここで議論される統計学の大きな部分を背後から支えている．必ずしも2集団の比較だけが行われるわけではない．実験では，複数の変数を使って複数の水準で比較することも多いだろう．よって，これらの変数のすべてを同時に比較する場合も取り扱えるように，この原理を拡張する必要がある．なぜ，すでに知っている単純な検定（たとえば，t検定）を使って，多くの対比較を行うというやり方ではいけないのか？

これに対する答えは，単純な t 検定で計算してきた p 値の意味にある（「復習」の章を見よ）．検定を行い，0.05 よりも小さな p 値に出会うたびに，2集団は有意に異なっていると結論することになる．しかし，それらに差があることを確信しているわけではない．絶対だと確信することは不可能である．というのは，2つの標本が偶然に同じ母集団の両極端からとられたものである可能性はいつもあるからである．慣習的に，限界の確率は 0.05 とされている．つまり，間違いをおかしてしまう確率を5%までは受け入れるという用意をしておくのである．これは1つの検定を考えるときに容認できる危険性である．しかし，対比較を複数回行うとき，それぞれの検定が5%の間違いを起す危険性をはらむことになる．3平均を比較するには3つの対比較が必要であり，4平均には6つの対比較が必要になる．このような場合，どれか1つでも間違いをおかす危険性は容認できないほどに急速に大きくなるだろう．一方，これらすべての比較が有機的に結びついて1つの検定の中に収まるのであれば，苦労なく，意味ある結論に行き着くだろう．そして，そのような結論に行き着くために利用される情報を最大限活用することになるだろう．

この考えをもうすこし発展させると，次のようなことも明らかになるだろう．いくつかの変数を同時に考えることによって，かなり単純な「この2集団に違いはあるか」という問題よりも先に進んだ，もっと面白く微妙な仮説を調べることができるだろう．あるいは，データセットの中に気付かなかった傾向を発見することもできるかもしれない．たとえば，その例として「これらの肥料は穀物の収穫量に影響するか？」や「収穫量への肥料の影響は灌漑システムに依存するか？」という問題を考えることができる．別の例として，「妊娠中のカフェインの摂取は赤ちゃんの出生時の体重に影響するか？」や「カフェイン摂取の出生児体重への影響は，ニコチンの影響よりも大きいか？」も考えられる．このやり方の非常に有利な点は，先に進んでいくうちに明らかになってくるだろう．

練習問題を各章末に与えている．これらの練習問題の答えは第 15 章にある．すべてのデータセットを区別するための名前は，Web 上でのデータファイル名と一致している[†2]．それぞれのデータセットは，大文字英字体で印刷された多くの変数を含む．キーワードや概念が初出のときには，それらを太字で表す方針をとった．

この教科書をどのように教えるのか

教科書全体を通して，データは Box の中で示されている（表と同様に）．Box では，統計パッケージからの入力や出力が一般的な形式で表示されている．Minitab, SAS, SPSS を使って同じ結果を出力するために必要なすべての説明は，Web サイト (http://www.oup.com/grafenhails/)[†3] で閲覧できるパッケージ専用の補足の中に見つけることができる．将来これら以外の言語が，必要に応じて追加されるかもしれない．またこれらの補足は，PDF 書式でダウンロードできる．本書を中級レベルの統計学授業の基礎として使うつもりなら，それぞれの章は 1 回分の授業，1 回分の実習のための十分な内容をもっている．

謝 辞

本書で使われるデータセットは，多様な歴史をもっている．データの出所は以下の通りである．Minitab (*tree, merchantable, timber, peru, grades, potatoes*), J.F. Osborn (1979, *Statistical Exercises in Medical Research*, Blackwell Scientific) (*antidotes*), N. Draper and H. Smith (1981, *Applied Regression Analysis* 2nd edition, Wiley Interscience) (*specific gravity*), *The Correspondence of Charles Darwin* Volume 6 (editors F. Burkhardt and S. Smith, Cambridge University Press, 1990) (*Darwin*), M.L. Samuels (1989, *Statistics for the Life Sciences*, Maxwell-Macmillan International) (*seeds*)．いくつかのデータセットの出所は，長年にわたり収集されたため，残念ながらはっきりしなくなっている．その多くは，これまでに出版されていないものである．

本書の製作と本書のもととなった授業にかかわった人々に対し，この場を借りて感謝を捧げる．Robin McCleery は，この授業の発展のために，統計，授業，コンピュータの準備において積極的な役割を果たしてくれた．彼は，たまたまこの授業を始めた最初の数年間の難しい時期であったにもかかわらず，この授業の成功を信じてくれた．1990 年以来，授業と実習に参加してくれたすべての実習助手とすべての学生の貢献にも私達は感謝したい．Oxford University Press のスタッフは大いに助けてくれた．中でも，Michael Rodger の名を挙げたい．彼が，まず最初に本書の出版を勧めてくれ，1994 年以降育んでくれた．最後に，両著者はそれぞれ本書の出版準備が始まったのち結婚した．私達の配偶者である Elizabeth Fallaize と Peter Glreenslade からの支援に感謝する．

オックスフォード	Alan Grafen （アラン　グラフェン）
2002 年 1 月	Rosie Hails （ロージー　ヘイルズ）

[†2]（訳注）本訳書では，データセットの初出のときに括弧付きで英字名を与えた．Web 上のデータファイルはその英字名で与えられている．

[†3]（訳注）著者らの英語によるサイトである．

目 次

なぜこの本を使うのか　　　　　　　　　　　　　　　　　　　　　　　　　　　i
　この本をどのように使うか ･･･ ii
　この教科書をどのように教えるのか ･･･････････････････････････････････････ iv

第1章　分散分析への招待　　　　　　　　　　　　　　　　　　　　　　　　1
　1.1　モデル式と幾何 ･･ 1
　1.2　一般線形モデル ･･ 1
　1.3　ANOVA の基本的な原理 ･･･ 2
　1.4　ANOVA の例 ･･･ 10
　1.5　ANOVA への幾何的アプローチ ････････････････････････････････････ 14
　1.6　要　約 ･･･ 17
　1.7　練習問題 ･･･ 18

第2章　回　帰　　　　　　　　　　　　　　　　　　　　　　　　　　　　21
　2.1　どのようなデータが回帰に適当なのか ････････････････････････････････ 21
　2.2　最良の適合直線はどのように選ばれるか ･････････････････････････････ 22
　2.3　回帰の幾何的解釈 ･･･ 25
　2.4　回帰 — その例 ･･ 26
　2.5　信頼区間と予測区間 ･･･ 30
　2.6　回帰分析からの結論 ･･･ 33
　2.7　異常な観測値 ･･･ 37
　2.8　X と Y の役割 — どちらをどっちへ ････････････････････････････････ 40
　2.9　要　約 ･･･ 42
　2.10　練習問題 ･･ 43

第3章　モデル，母数，GLM　　　　　　　　　　　　　　　　　　　　　45
　3.1　母集団と母数 ･･ 45
　3.2　1次式ですべてのモデルを表現する ･････････････････････････････････ 46
　3.3　見方を変えて，データセットを生成する ････････････････････････････ 49

3.4 要約 52
3.5 練習問題 52

第4章 2つ以上の説明変数を使う　53
4.1 なぜ2つ以上の説明変数を使うのか 53
4.2 残差を考慮することによる消去 56
4.3 2種類の平方和 58
4.4 都会のキツネ — 統計的消去の1例 62
4.5 統計的消去の幾何的類似 64
4.6 要約 68
4.7 練習問題 69

第5章 実験の計画 — 簡潔に行おう　73
5.1 実験計画の3つの基本原理 73
5.2 ブロック化に関する幾何的類似 81
5.3 直交性の概念 84
5.4 要約 87
5.5 練習問題 88

第6章 連続型変数とカテゴリカル型変数を混在させる　93
6.1 これまでの適合モデル 93
6.2 連続型変数とカテゴリカル型変数の結合 94
6.3 連続型変数とカテゴリカル型変数の間の直交性 99
6.4 連続型か，カテゴリカル型か，どちらの変数とみなすか 100
6.5 一般線形モデルの一般的な性質 103
6.6 要約 103
6.7 練習問題 104

第7章 交互作用 — もっと複雑なモデルを扱う　107
7.1 要因を取り扱うための原理 107
7.2 要因実験の解析 109
7.3 交互作用とは何か 111
7.4 結果の表示 113
7.5 連続型変数の交互作用 122
7.6 交互作用の利用 127
7.7 要約 128
7.8 練習問題 129

第8章　モデルの検査Ⅰ：独立性　　131

8.1　均質でないデータ ……………………………………………………………… 132
8.2　繰返しの測定値 …………………………………………………………………… 137
8.3　入れ子のデータ（nested data） ……………………………………………… 142
8.4　非独立性の検出 …………………………………………………………………… 143
8.5　要　約 ……………………………………………………………………………… 145
8.6　練習問題 …………………………………………………………………………… 145

第9章　モデルの検査Ⅱ：さらなる3つの仮定　　147

9.1　分散の均一性 ……………………………………………………………………… 147
9.2　誤差の正規性 ……………………………………………………………………… 148
9.3　線形性（加法性） ………………………………………………………………… 150
9.4　モデル評価とその解法 …………………………………………………………… 151
9.5　出荷材木量の予測：モデル評価の1例 ………………………………………… 166
9.6　変換の選び方 ……………………………………………………………………… 171
9.7　要　約 ……………………………………………………………………………… 173
9.8　練習問題 …………………………………………………………………………… 174

第10章　モデル選択Ⅰ：モデル選択の原理と実験計画　　179

10.1　モデル選択問題 ………………………………………………………………… 179
10.2　モデル選択の3つの原理 ……………………………………………………… 181
10.3　4種類のモデル選択問題 ……………………………………………………… 188
10.4　直交性をもつ，あるいはそれに近い実験計画 ……………………………… 189
10.5　カテゴリカル型変数の水準間に存在する傾向を探す ……………………… 191
10.6　要　約 …………………………………………………………………………… 197
10.7　練習問題 ………………………………………………………………………… 197

第11章　モデル選択Ⅱ：複数の説明変数をもつデータセット　　201

11.1　重回帰における変数の節約 …………………………………………………… 202
11.2　重回帰における p 値の多重性 ……………………………………………… 208
11.3　自動的モデル選択法 …………………………………………………………… 211
11.4　鯨観光：GLMによる手法を使う ……………………………………………… 216
11.5　要　約 …………………………………………………………………………… 219
11.6　練習問題 ………………………………………………………………………… 220

第12章　変量効果　　223

12.1　変量効果とは何か ……………………………………………………………… 223

viii　目　次

12.2　変量効果を扱うための4つの新しい概念 ……………………………… 225
12.3　変量要因をもつ1元配置 ANOVA ……………………………………… 228
12.4　2層の入れ子をもつ ANOVA …………………………………………… 231
12.5　変量効果と固定効果の混在 ……………………………………………… 234
12.6　実験を計画するための模擬解析の使用 ………………………………… 236
12.7　要　約 ……………………………………………………………………… 240
12.8　練習問題 …………………………………………………………………… 243

第13章　カテゴリカル型データ　245

13.1　カテゴリカル型データ：その基本 ……………………………………… 245
13.2　ポアソン分布 ……………………………………………………………… 248
13.3　分割表に関するカイ2乗検定 …………………………………………… 254
13.4　一般線形モデルとカテゴリカル型データ ……………………………… 258
13.5　要　約 ……………………………………………………………………… 266
13.6　演習問題 …………………………………………………………………… 267

第14章　さらに向こうにあるもの　269

14.1　一般化線形モデル ………………………………………………………… 269
14.2　複数の Y 変数，繰返し測定，対象内要因 …………………………… 271
14.3　結　論 ……………………………………………………………………… 272

第15章　練習問題の解答　273

復　習　統計の基礎　303

R1.1　母集団と標本 ……………………………………………………………… 303
R1.2　標本，母集団，推定値に関する変動 …………………………………… 304
R1.3　信頼区間：不確実性を正確に表現する方法 …………………………… 307
R1.4　帰無仮説 — 保守的なアプローチ ……………………………………… 310
R1.5　2つの平均の比較 ………………………………………………………… 312
R1.6　結　論 ……………………………………………………………………… 317

付録1　p 値の意味と信頼区間　319

p 値とは何か ……………………………………………………………………… 319
信頼区間とは何か ………………………………………………………………… 321

付録2　標本平均の分散に関する解析学的な結果　323

基本的表記法の導入 ……………………………………………………………… 323
上記の表記法を用いて標本の分散を定義する ………………………………… 323

この表記法を用いて標本の平均を定義する 324
　　標本平均の分散の定義 324
　　標本分散を母集団分散の不偏推定量とするために分母を $n-1$（nではなく）にする理由 325

付録3　確率分布   327
　　ある穏やかな理論 327
　　シミュレーションで確かめよう 329

参考文献   331

索　引   333

第1章
分散分析への招待

1.1 モデル式と幾何

いろいろなことを説明するために，2つの概念を用いたい．モデル式と幾何である．ここでいうモデル式とは数学的な式というよりは「言葉による式」である．疑問に思っているものを表現したものであるといってよい．たとえば，雄と雌のリスそれぞれ50匹の体重データが与えられたとき，この2つの群は異なっている，という仮説を立てたとしよう．問題は，リスの体重が性別で説明できるか，というものである．2群が異なるならば，リスの性別を知ることがその体重を予測することに役立つだろう．この仮説を表すモデル式は次のようになる．

$$\text{WEIGHT} = \text{SEX}$$

WEIGHT および SEX のような変数は，今後，大文字のアルファベットで表すことにする．この等式の左辺がデータ変数である．つまり，説明したいと考えている変数である．この変数の値を決めるにはどのような要因が重要なのかに関心がある．右辺は説明変数である．この例では，リスの体重を決めるのに重要だろうと想定した変数である．ゆえに，この単純なモデル式は上の問題を明確に表したものになっている．今後，より複雑な問題に答えられるように，このような式をさらに発展させていくことにしよう．

本書の目的は，統計的解析を行なう者がその背後にある概念を理解できるように解説することである．ただし，数学的細部にこだわるつもりはない．検定の背後で実行されている行列計算を実際にやれる必要はないだろう．というのも，統計パッケージソフトが代わりにやってくれるからである．しかし，利用されている原理を理解する必要はあるだろう．これらの原理は数学を用いることなく幾何的な図を使って理解できる．初めの数章では，いろいろな概念を説明するために，そのような図を用いることにする．

1.2 一般線形モデル

モデル式と幾何的類似（これによって数学的な詳細を簡略化できる）を組み合わせるというやり方が可能になってきたのは，**一般線形モデル**（General Linear Model, GLM）という手法

のおかげである．統計家によって長年用いられてきたにもかかわらず，この手法が非専門家でも使いやすいようにMinitabなどのパッケージに組み込まれたのはごく最近のことである．現在，GLMは，多くのパッケージソフトの作業環境において利用できるようになっている．特にMinitab, SAS, SPSSがそうであるが，他にGENSTAT, BMDP, GLIM, SPLUSなどにおいても同様の取扱いができるようになってきた．

一般線形モデルについては触れたので，本章の残りでは，**分散分析**（analysis of variance, ANOVA）を紹介する．また，第2章では回帰分析を取り扱う．そして，この2種類の解析はそれぞれGLMの1形式であるというのが第3章の内容である．実際，GLMを用いることの大きな利点の1つは，伝統的に別々だと考えられていたいくつかの検定が同じ傘の下に入る，つまり統一的に取り扱えるというところにある．それらはすべてモデル式と幾何的類似を用いて表現でき，共通するいくつかの仮定をもっている．さらには，その仮定自身も共通した手法で検定できるのである（第8章，第9章参照）．

1.3 ANOVAの基本的な原理

最初に考える簡単な問題は3つの平均の比較である．これは分散分析（ANOVA）で解析できる．出力までの過程は実際は計算機が自動的にやってくれるが，本節ではある例を使って少々詳しく説明することにする．いったん，出力を得るまでの過程がその基本原理から理解できたならば，今後はそのような計算過程を再度確認する必要はないだろう．また，本節ではモデル式と今後行なう解析の幾何的表現も初めて紹介しよう．

3種類の肥料の効果を比較するために，圃場で肥料当たり10区画を配置する実験が行なわれた．その後，作物が区画ごとに収穫され，計30区画分の収穫量が得られた．つまり，ここでは，それぞれ10個の測定値からなる3群が与えられており，その群の間で違いがあるかどうかに関心があるとしよう．表1.1に示されたデータは肥料（fertilisers）データセットにある．

グラフにプロットされたデータを見ると，収穫量に違いがありそうである（図1.1）．しかし，同じ肥料を与えた区画間でもかなりばらつきがある．肥料1の収穫量が平均的にはいちばん高いようであるが，その中のいくつかの区画には肥料2または肥料3の収穫量よりも低いものも見られる．

3群間のこの見かけ上の違いが統計的に有意なのかを確かめるには，これら3群を比較する必要がある．2標本を比較する場合の第1段階は2つの標本平均の差を計算することであった（巻末の「復習」を見よ）．しかしいま，3つの標本を扱わなければならないので，この群平均間の差を直接計算するということはやめておこう．代わりに，データの変動に注目する．一見，

表 1.1 肥料（fertilisers）データセットの生データ

Fertiliser	各10区画での収穫量（トン）
1	6.27, 5.36, 6.39, 4.85, 5.99, 7.14, 5.08, 4.07, 4.35, 4.95
2	3.07, 3.29, 4.04, 4.19, 3.41, 3.75, 4.87, 3.94, 6.28, 3.15
3	4.04, 3.79, 4.56, 4.55, 4.55, 4.53, 3.53, 3.71, 7.00, 4.61

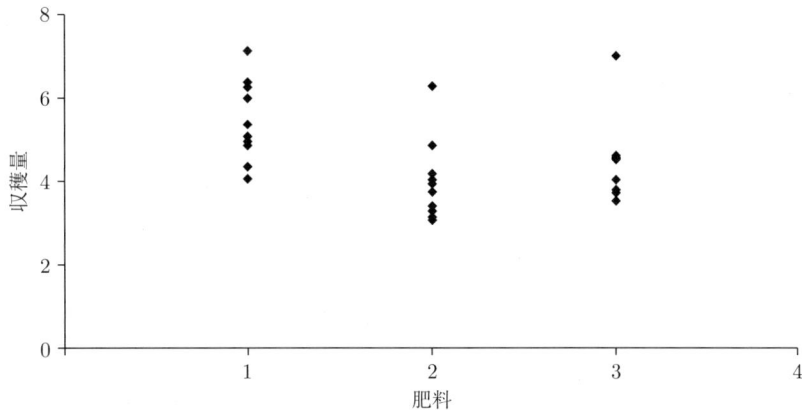

図 1.1　3 肥料が与えられた 30 区画での収穫量

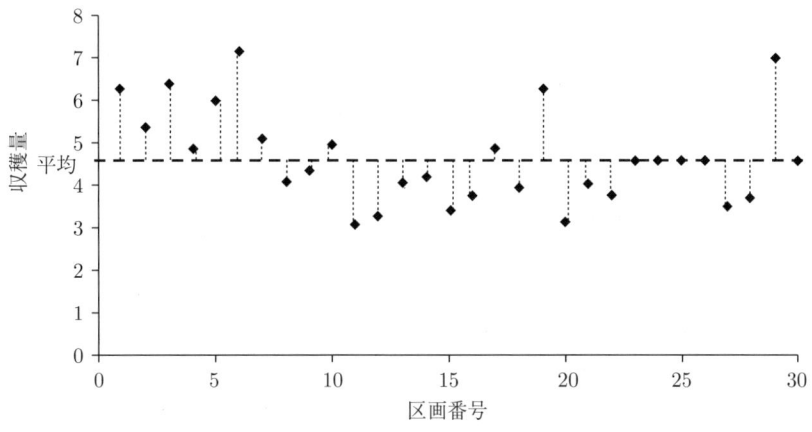

図 1.2　区画番号に対する収穫量

これは直感に反すると感じるかもしれない．しかし，データの中に潜む変動の解析を通して，3 群の平均に関する問題に答えたいのである．どのようにすればいいだろうか？

分散の計算はどうやるのか

データセットにおける変動とは，平均の周りのデータ点の散らばり具合を数量化したものである．分散を計算するには，まず平均を求め，次に平均からの各データ点の偏差を求める．偏差は正にも負にもなりうる．その和は 0 になるが，これはもともとの平均の定義からくる性質である．また，それは標本の大きさや散らばり具合とは無関係に成り立つ事実である．よって，偏差そのものが変動を測る量として役立つとはいいがたい．しかし，和を取る前に偏差を 2 乗しておけば，その和は変動を表す量として利用できる．平均の周りのデータ点の散らばり具合が大きいほどこの量も大きくなるだろう．この量は**平方和** (sum of squares, SS) と呼ばれ，ここでの解析の要となるものである．肥料に関するデータセットは図 1.2 にある．そこでは，平均とその偏差は示されているが，各点がどの肥料のものかは明示されていない．

ただし，平方和 SS そのものは，群を比較する量として利用できない．というのも，それが群内のデータ数に影響されるのは明らかで，データ数が大きくなるほど SS も大きくなるからである．そのため，この量を $n-1$ で割って得られる分散を用いるのが正しい．ただし，n はその群におけるデータ数である．こうして得られた分散が変動を測る量である．分散はデータセットのデータ数まで考慮に入れて定義されているのである．

なぜ n の代わりに $n-1$ を用いるのか

標本平均からの偏差を 2 乗してその平均を取るとき，なぜ n で割らないのだろうか？ 理由は，変動に関係している独立な情報要素が n 個ではないからである．まず最初に計算されるのは平均である（これは，収集された n 個の独立な値から求められる）．次に，その平均を基準にして分散が計算される．ところが，$n-1$ 個の偏差が求まると，最後の偏差はそれらから計算できるのである．というのも定義により偏差の和は 0 だからである．それゆえ，平均からの散らばり具合は $n-1$ 個の独立な値だけで求められることになる．このことより，標本平均の周りの偏差の平方の平均を求めるには，SS を n よりは $n-1$ で割ったほうが良いという理由が理解できるだろう（より詳しい説明は「付録 2」を見よ）．ある統計量を求めるとき，その計算に用いられる独立な情報要素の個数は**自由度**（degrees of freedom, df）と呼ばれている．

変動の分解

ANOVA では，変動の量を 2 つの値で表しておくと便利である．その 2 つの値とは平方和とそれに関する自由度である．では，最初の問題に戻ろう．実験の 30 区画の間で収穫量の変動を引き起こしている原因は何であろうか？ いろいろな原因が影響していると思われる．土壌の肥沃さ，水分量，その他多くの生物的なあるいは非生物的な要因など，そして与えられた肥料である．しかし，興味があるのは最後の要因だけなので，区画間の変動を，肥料の違いによる部分とその他の要因による部分の 2 成分に分解してみよう．まず変動の分解の背後にある原理を理解するために，2 つの極端なデータセットを考えてみる．変動の大部分が，与えられた 3 つの肥料のみに依存して引き起こされ，他の要因にはほとんど依存していないならば，データは図 1.3 (a) のようになるだろう．第 1 段階として，計算された全平均を見てみよう．この全平均の周りにかなりの変動が存在していることがわかる．第 2 段階として，比較したかった各 3 群内での平均，つまり，3 つの肥料 A, B, C を与えた区画における各平均を見てみよう．これらの平均を各群において当てはめると，群内における変動はほとんど見られなくなる（図 1.3 (b)）．言い換えると，各群において群平均を当てはめることにより，データのもっていた**変動**（variability）がほとんど取り除かれた，あるいは**説明**されたということである．これは 3 つの平均が明確に区別できたからである．

では，もう 1 つの極端な例，3 肥料が実は同じ肥料であるという場合を考えてみよう．この場合も同じように，全平均を当てはめて，平方和を計算してみる．次に 3 つの群平均を当てはめてみる．しかし，変動にはほとんど変わりがないことがわかる（図 1.4 (a, b)）．つまり，変動はほとんど説明されていない．これは 3 つの平均が（データの散らばり具合に比べて）相対的にほぼ等しいことによる．

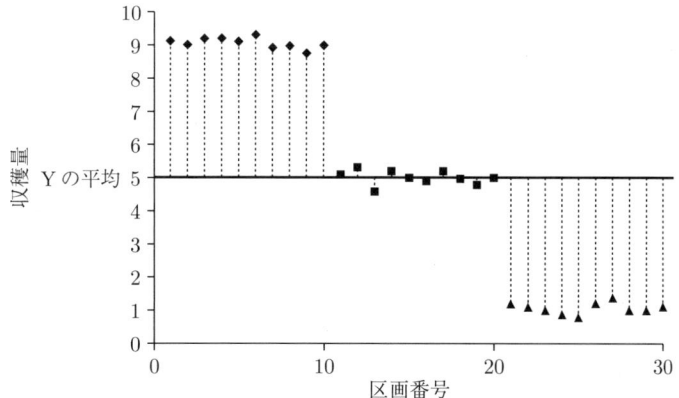

図 1.3 (a)　人工的なデータセット 1 での全平均周りの変動

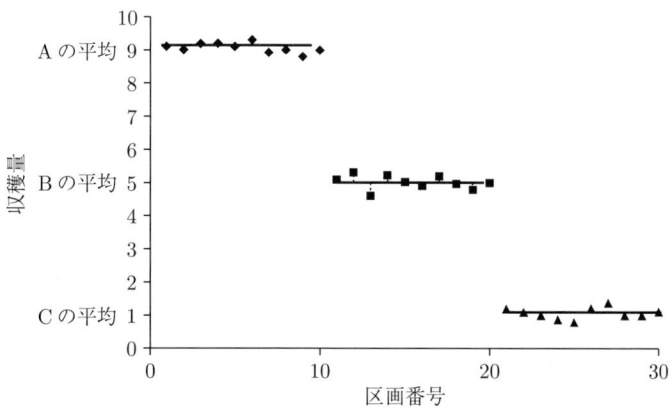

図 1.3 (b)　人工的なデータセット 1 での 3 つの処理平均周りの変動

　説明される変動の量は，全平均の周りでの群平均の散らばり具合を直接測ることによっても定量化できる．最初の例では全平均の周りの群平均の変動は相当に大きいが（図 1.5 (a)），2 番目の例では相対的に小さい（図 1.5 (b)）．

　表 1.1 に与えられたデータセットは中間的な例であり，肥料が収穫量に影響を与えたのかどうかは即座にはわからない．3 つの群平均を当てはめると，その平均の周りの変動は明らかに減少している（全平均を当てはめた場合に比べて）（図 1.6）．しかし，どのような観点から，3 つの群平均を当てはめて説明できる変動が**有意**（significant）に存在すると結論していいのだろうか？ 実は，「有意」という言葉は本書においては専門用語である．これは，「群平均間の変動が偶然性だけから期待できる量よりも大きい」ということを意味している．

　この時点で，今後のために変動を測る 3 つの量を定義しておこう．

　　　　SSY = 全平方和

　　　　　　全平均の周りでのデータの偏差の平方和である．

　　　　　　これはデータセットの全変動を表す．

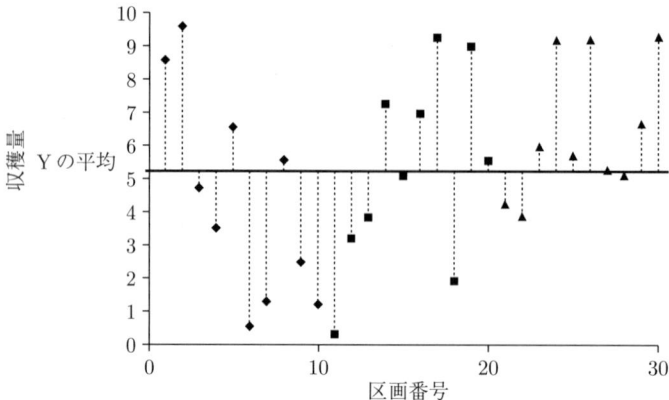

図 1.4 (a)　人工的なデータセット 2 での全平均周りの変動

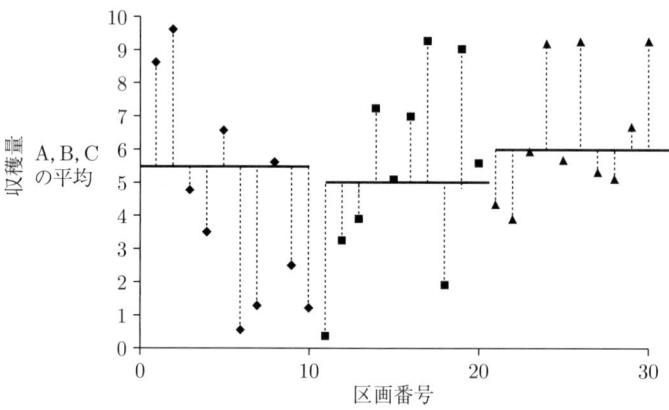

図 1.4 (b)　人工的なデータセット 2 での 3 つの処理平均周りの変動

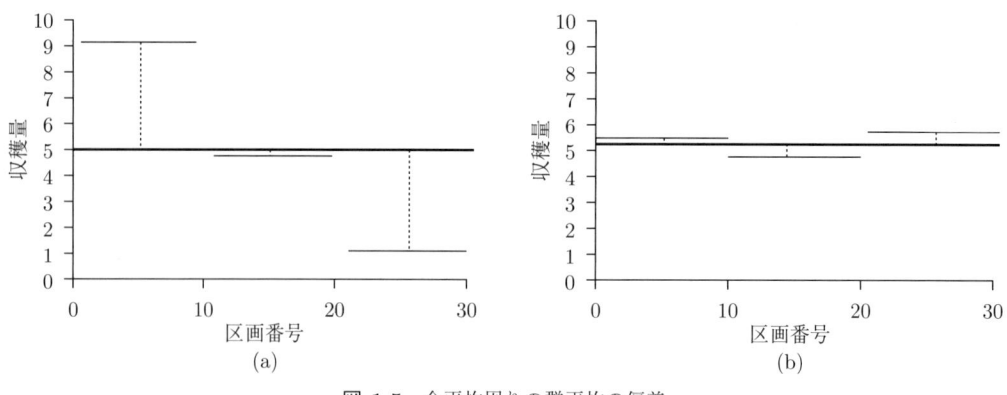

図 1.5　全平均周りの群平均の偏差

SSE = 誤差平方和

　　3 群内における各平均の周りでの偏差の平方和である．

　　これは同じ肥料が与えられた群内での変動を表す．

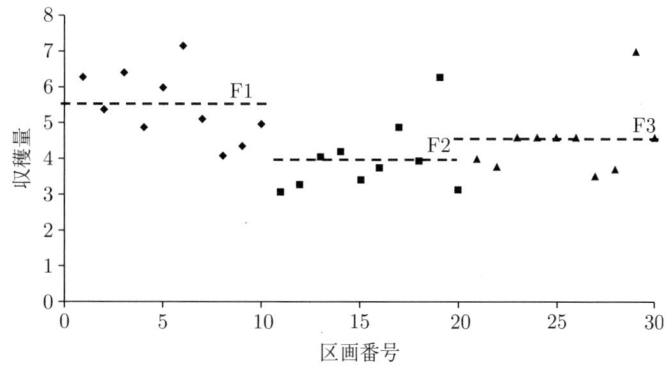

図 1.6 肥料データセットでの 3 平均周りの収穫の変動

SSF = 肥料による平方和

全平均からの各群平均の偏差の平方和である．

これは異なる肥料が与えられた群間の変動を表す．

変動は分散よりもむしろ平方和で定義される．なぜなら，これらは次の単純な関係式を満足するからである．

$$SSY = SSF + SSE$$

つまり，全変動は 2 つの成分に分解できて，1 つは異なる処理を受けた群間の変動を表し，もう 1 つは同じ処理を受けた群内での変動を表す．変動はこれら 2 つのどちらかに由来する．このように SS を成分に分解することを**平方和分解**（partitioning the sums of squares）と呼ぶ．

SSF と SSE を比較すれば，「3 つの肥料平均を当てはめることによりデータの変動を有意に説明できるか」という問題に答えられるだろう．たとえば，図 1.3(b) を見ると，SSE はたいへん小さく，SSF は大きい．一方，図 1.4(b) では SSE は大きく，SSF はかなり小さい．しかし，平方和 SS の大きさはそれを計算するのに使われるデータ点の数に必ず関係するので，これら 2 つをそのままの数値で比較しても役に立たない．この例でいえば，データに当てはめた平均の数が多くなるほど，SSF の値は大きくなるだろう．というのも，変動の多くの部分がその平均の当てはめで説明できるようになるからである．極端な話，単に SSF を最大にしたいだけなら，全データ点のそれぞれに平均（つまり各データ点そのもの）を当てはめればよい．なぜなら，それにより全変動が説明できたことになるからである．よって，これら 2 つの変動を正しく比較するためには，1 自由度当たりの変動つまり分散を用いなければならない．

自由度の分解（partitioning the degrees of freedom）

すべての SS は，いくつかの独立な情報要素を用いて計算される．分散分析で第 1 にすべきことは SSY を計算することである．全平均の周りでの偏差について調べた際に，$n-1$ 個の独立な偏差があると述べた．つまりここでの自由度 df は $n-1 = 29$ である．次にすべきことは，3 つの処理平均の計算である．これら 3 つの処理平均の全平均からの偏差は，そのうちの 2 つ

がわかればもう1つの偏差もわかる．なぜなら，3つの偏差の和は定義から0でなければならないからである．それゆえに，全平均からの群平均の散らばり具合を測る量である SSF は自由度 2 をもつ．最後に，SSE は 3 つの群平均の周りでの変動である．各群は 10 個の偏差をもつが，これらの和は 0 でなければならない．群内において 9 つの偏差が与えられると，残りの 1 つは自動的に決定される．よって，SSE は自由度 $3 \times 9 = n - 3 = 27$ をもつ．平方和が加法的であったように，自由度も加法的である．

平均平方

平方和 SS と自由度 df がわかれば，1 自由度当たりの変動というものを考えることができる．つまり，これは分散に他ならず，ANOVA においては**平均平方**（mean square, MS）と呼ばれている．まとめておくと，

$$肥料平均平方（\text{FMS}） = \text{SSF}/2$$
$$異なる肥料での収穫量における$$
$$1\,自由度当たりの群間変動$$

$$誤差平均平方（\text{EMS}） = \text{SSE}/27$$
$$同じ肥料での収穫量における$$
$$1\,自由度当たりの群内変動$$

$$全平均平方（\text{TMS}） = \text{SSY}/29$$
$$1\,自由度当たりの全変動$$

平方和 SS と違って，平均平方 MS は加法的ではない．

これで，肥料の違いによる 1 自由度当たりの変動が，他の要因に由来すると思われる変動から分離できた．では，次のような問題に進もう．処理平均（群平均）の当てはめにより，分散の有意な量を説明できるのだろうか？

F 比

どの肥料も収穫量に影響を与えないならば，同じ肥料で処理された区画間での変動と，異なる肥料を与えられた区画間での変動はほとんど同じものになるだろう．これを平均平方で表すと，異なる肥料間の平均平方と誤差の平均平方は同じだろうということになる．つまり，

$$\frac{\text{FMS}}{\text{EMS}} = 1$$

この 2 つの平均平方の比は F 比（F-**ratio**）と呼ばれ，これが ANOVA の最終的な計算結果となる．もっとも，肥料が全く同じであったとしても，この比が正確に 1 に等しくなるということはないだろう．実際，この比は確率的にある範囲全体に値を取る．帰無仮説の下で（つまりすべての肥料は同じ効果しかもたないと仮定したときに），F 比の取りうる範囲とその起こりやすさを表したものが F **分布**である（図 1.7 を見よ）．

3 つの肥料が非常に異なる効果をもつならば，FMS は EMS よりも大きくなり，F 比は 1 よ

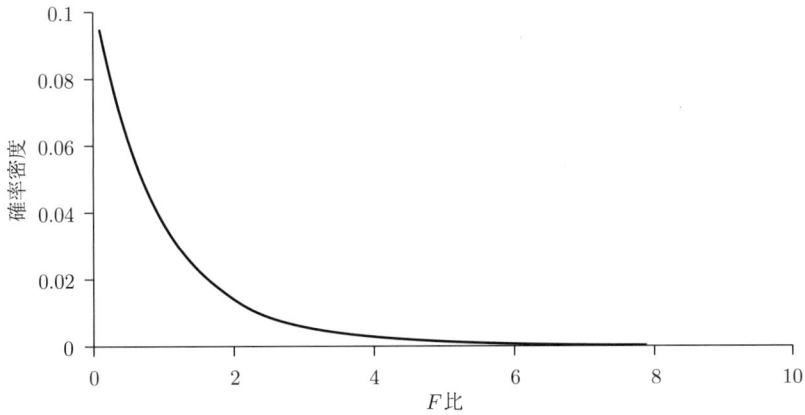

図 1.7　自由度 2 と 27 の F 分布（処理間に違いがないときの F 比の密度関数）

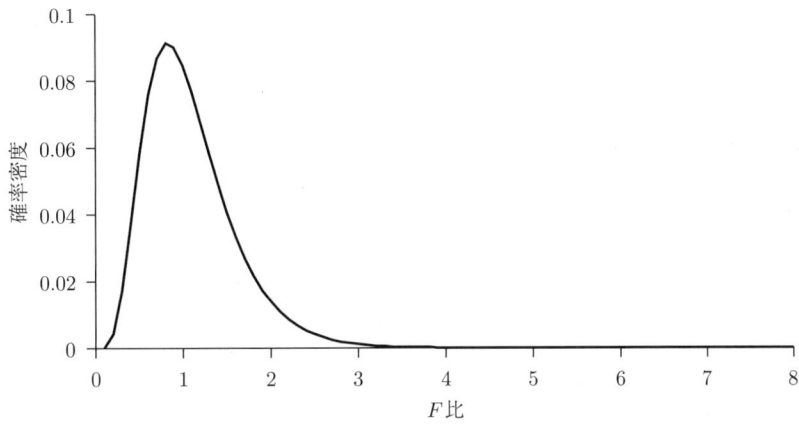

図 1.8　自由度 10 と 57 の F 分布

りも大きくなるだろう．しかし，処理間に違いがない，つまり帰無仮説が正しいときでも F 値は非常に大きくなりうることが図 1.7 から見て取れる．では，F 値がどれくらい大きくなると偶然ではなく肥料の違いが原因だとみなせるのだろうか？

　他の検定統計量でも同様であるが，間違いを犯す確率の境界値は，伝統的に 0.05 とされている．言い換えると，F 比の大きさが，帰無仮説の下でわずかに 5％の確率でしか起らないような大きさであったならば，F 比は 1 よりも有意に大きいと判断する．実際は，帰無仮説が正しいときでも，F 比は 5％の確率でその大きさの値を取るのである．しかし，実験を行うときには帰無仮説が正しいかどうかはわからないので，それに反するような証拠を集めようと努めることになる．このとき，p 値が帰無仮説に反する証拠の強さを表す量になる．それが 0.05 よりも小さな値を取るときだけ，帰無仮説が正しくないと判断できる証拠を得たと考えるのである．p 値の意味については，「付録 1」でさらに検討している．

　注意しておきたいが，実際の F 分布は，F 比が計算されるとき使われる自由度 df と関係している．ここの例では，F 比の分子の df は 2 であり，分母の df は 27 である．F 分布の一般

的な分布形には図 1.7 のように単調減少なものから図 1.8 のように右側に裾を延ばして歪んだ山のようなものまである．たいていの統計プログラムパッケージでは ANOVA を行なうと F 比，自由度，p 値が出力されるが，そうでないようならば統計数値表で調べる必要があるかもしれない．

1.4　ANOVA の例

分散分析の背景にある原理について述べたので，ここでは 1 元配置 ANOVA の例を紹介しよう．そのためには，2 つの入力データが必要である．

第 1 段階：データ

まずやるべきことは，統計プログラムが理解できるような形式に 2 変数を表すことである．このために，表 1.1 のデータを表 1.2 のように「標本値と添字」という形へ変換する．変数 FERTIL は添字 1, 2, 3 という値を取り，異なる 3 種類の肥料に対応する．この変数はカテゴリカル型（分類型）であり，どのように番号を付けてもよい．一方，変数 YIELD は連続型であり，実際に測定された数値を表す．データは連続型で与えられるのが普通であるが，説明変数は連続型であったり（第 2 章を参照），カテゴリカル型であったり（本章の内容），両方を含んでいたりする（後の章で扱う）．

第 2 段階：設問

ここでモデル式を初めて利用しよう．これは極めて有効な言語形式である．解きたい問題を「肥料（FERTIL）は収穫量（YIELD）に影響を与えるか？」としてみよう．

この問題は次のように**言葉による式**（**モデル式**）で表すことができる．

$$\text{YIELD} = \text{FERTIL}$$

この等式は 2 つの変数を含んでいる．YIELD は説明したい目的のデータを表し，FERTIL はそれを説明するだろうと想定した変数である．

それゆえ，YIELD は**応答変数** (response variable)（あるいは従属変数 (dependent variable)），FERTIL は**説明変数** (explanatory variable)（あるいは独立変数 (independent variable)）と呼ばれる．応答変数が左辺に，説明変数が右辺に置かれるのは重要である．データを精密に説明しようと努めれば努めるほど，右辺はより複雑な形となっていく．指定された形式でデータをワークシートに書き込み，適切なモデル式とその解析法を決めても，その解析の実行に必要な実行命令は，使用している統計パッケージに依存して異なることだろう（Web 上のパッケージ専用の補足を参照）．しかし，出力は一般的に Box 1.1 のようなものになる．

出　力

出力の最も基本的な部分は ANOVA 表である．そこでは SS と df を分解した結果が示される．たぶん直接表示されるだろうが，そうでない場合は，与えられた出力から自分自身で ANOVA 表を作らなくてはならない．全 SS は処理（FERTIL）と誤差に分解され，それに対応して自

表 1.2 「標本値と添字」として表現されたデータ

肥料	収穫量
1	6.27
1	5.36
1	6.39
1	4.85
1	5.99
1	7.14
1	5.08
1	4.07
1	4.35
1	4.95
2	3.07
2	3.29
2	4.04
2	4.19
2	3.41
2	3.75
2	4.87
2	3.94
2	6.28
2	3.15
3	4.04
3	3.79
3	4.56
3	4.55
3	4.55
3	4.53
3	3.53
3	3.71
3	7.00
3	4.61

BOX 1.1　1つの説明変数をもつ分散分析

モデル式: YIELD = FERTIL
FERTIL はカテゴリカル型

YIELD に対する 1 元配置分散分析

変動因	DF	SS	MS	F	P
FERTIL	2	10.8227	5.4114	5.70	0.009
誤差	27	25.6221	0.9490		
合計	29	36.4449			

表 1.3 SS と df の計算

データ点	肥料	M	F	Y	MY	MF	FY
1	1	4.64	5.45	6.27	1.63	0.80	0.82
2	1	4.64	5.45	5.36	0.72	0.80	−0.09
3	1	4.64	5.45	6.39	1.75	0.80	0.94
4	1	4.64	5.45	4.85	0.21	0.80	−0.60
5	1	4.64	5.45	5.99	1.35	0.80	0.54
6	1	4.64	5.45	7.14	2.50	0.80	1.69
7	1	4.64	5.45	5.08	0.44	0.80	−0.37
8	1	4.64	5.45	4.07	−0.57	0.80	−1.38
9	1	4.64	5.45	4.35	−0.29	0.80	−1.10
10	1	4.64	5.45	4.95	0.31	0.80	−0.50
11	2	4.64	4.00	3.07	−1.57	−0.64	−0.93
12	2	4.64	4.00	3.29	−1.35	−0.64	−0.71
13	2	4.64	4.00	4.04	−0.60	−0.64	0.04
14	2	4.64	4.00	4.19	−0.45	−0.64	0.19
15	2	4.64	4.00	3.41	−1.23	−0.64	−0.59
16	2	4.64	4.00	3.75	−0.89	−0.64	−0.25
17	2	4.64	4.00	4.87	0.23	−0.64	0.87
18	2	4.64	4.00	3.94	−0.70	−0.64	−0.06
19	2	4.64	4.00	6.28	1.64	−0.64	2.28
20	2	4.64	4.00	3.15	−1.49	−0.64	−0.85
21	3	4.64	4.49	4.04	−0.60	−0.16	−0.45
22	3	4.64	4.49	3.79	−0.85	−0.16	−0.70
23	3	4.64	4.49	4.56	−0.08	−0.16	0.07
24	3	4.64	4.49	4.55	−0.09	−0.16	0.06
25	3	4.64	4.49	4.55	−0.09	−0.16	0.06
26	3	4.64	4.49	4.53	−0.11	−0.16	0.04
27	3	4.64	4.49	3.53	−1.11	−0.16	−0.96
28	3	4.64	4.49	3.71	−0.93	−0.16	−0.78
29	3	4.64	4.49	7.00	2.36	−0.16	2.51
30	3	4.64	4.49	4.61	−0.03	−0.16	0.12
df		1	3	30	29	2	27
SS					36.44	10.82	25.62

由度も分解される．表の中ではそれらの総和が両者の列の最終行で与えられる．

SS の計算は表 1.3 に示されている．列 M, F, Y はそれぞれ全平均，肥料平均，各区画での収穫量を表す．列 MY は各区画での全平均からの偏差を表す．これらを平方して総和を求めると，全 SS (36.44) が得られる．列 FY は各区画での群平均からの偏差を表す．これらの平方和が誤差 SS である．

最後に，列 MF は全平均からの群平均の偏差を表す．それらの平方和が処理 SS である．対応する自由度で割ると平均平方が得られる．2 種類の平均平方の比を取ると F 値 5.70 が得られる（図 1.9）．帰無仮説が正しいとき，F 値がこの値を超える確率，すなわち p 値は 0.009 で

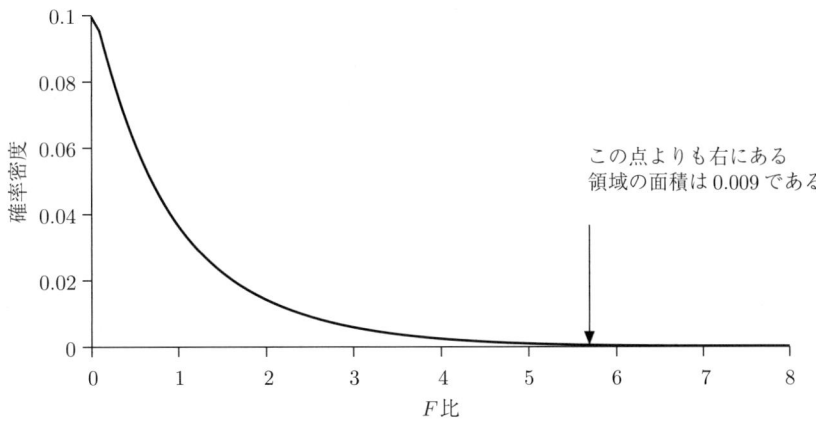

図 1.9 自由度 2 と 27 の F 分布．5.7 よりも右側の領域の面積は F 比が 5.7 以上である確率を表す．それは 0.009 である

ある．これは十分に小さいので，これらの肥料は収穫量に対して異なる効果をもつと結論づけられる．

結果の表示

肥料間に有意な違いがあると結論したが，その違いはどの程度なのか知りたいと思うかもしれない．その結果を表示するために，各群平均とその 95%信頼区間（confidence intervals）を一覧表にすれば便利である．では，信頼区間とは何だろうか？ それはどうやれば作れるのだろうか？

これらに答えるには，巻末の「復習」に与えた統計的基本概念をここの ANOVA の文脈の中で用いる必要がある．信頼区間とは，得られた推定値（ここでは，3 つの群平均）にどれほどの信頼を置いていいのかを表す 1 つの表現法である．どの信頼区間においても，その群の真の平均が 95%の確率でその区間に入っていると期待することができる．

信頼区間を求めるには，母数の推定値とその推定値に対する分散が必要である．ここでは，推定したい母数は群平均，すなわち肥料 1, 2, 3 を用いたときに期待される収穫量の真の平均である．それらをそれぞれ μ_A, μ_B, μ_C と置くことにする．これらは真の母集団平均であり，値そのものを知ることはできないので，これら 3 つの処理平均をデータから推定せざるを得ない．推定値が真の値にならないのは実験に付随する説明できずに残される変動のせいである．その変動は誤差平均平方としてすでに求めた**誤差分散**（error variance）で評価できる．それを s^2 で表そう．巻末の「復習」によれば，母集団平均に対する 95%信頼区間は次で与えられる．

$$\bar{y} \pm t_{crit} \frac{s}{\sqrt{n}}$$

大事なことは，どうやって s を求めるかということである．1 つの肥料だけを用いたのであれば，母集団分散に関する情報はすべてその群内から得られるだろう．すると，s はその群内標準偏差である．しかし，ここの例では，3 つの群が存在し，説明できない変動は誤差平均平方

表 1.4　95%信頼区間

肥料	$\bar{y}$	自由度 27 の t_{crit}	$s/\sqrt{n}$	信頼区間
1	5.445	2.0518	0.3081	(4.81–6.08)
2	3.999	2.0518	0.3081	(3.37–4.63)
3	4.487	2.0518	0.3081	(3.85–5.12)

表 1.5　各肥料における収穫量の基本統計

肥料	データ数	平均	標準偏差
1	10	5.445	0.976
2	10	3.999	0.972
3	10	4.487	0.975

として3つに分解されている．このことは説明できない変動の推定に3群すべてからの情報を有効に使えることを意味する．実際，その場合の自由度は27であり，各群の標準偏差を推定する場合の自由度9よりも格段に大きい．よってsの値は次のようになる．

$$\sqrt{\mathrm{EMS}} = \sqrt{25.62/27} = \sqrt{0.949} = 0.974$$

これが総計された標準偏差である．これらの結果から，95%信頼区間は表1.4のようになる．

このように群平均に伴う信頼区間は，解析結果を表示するためには有益な方法である．というのも，推定値がどの程度の正確さをもつかを示すからである．

1つ重要なことを指摘しておきたい．ここではsの推定値を1つだけ求めて，それをすべての肥料群に適用した．これを妥当だと考えたのであるが，次のような場合はどうだろうか？ 肥料1では硝酸塩が与えられ，肥料2ではリン酸塩が与えられる（肥料3では全く別のものが）．各区画は硝酸塩レベルにおいて相当な差があるとしよう．さらに肥料1が与えられる区画では，それは十分に強力なのでもはや収穫量の制限要因にならないくらいまで硝酸塩レベルが引き上げられているとしよう．すると，硝酸塩による区画間の変動は肥料1では減少する．一方，肥料2で加えられるリン酸塩は硝酸塩と相乗的な効果を生み出すとすると，硝酸塩レベルを原因とする変動を増加させることになる．この場合，肥料2を与えられた区画からの平均収穫量は非常に変動的なものになるだろう．しかし，肥料1の区画の変動は小さくなっているので，どの処理においても区画間の変動は同じであるとする仮定は正しくないことになる．肥料2に対して求める95%信頼区間は過小評価となるだろう．

幸いなことに，今回の例では，各群の標準偏差はそれほど違っているようには見えない（表1.5）．よって，上のような問題があるとは思えない．このような解析を行なう上での前提となるいろいろな仮定についての検討は第9章で行なう．

1.5　ANOVAへの幾何的アプローチ

これまで行なってきた解析を単純な幾何的な図で表現してみよう．そのような図を使うことで概念が理解しやすくなるという利点があるからである．では，最初にSSの分解と加法性を

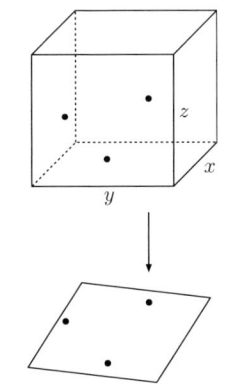

図 1.10 3次元を2次元で表す

幾何的に表してみる．

　幾何的アプローチとは，多次元空間を実質的に2次元空間で表現することである．1次元は直線上の点の位置を使って表現され，その位置を与えるのに1つの座標を利用する．2次元は2つの座標で指定される点をもつ平面として描かれる．このやり方は3次元にも適用でき，立体空間の1点を指定するには3つの座標を用いる．3次元を超えると，すべての次元を同時に表現するような幾何的な図を視覚的に描くことはもはやできなくなる．しかしながら，その多次元空間をスライスして2次元で表すことは可能である．たとえば，ある立体空間がx, y, z軸をもっていたとしよう．その中の3つの点の位置はそれぞれの点の座標x, y, zを指定すれば決定される．3点を通る平面が考えられるので，その平面を表す1枚の紙の上にそれら3点が描けることになる（図1.10）．各点はそれぞれ3つの座標をもつのだが（また，それによって定義されてもいるのだが），視覚的には，3次元が2次元に減ることになった．実際，どのように大きな次元においても，3点でありさえすれば同様のことができる．幾何的アプローチとはこの仕掛けを利用する手法である．

　肥料の例に戻ると，データセットには，データ数と同じ大きさの次元が存在する（つまり，30次元）．ゆえに，その空間ではどの点も30個の座標で表現されることになる．そこでは，上で考えた3点とは表1.3での列3（M），列4（F），列5（Y）に対応している．

点 Y

この点はデータを表し，30個の座標はそれぞれ30個の収穫量である．

点 M

この点は全平均を表す．今，30次元空間（データセットのデータ数で決定される）を扱っているので，この点もその空間にあるのならば30個の座標で指定されなければならない．しかし，これら30個の座標はすべて等しい（全平均）．

点 F

この点は処理の平均を表す．これも30個の要素をもつが，最初の10個の要素は処理1の平均であり（つまり，どれも同じその値である），次の10個は処理2の平均であり，最後の10個

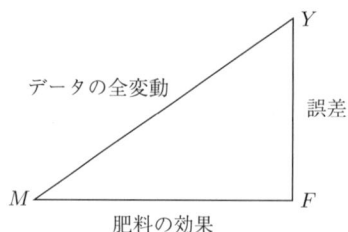

図 1.11　幾何的アプローチ：頂点は変数を表し，ベクトルは変動因を表す

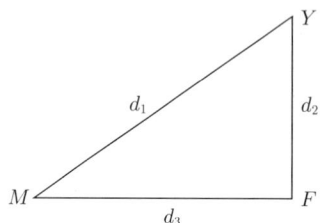

図 1.12　幾何的アプローチ：ピタゴラスの定理

は処理 3 の平均である．

　幾何的アプローチの最初の部分は，3 つの変数 M, F, Y をそれぞれ点として表すことである．これら 3 点を結ぶと，図 1.11 のように 2 次元平面における 3 角形ができる．

　3 角形は点 F で直角になる．これには理由があるが，それは第 2 章で十分に説明しよう．点を結ぶ線分はベクトルであり，**変動因** (source of variability) を表す．たとえば，ベクトル MY は全平均 M の周りでのデータ Y の変動である．ベクトルが 2 つの成分に分解できるのと同じように，変動もまた 2 つの部分に分解できる．(i) FY:群平均の周りでのデータ変動，(ii) MF:全平均の周りでの群平均の変動である．このことは，変動因が**加法的**（additive）であるということを意味している．この仮定は幾何的アプローチにおいて極めて重要であるが，必ずしもこれが成り立つというわけではない．この仮定を検定し修正するやり方は後に紹介したい（第 9 章，第 10 章）．

　幾何的アプローチの 3 番目の部分は，3 角形が直角 3 角形であるという事実に関係している．**ベクトルの長さの平方**はその原因に対する SS に等しく，それを図示したものが図 1.12 である．ピタゴラスの定理により次が成り立つ．

$$d_1^2 = d_2^2 + d_3^2$$

これは次に等しい．

$$\mathrm{SSY} = \mathrm{SSF} + \mathrm{SSE}$$

この式は，平方和の分解が幾何的に表せることを示している．また，この式が分散分析の核心であると考えられるのは，まさに平方和がこのように和で書けるからである．変動を表す他の量ではこのようにはいかない．たとえば，標本分散では，個々の成分の標本分散の和がそのまま全体の標本分散となることはない．

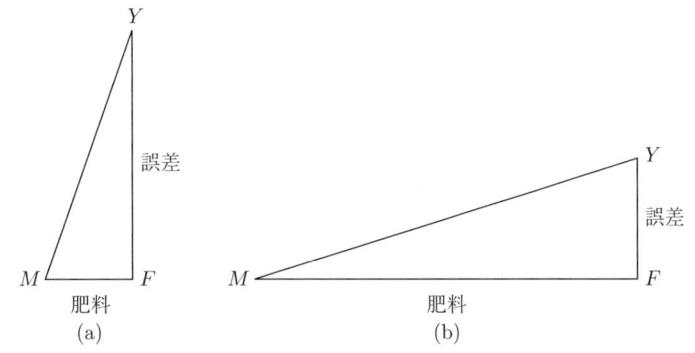

図 1.13 (a) 収穫量への肥料の影響は弱い，(b) 収穫量への肥料の影響は強い

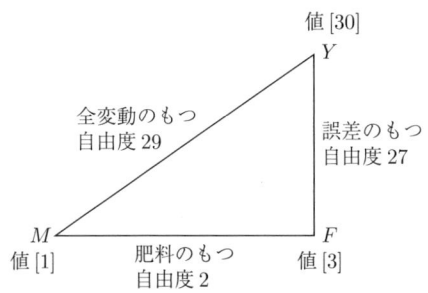

図 1.14 幾何的アプローチ：自由度の分解

さらに，3角形の形状は各成分の相対的な大きさについての情報を与えてくれる．図 1.13 (a) の3角形は肥料の効果が弱いことを示し，図 1.13 (b) は逆にその効果が強いことを示している．

同様に，自由度の分解も並行して表示できる．図 1.14 の各頂点には，対応する変数が取りうる異なる値の数が書き込まれている（30 個のデータ数，3 個の処理平均，1 個の全平均）．自由度は，ある頂点から別の頂点への移動に関係しており，これらの数値の差で計算できる．たとえば，Y から M への移動は全平均を計算することを意味するが，そのとき 29 個の自由度が失われる．M から F への移動は，全平均が 3 つの処理平均に置き換わることに対応し，自由度であるその差は 2 となる．これらの自由度は対応するベクトルと関連し，そしてそのベクトルが表す変動因と関連する．

図 1.14 はまた自由度の加法性の説明にもなっている．$M[1]$ から $Y[30]$ への移動では，その自由度は 29 である．このことは，直接 MY と移動しても，間接的に MF（自由度 2）と移動して，次に FY と移動（自由度 27）しても同じである．

1.6 要　約

本章では，基本となる諸原理を用いて分散分析について説明した．次のようないくつかの概念について検討した．

- モデル式：解決したいと思っている問題を要約した「言葉による式」．

表 1.6 ANOVA と幾何的アプローチとの対応関係

統計		幾何
変数	⟷	点
変動因	⟷	ベクトル
平方和	⟷	ベクトルの長さの平方
自由度	⟷	ベクトルのある端点にある変数からもう一つの端点にある変数へ移動するときに得られる（あるいは失われる）次元の数

- ANOVA の背後にある基本原理：群間差についての問題に答えるためにデータの変動を分解すること．
- 自由度：ある量の計算に使われる独立な情報要素の数．
- 並行的に行なわれる 3 つの分解：変動因，平方和，自由度．
- p 値の意味．
- ANOVA の結果を信頼区間で表すこと．
- ANOVA への幾何的アプローチ（表 1.6 参照）．

1.7 練習問題

メロン

4 品種のメロンを比較する実験が行なわれた．どの品種も 6 区画使って栽培されるよう計画されたが，品種 3 の 2 区画が偶発事故で壊されてしまった．図 1.15 がデータをプロットしたものである．変数 YIELDM（収穫量）と VARIETY（品種）はメロン（melons）データセットからのものである．

表 1.7 は，このデータに対する基本統計と ANOVA 表を示している．

(1) ここでの帰無仮説とは何か？
(2) 表 1.7 の解析結果からどのような結論が引き出せるか？

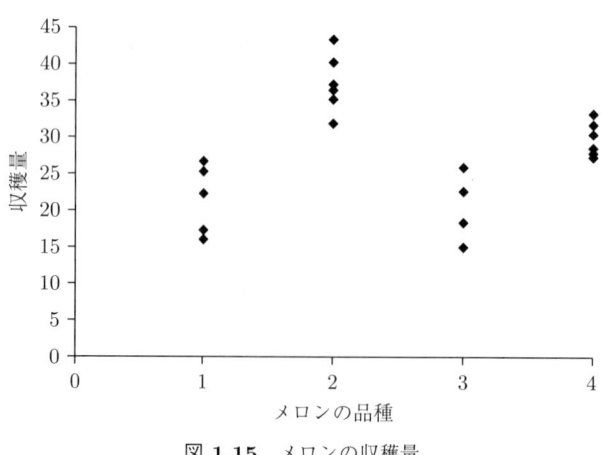

図 1.15 メロンの収穫量

表 1.7　メロン（melons）データセットに対する ANOVA

品種	データ数	平均
1	6	20.490
2	6	37.403
3	4	20.462
4	6	29.897

YIELDM に対する 1 元配置分散分析

変動因	DF	SS	MS	F	P
VARIETY	3	1115.3	371.8	23.80	0.000
誤差	18	281.2	15.6		
合計	21	1396.5			

(3) データの与える情報から，実験の誤差変動についてどのように説明すればよいか？
(4) 4 品種の平均の標準偏差を計算せよ．
(5) この解析から得られる情報をどのようにまとめ，どのように表現したらよいか？

雌雄異株の樹木

雌雄異株性の植物は，各個体が雄の花だけあるいは雌の花だけしか付けない．ある雌雄異株の樹木種が 10 ヘクタールの雑木林で調べられ，その 50 株分のデータが，雌雄異株（dioecious trees）データセットに与えられた．そこでは株ごとに，SEX（1 と 2 で雄・雌の性別を表す），mm 単位で計測した胸高直径（DBH），測定時に付けていた花の個数（FLOWERS）が記録されている．このデータセットは今後も何度か利用されることになる．

(1)「雄も雌も同じ個数の花を付ける」という帰無仮説を検定せよ．
(2) 性別間で花の個数がどのように異なるかを図示せよ．

これらのデータセットの解析に関する技術上の取扱いは Web 上のパッケージ専用の補足にまとめられている．また，練習問題の解答は巻末に与えられている．

第2章

回　　帰

2.1　どのようなデータが回帰に適当なのか

　回帰分析とは，2つの変数間の直線的な関係を調べる手法である．説明変数（あるいは X 変数）は普通は連続型であるが，順位のあるカテゴリカル型である場合もある．もっとも，ここで扱う応答変数（Y 変数，説明したいと思っているデータ）は連続型である．この2種類の説明変数についての例には次のようなものがある．

　　連続型：樹木の材積（Y）は幹の直径（X）から予測できるか？
　　順位のあるカテゴリカル型：寄生を受けていることが多い（Y）鳥の種は，より鮮やかな
　　　首飾り羽（X）をもつ傾向があるか？

この2番目の例では，首飾り羽の鮮やかさは分類番号（1～7まで，最も鮮やかな場合が7で，最も目立たない場合が1）で測られ，その分類の順位そのものにも意味がある．

　しかしながら，これら2種類の変数の解析が全く同様に扱えるわけではない．どのような回帰分析においても，Y と X の間の関係を調べるには2つのレベルがある．最も基本的なレベルでは，「Y と X の間に何か**関連**（association）があるか？」が問われる．もっと平たくいうと，X が増加するとき Y も増加あるいは減少する傾向があるのか，である．つまり，ある仮説を検定するという形式を取るのである．一方，さらに複雑なレベルでは，X がある値を取るとき Y はどのような平均値を取るのか，という**予測**（predict）を行うことになる．つまり，定量的な方法で X と Y の間の関係を推定するのである．連続型の X 変数の場合，これら両方のレベル（つまり，**仮説検定**（hypothesis testing）と**推定**（estimation））の問題を扱うことに支障はない．しかし，説明変数が順位のあるカテゴリカル型である場合，通常2番目のレベルの推定は意味のないものになる．というのも，回帰分析が間隔尺度で測られた X 変数を前提とするためである．つまり，X 軸上の区間は軸上のどこにあっても同じ絶対的長さをもつことが要求される．直径などの変数には明らかにこれが当てはまるが（50 cm と 55 cm の間の絶対距離は 100 cm と 105 cm の間と同じ），首飾り羽の鮮やかさなどの変数には当てはまらない（カテゴリー1とカテゴリー2の間の距離を定量することは困難である．カテゴリー6と7の間を比較する場合も同様である）．

まとめると，回帰分析で両データ（間隔尺度データと順位のあるカテゴリカル型のデータ）の仮説を検定することに問題はない．ただし，順位のあるカテゴリカル型のデータで検定できるのは「傾き=0」の仮説だけであって，それ以外の傾きの検定は連続型の X 変数に対してのみ許される．また，推定は間隔尺度の X 変数に対してだけ有効である．

X と Y は，直線以外の多くの関係を取りうるが，単純な回帰分析では直線を当てはめる．これが最も良い出発点である．その理由を以下に挙げてみる．

- 「何か傾向があるか」という基本的な問題に容易に答えられる．
- 短い区間で定義された滑らかな曲線は，直線で近似できるだろう．
- 理論的研究が進んだので，直線性から有意に離反していれば，それは後で検出できるようになった．

直線的ではないもっと複雑な関係を当てはめる場合については後の章で議論したい．

2.2 最良の適合直線はどのように選ばれるか

最も単純な回帰分析は，ある変数を別の変数で予測することである．まずはデータを散布図に落としてみることから始める（たとえば図 2.1）．脂肪量は mm 単位の皮下脂肪の厚さで推定され，一方，体重は kg 単位で測られている．体重のある人は脂肪量が多いのかという問題を立てたとしよう．この散布図を見て，目測でいくつかの直線が引けるかもしれない．また，そのどれもがデータにたいへんよく当てはまっているように見えるかもしれない．しかしどうやって最も良い直線を選べばよいのだろうか．その判定に使われるものが最小 2 乗の基準である．つまり，データ点から直線への Y 軸方向の偏差を平方し，その和を最小にするものを選ぼうとする基準である．

この説明のために，回帰分析を 2 段階で考えてみる．第 1 段階では，ANOVA のときと同様に全平均を当てはめる（図 2.2 (a)），第 2 段階では，垂直方向の偏差の平方和が最小になるまで，この直線を固定した平均座標 $(\bar{x}, \bar{y})$ の周りで回してみる（図 2.2 (b)）．

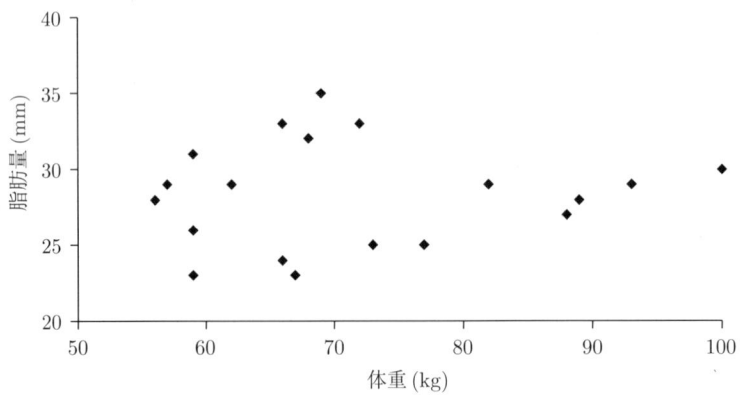

図 2.1 19 人についての体重に対する脂肪量のプロット

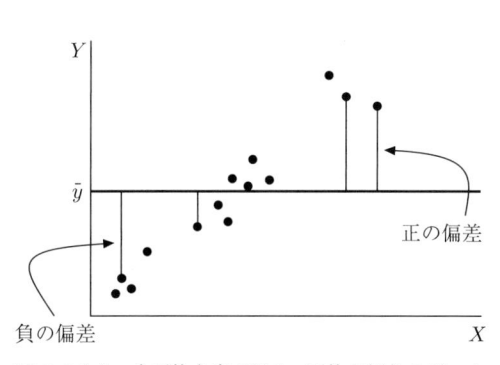

図 2.2 (a) 全平均を当てはめ，平均の周りのデータ点の広がりを定量化

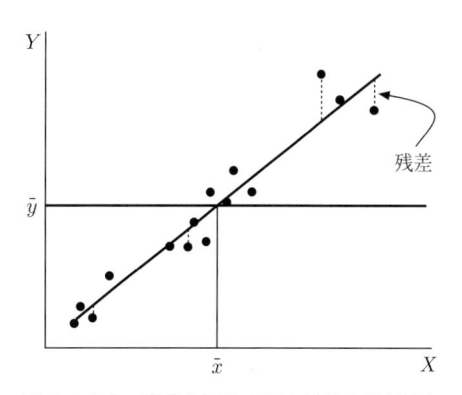

図 2.2 (b) 直線の周りの平方偏差の和が最小になるように直線を回転させる

第 1 段階

全データ点に全平均を当てはめるとは，X のすべての値に対して Y が同じ値を取るような直線を与えることに他ならない（$Y = \bar{y}$）．全データ点のこの直線からの偏差の総和は 0 になるので，平均の周りのデータの散らばりを定量するために，再び偏差の平方和（SSY）を使うことにする（図 2.2(a)）．

第 2 段階

次の段階は，その直線を平均 $(\bar{x}, \bar{y})$ の周りで回転させて，これらの偏差の平方和が最小になるものを決定することである．どのような直線でも必ず変動をいくらか残すだろう（すべてのデータ点が完全に直線上に落ちない限り）．これが誤差平方和（SSE）である．

直線を回転させると，データ点は平均的に直線へ近づくことになるので，SSE は SSY よりも小さくなる．ゆえに，このように直線を当てはめると，変動のさらにいくらかの部分を説明できるようになる．この追加的に説明できる変動部分は回帰平方和と呼ばれている．よって，前と同様に，変動は 2 つの部分に分解できる．つまり，直線によって説明される部分（SSR）とその直線が当てはめられてもまだ説明されないで残る部分（SSE）である．これら 3 つの量は次のように単純な関係式で表される．

$$\mathrm{SSY} = \mathrm{SSR} + \mathrm{SSE}$$

回帰によって説明される平方和 SSR は次のように考えてもよい．すなわち，各データ点の X 座標における適合直線の値と $\bar{y}$ を通る水平線の値（すなわち $\bar{y}$ そのもの）との間の垂直距離の平方和である（図 2.2(c) に示すように）．

これまでに述べた解析をまとめると，図 2.2(d) のようになる．そこでは 2 つのデータ点における各偏差の関係が説明されている．実線は全平均からのデータ点の偏差を表し，破線は全平均からの適合直線の偏差を表し，点線は適合直線からのデータ点の偏差を表す．破線と点線を合わせると実線になることが理解できるだろう．

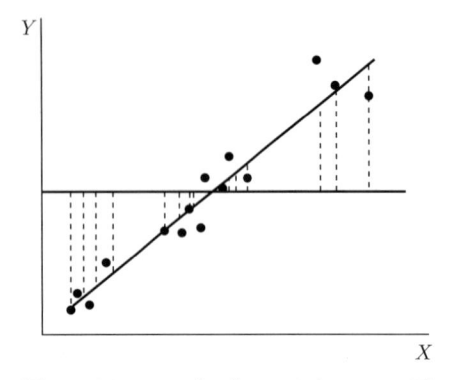

図 2.2 (c) SSR は,各データ点について平均と適合直線との間の距離の和である

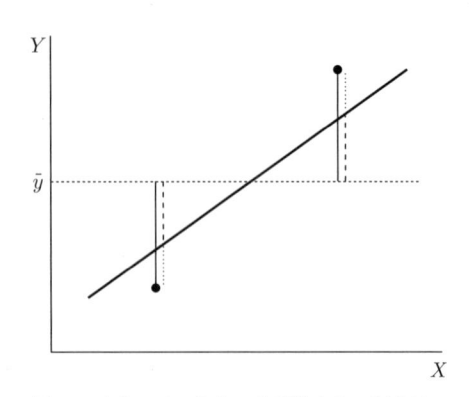

図 2.2 (d) データ点の全平均からの偏差は 2 つの成分に分けられる

回帰係数

直線は一般的に次のように表現できる.

$$Y = \alpha + \beta X$$

ここで,α は切片,β は傾きである.ギリシャ文字は「真」の関係式を表すのに使われるが,実際に回帰で求められるのは,データセットから計算されるこれらの推定値だけである.よって,推定値を使った直線は次のように書かれる.

$$Y = a + bX$$

ここで,a と b は**回帰係数**(regression coefficient)と呼ばれ,α と β の最も良い推定値を表す.

自由度

平方和が分解されるときはいつでも,並行して自由度の分解が行われなければならない.データ数 n のデータセットであれば,$n-1$ 個の独立な情報要素が SSY の計算に使われている.では,自由度 $n-1$ はどのように SSR と SSE に対応して分解されるのかについて考えてみよう.図 2.2 (a) から図 2.2 (b) に変わるとき,全平均の代わりに登場するのが傾き b と切片 a である(よって差し引き自由度 1 の損失である).つまり直線が引けるためには,データからこれら 2 つの量が推定される必要がある.ゆえに,それに伴って,残っている変動(SSE)は,今や $n-2$ という自由度をもつことになる.一方,SSR は自由度 1 をもつ.この数は,$(n-1)-(n-2)$ という引き算によって得られると考えてもよいし,あるいは図 2.2 (a) から図 2.2 (b) への移行に際し,いったん平均の座標 $(\bar{x}, \bar{y})$ がわかったならば,もう 1 つ追加される母数(傾き)が推定されなければならないという理由からであると考えてもよい.

このような解析の最終結果は,Y と X を関連づけた次式で表される.

$$Y \text{ の適合値} = a + bX$$

この式で一連の**適合値**（fitted values）が生み出される．つまり，X の値が与えられると，それに対する Y の予測値が定まる（まるで，誤差が全くないかのようである）．以前の肥料データセットの適合値は，3つの異なる値，つまり3群の平均値だけであった．そこでは，ある区画の期待収穫量を予測するのに，どの肥料（つまり，X の分類 1, 2, 3）が使われたかを知るだけでよかった．しかし回帰の場合，X は連続型であり，そのため，Y の予測値を求めるには，X の具体的な値を式に代入する必要がある．これは**内挿**（interpolate）と呼ばれるものである．つまりデータセットには実際に含まれていないけれども，各データの中間的な値を X 値とみなして Y の期待値の予測に利用するのである．これはたいへん便利だと思うかもしれないが，データセットの外側にある X の値を使って Y を予測しようとする**外挿**（extrapolate）の場合には注意すべきである．なぜなら，Y と X の関係が範囲外でもそのまま直線的であり続けるという根拠はないからである（実際のところ，データセットの内部で直線性を仮定することが正当かどうかについての検討もまだやっていない．それは後の章で行うことにする）．

2.3　回帰の幾何的解釈

回帰分析も，幾何的な図を用いて表すことができる．実際，全く前と同様に，3点，M, F, Y をもった直角3角形を利用できる．Y は n 個のデータ要素を座標にもつ点 $(y_1, y_2, y_3, ..., y_{n-1}, y_n)$ を表し，M は点 $(\bar{y}, \bar{y}, \bar{y}, ..., \bar{y})$ を表す．つまり，M は図 2.2(a) に描かれた直線に対応する点である．F はデータに当てはめた値を各座標にもつ点，つまり $(a+bx_1, a+bx_2, a+bx_3, ..., a+bx_n)$ を表す．実際，散布図で最も当てはまる直線が選ばれる過程は，この幾何的類似を使って理解することができる．

最良の適合直線はその定義より点 $(\bar{x}, \bar{y})$ を通る．しかし，その他の候補となる直線も同様であって，それぞれが異なる傾き b をもち，異なる適合値の集まり（幾何的類似では，各データ点に対する適合値を座標にもつ点（n 次元））を生み出す．図 2.3 は異なる直線，言い換えると適合値の集まりを示している（たとえば，F_1, F_2, F_3 など）．

幾何的図において適合値の集まりは，M を通る直線上の点として表すことができる（図 2.4）．実際，点 M 自身は図 2.3 の傾き 0 の 4 番目の直線 F_0 であると考えられる．図 2.4 の水平に引かれた点線がその直線を表している．ちょうど多次元空間の中で起こっていることをまさに平面上で表している．

F_1, F_2, F_3 のどの点も，全データを表す点 Y から異なる距離にある．たとえば，Y から F_1 までの距離はたいへん重要な量に等しい．つまり，F_1 に対応する直線とデータとの間の偏差の平方和に等しい．これについて正式に考えるのは後にして，ここで取り上げるべき重要なことは，F_1 と Y との間の距離は，まさに最小2乗法の基準によって最小にされるべき量であるということである．このとき，最良の適合直線は，Y から最も近い点線上の点に対応しなければならない．このことは，幾何的には3角形の辺 FY を最も短くすること，つまり M を通る直線に Y から垂線を下ろすことと同値である．つまり，角 MFY が直角になることを意味する．まさに，この3角形の性質から，前節と同様にピタゴラスの定理が利用できるのである（1.6節）．これはまた，適合値がデータを最も近似するという一般原理を明解に説明している．

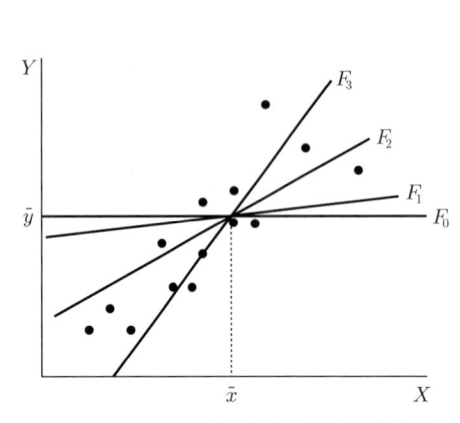

図 2.3 X と Y の関係を表す無限個の直線の内の 3 つの直線

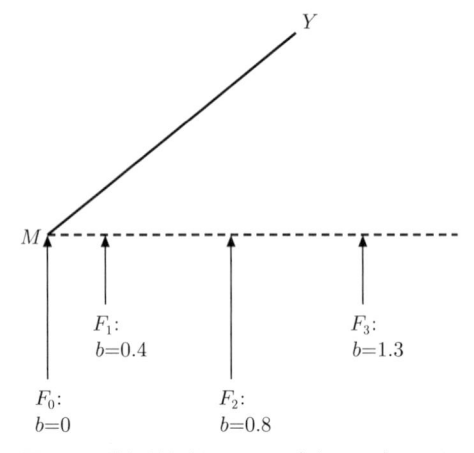

図 2.4 幾何的類似において点として表されたいろいろな適合直線

ANOVA のときと同様に，3 角形の各辺は平方和に対応する．MY は全平方和に対応し，回帰平方和（MF に対応）と誤差平方和（FY に対応，最小にした長さの 2 乗）に分解される．誤差平方和に対応する FY に注目してみると次のようになる．

$$\text{ピタゴラスの距離の 2 乗}$$
$$= \text{データと適合値との距離の 2 乗}$$
$$= FY \text{ の距離の 2 乗}$$

ピタゴラスの距離の 2 乗は，F と Y に対応する座標間の差の平方和である．それぞれの座標は，F の場合，適合値 $a + bx_i$ として表され，また Y の場合，各データ点の値 y_i として表される．これらを上の式に代入すると次のようになる．

$$= \sum_i (y_i - (a + bx_i))^2$$

これは，図 2.2(b) の散布図の各データ点とその適合直線との y 軸方向の距離の平方和に他ならないので，図 2.5 の図形 MFY がここでまた散布図と結びついたことを示している．

2.4 回帰 — その例

回帰の背景にある原理について見てきたので，本節ではその実例を検討しよう．ある林業者は樹高を測ることによって，販売用の材木の材積を推定したいと望んできた．そのためには両者の関係を決定する必要がある．標本として，31 本の木が伐採され，材積と樹高の両方が測定された．保存された樹木（trees）データセットには 3 つの連続型変数があるが，ここでは，1 つの説明変数 HEIGHT（樹高）だけを使って，もう 1 つの変数 VOLUME（材積）を推定することにしよう．前者は説明変数で，後者は予測したい応答変数である．

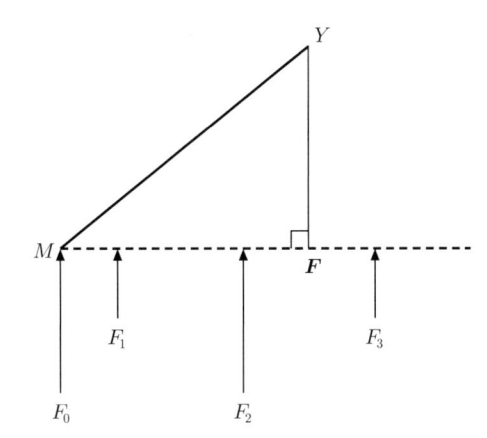

図 **2.5** 選ばれた点 F は直線 FY の長さを最小にする

入 力

言うまでもないが，応答変数と説明変数を正しく認識することが大切である．ここでは，HEIGHT を使って VOLUME を説明/予測したいと考えている．もう 1 つの変数である DIAMETER（直径）も VOLUME の予測要因であるかもしれないが，この例では無視することにする．

出 力

出力結果の詳細な形式は統計パッケージによって異なるだろうが（Web 上の補足参照），解析結果の本質は 2 つの表にまとめられる．中心的な部分は分散分析表であり，ANOVA と回帰の両方に共通して出力される．この表を見れば，問題の核心である「偶然だけで期待されるよりももっと多くの変動が，この直線によって説明できたか？」に答えることができるだろう．また，適合値は係数表という形で与えられる．これは「傾きの最も良い推定値は何か？」「それはどれほどの確かさか？」という問題に答えるためのものである．これら 2 つの問題は後ほどもっと詳しく調べられることになるだろう．最後に，3 番目の出力成分である R^2 は，説明できた変動の割合を示す指標である．

分散分析表

この表は，第 1 章の分散分析と同様に，直線を当てはめることによって説明された変動（1 自由度当たり）と，説明されないで残された変動を比較するためのものである．そこでは，F 比が検討される（これがどのように計算されるかは，1.4 節で与えられている）．この例では，F 比は 16.16 となり，1 よりも非常に大きい（このようにたいへん大きい F 比が，偶然だけで得られる確率は 0.0005 よりも小さい）．そこで結局，最初の問題に対する答えは，「直線を当てはめることで有意な量の変動を説明できた」である．つまり，これら 2 つの変数は関連していると判断できる．

係数表

Box 2.1 の 2 番目の表は，直線がもつ 2 つの係数，つまり傾きと切片の推定値を与えてくれ

BOX 2.1 樹木データセットに関する分散分析と係数表

回帰分析

モデル式：VOLUME = HEIGHT
HEIGHT は連続型

VOLUME に対する分散分析表

変動因	DF	SS	MS	F	P
回帰	1	2901.2	2901.2	16.16	0.000
誤差	29	5204.9	179.5		
合計	30	8106.1			

R^2 は 35.8%.

係数表

項	Coef	SECoef	T	P
定数	−87.12	29.27	−2.98	0.006
HEIGHT	1.5433	0.3839	4.02	0.000

適合式は VOLUME = −87.1 + 1.543 HEIGHT.

る．また，2つの変数がどれくらい関連するかについても説明してくれる．この例では次のように最良の適合直線が求められる．

$$\text{VOLUME} = -87.1 + 1.54 \cdot \text{HEIGHT}$$

一方，この表を使ってその傾きが0と有意に異なっているかどうかを検定することもできる．傾き0とは，水平線に等しく，X が Y について予測的な情報は何も与えないということである．ゆえに，傾きが有意に0と異なっていれば（正負に関係なく），X は Y についての情報を与えるということである．では，どうやってそれを検定するのか？ それがここでの重要な課題である．

　表の2番目の列（SECoef）は，その係数の標準誤差を与える．それは推定値に対する不確実さの程度を表している．この値はどのように導かれるのだろうか？ 標本平均を推定したとき，標準誤差は $s/\sqrt{n}$ であると定義された．この例では，傾きは 1.5433 と推定され，その推定値の標準偏差（あるいは標準誤差）も 0.3839 と推定されている（傾きに対する標準誤差の計算式は平均に対するものとは異なっているが，正確にそれを導くことはここではやらない）．この推定値は，可能ないくつかの推定値の中の1つである．森から別の31本の木が選ばれていたとすると，疑いもなくその推定値は違っていることだろう．よって，ここでのデータセットは，測定されたかもしれない別の31本の木々，それらをすべて集めた全集団の中からの1標本にすぎない．ゆえに，適合式は一定の不確実性を伴うのである．傾きの「真」の値を β とす

ると，1.54 は β に対する可能な「推量」の 1 つである．また，データの中の説明されなかった変動が，その推量はどの程度確かなものなのかについての情報を与えてくれるのである（データ数と X の値の範囲も，その推量の正確さに役立つ）．平均の標準誤差を使ったときと同じように，傾きの標準誤差 (0.3839) を同じ方法，同じ目的で使うことができる．

ゆえに，「その傾きが 0 と有意に異なっているか？」という問題に答えるためには，傾きの大きさと推定の精度について考慮する必要がある．最初の 31 本と樹高は同じだが材積は異なる 31 本の木についてのデータセットを無作為的にたくさん収集すると想像してみよう．これらの測定材積の違いは，測定誤差によるものと，同じ樹高である木々の材積の違いを真に表す変動から来ているだろう．これら両方の変動が原因となり，回帰の傾きの値をばらつかせることになる．標本収集が片寄っていない限り，そのような推定値すべての平均は真の β の値であると期待できる．また，他のすべての β の推定値はこの平均の周りにほぼ正規的に分布するとも期待できる（図 2.6 にあるように）．さて，β が 0 であると仮定してみよう．これは「無関係」を表す標準的な帰無仮説である．証拠によってそれが真ではないと示されるまでは無関係と仮定しても何も問題はない．帰無仮説が正しいならば，1.54 という推定値は図 2.6 の分布から来た値であるということになる．これが成り立つための証拠とはどのようなものだろうか？その推定値が正規分布あるいは t 分布に従っているならば，仮説上の平均 0 から推定値 1.54 までの間に存在する距離を標準誤差単位で調べれば，この問題に対する答えが得られる．それは $1.5433/0.3839 = 4.02$ である．図 2.6 の分布からの標本値が，標準偏差を単位として測って 0 から 4.02 も遠く離れた所に出現したということを意味する．これはあまり起きそうなことではない（その確率は 0.0005 よりも小さい）．実際，推定値 1.54 は明らかにこの仮説上の分布の裾のほうにある．ゆえに，$\beta = 0$ という帰無仮説を棄却し，β は正であると結論できる．

上で取り上げた 2 つの問題は互いに関連し合っている．つまり，ANOVA 表の F 比が有意であるならば係数表の t 比は有意であり，その逆も成り立つ（実際，ANOVA 表で対応する項目が自由度 1 をもつならば，常に F 比は t 値の 2 乗になる）．というのも，分散の有意な量を説

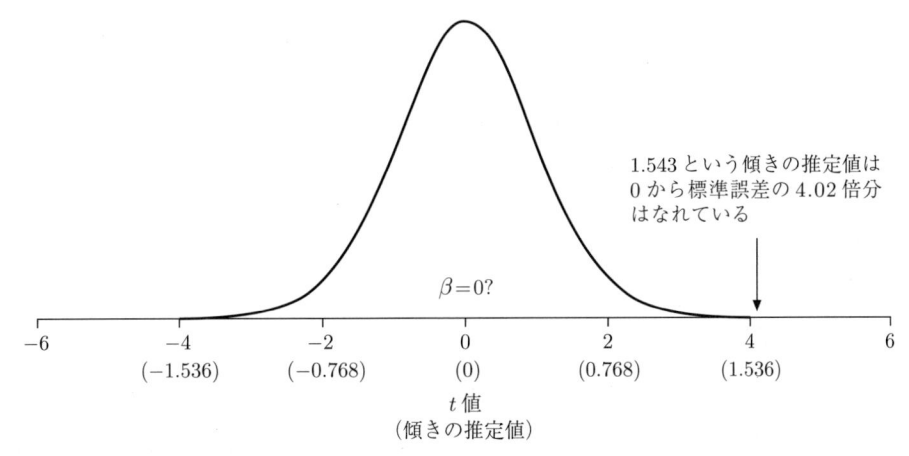

図 2.6 傾きの推定値についての仮想的な分布（平均は 0）．X 軸は 2 つの単位で表されている．t 値に同等な標準誤差の倍数値と，括弧内に示された傾きの推定値である

明できないようならば，0 と有意に異なる傾きをもつこともありえないからである．さらに憶えておくべき点は，係数表で与えられた情報は他の仮説を検定するためにも使うことができるということである．ここでは，真の傾きは 0 であるという仮説を検定した．なぜなら，それが最も関心のある問題だからである（つまり，X における変化は Y について何か教えてくれるか，というわけである）．しかし，他の仮説を考えてもよい．たとえば，VOLUME と HEIGHT の関係は 1 と有意に異なる傾きをもつか，というものでもよい．この問題に対しても，同じ手法で正確に答えることができる．つまり，1.5433 と 1 の間にどれくらいの標準誤差単位の距離が存在するかを見ればよい．この計算は次のようになる．

$$t_s = (1.5433 - 1)/0.3839 = 1.415$$

この例では，自由度は 29 で，t 値の絶対値がこの t_s 値よりも大きな値を取る確率は 0.168 になる．これは 0.05 よりも大きい．ゆえに，HEIGHT に対する VOLUME の傾きが 1 であるという帰無仮説を棄却することはできない．

t 比と p 値を結びつけるには，自由度が必要である．それはなぜだろうか？ これは z 分布よりもむしろ t 分布が使われた理由とも関連している．要するに，未知の分散 σ^2 を推定している s^2 の不確実性が問題になるからである（巻末の「復習」を参照）．s^2 は説明できずに残された変動から計算され，この解析での変動の自由度は 29 である．t 分布を利用するためにはこの値が必要なのである．

R^2

R^2 は回帰分析でよく使われる統計量である．これは，当てはめた直線によって説明される変動（平方和によって示される）の割合（あるいはパーセント）を表す．分散分析表から直接計算することができ，ある関係の緊密さあるいは曖昧さを測る尺度であると見なすことができる．説明される変動の割合 R^2 は次のように計算される．

$$R^2 = \frac{回帰平方和}{全平方和} = \frac{\text{SSY} - \text{SSE}}{\text{SSY}}$$
$$= \frac{2901.2}{8106.1} = 0.358$$

これにより，このデータセットの変動の 35.8% が適合直線によって説明されることがわかる．それほど緊密な関係ではないようである（図 2.7 を眺めるだけでも，そう思えるだろう）．たぶん他の変数もその材積の決定に影響を与えていると思われる．

これら 3 種類の出力が，解析結果の核心部分にあたる．この情報から，さらに信頼区間と予測区間を出力するという選択もありうる．

2.5 信頼区間と予測区間

信頼区間（confidence intervals, CI）

推定値とその標準誤差を使って，2.4 節のように t 検定を行なうことができた．同様の方法で，傾きと切片の信頼区間を求めることもできる．巻末の「復習」（R1.3 節）では，ある母数

2.5 信頼区間と予測区間

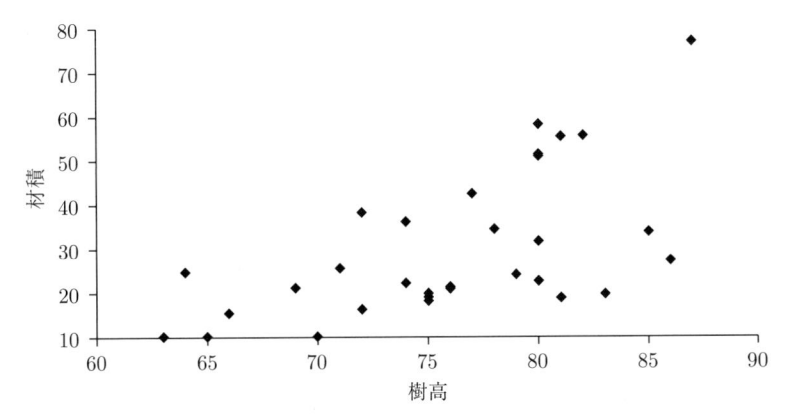

図 2.7 31 本の木についての HEIGHT に対する VOLUME のプロット

の信頼区間の一般的な表現が次のように与えられている．

$$\text{CI} = \text{推定値} \pm t_{crit} \times \text{その標準誤差}$$

臨界 t 値である t_{crit} を決定するときの自由度はいつも誤差の自由度である（これは誤差分散 s^2 の計算に使った独立な情報要素の数を表している）．この例では，95%信頼度の区間は次のようになる．

$$1.5433 \pm t_{crit} \times 0.3839 \longrightarrow (0.758,\ 2.328)$$

ただし，自由度 29 のとき $t_{crit} = 2.0542$ である．この結果は，95%の信頼度で傾きの真の値がこれら 2 つの数値の間にあるということを意味する．

さらに，ある特定の X 値における Y の予測値に信頼限界を設定してみたいと思うかもしれない．これは，かなり難しくなるが，以下に示そう．

予測区間（prediction intervals, PI）

回帰を行う目的の 1 つに，最も当てはまる式を使って X 値から Y 値を予測することが挙げられる．このような予測では 2 つの原因で不確実性が発生する．

(1) 直線の周りの散らばり．最良の適合直線が本当に真の直線であると初めから仮定できるならば，Y における不確実性の原因は，直線の周りの誤差分散（誤差平均平方によって測定される）になる．最良の適合式からの y の期待値を $\hat{y}$ とすると，ちょうど上で扱った傾きの場合と同様に，y の予測区間を表すことができる．つまり次のようになる．

$$\text{仮の PI} = \hat{y} \pm t_{crit} s$$

ここで，s は誤差平均平方の平方根である．よって，これは，直線が正しいと仮定したときの，どのような x においても共通してもつことになる．言わば y 値の仮の予測区間（仮の PI）である．

(2) 不確実性の 2 番目の原因は，適合直線が真の回帰直線であるとは限らないというもので

ある．当てはめた関係と真の関係はある程度乖離する．つまり，推定した傾きと切片の不正確さが予測に影響を与える．2つの不確実性の原因を考慮すると，予測区間は次のような公式によって求めることができる．

$$\text{PI} = \hat{y} \pm t_{crit} s \sqrt{\frac{1}{m} + \frac{1}{n} + \frac{(x' - \bar{x})^2}{\text{SSX}}}$$

ただし，

$$\text{SSX} = \sum (x - \bar{x})^2$$

これは，実は，$x = x'$ のときの m 個の y 値で計算した平均の予測区間である．この公式は複雑そうに見えるけれども，その背後にある原理は，不確実性の原因のそれぞれが式の中の各項に対応しているというものである．最初の項 $1/m$ は真の直線の周りの散らばりを表す．そして，y 値が1個だけのとき（つまり，$m = 1$）には，$1/m$ は1に等しい．このとき，この最初の項だけ（および $m = 1$）ならば，その予測区間は上記の仮の PI と同じになる．次の項 $1/n$ は切片における不確実性を表す．データ点の数が多ければ多いほど，この不確実性は小さくなる．またこの項は，x 軸のどこで y 値の予測が行なわれようとも影響を受けない．これは $1/m$ の項についても同じである．最後の項は，傾きの不確実性を表す．$\bar{x}$ で y を予測したとすると，この項の予測の不確実性は 0 になる．なぜならば，適合直線のすべての候補が平均 $(\bar{x}, \bar{y})$ を通るからである．しかし，x 軸に沿って $\bar{x}$ から離れるに従って，この項の分子は大きくなっていく．傾きの小さな変化は，$\bar{x}$ に近い場所での y の予測値には相対的に小さな変化しか与えないが，遠い場所では非常に大きな変化を $\hat{y}$ に対して与えるからである．この項の分母 SSX はデータセットの x 値の取る範囲を定量したものである．すべての x 値が $\bar{x}$ の近くに集中しているならば，x 値が軸に沿って広く散らばっているときに比べて，傾きの推定値の正確さは明らかに低下することだろう．一方，データセットのデータ数が単純に多くなれば，SSX が大きくなるので，傾きの正確さは増すことになるだろう．

回帰分析の目的の1つは，最良の適合式を利用して Y 値を予測することである．そのとき，点推定値を求めるだけではなく，その推定値を予測区間という形式で表現したいと思うことも多い．そのような予測区間についての議論から，次のような多くの重要な事柄がわかってくる．

- y を予測するとき，不確実性のいくつかの原因が存在する．直線の周りの分散や，切片や傾きの不確実性などである．
- 切片の不確実性は，データセットのデータ数を増やすことで低下する．
- 傾きの不確実性は，データ数を増やすだけでなく，X 値の範囲を最大にするような方法でデータを収集することによっても低下する．
- y の予測は，$\bar{x}$ に近い場所ほど常に正確になっていく．

結局，直線の周りの95%信頼限界による予測区間は図2.8に描かれるような形になるだろう．

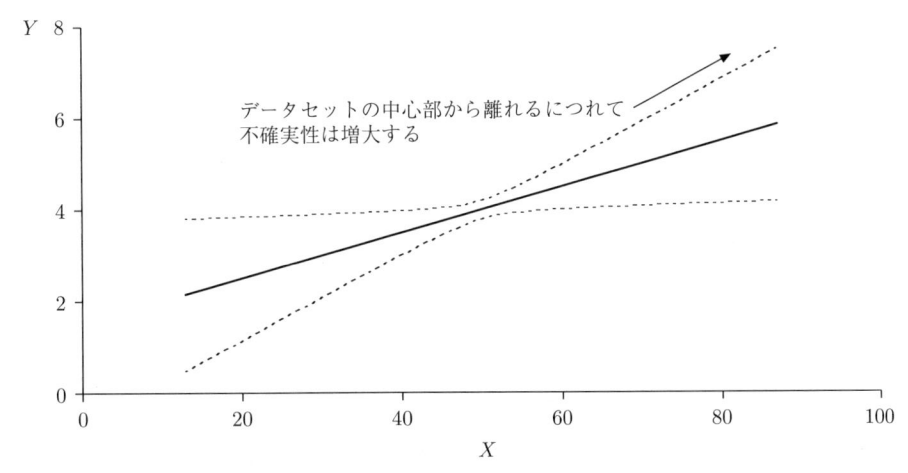

図 2.8 回帰直線の周りに存在する予測区間の形（破線で示された）

2.6 回帰分析からの結論

　回帰分析からは，2 つの全く別の情報が得られる．1 つは t 比と F 比に関係するもので，もう 1 つは R^2 値に関係するものである．t 比と F 比が大きいと，2 つの変数について「無関係」という帰無仮説が棄却され，関係するという結論になる．一方，R^2 値が大きいと，変動の大きな割合が説明されたことを意味する．この量はまた，Y 変数の値の決定に他の変数が関係するかもしれないという示唆も与えてくれる．2 変数の関係が緊密でないときは，利用した説明変数が Y 値に影響をおよぼしたとしても，説明されない変動が多く残っているので，他の変数もまた重要であるかもしれない．データセットに関するこれら 2 つの情報は，必ずしも互いに連動し合っているわけではない．実際，以下の 4 つの例で示されるように，t 比・F 比と R^2 値の大小で 4 つの組合せが可能である．

あまり変動のない緊密な関係

　数種の植物は，高密度で育てられると，より小さい種子をつくろうと反応する．最初に扱う種子（seeds）データセットでは，いろいろな密度（PLANDEN）で育った植物が無作為に採集され，その平均の種子重（SEEDWGHT）が記録された．植物密度に対して種子重をプロットすると，強い負の傾向が示された（図 2.9）．

　回帰分析では，p 値が小さく R^2 値が大きいという結果が得られた（Box 2.2）．平均 SEEDWGHT への PLANDEN がもつ影響は明らかである（$F_{1,18} = 111.45, p < 0.0005$）．また R^2 値が大きいことは 2 変数間の緊密な関係を示している．つまり，ここで収集された植物群では，PLANDEN が SEEDWGHT の主な決定要因であるように見える．他の変数の影響（たとえば植物の遺伝子型）も考えられるが，残された変動から判断すると，PLANDEN が最も影響を与える要因である．

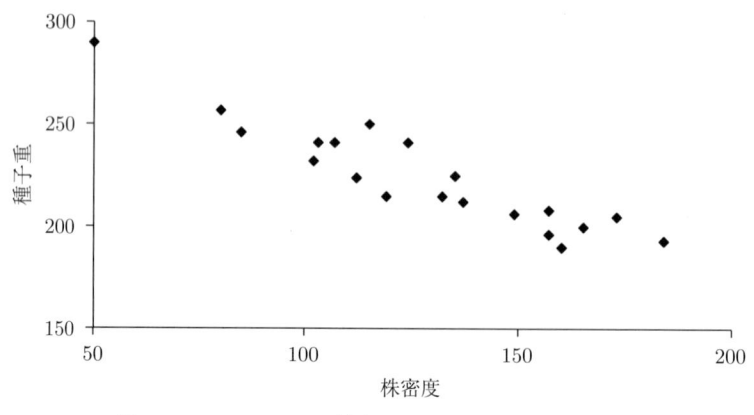

図 **2.9** PLANDEN に対する SEEDWGHT のプロット

BOX 2.2　**SEEDWGHT** の **PLANDEN** による回帰分析

回帰分析

モデル式：SEEDWGHT = PLANDEN
PLANDEN は連続型

SEEDWGHT に対する分散分析表

変動因	DF	SS	MS	F	P
回帰	1	10554	10554	111.45	0.000
誤差	18	1705	95		
合計	19	12259			

R^2 は 86.1%

係数表

項	Coef	SECoef	T	P
定数	311.898	8.574	36.38	0.000
PLANDEN	−0.68773	0.06515	−10.56	0.000

適合式は SEEDWGHT = 311.9 − 0.688 PLANDEN.

雑音の多い，弱い関係

10 人の学生に，数学と文学の能力を測るためのテストを受けさせた．MATHS と ESSAYS として記録されたこれらの成績間で回帰が取られた（図 2.10 を参照，データは点数 (scores) データセットにある．Box 2.3 が解析結果である）．

散布図から何か傾向が見て取れそうだが，それが有意であるというほどの証拠はない（$F_{1,8} = 4.31, p = 0.072$）．また，すべての変動のうちわずか 35% しか説明されていない．t 比と F

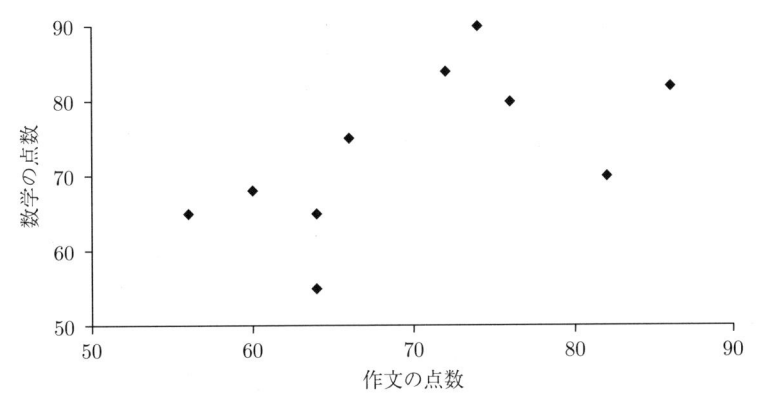

図 2.10　10人の学生についての ESSAYS に対する MATHS のプロット

BOX 2.3　MATHS の ESSAYS による回帰分析

回帰分析

モデル式：MATHS = ESSAYS
ESSAYS は連続型

MATHS に対する分散分析表

変動因	DF	SS	MS	F	P
回帰	1	360.12	360.12	4.31	0.072
誤差	8	668.28	83.54		
合計	9	1028.40			

R^2 は 35.0%

係数表

項	Coef	SECoef	T	P
定数	27.57	22.26	1.24	0.251
ESSAYS	0.6548	0.3154	2.08	0.072

適合式は MATHS = 27.6 + 0.655 ESSAYS.

比が小さいだけでなく R^2 値も小さいので，2変数の関係を支持する証拠は乏しく，変動は適合直線によってほとんど説明されなかったということになる．しかし，これらとは別に次のような2つ組合せが起る場合ももちろんありうる．

仮説検定には小さすぎるデータ

英国の森林地帯にいる2種のネズミの個体群密度がお互いに負の相関をもつという理論を，博士課程の期間中に作り上げたいとしよう．期間最後の野外シーズンで，5つの森林から2種につ

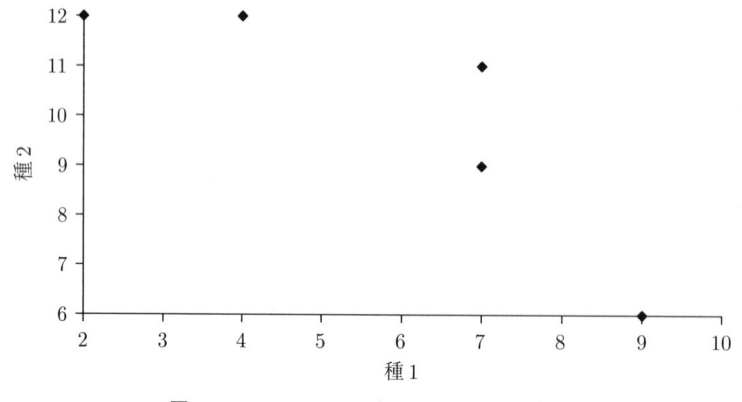

図 **2.11** SPECIES1 と SPECIES2 の密度

BOX 2.4　SPECIES2 の SPECIES1 による回帰分析

回帰分析

モデル式：SPECIES2 = SPECIES1
SPECIES1 は連続型

SPECIES2 に対する分散分析表

変動因	DF	SS	MS	F	P
回帰	1	18.701	18.701	7.69	0.069
誤差	3	7.299	2.433		
合計	4	26.000			

R^2 は 71.9%

係数表

項	Coef	SECoef	T	P
定数	14.519	1.773	8.19	0.004
SPECIES1	-0.7792	0.2811	-2.77	0.069

適合式は SPECIES2 = 14.5 $-$ 0.779 SPECIES1.

いてのデータが取られ，ネズミ (rodent) データセットにまとめられた．そして，SPECIES2 に対して SPECIES1 の回帰がとられた（図 2.11 参照）．その結果（Box 2.4 参照），変動の 72%を説明できたが，残念ながら有意性を示すことはできなかった．

　この種類の問題は，小さなデータセットで特に起りがちである．データセットの変動は高い割合で説明されるのであるが，データ数が小さすぎるため，母集団内の関係について確かな結論を導くには，証拠として不十分なのである．データが少ないようならば，有意性の判定に妥当な p 値を求めるために，その調査を継続するほうが大事かもしれない．たとえば，もっと多

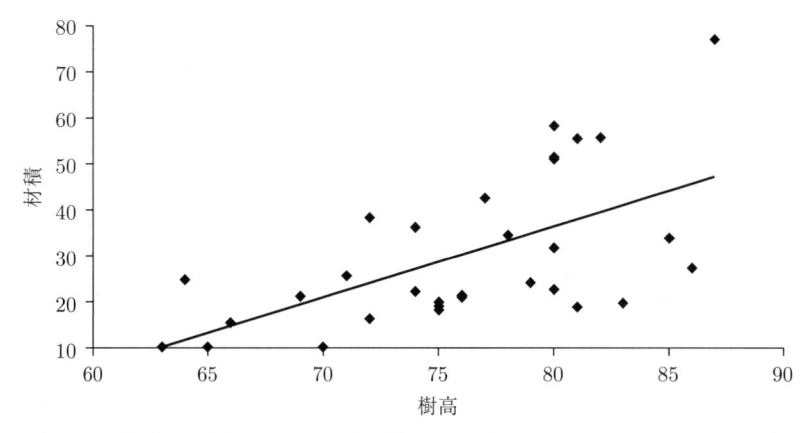

図 2.12 明確な傾向をもつが，直線の周りにかなりのデータ点のバラツキがある例

くのデータを集めるとか，あるいは人為的な実験を追加すべきである．ともあれ，この解析は行なわれ，2種の分布に関係はないとする帰無仮説は棄却できなかったと結論せざるをえないのである．さらに，この例で指摘しておきたいのは散布図の様子である．何か関係があったとしても，それは線形ではないかもしれない．後の章で，この問題をどのように調べるべきか議論する．

有意な関係 — しかしそれで完璧というわけではない

本章の最初の例で，樹木の HEIGHT から VOLUME が予測された．これは，全変動が低い割合でしか説明されないが，両者の関係は有意であるという場合の良い例である（Box 2.1）．図 2.12 からでも，明らかにその傾向を見て取れるが（高い木は大きな材積をもつ傾向がある），雑音も多いことがわかる．このことを理解するのは難しくない．同じ樹高の木であっても生長した形態に大きな違い（ひょろ長い，短く太い）があるため，材積にも違いが出てくるのである．要するに，樹高は有意であるが，材積を予測する重要な変数はこれだけではないということである．この例から有意性と重要性とは異なるということがわかるだろう．法律に例えていうと，証拠の強さと犯罪の重大さとは必ずしも連動しないということである．

直径などの別の変数が，材積を計算するモデル式を大きく改善するかもしれない．第4章では，まさにそれを行いたい．つまり，応答変数を予測するため，2つの説明変数を使うことになる．

2.7 異常な観測値

回帰分析において，データ点のばらつくところがいつも適合直線の近くであるとは限らない．直線からかなり離れた点は誤差が大きいことや適合の悪さを示すものだろう．また，X の平均値から遠く離れた点はモデルを当てはめるにあたって高い影響力をもつかもしれない．どちらの外れ値であっても，それを検出できれば便利である．

> **BOX 2.5　樹木データセットの 31 番目のデータ点**
>
> 大きな残差
>
> | データ点 | HEIGHT | VOLUME | 適合値 | 残差 1 | 標準化された残差 |
> |---|---|---|---|---|---|
> | 31 | 87.0 | 77.0 | 47.15 | 29.85 | 2.39 |

大きな残差（residual）

樹木データセットの場合，31 番目のデータ点は標準化されてもなお大きな残差をもっている（Box 2.5 参照）．これは実際どのような意味をもつのだろうか？　また，問題とすべきことなのだろうか？

適合直線から，樹高 87 フィートの木は 47.15 立方フィートの材積をもつと予測される（その X 値での適合値）．これは 87 を次式に代入して得られる．

$$\text{VOLUME} = -87.12 + 1.5433 \cdot \text{HEIGHT}$$
$$\text{VOLUME} = -87.12 + 1.5433 \times 87$$
$$= 47.15$$

しかし，このデータ点はその適合直線よりもかなり上にあり，観察値は 77 である．観察値と予測値の差が残差なので，この場合，$77 - 47.15 = 29.85$ となる．それぞれのデータ点ごとに 1 つの残差が存在する．残差の絶対値は Y を測った測定単位に依存するので，ある点が直線から離れすぎているかどうかを判定するためには，すべての残差が標準化される必要がある（それぞれの残差をそれ自身の標準偏差（おおよそ誤差平均平方の平方根に等しい）で割る）．さて，標準化された残差が 2 よりも大きいかあるいは -2 よりも小さい場合は，直線からかなり離れていると考えてよい（ちょうど直線上の点は，残差の絶対値も標準化されたものも 0 である）．実は，残差のおよそ 95% は上下にそれぞれ 2 標準偏差分を取った区間内に存在するからである．この例での 29.85 という残差は直線から標準偏差の 2.39 倍のところにある．ゆえに，この残差は残差分布の確率 5% しかない裾の領域内にあることになる．

これを問題にすべきだろうか？　このデータセットは 31 点をもち，その 1 点のみが外れ値として検出された．大雑把にいうと，20 点のうち 1 点ぐらいは平均から 2 標準偏差以上離れているものである（これは本当は確率 0.05 の意味である）．それゆえ，これはたぶん驚くほどのものではないのだろう．

影響力のあるデータ点

種子データセットは，別の種類の異常な観測値をもっている．8 番目のデータ点（植物密度 50，種子重 290）は，その標準化された残差が 2 よりも大きくないし，-2 よりも小さくないのだが，その影響力の大きさから外れ値とされる．これには統計学上の非常に特徴的な意味がある．PLANDEN に対する SEEDWGHT の散布図を見てみよう（図 2.13）．問題の点は極端に左に寄っていることがわかる．このように X 値の範囲の端にある点は，適合直線の決定に

BOX 2.6　影響をもつ点を除いた後の解析

回帰分析
（データ点 8 を除いた後の種子データセット）

モデル式：SEEDWGHT = PLANDEN
PLANDEN は連続型

SEEDWGHT に対する分散分析表

変動因	DF	SS	MS	F	P
回帰	1	6245.8	6245.8	71.94	0.000
誤差	17	1476.0	86.8		
合計	18	7721.8			

R^2 は 80.9%

係数表

項	Coef	SECoef	T	P
定数	302.910	9.903	30.59	0.000
PLANDEN	−0.62431	0.07361	−8.48	0.000

適合式は SEEDWGHT = 302.9 − 0.624 PLANDEN．

大きな影響力をもつのである．その影響の大きさを評価するには $(x' - \bar{x})/\sqrt{\text{SSX}}$ を用いるとよい（2.5 節の予測区間における議論を参照）．これは，$\bar{x}$ からの各 x' 値の偏差を標準化したものであり，データ点が影響力をもつかどうかの判断材料として利用できる．このデータセットにおいては，8 番目のデータ点での値だけが 2 よりも大きいかあるいは −2 よりも小さい範囲に入っている．そこで，重要な問題は，この点がその適合直線に過度に影響を与えたかどうかということになる．

この問題を調べるための最も簡単な方法は，その点を除いて再び解析を行なうことである．それを行なったのが Box 2.6 の ANOVA 表である．これを Box 2.2 の結果と比較すると，適合式に基本的な違いはないし，何ら結論も変化していない．図 2.13 に，全データセットに対する適合直線が実線で，また縮小したデータセットの適合直線が破線で示されている．これを見ても，1 点の除去に反応して適合直線がわずかに傾くだけであることがわかる．この変化は問題なのだろうか？　その変化が統計学的に意味をもつかどうかを決定するために，モデル間の比較法についての議論を後の章で行うことにする．ある 1 点でモデルが根本的に変ってしまうような場合には（その点が外れ値でかつ影響力をもつとき頻繁に起ることだろう．図 2.14 参照），結果をどう示すべきか悩むかもしれない．ただ単にその点を除去するというやり方では，正直であるとはいいがたい．その点が影響力をもつ点であるのか，外れ値であるのか（あるいはその両方なのか）わからなくなるからである．むしろその点がどれほどの違いを生み出すかを説

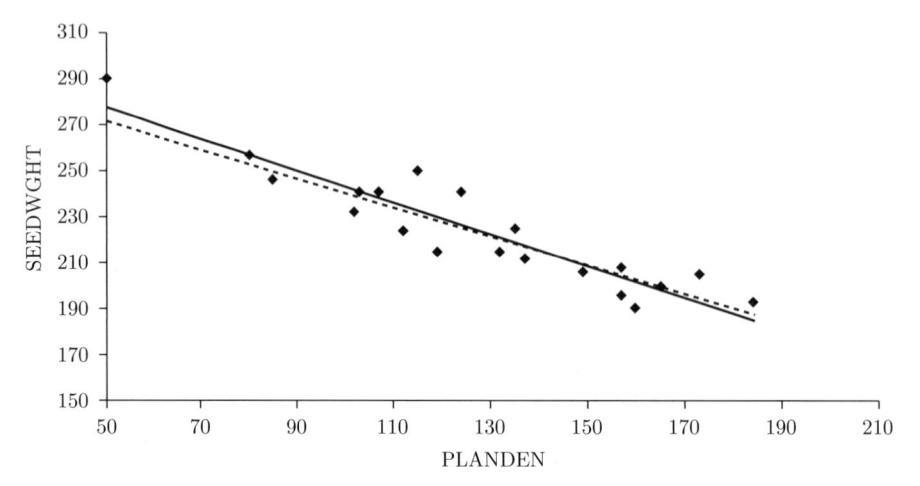

図 2.13 データセットが外れ点（点番号 8）を含む場合（実線）と含まない場合（破線）の適合直線

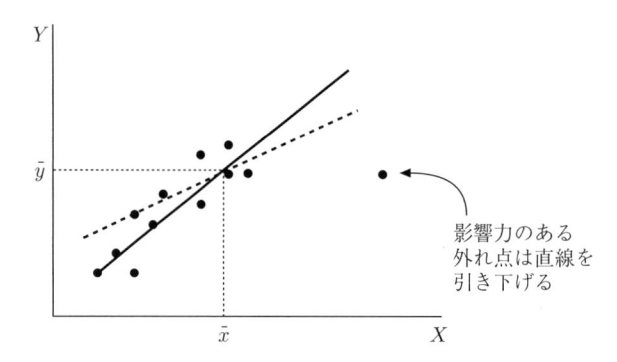

図 2.14 影響力のある外れ点は適合直線に大きく影響するときがある

明するためには，両方のモデルを示すほうが有益かもしれない．

2.8　X と Y の役割 — どちらをどっちへ

　回帰とは 2 つの連続型変数間の関係を調べることである．X と Y としてどちらの変数を選ぶかによって違いが生じるだろうか？　両方に最良の適合直線を求める方法を適用すると，実は，異なる結果になってしまう．つまり，X と Y が交換されると，2 つ適合直線が求められることになる．

　樹木データセットに戻り，実際に両方を実行して，このことを説明しよう．Box 2.1 で回帰分析は次のような最良の適合直線を与えた．

$$\text{VOLUME} = -87.1 + 1.54 \cdot \text{HEIGHT}$$

これは垂直方向の偏差を最小化した結果である．しかし，VOLUME が説明変数で HEIGHT が応答変数であったならば，最良の適合直線は次のようになる．

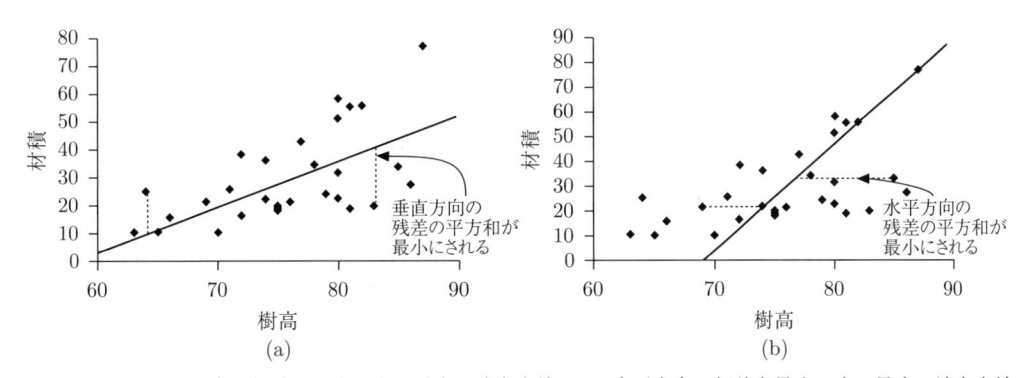

図 2.15 (a) 垂直方向の偏差を最小にする最良の適合直線，(b) 水平方向の偏差を最小にする最良の適合直線

$$\text{HEIGHT} = 6.90 + 0.232 \cdot \text{VOLUME}$$

結果を1番目と同じ軸方向でプロットすると，2番目の適合直線はもう少し急な傾きになる（図 2.15）．なぜなら，この場合最小化されるのは水平方向の偏差だからである．

本章で議論されてきた方法である垂直方向の偏差を最小化するものを**モデル I 回帰**（model I regression）と呼ぶことにしよう．モデル I 回帰の選択を正当化する2つの立場がある．その最初のものは，測定誤差はどちらの変数にあると信じるかということに関係する．偏差最小化の背後にある論理は，誤差を最小化することである（変動の最大量を直線で説明しようとする）．樹高が正確に測定されたと仮定されるならば（そして，2変数は線形関係であるならば），垂直方向（つまり材積）の偏差を最小化することで誤差を少なくできるだろう．言い換えると，点が正確に直線上に乗っていない唯一の理由は，材積のもつ測定誤差のせいであると見なすのである．しかし，正確に測定されるのが材積ならば，水平方向の偏差が最小化されるべきである（したがって，軸が交換された後，モデル I 回帰が実行されることになる）．ゆえに，ある変数が正確に測定され，すべての測定誤差は他方の変数側にあるとするならば，正確な変数のほうが説明変数となる．もう1つの正当化の立場に考えを進める前に，まずは，この第1の立場に関係することについて考えてみよう．

この例の樹高と材積には，どちらにも明らかに誤差がありそうである．このとき，モデル I 回帰では意味がなくなるのだろうか？ 測定誤差が X と Y の両方にあるとわかっている場合に，2つの変数のどちらが X として選ばれるべきだろうか？ このような状況では，しばしば**モデル II 回帰**（model II regression）と呼ばれる手法が実行される．これはどのようなものなのだろうか？ また，考慮する価値があるのだろうか？ モデル II 回帰は，両方の軸に誤差が配分されていて，どちらにも明らかに誤差があるという状況において，2変数の関係をうまく処理しようとするものである．これを行なうと，図 2.15 に示された2つの場合の中間的な最適合直線が選択されるという結果になる．面白そうではあるけれども，次のようないくつかの問題点も附随してくる．

(1) X と Y に分配される誤差の割合がわかっている必要がある．そのためには，その配分を評価する独立なデータが別に必要であろう．そうでないと，憶測したにすぎないという結果

になってしまうだろう．

(2) **直線関係からの偏差はすべて測定誤差からきていると仮定する**．生物学では，これは極めてありそうにもないことである．他のいろいろな要因がそこでは働いているはずである（たとえば，樹木間の遺伝的また環境的な違いが，生長後の形態の多様性を生み出すだろう）．そのような関連する変数を解析から取り除くと，直線から外れる原因となる．また，それらの変数が考慮されていたという事実どころか，測定されたということさえ確かめることができなくなるのである．これら除外された変数に由来する誤差は，あたかもモデル II 回帰での測定誤差であるかのように処理され，ある比率で 2 つの軸に分けられてしまう．これら除外された変数が残されている変数と特別な関係があり，それでその変数を考慮したことになるというのでない限り，このやり方は適当ではない．

ではどうすればこの矛盾を解決できるだろうか？ここでは，2 番目の正当化について考えてみよう．これは，適合直線は「測定されて与えられた X」と「Y の期待される値」との関係を表現している，という見解を採用することでモデル I 回帰を正当化するのである．これは X に対して測定誤差を認めないわけではなく，与えられた一連の X 値のもとで，その X 値を条件として得られた関係であると述べることになる．このように考えると，ある変数から他の変数を式で表そうとするには，やはり垂直方向の偏差を最小化するという方法で十分であることがわかる．統計学の理論と実践の基本構造には，この垂直方向の偏差の平方を最小にするという考え方が組み込まれていて，この 2 番目の正当化が，その考え方を問題なく使う上での正しい理由付けを与えてくれるのである．

まとめると，次の場合にのみ，モデル II 回帰を行うことが適当である．

(i) 測定誤差が，直線関係からの偏差の唯一の原因であるということがわかっている．
(ii) 測定誤差は X 変数と Y 変数に正確に分配されている．

ここでは詳しく議論しないが，R.R. Sokal & F.J. Rohlf 著「*Biometry*」(Freeman) ではもっと十分な説明がされている．最初の (i) が成り立つが，軸間での誤差の分配割合が不明ならば，モデル I 回帰が 2 つ実行されることになる（上記の例のように）．その結果，仮説的な関係の両極端を表す 2 つの直線が得られるだろう．誤差が X にあり，解析に関係しているにもかかわらず除外されている他の変数が明らかに存在するならば，「測定されて与えられた X」と Y との間のモデル I 回帰がまさに妥当であろう．

2.9 要約

本章では，連続型の説明変数を含むように分散分析を拡張して考えた．議論された新しい概念は次のとおりである．

- 最良の適合直線を選ぶための最小 2 乗法の基準．
- 適合値，つまり，最良の適合式から予測される Y の値．

- なぜ幾何的類似が直角3角形になるのか.
- R^2 と p 値は回帰分析での中心となる統計量.
- 信頼区間と予測区間.
- 外れ値と影響力をもつ点.
- モデル II 回帰を使う際の適切な条件.

2.10 練習問題

体重は脂肪量の多さを意味するのか

体重のみを使って，人がどれくらい脂肪を体につけているかを予測することができるだろうか？ ある研究で策定された健康維持計画において，19人の学生の皮下脂肪の厚さが測定され，全体脂肪が体重の百分率として推定された（脂肪量減少（reduced fats）データセットにある）．体重は kg 単位で測定された．

Box 2.7 はこれらのデータの回帰分析を示し，図 2.16 はその散布図を示す．

(1) 最良の適合直線を求めよ．
(2) 適合直線によって説明される，データの変動の割合はいくらか？
(3) 傾きを推定するとき，データから与えられる情報はどうまとめられるか？
(4) その傾きが 0 と異なっているとする証拠はどれくらい強いか？
(5) 2 変数の関係について，傾き 0 が意味するものは何か？

雌雄異株の樹木

この問題は，第1章の最後の練習問題で使われた雌雄異株データセットを用いている．このデータセットは，3つの列，FLOWERS, SEX, DBH で構成されている．

(1) FLOWERS と DBH がどのように関係するか図で説明せよ．
(2) 回帰分析を使って，DBH から FLOWERS を推定する最良の適合直線を求めよ．
(3) 最良の適合直線の傾きが 4 に等しいとする帰無仮説を検定せよ．

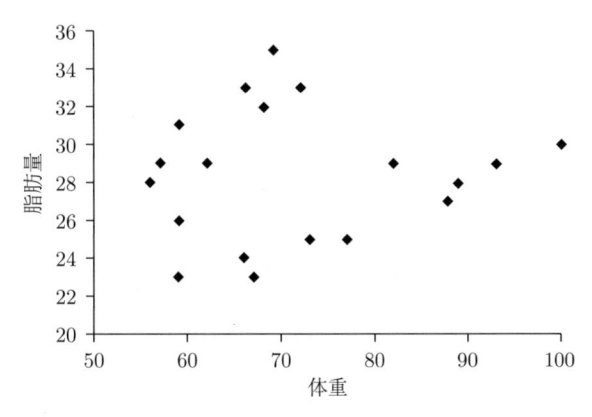

図 2.16 脂肪量減少データのグラフ

BOX 2.7　脂肪データセットの回帰分析

回帰分析

モデル式：FAT = WEIGHT
WEIGHT は連続型

FAT に対する分散分析表

変動因	DF	SS	MS	F	P
回帰	1	1.33	1.33	0.10	0.751
誤差	17	217.09	12.77		
合計	18	218.42			

係数表

項	Coef	SECoef	T	P
定数	26.886	4.670	5.76	0.000
WEIGHT	0.02069	0.06414	0.32	0.751

第3章
モデル，母数，GLM

前の2つの章では，データのもつ特徴を説明するために説明変数としてカテゴリカル型と連続型を用いた．この2種類の解析，ANOVAと回帰は共に共通した手法を用いている（変動の分解など）．本章では，両解析がどちらも一般線形モデル（GLM）の1形式に他ならず，満たすべき同じ仮定の下で利用できることを説明しよう．そうなるともはや，これらを異なる解析手法であると考える必要はないだろう．実際，複数個のカテゴリカル型説明変数や連続型説明変数を組み合わせるという拡張も考えられる．

3.1 母集団と母数

巻末の「復習」では，母集団とは，そこから標本を取り，平均を推測するための無限個の個体の集まりであると説明している．平均は統計学で出会う最も重要で最も単純な母数であるが，真の母集団平均（μ）は正確に知ることのできない量である．平均の推定値がどの程度信頼できるものなのか知るために，標本分散もまた計算され，それを使って信頼区間を設定できる．母集団分散（σ^2）もまた決して正確には知りえないものであり，標本分散がその推定値である．このように，統計学における第一歩は，2つの母数 μ と σ^2 から始まる．

第1章では，3つの平均を推定した．肥料A，B，Cを与えた区画から得られると期待できる平均収穫量 μ_A, μ_B, μ_C である．また，母集団分散 σ^2 も推定した．ここでは，母集団というものを広い意味で捉え，実験で得られるはずであると観念的に理解されるすべてのデータ点からなる集合として考えることにする．このデータ点の集合を完全な形で手に入れることは絶対にできない．では，母集団をどのように定義すればよいのだろうか．それは母数で記述されたモデルを通して定義すればよいのである．ここでは，次のようになる．

$$\text{YIELD} = \left\{ \begin{array}{c} \mu_A \\ \mu_B \\ \mu_C \end{array} \right\} + \epsilon$$

ただし，ϵ は，すべてのデータ点において独立に平均0と分散 σ^2 をもつ正規分布に従って得られるものである．中括弧は中のどれかを選ぶということを表し，どの肥料A，B，Cについて考えているかに対応してその平均収穫量が1つだけ選ばれる．連続分布に従う ϵ の追加で，

表 3.1 母数と推定値

母集団母数	通常の帰無仮説	標本推定値
μ, σ^2	$\mu = 0$	$\bar{y}, s^2$
$\mu_A, \mu_B, \mu_C, \sigma^2$	$\mu_A = \mu_B = \mu_C$	$\bar{y}_A, \bar{y}_B, \bar{y}_C, s^2$
α, β, σ^2	$\beta = 0$	a, b, s^2

可能な収穫量のすべてを表している「母集団」を無限母集団とみなすことができる．ϵ の分散 σ^2 は，データセットで説明できなかった変動から推定される．

第 2 章では，31 本の木の樹高と材積の間の回帰分析を行った．このときも，データセットは無限に大きいデータ集合からの 1 つの標本として考えられた．この母集団をより正確に定義するには，ここでもまたモデルというものが必要となる．つまり，

$$\text{VOLUME} = \alpha + \beta \cdot \text{HEIGHT} + \epsilon$$

ただし，ϵ は前と同様に定義される．いま，変数 HEIGHT のある特定の値を使って VOLUME の値を予想しなければならないとしよう．このとき計算で求めた回帰式の切片と傾きは，母集団における「真の関係」を表す回帰式の「真の」切片 α と「真の」傾き β の推定値なのである．ここでもまた，連続分布から得られる項 ϵ を加えているので，母集団は無限母集団となっている．

それゆえに，今考えた 3 つの解析は，標本と母集団，母数とモデルといった言葉を使って表現できる．このとき，帰無仮説は母数に関する疑問を要約的に表現することになる．その疑問に答えるために，標本推定値が利用され，帰無仮説の検定が行われるのである．ここで議論した 3 つの解析の母集団母数，帰無仮説，標本推定値は表 3.1 に与えられている．

3.2　1 次式ですべてのモデルを表現する

前の 2 つの章で，伝統的には異なる 2 種類の解析（ANOVA，回帰）を行なった．どちらでも，解きたかった問題を「言葉による式」の形で表現することができる．応答変数（データを表している）は左辺に，データに影響を与えるだろうと予想している変数（説明変数）は右辺に置かれる．ゆえに，どちらの解析でも，その形式は次のように 1 次式で書ける．

$$\text{YIELD} = \text{FERTIL}$$
$$\text{VOLUME} = \text{HEIGHT}$$

この 2 つのモデル式の主な違いは，FERTIL がカテゴリカル型で，HEIGHT が連続型であるというところにある．両式ともに「応答変数は説明変数の影響を受けるか？」という疑問を表現している．多くの統計パッケージでは，その解析が ANOVA であるか回帰であるかをもはや区別する必要はない．一般線形モデルを用いれば，ただモデル式を書き込み，説明変数が連続型かカテゴリカル型かを指定するだけでこれらの解析を行なってくれる．

以後，ANOVA と回帰分析のことを（そして，共分散分析，因子分析，多項式回帰などそれ

BOX 3.1　樹木データセットに対する一般線形モデル

一般線形モデル

モデル式：VOLUME = HEIGHT
HEIGHT は連続型

VOLUME に対する分散分析表

変動因	DF	Seq SS	Adj SS	Adj MS	F	P
HEIGHT	1	2901.2	2901.2	2901.2	16.16	0.000
誤差	29	5204.9	5204.9	179.5		
合計	30	8106.1				

係数表

項	Coef	SECoef	T	P
定数	-87.12	29.27	-2.98	0.006
HEIGHT	1.5433	0.3839	4.02	0.000

らすべての組合せを）一般線形モデルと呼ぶことにする．この一般的な理論体系を補強するために，次の2つの新しい概念を導入しよう．

(1) 2種類の平方和．
(2) カテゴリカル型の説明変数をもつモデルにおいて適合値を表現するための別の方法．

　樹木データセットを一般線形モデルとして再計算した結果，Box 3.1 のような分散分析表と係数表が得られた．結果は前と全く同じであるが，HEIGHT で説明される平方和が2列になって表示されている．1つは逐次平方和（Seq SS），もう1つは調整平方和（Adj SS）である．この例では説明変数が1つしかないので，これらは同じものになる．「逐次」や「調整」がいったい何を意味しているのかは，もっと複雑なモデルを扱う次章で明らかにしよう．今のところ，2列とも HEIGHT の平方和と誤差の平方和を表しているにすぎない．

　逐次平方和と調整平方和という用語や，またどこにその結果を表示するかということなどは，統計パッケージによって異なっている．本書では，ANOVA 表の両平方和を隣合せで並べる表示法を採用する．そのほうが，読者にとって便利で，また理解しやすいだろう．ここでの表示は Minitab の表示法に準拠している．しかし，他のパッケージの出力との関係は，Web 上のパッケージ専用の補足で詳しく述べておいた．

　では，この例と，肥料（fertilisers）データセットに対して一般線形モデルを適用したもの（Box 3.2）とを比較してみよう．内容の本質的なところは同じである．どちらでも，2変数が関連しているかどうかを検定するのに分散分析表を使っている（HEIGHT は VOLUME を説明するための何らかの情報を与えてくれるか？ p 値が 0.0005 よりも小さいので，その答えは「イエス」である．FERTIL で YIELD の違いを説明できるか？ $p = 0.009$ なので，この

BOX 3.2 肥料データセットに対する一般線形モデル

一般線形モデル

モデル式：YIELD = FERTIL
FERTIL はカテゴリカル型

YIELD に対する分散分析表

変動因	DF	Seq SS	Adj SS	Adj MS	F	P
FERTIL	2	10.8227	10.8227	5.4114	5.70	0.009
誤差	27	25.6221	25.6221	0.9490		
合計	29	36.4449				

係数表

項	Coef	SECoef	T	P
定数	4.6437	0.1779	26.11	0.000
FERTIL				
1	0.8013	0.2515	3.19	0.004
2	−0.6447	0.2515	−2.56	0.016
3	*−0.1566*			

表 3.2 母数の推定値からの処理平均の求め方

肥料	平均
1	$\mu + \alpha_1$
2	$\mu + \alpha_2$
3	$\mu - \alpha_1 - \alpha_2$

答えも「イエス」である）．係数表は「変数同士がどのように関係しているか」について教えてくれる．樹木データセットにおけるこの答えは，前と同様に，その当てはめられた関係式（VOLUME = −87.12 + 1.5433 HEIGHT）に他ならない．しかし，肥料データセットに対する係数表の表示は変化している．列 Coef の 1 番目の項は定数（constant）である．このデータセットにおいては，その数は全平均 $\bar{y}$ に他ならない．これは，どの肥料群も同数の実験区画をもっていたためである．一般的には，3 つの肥料群平均を群内のデータ数で重み付けしないで計算した平均となる．第 2 項以降には，肥料 1 と肥料 2 に対する 2 つの数値が並び，肥料 3 に対する数値は斜体で表記されている．なぜだろうか？

最初の 2 つの肥料に対する数値は，それぞれ群平均の全平均からの偏差（α_1, α_2）を表す．3 つの偏差が与えられたならば，その和は定義により 0 にならなければならないので，3 番目の偏差は前の 2 つから計算できる．3 つの処理における平均は，表 3.2 のように求められる．

結果をこのように表現するやり方に，奇妙な感じを受けるかもしれないが，これにはこれなりの利点がある．モデルを当てはめるときの 2 つの手続きを反映しているのである．つまり，

表 3.3 肥料 3 が基準点に選ばれたときの計数表

母数	推定値
切片	4.4870
肥料 1	0.9579
肥料 2	−0.4880
肥料 3	0.0000

表 3.4 係数表（表 3.3）からの処理平均の求め方

肥料	平均
1	$\mu + \alpha_1$
2	$\mu + \alpha_2$
3	μ

　初めに母集団平均（1 個）を当てはめ，次に 3 個の処理平均を当てはめた．ただし，この 2 番目の当てはめでは 2 つの母数が計算されるだけである（これでさらに 2 つの自由度が失われることを意味する）．

　どの統計パッケージも固有の表記法を用いている．本書は Minitab に準拠しており，3 つの群平均の平均を基準点とし，それを定数（constant）と呼んでいる．しかし，SAS や SPSS がどのような表記法を採用しているか知っておくことも有益である．どちらも最後の群（ここでは肥料 3）を基準点（そこでは切片と呼ばれる）にしていて，肥料 1, 2 に対する係数はこの基準点からの偏差となっている．このときに対応する係数表は表 3.3 のようになる．

　切片を μ，2 つの偏差を α_1, α_2 と置くと，これらの推定値を 3 つの処理平均の推定値に変換する式は表 3.4 のようになる．

　このように基準点の取り方もいろいろとあり，これらを**別名表記**（aliassing）と呼んでいる．基準点を群 1 に取る統計パッケージもある．しかし，どの方法も全く同じものであって，統計パッケージが係数表をどのように表現するかというだけの問題にすぎない．次節では Minitab の別名表記を採用する．SAS や SPSS の利用者向けには，次節の同じ練習問題について Web 上のパッケージ専用の補足で詳しく述べている．

3.3　見方を変えて，データセットを生成する

　理想的な世界ならば，データは完璧な振舞いをするかもしれない．その世界で，2 変数の関係は線形関係で，データはその直線や平均の回りで正規分布に従うと仮定してみよう．しかし，その世界でさえも，母数の真の値を発見することはできないのである．これを説明するために，母数を具体的に指定してデータセットを生成し，そのデータセットを解析してその同じ母数が再発見できるか試してみよう．第 1 章の肥料データセットの人工版を作るわけである．

　そのために，3 変数 DUM1, DUM2, F を Box 3.3 のように定義する．このとき，真の母数を $(\mu, \alpha_1, \alpha_2, \sigma)$ とする．最後に，これらをモデルに組み込んで，データ変数 Y を生成する．乱数を発生させる命令をプログラムに与えることで平均 0, 標準偏差 1 の正規分布からの乱数

> **BOX 3.3 データセットを生成する**
>
> 3 つの変数:
> DUM1　　　群 1 の場合 1, 群 2 の場合 0, 群 3 の場合 -1 とする
> DUM2　　　群 1 の場合 0, 群 2 の場合 1, 群 3 の場合 -1 とする
> F　　　　　3 つの肥料群に対するコード
>
> 「真」の母数値の設定：
> K3 = 12.2　　定数
> K1 = 5.0　　 定数からの群 1 の偏差 (α_1)
> K2 = -2.5　 定数からの群 2 の偏差 (α_2)
> K4 = 1.5　　 誤差の標準偏差 (σ)
>
> モデルを設定する:
> 30 個の正規乱数, error は標準正規分布に従う
> Y = K3 + K1* DUM1 + K2* DUM2 + K4* error

を取り出すことができる（この命令の実行は使用する統計パッケージに依存するだろう）．これに定数を掛けると，いろいろな分散をもつ正規分布からの乱数に変換できる．

どのような仕組みになっているのか，群 1 のデータ点について見てみると，モデルは次のようになる．

$$Y = K3 + K1 + \epsilon$$

ϵ は平均 0, 分散 1.5 の正規分布からの乱数である．同様に，群 3 で，

$$Y = K3 - K1 - K2 + \epsilon$$

となる．群 3 ではさらに別の偏差を準備する必要はない．

これでデータセットが生成できた．これを使って，最初に設定した母数の値が再発見できるか解析してみよう．その解析結果が Box 3.4 である．このような擬似のデータセットを生成するプログラムは Web 上のパッケージ専用の補足に与えられている．

この例では，得られた母数の推定値は真の値に比較的近いものであるように見える（表 3.5）．母集団の標準偏差 σ は 1.5 に設定されたが，これを大きくすると，推定値の信頼度は低下するだろう．このことは，σ の推定値である s が，すべての母数の推定量の精度を決める鍵になるということを意味する．最後に，誤差の自由度（s に関連する独立な情報要素の個数）からどの t 分布を用いるべきかが決定され，それにより信頼区間が設定され，t 検定が行なわれることになる．

データ数が母数の推定量の精度にもたらす影響

表 3.5 の母数値で，σ の値だけを 2 に変更して，データセットが再び生成された．ただし，各肥料での実験区画数も 5, 10, 20, 40 といくつかの場合が試され，それぞれの場合に対して，

BOX 3.4 推定による母数の復元

一般線形モデル

モデル式：$Y = F$
F はカテゴリカル型

Y に対する分散分析表

変動因	DF	Seq SS	Adj SS	Adj MS	F	P
F	2	347.54	347.54	173.77	102.00	0.000
誤差	27	46.00	46.00	1.70		
合計	29	393.54				

係数表

項	Coef	SECoef	T	P
定数	12.1169	0.2383	50.85	0.000
F				
1	4.8073	0.3370	14.26	0.000
2	−2.6145	0.3370	−7.76	0.000
3	−2.1928			

表 3.5 設定された母数値と GLM 推定値の比較

	設定された母数値	GLM 推定値
μ	12.2	12.1169
α_1	5.0	4.8073
α_2	−2.5	−2.6145
$-\alpha_1 - \alpha_2$	−2.5	−2.1928
σ	1.5	1.3038

データセットは10回生成された．これらの解析が実行されるごとに，乱数発生の命令は異なる乱数を発生させるので，常に新しいデータセットが使われている．これにより，どの母数にも10個の推定値が計算されることになった．

1肥料当たりの実験区画数を5から40へと変化させたので，全体で4種類の実験が行なわれたことになる．その実験ごとに10個のデータセットが取られ，そのそれぞれから得られた全平均の推定値の分布が図3.1で示されている．繰り返された40回の実験すべてにおいて真の全平均は12.2とされたが，得られた平均の推定値は，1肥料当たりのデータ数40個の場合よりも，わずか5個のデータ数の実験のほうがはるかに大きな変動を示している．このことは，実験の精度がデータ数にいかに依存するかをはっきりと表している．実践の場では，データ数の設定は研究資金の制約を受けることが多い．

(a) $n=5$ のときの全平均の推定値

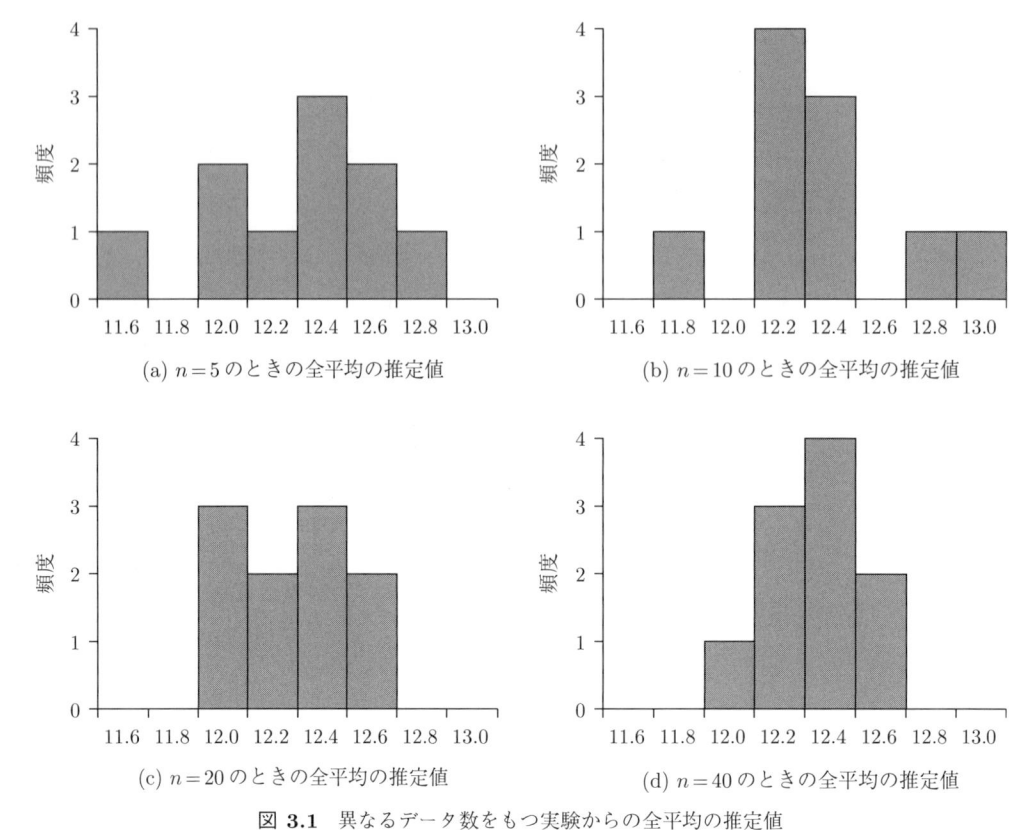

(b) $n=10$ のときの全平均の推定値

(c) $n=20$ のときの全平均の推定値

(d) $n=40$ のときの全平均の推定値

図 3.1 異なるデータ数をもつ実験からの全平均の推定値

3.4 要 約

本章では，ANOVA と回帰はどちらも一般線形モデルの1形式にすぎないことを示した．線形モデルとは，母数で母集団を定義する手段の1つである．データセットを解析し，その母数を推定するために，モデルを言葉による式で指定できる．そこには，連続型変数あるいはカテゴリカル型変数のどちらも含めることができる．次の段階は，2個以上の変数をもち，カテゴリカル型変数と連続型変数を混在させるモデルを導入することである．そうすることにより，一般線形モデルの柔軟性が明らかになるだろう．

3.5 練習問題

母集団のもつ変動は解析にどのような影響をもたらすか

表 3.5 の母数値を用いてデータセットを生成せよ．ただし，1 処理当たりの実験区画数は 10 とし，σ を 2, 4, 8, 16 と変化させよ．これら 4 種類のデータセットの解析を，おのおの 10 回行え．図 3.1 と同じように全平均の推定量のヒストグラムを，この 4 種類について作成せよ．σ の変化は推定量の精度にどれほどの影響を与えているだろうか？

第4章

2つ以上の説明変数を使う

4.1 なぜ2つ以上の説明変数を使うのか

これまでの3つの章では，データの傾向を説明するために1つの説明変数だけを用いた．それによって，複数の平均の違いを検出し，2つの連続型変数間の関係を探索してきた．しかし，状況によっては説明変数が2つ以上になることも多い．他の変数をさらに含めるとその解析が複雑になるのではないかと考えて，最初はあまり積極的になれないかもしれない．しかし，まさにその逆が正しいのかもしれない．第3の重要な変数を含めないと，最初の2つの変数の有意な関係を見逃したり，全く間違った結論に至る可能性がある．次の2つの例を使ってこのことを直感的に説明してみよう．

間違った結論への飛びつき

背の高い子供は算数ができるという仮説を考え，それを小学校から収集したデータで検定した．ある範囲の年令の32人の子供達が無作為に選ばれた．算数のテストを受けてもらい，さらにその身長が測定された（データは，算数（school children's maths）データセットにある）．AMA（平均算数能力）に対して説明変数 HGT（身長）を用いた一般線形モデルの p 値は非常に小さかった（$p < 0.005$）．このことから身長は子供の算数能力に影響すると結論されるかもしれない（Box 4.1）．

しかし，この関係が因果関係に由来すると結論してしまうのは間違いなのであろう（どのような観察データにおいてもこのような警戒心は賢明である）．子供達は年令のある範囲に渡って抽出されたため，年令それ自体がこの関係に影響するのではないかと疑念をもつことは論理的だろう．そこで，3番目の変数をモデル式に加えて，次のように問い直すことにしよう．

$$AMA = YEARS + HGT$$

これは，YEARS か HGT のどちらかが（あるいは両方が）算数能力の予測に使えるかどうかを聞いていると解釈できる（Box 4.2 参照）．

その結果，身長の影響の有無にかかわらず，子供の年令が算数能力の強い予測要因であることがわかる（$p < 0.0005$）．一方，年令が考慮された後では，身長は重要ではない（$p = 0.860$）．

BOX 4.1　身長は数学的能力を説明できるか

一般線形モデル

モデル式：AMA = HGT
HGT は連続型

AMA に対する分散分析表，検定は調整平方和を用いる

変動因	DF	Seq SS	Adj SS	Adj MS	F	P
HGT	1	412.77	412.77	412.77	726.87	0.000
誤差	30	17.04	17.04	0.57		
合計	31	429.81				

BOX 4.2　身長の代わりに年令で数学的能力を説明する

一般線形モデル

モデル式：AMA = YEARS + HGT
YEARS と HGT は連続型

AMA に対する分散分析表，検定は調整平方和を用いる

変動因	DF	Seq SS	Adj SS	Adj MS	F	P
YEARS	1	422.60	9.84	9.84	39.63	0.000
HGT	1	0.01	0.01	0.01	0.03	0.860
誤差	29	7.20	7.20	0.25		
合計	31	429.81				

最初の結果は，身長と算数能力の両方が年令と強い相関をもっていたので生じたにすぎない．ゆえに，この3番目の変数を除外すると，残りの2変数の間に人工的な関連を生み出してしまうのである．説明変数の2番目を加えると，モデル式が問い掛けている内容も変えることになる．つまり，問題は今や「年令の違いが考慮された後でも，身長は算数能力に影響を与えているのか？」ということになる．答えは「ノー」である．また，「身長の違いが考慮された後でも，年令は算数能力に影響を与えているか？」と問うこともできる．答えは「イエス」である．

有意な関係の見逃し

苗木に与える散水量が，樹高を決めるのに重要かどうかを決定するため，実験が行われた．4水準の散水頻度に対して40本の苗木が配分された．4ヶ月後，最終的に樹高が測定された（苗木 (saplings) データセットにある）．図4.1 は，異なる散水水準に従って苗木の樹高を示したものである．

4群間の最終樹高（FINALHT）の違いを調べるために行われたデータ解析では，有意な違

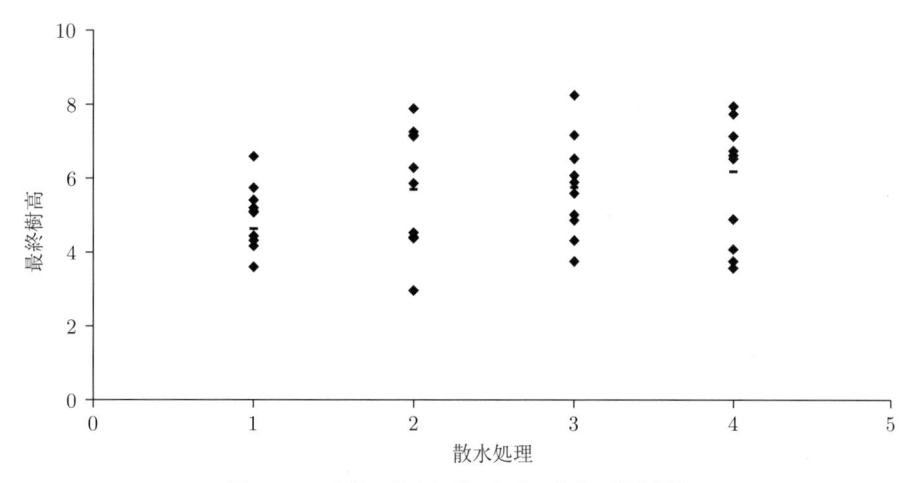

図 **4.1** 4 水準の散水処理における苗木の最終樹高

いは検出できなかった（Box 4.3 (a) の WATER に対して $p = 0.136$）．しかし，苗木の最終樹高は，初期樹高（INITHT）にも大きく影響されそうである．苗木が 4 群に無作為に配分される限り，結果に偏りは生じないが，初期樹高は大きな誤差変動をもっていることだろう．それが考慮されれば，もっと鋭敏な解析になるはずである．これは，初期樹高を説明変数として追加することによって可能となる．実際に再び解析してみると，有意でなかった結果が一転して有意になっている（Box 4.3 (b) の WATER に対して $p < 0.0005$）．

まとめると，Box 4.3 (a) の最初の解析では，苗木の最終樹高が散水水準の間で有意に異なるかどうかが問われた．一方，2 番目の解析では，いったん初期樹高における違いが考慮された後で，最終樹高が異なるかどうかが問われた．結局，最初の解析が失敗したのに比べて，重要な説明変数（初期樹高）を考慮した 2 番目の解析では違いが検出できたのである．

これら 2 種類の問題（有意な関係を見逃す，あるいは間違った結論に飛びつく）は，統計学ではよく起ることである．これを解決するための単純な方法としては，同程度の大きさの樹木（あるいは同じ年令の子供達）だけを含めたデータセットに限定するというやり方がある．しかし最も良い解決法は，計画段階あるいは解析段階でこの問題に気付くかどうかにかかっている．ある同一年令または同一樹高についての答えを求めているのであれば，ある限られた子供達あるいは樹木だけからデータを集めればよい．しかし，解析段階になってこの問題に気付いたとすると，そのやり方ではデータの一部しか使えないことになり，データセットの大きさが極端に減少してしまう．それよりも，有効な解析を求めたいならばすべての情報を用いたほうが効果的なはずである．

ここで用いた例はわかりやすいが，そううまくはいかないことも多く，見逃した変数が原因で悩ましい結果が生じることもよくある．これら第 3 の変数を解析に含められたら，そのような影響を消去できるはずである．よって，このような過程は**統計的消去**（statistical elimination）と呼ばれている．

> **BOX 4.3(a)** 散水頻度のみでは最終樹高に違いは見られない
>
> 一般線形モデル
>
> モデル式：FINALHT = WATER
> WATER はカテゴリカル型
>
> FINALHT に対する分散分析表，検定は調整平方和を用いる
>
> | 変動因 | DF | Seq SS | Adj SS | Adj MS | F | P |
> |---|---|---|---|---|---|---|
> | WATER | 3 | 12.895 | 12.895 | 4.298 | 1.97 | 0.136 |
> | 誤差 | 36 | 78.461 | 78.461 | 2.179 | | |
> | 合計 | 39 | 91.356 | | | | |

> **BOX 4.3(b)** 初期樹高を考慮に入れると散水頻度は最終樹高への有意な影響をもつ
>
> 一般線形モデル
>
> モデル式：FINALHT = WATER + INITHT
> WATER はカテゴリカル型，INITHT は連続型
>
> FINALHT に対する分散分析表，検定は調整平方和を用いる
>
> | 変動因 | DF | Seq SS | Adj SS | Adj MS | F | P |
> |---|---|---|---|---|---|---|
> | WATER | 3 | 12.895 | 1.052 | 0.351 | 64.77 | 0.000 |
> | INITHT | 1 | 78.272 | 78.272 | 78.272 | 1.4E+04 | 0.000 |
> | 誤差 | 35 | 0.190 | 0.190 | 0.005 | | |
> | 合計 | 39 | 91.356 | | | | |

4.2 残差を考慮することによる消去

統計的消去の本質を理解するために，以下のような解析を考えてみよう．HGT を YEARS に回帰させ，残差を取ると，どの子供がその年令で予測されるよりも身長が高いか低いかを知ることができる（図 4.2(a)）．正の残差（直線よりも上側にある点）が示すのは，モデルが予測するその年令時の身長よりも背の高い子供達である．一方，負の残差は期待されるよりも背の低い子供達を示している．同様に，AMA を YEARS に回帰させたときの残差は，どの子供がその年令で期待されるよりも算数の点数が良いか悪いかを教えてくれる（図 4.2(b)）．これらの回帰プロットから得られる残差の集合をそれぞれ R_1, R_2 としよう．

2 つの残差集合間の関係を見ることによって，「ある年令で期待されるよりも背の高い子供は，その年令で期待されるよりも算数の点数は良いか？」と実際に問うことができる．R_1 と R_2 に正の相関がある場合（図 4.3(a)），それは正しいかもしれない．しかし，相関がない場

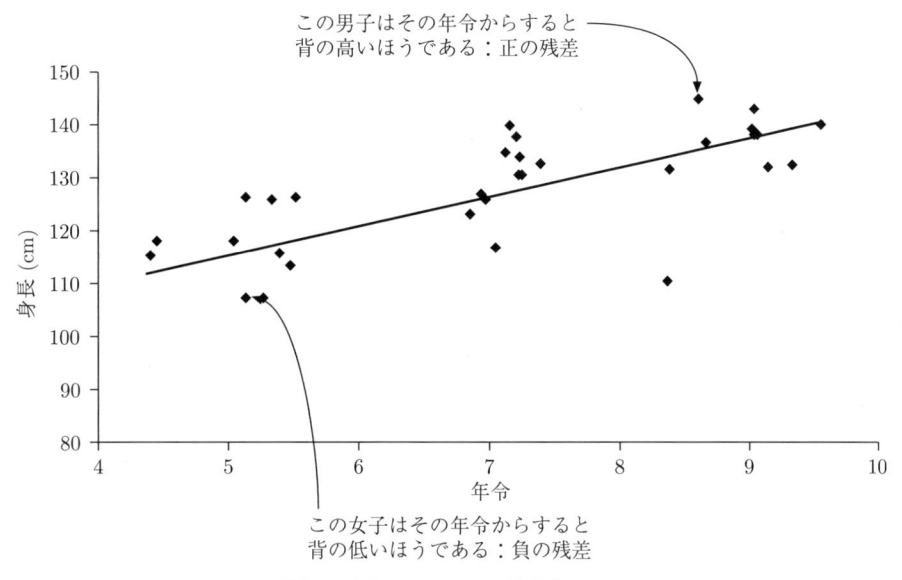

この男子はその年令からすると
背の高いほうである：正の残差

この女子はその年令からすると
背の低いほうである：負の残差

図 4.2 (a)　YEARS に対する HGT

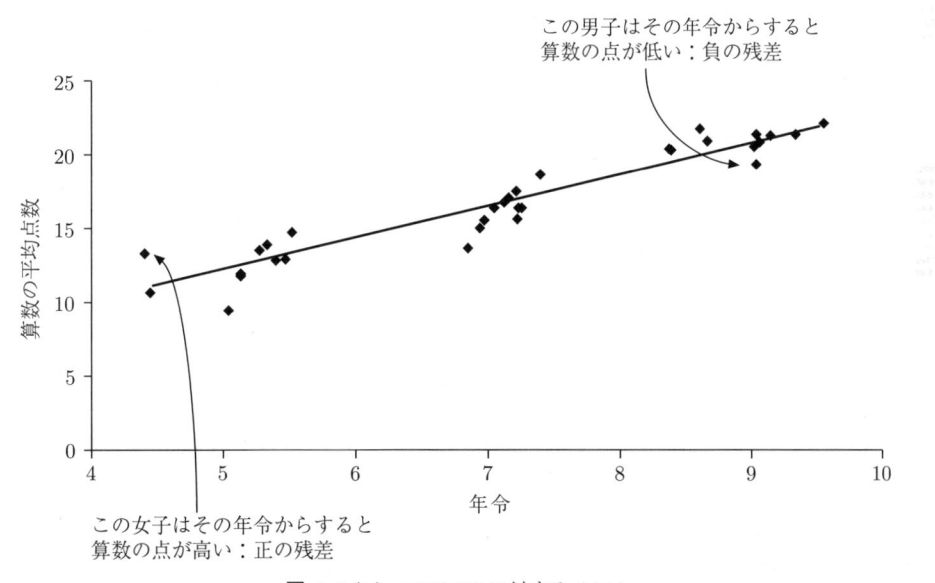

この男子はその年令からすると
算数の点が低い：負の残差

この女子はその年令からすると
算数の点が高い：正の残差

図 4.2 (b)　YEARS に対する AMA

合，YEARS が考慮された後では HGT は AMA の重要な予測要因とはいえないことになる（図 4.3 (b)）．

　上の解析では，年令の効果を消去するということの本質的な意味を説明した．しかし実際はそのための正しい方法ではない．たとえば，R_1 を R_2 に回帰させるときに誤差の自由度を $n-2$（通常の 2 変数間の直線回帰の場合）とみなすと大きすぎることになる．なぜなら，図 4.2 にある 2 つの解析ではすでに 4 つの母数がデータから推定されているからである．ともかく，これが統計的消去の背後にある一般的な考えである．つまり，第 3 の変数を考慮した後で，残りの

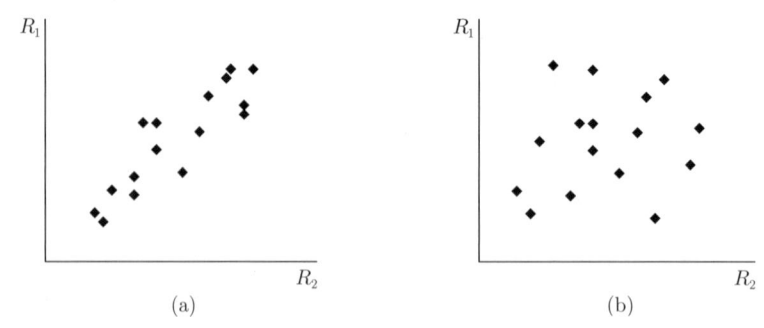

図 4.3 (a) 平均より背の高い子供は算数の成績も平均より良い, (b) 年令が考慮されると身長は重要でなくなる

2 変数の間に関係があるかどうかについて考えるのである．

モデル式が説明変数を 2 つ以上含むとき，その解析を解釈しやすくするため，モデルの中の各変数に対して 2 種類の平方和を考える必要がある．それらは，前の 2 つの分散分析表（Box 4.2 と 4.3）の第 1 行に表示された Seq SS（逐次平方和（sequential sum of squares），タイプ I の平方和）と Adj SS（調整平方和（adjusted sum of squares），タイプ III の平方和）である．「逐次」と「調整」という用語はそれらの導かれ方をうまく表している．また学習する上での理解も助けるので，これから使っていくことにする．前に平均平方を使って F 比を計算したが，そこでは調整平方和を使ったことに気付いていたかもしれない．これらの計算例ではその方法が最も適切であったが，いつもそうであるとは限らない．次節はこの 2 種類の平方和が何を意味するかについて調べてみよう．

4.3　2 種類の平方和

GLM で計算される 2 種類の平方和の意味を理解するために，第 3 の変数を統計的に消去したときの 2 つの結果について考えてみよう．

(1) 第 3 の変数を消去すると，第 2 の変数の寄与する情報が減少する．
(2) 第 3 の変数を消去すると，第 2 の変数の寄与する情報が増加する．

第 3 の変数の消去が第 2 の変数の情報を減少させる場合

人の体重を推定するために，右足の長さのデータが与えられたとしよう．2 変数（WGHT（体重）と RLEG（右足の長さ））の関係は有意であったが（Box 4.4(a)），データにはまだ説明されない変動が残されているので，モデルの予測力を改善するために左足の長さ（LLEG）も用いることにした（足（Legs）データセットにある）．しかし今度は，分散分析表ではどちらの変数も有意ではなくなった（Box 4.4(b)）．何が起ったのだろうか？

2 つ目の情報を投入することで，モデルの予測力はもっと悪くなったようである．分散分析表には逐次平方和（Seq SS）と調整平方和（Adj SS）の 2 つの列があって，RLEG の調整平方和は逐次平方和よりも非常に小さくなっている．これらの値を使って F 比の計算が行われ，

BOX 4.4(a) 右足の長さで体重を予測する

一般線形モデル

モデル式：WGHT = RLEG
RLEG は連続型

WGHT に対する分散分析表，検定は調整平方和を用いる

変動因	DF	Seq SS	Adj SS	Adj MS	F	P
RLEG	1	3627.7	3627.7	3627.7	125.75	0.000
誤差	98	2827.1	2827.1	28.8		
合計	99	6454.8				

BOX 4.4(b) **RLEG と LLEG** のどちらも体重を有意に予測できない

一般線形モデル

モデル式：WGHT = RLEG + LLEG
RLEG と LLEG は連続型

WGHT に対する分散分析表，検定は調整平方和を用いる

変動因	DF	Seq SS	Adj SS	Adj MS	F	P
RLEG	1	3627.7	83.3	83.3	2.93	0.090
LLEG	1	66.0	66.0	66.0	2.32	0.131
誤差	97	2761.1	2761.1	28.5		
合計	99	6454.8				

その結果，有意性が失われてしまった．では，逐次平方和と調整平方和とは何ものだろうか？

逐次平方和とは，モデル式においてその変数よりも先行する項が統計的に消去された後で，その変数によって説明される変動の量である．ゆえに，上記の出力では，最初と2番目の解析のどちらでも RLEG の逐次平方和は同じになる．なぜなら，それは最初の解析では唯一の説明変数であり，2番目の解析では1番目の説明変数になっているからである．RLEG の逐次平方和の値が極めて高いのは，WGHT の良い予測要因だからだろう（Box 4.4(a) に示されるように）．

調整平方和とは，モデル式の他のすべての説明変数が統計的に消去された後で，その変数によって説明される変動の量である．ゆえに，RLEG の調整平方和は，LLEG によって説明されるすべての変動が考慮された後で，RLEG によって説明される変動の量である．そのためBox 4.4(b) の ANOVA 表では，RLEG の2列目の平方和が1列目に比べて極端に小さくなっている．

左足の長さ（LLEG）は，モデル式の中では2番目の説明変数である．ゆえに，その逐次平

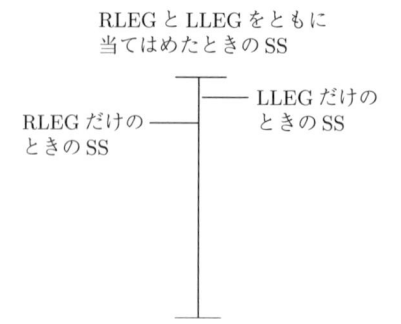

図 4.4 情報を共有する2つの変数を結合させて求めた全平方和は，各変数の平方和より少し大きいだけである

方和は先行する項をすべて含めて考慮した後に説明される変動を表す．ここではモデルの最後の項でもあるので，その逐次平方和と調整平方和は等しくなる．

　この解析において2つのp値が有意でなくなる理由は，新たな問題に答えようとするからである．すなわち，「RLEGかLLEGのどちらか一方は，他方の説明変数がすでに知られているとき，追加的な予測力を与えるか？」である．Box 4.4(b) からわかるように，他方の変数がすでに知られているならば，どちらの変数も追加的な情報をもたらさないというのがその答えである．これら2つの説明変数は本質的に同じ情報しか提供しないのである．ANOVA表は，p値を使って答えを与えてくれるばかりでなく，さらに逐次平方和と調整平方和を比較することにより付加的な手がかりも与えてくれる．たとえばこの場合，RLEGの逐次平方和からの調整平方和への数値の落差を見れば，LLEGがモデルから除かれたら，RREGが有意になるだろうと推論できる．そのことを確かめようと別の解析を実際に行う必要はないのである．

　視覚的な類似を使ってこの解析を理解するために，平方和の大きさを線分の長さで表すことにする．RLEGとLLEGの例で見てみると，モデル全体で説明する平方和は単独のどの平方和よりもほんの少し大きいだけである（図4.4）．

　以上をまとめると，逐次平方和は，モデル式において先行するすべての項が統計的に消去された後で，ある変数によって説明される平方和である．調整平方和は，モデル式において他のすべての項が統計的に消去された後で，ある変数によって説明される平方和である．ゆえに，モデル式の最後の項の逐次平方和と調整平方和はいつも等しくなるのである．

第3の変数の消去が第2の変数の情報を増加させる場合

　ここで用いる解析例の目的は，多くの著明な詩人の死亡時の年令を予測することである．最初に与えられる情報は彼らの誕生年である（変数BYEAR）．ただこの情報だけでは観測された死亡時年令の変動をほとんど説明できず，モデルは実質的な予測力をもっていない（Box 4.5(a) のBYEARに対して$p = 0.954$）．2番目の情報は彼らの死亡時の西暦である（変数DYEARである．これらは詩人（poets）データセットにある）．この2番目の変数を含めると，モデルの予測力は大きく増加し，今度は死亡時年令がほぼ正確に予測されるようになった（常に正確にというわけではない．詩人達は死亡年の誕生日の前に死ぬ場合も誕生日の後に死ぬ場合もあるので）．このとき，Box 4.5(b) のBYEARに対して$p < 0.0005$となる．

BOX 4.5(a)　詩人の寿命は誕生年からだけでは予測できない

一般線形モデル

モデル式：POETSAGE = BYEAR
BYEAR は連続型

POETSAGE に対する分散分析表，検定は調整平方和を用いる

変動因	DF	Seq SS	Adj SS	Adj MS	F	P
BYEAR	1	1.2	1.2	1.2	0.00	0.954
誤差	10	3333.5	3333.5	333.4		
合計	11	3334.7				

BOX 4.5(b)　詩人の寿命は誕生年と死亡年がわかれば正確に予測可能

一般線形モデル

モデル式：POETSAGE = BYEAR + DYEAR
BYEAR と DYEAR は連続型

POETSAGE に対する分散分析表，検定は調整平方和を用いる

変動因	DF	Seq SS	Adj SS	Adj MS	F	P
BYEAR	1	1.2	3299.7	3299.7	1.0E+04	0.000
DYEAR	1	3330.6	3330.6	3330.6	1.0E+04	0.000
誤差	9	2.9	2.9	0.3		
合計	11	3334.7				

　2つの説明変数を含むモデルの出力を調べると，BYEAR の調整平方和は逐次平方和よりも大きいことがわかる．BYEAR 自身はほとんど説明力をもたないが，DYEAR と組み合わせるとその説明力は飛躍的に増加している．Box 4.5(b) にある BYEAR の逐次平方和の小ささは，もし DYEAR がこのモデルから取り除かれると，BYEAR は有意ではなくなるだろうということを示唆している．視覚的類似を再び利用して，平方和の大きさを線分の長さで表してみよう．この例では，1変数のモデルの平方和を2つ加えたものよりも，全変数を含めたモデルで説明される平方和のほうが極めて大きいことがわかる（図 4.5）．

　今後検討するほとんどの ANOVA 表では，逐次平方和と調整平方和を隣り合せに並べて表示する．この比較が，学習する上で役に立つ情報を与えてくれるからである．この表示法が多くの統計パッケージで慣習的に採用されているというわけではない．ある種の統計パッケージ（Minitab）では直接提供されるが，そうでない場合でも出力から自ら作ることができる（Web 上のパッケージ専用の補足を見よ）．

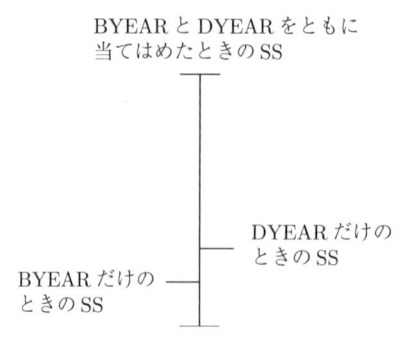

図 4.5 BYEAR と DYEAR を結合させて求めた平方和は，各変数の平方和の和より極めて大きい

4.4 都会のキツネ ─ 統計的消去の 1 例

本節では，逐次平方和と調整平方和を比較することで，ある解析の解釈が容易になることを説明しよう．しかし，読者が基本概念に興味があるだけならば，本節は読み飛ばしてもよい．ここでは，実践の場でこの概念がどのように機能するのか知りたい読者に対して，ある変数の寄与する情報が他の変数の存在で増減する実例を解説する．

町に生息するキツネの研究で得られたデータを扱う．ある研究者が，キツネの冬期の生存率に影響を与える要因を知ることに興味をもっていた．キツネは社会的な群れを作り，群れごとに保持したナワバリ内で家庭の残飯やミミズなどを食べて生活している．そこで，30 の群れを 3 つの冬期を通して調べ，以下のようなデータを記録した．

GSIZE   ：社会的な群れにおけるキツネの個体数
WEIGHT ：群れ内での成獣の平均体重
AVFOOD ：ナワバリ内にある食物量の推定値
AREA   ：ナワバリの広さ

データの示す 2 つの傾向が最初からわかっていた．その 1 つは GSIZE と AVFOOD の間の相関である．食べ物が豊富なほど，ナワバリは多くの成獣を維持できるからである．さらに，AREA と AVFOOD の間の相関も同様である．面積が広ければより多くの食べ物を含む傾向があるからである．研究者はまず AVFOOD と GSIZE をそれぞれ単独で用いた 2 つの解析で，キツネの成獣の平均体重の変動を説明しようとした（Box 4.6）．

どちらの場合も説明変数は有意にならなかった（AVFOOD では $p = 0.716$，GSIZE では $p = 0.190$）．つまり成獣の平均体重は，これらの変数のいずれによっても単独では予測されないということになる．しかし，両変数を共に含むモデルで再び解析してみると（Box 4.7），両変数とも有意になった（両変数で $p < 0.0005$）．これは，統計的，生物的に見て，どのように説明できるのだろうか？ Box 4.7 で AVFOOD の逐次平方和と調整平方和を調べてみると，モデルに GSIZE を追加することにより AVFOOD の説明力が大幅に増加している．これら両方の変数とも体重の予測には必要である．その理由は，キツネの平均体重がそのナワバリにいる

BOX 4.6 成獣のキツネの平均体重の予測に **AVFOOD** と **GSIZE** をそれぞれ別に用いる

一般線形モデル

モデル式：WEIGHT = AVFOOD
AVFOOD は連続型

WEIGHT に対する分散分析表

変動因	DF	Seq SS	Adj SS	Adj MS	F	P
AVFOOD	1	0.0631	0.0631	0.0631	0.14	0.716
誤差	28	13.0948	13.0948	0.4677		
合計	29	13.1579				

一般線形モデル

モデル式：WEIGHT = GSIZE
GSIZE は連続型

WEIGHT に対する分散分析表

変動因	DF	Seq SS	Adj SS	Adj MS	F	P
GSIZE	1	0.7972	0.7972	0.7972	1.81	0.190
誤差	28	12.3607	12.3607	0.4415		
合計	29	13.1579				

BOX 4.7 **AVFOOD** と **GSIZE** を共に用いて成獣のキツネの平均体重を予測する

一般線形モデル

モデル式：WEIGHT = AVFOOD + GSIZE
AVFOOD と GSIZE は連続型

WEIGHT に対する分散分析表

変動因	DF	Seq SS	Adj SS	Adj MS	F	P
AVFOOD	1	0.0631	4.7039	4.7039	16.59	0.000
GSIZE	1	5.4380	5.4380	5.4380	19.18	0.000
誤差	27	7.6568	7.6568	0.2836		
合計	29	13.1579				

キツネ1匹当たりの食物量に大きく依存して決定されるからである．体重予測を正確に行うには，両変数とも必要なのである．（これは詩人の年齢を扱った例と似ている）．

最後に，研究者はそのモデルに第3番目の説明変数であるナワバリ面積も含めてみた．その

BOX 4.8 AVFOOD, GSIZE, AREA を共に用いて成獣のキツネの平均体重を予測する

一般線形モデル

モデル式：WEIGHT = AVFOOD + GSIZE + AREA
AVFOOD, GSIZE, AREA は連続型

WEIGHT に対する分散分析表

変動因	DF	Seq SS	Adj SS	Adj MS	F	P
AVFOOD	1	0.0631	1.4938	1.4938	5.57	0.026
GSIZE	1	5.4380	5.8434	5.8434	21.79	0.000
AREA	1	0.6841	0.6841	0.6841	2.55	0.122
誤差	26	6.9728	6.9728	0.2682		
合計	29	13.1579				

結果，AVFOOD の有意性は減少して，p 値は 0.026 になった（それでもまだ有意であるが）．なぜこのようなことが起るのだろうか？ AVFOOD の調整平方和は，3 番目のモデル（Box 4.7）よりも 4 番目のモデル（Box 4.8）のほうが格段に小さいことがわかる．前者の調整平方和は，GSIZE がすでにわかっている場合の，AVFOOD によって説明される変動である．一方後者は，GSIZE と AREA がすでにわかっている場合の，AVFOOD によって説明される変動である．AREA を追加すると，AVFOOD の寄与する情報は減少する．これは，2 つの変数が同じ情報を共有するからである．AVFOOD がすでに含まれているモデルに AREA を追加して，それが有意にならないとき，それの最も簡単な解決法は，AREA をやはり取り除くことだろう．結局，Box 4.7 のモデルがデータを最も適切に表現しており，最終的に選択されるものになるだろう．

逐次平方和と調整平方和の比較からどのようなことが理解できるかをこの例で説明した．両者の比較は，1 つの ANOVA 表の中で行ってもよいし，複数の ANOVA 表にわたって行なってもよい．またここで議論したことは，モデル選択などの他の問題とも関係している．2 つのモデルから 1 つを選択しようとするとき，有意でないような不必要な項は含まないモデルのほうが好ましい．これについては，第 10 章と第 11 章で詳しく議論する．

4.5 統計的消去の幾何的類似

分解とさらなる分解

最初の例（第 1 章）では，全平方和が，モデルを当てはめて説明される変動と説明されないで残る変動に分解された．本章で解説してきたモデルは 2 つ以上の説明変数を含むので，変動はより細かな成分に分解される．説明変数が 2 つの場合についてその分解の原理を解説しよう．たとえば，基本の 3 角形 MFY は直方体の垂直した対角面に存在すると考えられる（図 4.6）．ベクトル MF は，以前のようにモデルの当てはめによって説明される変動である（図 1.11）．

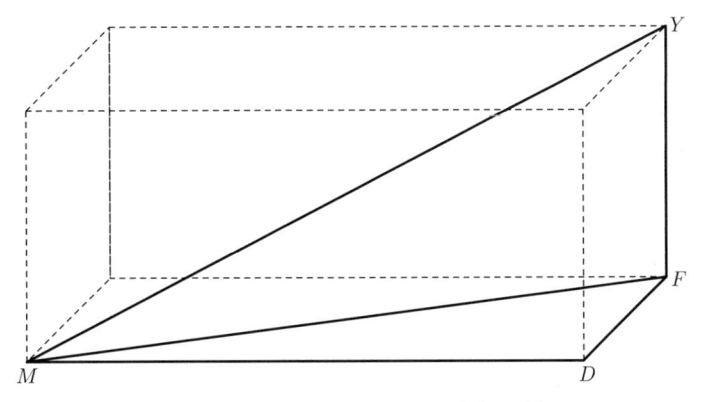

図 **4.6** 2つの説明変数の間の平方和の分解

BOX 4.9　樹高と直径で材積を予測する

一般線形モデル

モデル式：LVOL = LDIAM + LHGT
LDIAM と LHGT は連続型

LVOL に対する分散分析表, 検定は調整平方和を用いる

変動因	DF	Seq SS	Adj SS	Adj MS	F	P
LDIAM	1	7.9289	4.6234	4.6234	701.33	0.000
LHGT	1	0.1987	0.1987	0.1987	30.14	0.000
誤差	28	0.1846	0.1846	0.0066		
合計	30	8.3122				

しかし今回は，このベクトルは，モデルの2つの説明変数に対応して，MD と DF という2つの成分にさらに分解されるのである．

これを実際の例である，直径と樹高によって木の材積を説明しようとしたデータセットに対応させて考えてみよう（Box 4.9 – 第2章の樹木データセットである）．全回帰は3角形 MFY で表され，そこでは MF は回帰平方和（2説明変数のモデルによって説明される平方和）を表し，FY は誤差平方和（この例では 0.1846）を表す．そしてベクトル MF は，さらに MD, すなわち LDIAM によって説明される平方和（7.9289）と DF, すなわち LDIAM がすでにわかっているときの LHGT によって説明される平方和（0.1987）に分解される．ただし，これら分解されたものはすべて逐次平方和である．逐次平方和をすべて加えると全平方和になるのである（まさに，ピタゴラスの定理，$MF^2 = MD^2 + DF^2$ が成り立っている）．

このような分解では，ちょうど1つの説明変数のときのように，並行して行われる3種類の分解が存在する．つまり，ベクトルの分解，自由度の分解，平方和の分解である．表 4.1 にあるように，これらはまず回帰と誤差に分解され，回帰はさらに2変数，LDIAM と LHGT で説

表 4.1　2つの説明変数に対する並行的分解

ベクトル	自由度	平方和
第1段階		
MF	2	LDIAM と LHGHT 両方で説明する SS = 回帰平方和
$+\ FY$	$+28$	$+$ 誤差平方和
$=\ MY$	$=30$	$=$ 全平方和
第2段階		
MD	1	LDIAM が説明する SS
$+\ DF$	$+1$	$+$ LDIAM の後で LHGHT が説明する SS
$=\ MF$	$=2$	$=$ LDIAM と LHGHT の両方で説明する SS = 回帰平方和

BOX 4.10　説明変数の順序を入れ替える

一般線形モデル

モデル式：LVOL = LHGT + LDIAM
LDIAM と LHGT は連続型

LVOL に対する分散分析表，検定は調整平方和を用いる

変動因	DF	Seq SS	Adj SS	Adj MS	F	P
LHGT	1	3.5042	0.1987	0.1987	30.14	0.000
LDIAM	1	4.6234	4.6234	4.6234	701.33	0.000
誤差	28	0.1846	0.1846	0.0066		
合計	30	8.3122				

明される成分に分けられる．

2つの変数が異なる順番で当てはめられるとき，何が起るのかについて考えてみることには意味がある（Box 4.10）．Box 4.9 と Box 4.10 を比較すると，ANOVA 表のある部分は変化し，ある部分は同じである．それらはどの部分だろうか？　また，なぜだろうか？　全平方和，回帰平方和，そして誤差平方和はそのまま同じなので，基本の3角形 MFY に変化はない．同じ説明変数がすべて含まれているので，どの説明変数の調整平方和も変化しないままだろう．しかし，モデルの分解は（すなわち点 F までは）異なる順路で達成されるのである（図 4.7）．

ベクトル ME は，LHGT によって説明される平方和（3.5042）を表し，ベクトル EF は，LHGT がすでに知られているときの LDIAM によって説明される平方和（4.6234）を表している．MF の分解は，かなり等分に近い（3角形 MFY はほぼ2等辺3角形になる）．しかし，回帰平方和（8.3122）はどちらの場合も同じである．これは，両順路が同じ点 F に到達するという事実を表している．

順路の選択にかかわらず，自由度もまた同じように加法的に計算される．各頂点の括弧内の数字は推定された母数の数を表す（図 4.7）．点 M では全平均のみが推定され，点 D と点 E

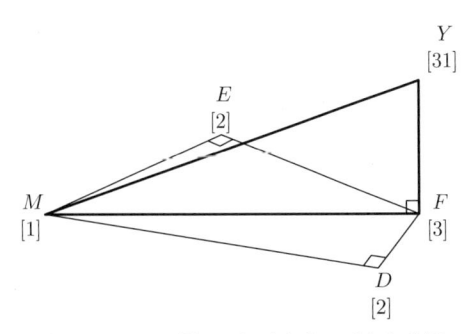

図 4.7 2つの異なる経路を取る平方和分解

では傾きと切片が推定され，点 F では2つの傾きと1つの切片が推定されている．これらの数字の差はそれぞれ2点間のベクトル（すなわちその平方和）がもつ自由度を表す．点 M（平均）と点 F（モデル）の間ではどの順路を選ぼうとも，その自由度（回帰自由度）は結局2になる．

まとめると，変数の順番を変えることは逐次平方和を変化させることになる．しかし，ANOVA表の他のすべての値（全平方和，回帰平方和，誤差平方和，調整平方和，関連する自由度など）に関しては同じままである．

逐次平方和と調整平方和の図解

4.3節で議論した2つの例（RLEGとLLEGは同じ情報を共有し，BYEARとDYEARはそれぞれ他方が寄与する情報を増加させた）は，図4.7と同じように図による類似で表すことができる．垂直方向の3角形 MFY を無視すると，点 M, D, E, F は1つの平面で表せる．直線 MD と DF はある順番で変数を当てはめたときの順路を表し，一方，直線 ME と EF は逆の順番で同じ変数を当てはめたときの順路を表している．当てはめられるモデルはまさに同じなので，その終着点も同じである（点 F）．

まず，同じ情報を共有しあっている2つの変数の場合（RLEGとLLEGの例）を考えてみよう．1番目の変数はいつも大きい逐次平方和をもつが，2番目の変数の逐次平方和は小さいはずである．図4.8でわかるように，当てはめる変数の順番には関係なく，そのことは成り立つ．1番目の変数の当てはめは，直線 MD あるいは ME にそって移動することに等しいが，そのとき，点 D と点 E は最終の適合値（点 F）のほうに近く，全平均（点 M）からは遠くなっている．2番目の変数を当てはめるということは，モデルを残りの短い距離（DF あるいは EF）だけ移動させて，最終点 F に到達させるということに他ならない．点 F が，2変数を当てはめたときのモデルを表している．直線 MD は RLEG だけ当てはめて説明される体重の変動に等しく，一方，直線 DF は RLEG がすでに知られているときに LLEG を当てはめて説明される体重の変動である．同様に，直線 ME は LLEG だけ当てはめて説明される体重の変動であり，直線 EF は LLEG がすでに知られているときに RLEG を当てはめて説明される変動である．

上と対照的に，著名な詩人の死亡年齢を彼らの誕生年と死亡年から予測しようとする回帰は，

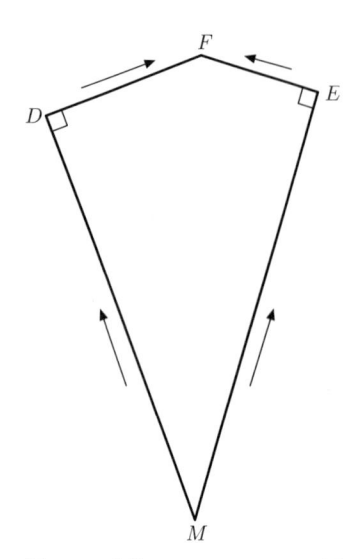

図 4.8 変数 RLEG − LLEG の例における幾何的類似

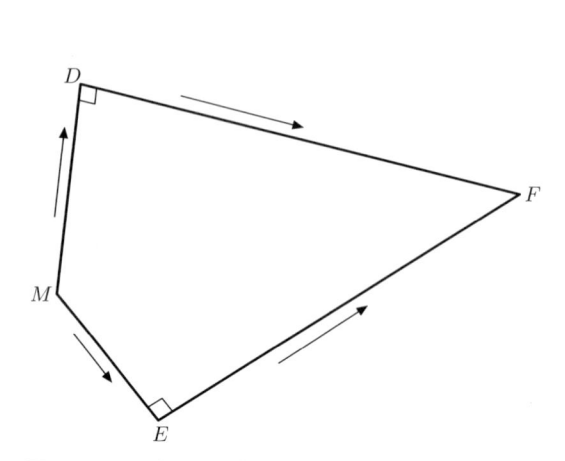

図 4.9 誕生年と死亡年から詩人の死亡時年令を予測する場合の幾何的類似

点 E と点 D が点 F からかなり遠い位置にある（むしろ全平均である点 M に近い）ということによって説明される（図 4.9）．このとき，線分 EF と DF は線分 ME と MD よりもかなり長い．ここで，線分 ME は，説明変数として BYEAR だけを当てはめて説明される平方和を表すが，その結果得られるモデルはあまり大きな説明力をもたない（点 E は点 M からあまり遠くない）．しかし，1 番目の変数に追加してさらに DYEAR を当てはめると，点 F は点 M からかなり遠くの位置にまで到達することがわかる．ベクトル EF は，BYEAR がすでにわかっているときに DYEAR によって説明される変動であるが，DYEAR だけで説明される変動であるベクトル MD よりもかなり大きい．

4.6 要 約

本章は 2 つの説明変数を含むモデルを考えた．とりあえず，2 つの連続型変数をもつモデルのみを扱い，それに伴って以下のような概念の紹介を行った．

- 統計的消去の原理．
- 2 種類の平方和：
    逐次平方和：モデル式において先行する変数がすでに考慮された後で，
            注目する変数によって説明される変動の総量
    調整平方和：モデル式における他のすべての変数が考慮された後で，
            注目する変数によって説明される変動の総量．
- 統計パッケージは，2 種類の平方和のどちらかを，あるいはどちらも使って検定を行なう．どの平方和を使っているのかをいつも気にかけておくべきである．また，いつも利用している

統計パッケージから 2 種類の平方和が導けるようにしておいたほうが良い．Web 上のパッケージ専用の補足も参考にせよ．

- ある変数の逐次平方和と調整平方和を比較することによって，2 つの説明変数がどのように関係し合っているのかを読み取れる．つまり，情報を共有し合っているのか（両変数とも同じ内容しか説明できない），あるいは互いに他方の変数の寄与する情報を増加させるのかがわかる．

4.7 練習問題

繁殖のコスト

生活史戦略理論では，生存率と繁殖の間にトレードオフ（相反する利害関係）の存在を仮定する．ショウジョウバエ（*Drosophila subobscura*）を使って，この仮説を検証するためのデータが取られた．26 匹の雌バエが 2 日以上かけて行なう産卵が観察された．繁殖努力は，ハエの一生を通して 1 日当たりに産んだ平均産卵数（EGGRATE）として測定された．生存率は，最初の産卵日のあと生存した日数（LONGVTY）として記録された．また，羽化して産卵を始める前の，実験開始時における蛹化直前の幼虫の体長（SIZE）が測定された．これらの変数を対数で変換し，3 つの変数 LSIZE, LLONGVTY, LEGGRATE とした．これらはショウジョウバエ（Drosophila）データセットにある．

Box 4.11 で，研究者は「繁殖努力はどのように生存率に影響するか」という問題を検証した．

ハエの体長を含めた 2 番目の解析は，Box 4.12 で行われた．

(1) Box 4.11 の解析をもとに，LEGGRATE に対する LLONGVTY の傾きの信頼区間を計算せよ．
(2) LSIZE が消去された Box 4.12 の解析をもとに，LEGGRATE に対する LLONGVTY の傾きの

BOX 4.11　ショウジョウバエの生存率に対する繁殖努力の影響の GLM 解析

一般線形モデル

モデル式：LLONGVTY = LEGGRATE
LEGGRATE は連続型

LLONGVTY に対する分散分析表，検定は調整平方和を用いる

変動因	DF	Seq SS	Adj SS	Adj MS	F	P
LEGGRATE	1	7.738	7.738	7.738	5.83	0.024
誤差	23	30.507	30.507	1.326		
合計	24	38.245				

係数表

項	Coef	SECoef	T	P
定数	1.7693	0.2313	7.65	0.000
LEGGRATE	0.2813	0.1165	2.42	0.024

> **BOX 4.12　ショウジョウバエの生存率に対する体長と繁殖努力の影響の GLM 解析**
>
> 一般線形モデル
>
> モデル式：LLONGVTY= LSIZE + LEGGRATE
> LSIZE と LEGGRATE は連続型
>
> LLONGVTY に対する分散分析表，検定は調整平方和を用いる
>
> | 変動因 | DF | Seq SS | Adj SS | Adj MS | F | P |
> |---|---|---|---|---|---|---|
> | LSIZE | 1 | 26.240 | 21.842 | 21.842 | 55.46 | 0.000 |
> | LEGGRATE | 1 | 3.340 | 3.340 | 3.340 | 8.48 | 0.008 |
> | 誤差 | 22 | 8.665 | 8.665 | 0.394 | | |
> | 合計 | 24 | 38.245 | | | | |
>
> 係数表
>
> | 項 | Coef | SECoef | T | P |
> |---|---|---|---|---|
> | 定数 | 1.6819 | 0.1266 | 13.28 | 0.000 |
> | LSIZE | 1.4719 | 0.1976 | 7.45 | 0.000 |
> | LEGGRATE | −0.28993 | 0.09956 | −2.91 | 0.008 |

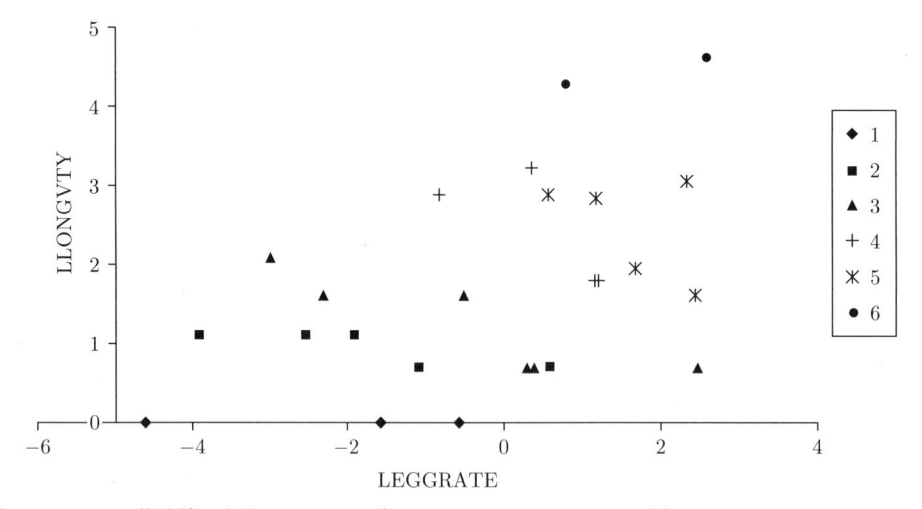

図 4.10　6 つの体長群に分けられたデータ点における LEGGRATE に対する LLONGVTY のプロット

　　　信頼区間を計算せよ．
(3) 図 4.10 のグラフは，LEGGRATE に対する LLONGVTY の散布図であるが，各点を体長によって 6 群に分けている（最も小さい群 1 から最も大きい群 6 まで）．(1) と (2) で計算された信頼区間の中心にある 2 つの傾きには違いがあるが，なぜこのようなことが生じるのか？

肥満の調査

　肥満の調査の一部として，36 人の男子から次のような 3 つの項目が測定された．FOREARM（肥満

の指標と見なされる前腕の皮下脂肪の厚さ），HT（身長），WT（体重）である．これらは肥満（obesity）データセットにある．

(1) FOREARM を応答変数とし，2 つの説明変数 HT と WT を単独で GLM に用いるとき，どちらが最も良い予測因子になるか？
(2) FOREARM を予測するため，GLM において 2 つの説明変数がともに使われるなら，それぞれは他方の変数が寄与する情報を増加させるだろうか，あるいは減少させるだろうか？ また，それはなぜか？
(3) 問題 (1) の解析で出た傾向を，問題 (2) の解析からどのようにしたら予測できるか？

第 5 章
実験の計画 — 簡潔に行おう

　前章で，統計的消去という考え方を導入した．ある変数の影響を消去することにより，別の変数の影響を明確にすることができた．この方法は実験を計画する場合にもたいへん有効なので，本章で扱う主題の1つとしたい．また，野外実験をうまく行うための基本的な実験計画の考え方もいくつか紹介したい．生物学の他の分野にも，より洗練した形でこの考え方は応用できるだろう．

　実験を計画するときの目標は，応答変数（データそのもの）へ影響を与えるだろうと思われる説明変数をうまくその計画に組み込むことである．しかし，考慮しなかった影響が実験計画に必然的に紛れ込み，偶然に起っているように見える変動を応答変数に与えるものである．それゆえ，実験計画の基本的な目的は次の2つになる．

- 外部にある変数の影響を取り除くこと，あるいは考慮すること．
- 誤差変動を減少させること．

　このことにより，検定の検出力（違いがあるのなら，それを検出できる確率）を増大させ，母数の推定の精度を増すことができるだろう．

5.1 実験計画の3つの基本原理

　実験計画でまず押さえておくべき3つの基本原理は，反復 (replication)，無作為化 (randomization)，ブロック化 (blocking) である．

反　復

　統計学の根底にある考え方は，証拠となる独立な要素を集めて，違いを見つけ出すことにある．証拠の数が多くなればなるほど，結論の信憑性は高くなる．**反復**によって得られるデータとは，全く同じ対象物の複数回の測定結果に他ならない．たとえば，同じ処理を受けた複数個の区画などがそういった例である．第1章での肥料の例では，3種類の肥料がそれぞれ10区画に与えられたので，反復水準は10である．この定義は単純明快ではあるが，実際に反復を実現することはそれほど容易なことではない．というのも，生物科学においては，特に生態学においては，あらゆる対象物が異なった要素をもっているからである．反復水準を大きくしたい

と執着すると，**擬似反復**（pseudoreplication）の陥穽に嵌りやすくなる．第1章の肥料の例をここでも考えてみよう．反復数に過敏になりすぎた研究者が区画内の作物のそれぞれの株から得られた収穫量を記録したとしよう．これは膨大なデータセットになるが，これら1つ1つをその肥料に対する独立な推定値として考えてよいだろうか？ 残念ながら，そうではない．それぞれの株はまさに擬似反復といわれるものになる．ある区画でたまたま起る出来事（草食動物，病原体，水量などの影響）は，その区画内のすべての株に同じような影響を与えるだろうから，それらすべての株の収穫量を同じように増減させるだろう．それぞれの株は非常に隣接しているので，互いに影響を与え合い，また同じ外部要因の影響を共に受けたりするのである．ゆえに，各株の収穫量は肥料がどの程度収穫に影響を与えているかについて知るための独立な推定値にはならない．唯一，区画そのものが，収穫に対する肥料の影響を測る独立な1つの推定値になるだろう．同じ場所や同じ個体で繰返し測定を行えばそれらも擬似反復になるだろう．この問題を見つけ出し排除することが実験計画の技術の1つでもある．この種の過ちは計画の段階でも起るし，解析の途中でも起りうる．分散分析であまりにも大きな自由度が得られ，そしてそれが驚くべき有意性をもたらすようならば，この過ちを犯している可能性が高い（ある肥料が収穫量を増加させるという独立な証拠単位が100個得られたかのごとく扱うと（実際は10個なのに），その「肥料」の平均平方は膨らみ，その結果 F 値も膨らむことになるだろう）．通常，正しい自由度は実験計画の企画書を見れば計算できるが，これについては第12章でまた取り扱うことにしよう．

　実験を計画するとき，真の反復数を最大にすることも目的の1つになる．そうすれば，問題への答えを裏付ける独立な証拠の数を増やすことになる．反復水準はGLMの出力であるANOVA表や係数表に次のように反映される．

1. ANOVA表は，全変動を，モデルによって説明できる変動と説明できない変動に分解する．反復水準はその誤差変動の自由度を決定する．誤差の自由度が大きくなればなるほど，その誤差分散の推定値の精度が増していく（つまり，第3章で見た母集団とその標本の母数（真の母数とその推定値）に関していうと，s が σ に近づく傾向を表すということである）．
2. 説明できない変動は係数表での標準誤差の計算に利用される．また，それぞれの処理に対する反復数もこの計算に使われる．たとえば，第1章での平均の標準誤差は $s/\sqrt{n}$ だったことに気付くだろう．ここで使われた n はその平均（たとえば肥料A）の計算に使われた反復数であり，データ点の総数ではない．ゆえに，その反復の水準が低ければ，その平均の標準誤差は大きくなり，この平均の推定の信頼度が落ちることになる．一般に係数の標準誤差を求める公式は $s/\sqrt{n}$ よりも複雑になるが，s と n の関数であることに変わりはなく，同じ理屈が成り立つ．結局，反復水準がすべての母数の推定値の精度に影響を与えるのである．

　反復水準は，実験の計画段階で決定されなければならない．誤差分散の大きさについて事前の情報をもっているならば，望ましい反復水準を算出できるだろう．しかし，このようなことはめったにない．そこでよく使われる慣用則は，誤差に対して少なくとも10の自由度を確保せよというものである（Mead 著「*The design of experiments*」, Cambridge University Press

A	A	C	C
A	A	C	C
B	B	D	D
B	B	D	D

図 5.1 整った計画

(1990) を参照せよ)．しかし実際は，予算の関係上，反復数を制限せざるを得ないこともよくあることである．

無作為化

統計的に解析される実験では，実験区画あるいは実験単位に対して処理は**無作為**に割り付けられなければならない．実のところ，無作為化と反復とは互いに関連しあっている．どの処理においても，無作為に割り付けた実験単位こそが本当の反復となる．このことは擬似反復となっていないかどうかを見極めるのにも役に立つ．無作為化を怠ると，次の3つの大罪とでもいうべきものを犯す危険性がある．

1. 整った計画

ある農家が，4つの肥料を比べる実験を計画したとしよう．その農家は実験をやりやすくするため区画を図 5.1 のように配置しようと思うかもしれない．

しかし，互いに隣り合った区画はかなり似通った環境をもつ一方，両端にある区画同士はそうとは限らないだろう．区画全体の境界線の1つに沿って川が流れている場合は，そこだけ土壌の水分含有量は高くなる．たとえ全区画が一様に見えたとしても，局所的に区画間の微妙な類似性が存在しそうである．そのようなデータの解析では，どのようなことが起るのだろうか？局所的に類似した区画の集まり（たとえば，左上の地域では土壌が豊かであるときなど）にだけ同じ肥料が与えられたとすると，その類似している効果だけでも区画の収穫量に違いをもたらすだろう．これを肥料による効果であると誤って考えてしまうかもしれない．また，誤差変動（同じ肥料を与えられた区画同士の間での変動）も低く見積られるだろう．これによって，見せかけの大きな F 値が計算され，肥料の効果に違いがないときでも有意な違いがあると結論されてしまうかもしれない．

2. 見えない偏り

どのような実験を行いたいのかじっくりと考えることが賢明である．実験のあらゆる段階で，見えない偏りが潜んでいる．たとえば，一連の病原菌に対するある幼虫の感受性を実験室で検定するとしよう．そのとき，飼育箱から最初の30匹の幼虫を取り出してある処理を行い，また次を取り出して次の処理を行おうとすると，過ちを犯すことになる．なぜなら，最初に取り出

された幼虫は活動的なものばかりであるかもしれないし（このときには，感受性のより高い結果が得られるだろう），あるいは，大きな幼虫に偏っているかもしれない（このときは，感受性はより低くなるだろう）からである．どのような傾向の偏りがあるか，あるいははたしてそれが存在するのかについて知ることは難しい．しかし，無作為化を行わないと，このような過ちを犯す可能性は常に潜んでいるのである．

3. 好ましくない思い込み

人はしばしば物事をはしょりたがる．処理を配置する際，厳密な無作為化を行う代わりに，ただ単にバラバラと置いて済ませようとする．厳密な無作為化というものは人間にとって不得意な分野のようである．たとえば，野外で実験区に処理を割り付けようとするとき，隣り合った区画に同じ処理を配置することを極端に嫌がる．これは整った配置を避けたいという反発からきている．事実，同じ処理の区画は，偶然で期待されるよりも低い頻度でしか隣接して配置されないので，無作為な配置の場合よりも拡散することになる．そのような状況では，誤差分散における処理配置の効果を量的に評価できなくなってしまう．

結局，各区画に処理を配置する際の最も良い方法は，無作為化を厳密に行うことである．実験計画に無作為化の過程が欠けているようならば，その理由をよく考え抜いてみる必要がある．それでもどうしようもないときは，統計的に不都合なことが起ることを覚悟しなければならない．

完全に無作為化された実験の場合，配置の無作為化は次のように行われる．まず処理を配置しようと思っている区画のリストを作る．次に同じ長さで，どの処理もその反復数と同じ個数だけ含む順列リストを別に準備する．プログラムを利用して，この2番目の順列リストの並びを無作為に入れ替え，それを最初のリストの区画に対応させながら配置する．詳しくはWeb上のパッケージ専用の補足を参照して欲しい．

ブロック化

実験の解析において，データのもつ変動は，実験で考慮された説明変数が説明する変動と誤差変動に分解される．誤差変動が小さくなると，その実験の検出力は高くなる．**ブロック化**はその誤差変動を小さくするために考案された実験計画の手法であり，前章で説明した統計的消去の原理を応用している．

前の肥料の例に戻って考えてみよう．実験は傾斜地で行われたものだったかもしれない．そのとき土地の上部ではかなり乾燥するだろうが，下部での水分含有量は相当に高くなるだろう．水分量は収穫量に影響を与えるだろうから，肥料Aが最上辺の区画にすべて割り当てられ，また肥料Dはすべて最下辺の区画に割り当てられたとすると，肥料の効果と水分量に関係する効果とは**交絡**（confounding）するに違いない．つまり，収穫量に違いが出たとしても，それが肥料による効果なのか水分量による効果なのか区別できなくなる（図5.2）．

この解決法の1つは，各区画へ処理を完全に無作為化して配置することである．こうすると，水分量による変動は誤差変動の一部となり，肥料の比較を邪魔する偏りとはならない．しかし，もっと良い解決法がある．実験地域の形状について知っていることを利用する，つまり水分量の違いを実験計画の中に取り込むのである．そうすると，水分量に由来する変動は統計的に消

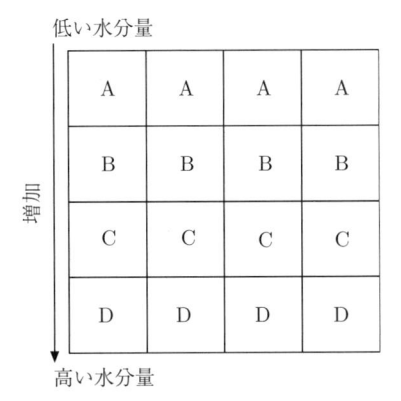

図 5.2 水分量で交絡する肥料処理 (A, ···, D)

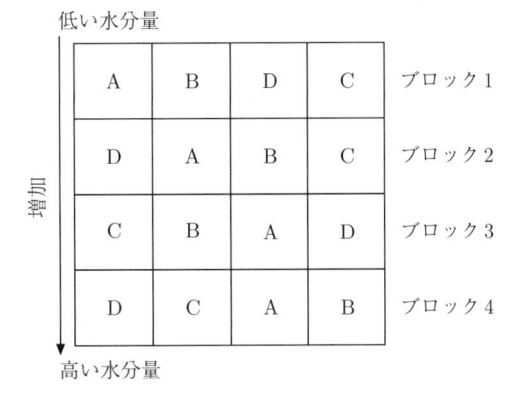

図 5.3 水分量に対するブロック化

BOX 5.1　完全に無作為化して計画した豆の収穫量の解析

一般線形モデル

モデル式：YIELD = BEAN
BEAN はカテゴリカル型

YIELD に対する分散分析表, 検定は調整平方和を用いる

変動因	DF	Seq SS	Adj SS	Adj MS	F	P
BEAN	5	444.435	444.435	88.887	14.59	0.000
誤差	18	109.690	109.690	6.094		
合計	23	554.125				

去される．水分量がいったん考慮されると，肥料の影響を調べることができるようになる．これを行うのがブロック化である．この例では，土地を 2 つあるいは 4 つの区画群（ブロック）に分割するとよい．ブロック内ではどの区画も同質であるようにし，ブロック間ではできるだけ違うようにする．各ブロック内では 4 種類のどの肥料も配置されるような「小実験」を行う．ブロック内で肥料は無作為に配置されるが，どのブロックもすべての肥料の組合せをもたなければならない（図 5.3）．

データを解析するときは，肥料の比較のための情報が最大限に得られるように 4 つの小実験の結果をすべて用いる．どの区画に対してもブロックと肥料の両方が記録される．そして，ブロック効果はモデル式にカテゴリカル型変数として組み込まれ，統計的に消去される．このようにブロック化を利用すると，解析の精度が上がり，有意な結果を発見しやすくなる．

これを 6 種類の豆を比較する実験で確かめてみよう．実験者は，自分の圃場の土壌にはどの種の豆が最も適しているか知りたいとしよう．24 の区画が準備され，4 つのブロックが設定された（豆（beans）データセットにある）．各ブロックには 6 種類の豆のための区画がすべて含まれている．データは 2 通りの方法で解析された．Box 5.1 では，ブロックを無視して解析さ

BOX 5.2 無作為化ブロック計画を用いた豆の収穫量の解析

一般線形モデル

モデル式：YIELD = BLOCK + BEAN
BLOCK と BEAN はカテゴリカル型

YIELD に対する分散分析表，検定は調整平方和を用いる

変動因	DF	Seq SS	Adj SS	Adj MS	F	P
BLOCK	3	52.895	52.895	17.632	4.66	0.017
BEAN	5	444.435	444.435	88.887	23.48	0.000
誤差	15	56.795	56.795	3.786		
合計	23	554.125				

れた．Box 5.2 では変数 BLOCK が 2 番目の説明変数として導入された．最初の解析での問題は「品種の間に有意な違いが存在するか？」であるが，2 番目の問題は「ブロックの違いが考慮された後でも，品種間に有意な違いが存在するか？」というものになる．BEAN に対する F 値は共に有意になるが，ブロックを考慮したほうがかなり高くなっている（14.59 に対して 23.48）．誤差平均平方は後者のほうが低いので（6.09 に対して 3.79），そのモデルのほうが精度は高い．

以上のように，ブロック化とは，それをしなければ誤差に含まれることになる変動を統計的に消去する方法である．つまり，以前に述べた，誤差変動を減少させるという利点をもっているのである．

まとめると，ブロック化には，次の 2 つの原則が必要である．

- ブロックは，応答変数に影響を与えると思われる要因について設定される．
- ブロック内部では，その要因をできる限り一様にすべきである（その結果，ブロック間は可能な限り異なることになる）．

可能ならば，どのブロック内でもすべての処理が行われるように計画できれば，結果の解釈はやりやすい（上の例はそのようなものになっている）．

また，第 4 章のように平方和と自由度は 3 つに分解される（2 つではない）．まず，ブロック間とブロック内に分けられ，さらに処理と誤差に分けられる（図 5.4）．

「ブロック」という用語は農場実験に由来していて，実験用地をまさにブロックに分割するということから来ている（ここでの例のように）．しかし，この手法はそこに留まらず，さまざまな分野で広く利用されている．というのも，データを収集するとき，いろいろな理由からデータの局所的な部分が類似した性質を帯びることがしばしば起きるからである．たとえば，

1. 時間と共に変化するものは多い．室内で実験するときでも，温度と湿度が日ごとに変化するかもしれない．ある実験を 1 日で終了できないときは，日ごとにブロック化し，すべて

完全にランダム化した計画

全 SS 23 df → 処理 5 df
全 SS 23 df → 水分量と誤差 18 df

ランダム化したブロック計画

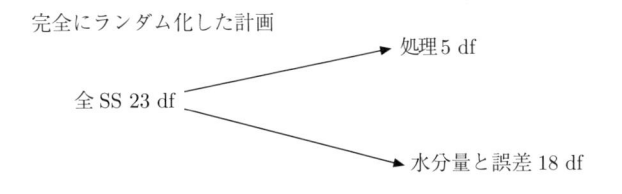

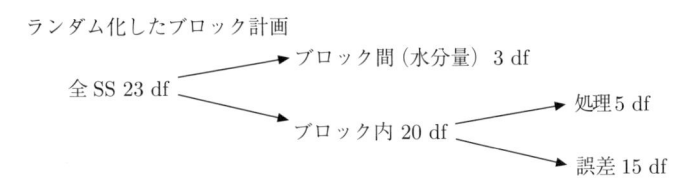

全 SS 23 df → ブロック間（水分量）3 df
全 SS 23 df → ブロック内 20 df → 処理 5 df
ブロック内 20 df → 誤差 15 df

図 5.4 完全にランダム化した計画，およびランダム化したブロック計画の平方和の分解

列ブロック

A	B	D	C
D	A	C	B
C	D	B	A
B	C	A	D

行ブロック

図 5.5 ラテン方格による計画

の処理の組合せに対する反復を毎日少しずつ行うほうが良い．
2. 動物行動の実験では，複数の家族の子供を観測することがある．家族内のほうが家族間よりも遺伝的に類似しているので，これが結果に予想できない影響を与える．このときも，家族でブロック化するほうが賢明である．

　野外での実験に話を戻そう．ブロックを横に切ったほうが良いのか，縦に切ったほうが良いのかわからない場合があるかもしれない．しかし，**ラテン方格計画**（Latin square design）を用いると，両方のブロックを考えることができる．これは縦と横のブロックを両方用いる方法である（図 5.5）．4 つの処理をもつ計画では，少なくとも 4×4 の配置を必要とし，各処理が，どの列のブロックでも，またどの行のブロックでも 1 回現れるように配置する．この条件を守りながら処理を列と行に無作為に配置するには，まずその条件を満足する配置を 1 つ準備し，その列を無作為に入れ替え，また行も無作為に入れ替えればよい．このような計画の解析では，効果的に働く 2 つのブロック要因が存在することになる（それぞれのブロックが 4 水準をもっている）．ラテン方格計画の 1 例として，Box 5.3 の解析結果を見てみよう．データは，野外実験により 16 個の区画で記録された採油種子用アブラナの 1 株当たりの平均種子数である（配置は図 5.5 と同じである．また，データは採油種子用アブラナ（oilseed rape）データセットにあ

> **BOX 5.3　ラテン方格法による解析**
>
> 一般線形モデル
>
> モデル式：SEEDS = COLUMN + ROW + TREATMT
> COLUMN, ROW, TREATMT はカテゴリカル型
>
> SEEDS に対する分散分析表，検定は調整平方和を用いる
>
> | 変動因 | DF | Seq SS | Adj SS | Adj MS | F | P |
> |---|---|---|---|---|---|---|
> | COLUMN | 3 | 1332.25 | 1332.25 | 444.08 | 8.79 | 0.013 |
> | ROW | 3 | 1090.25 | 1090.25 | 363.42 | 7.20 | 0.021 |
> | TREATMT | 3 | 2650.25 | 2650.25 | 883.42 | 17.49 | 0.002 |
> | 誤差 | 6 | 303.00 | 303.00 | 50.50 | | |
> | 合計 | 15 | 5375.75 | | | | |

る）．2つのブロックはどちらも有意となっている（ROW（行ブロック）も COLUMN（列ブロック）もカテゴリカル型である．もっとも，ブロックは常にそうであるが）．実験圃場における水平方向と垂直方向の不均一性がどちらも考慮に入れられたわけである．この ANOVA は，1株当たりの平均種子数が処理によってどのように影響を受けるかという問題に対し，効率的に答えるものになっている．

　他のあらゆるブロックと同じように，この計画も農地の区画配置のときにしか使えないというわけではない．どのような2つの要因でもブロック要因として見なすことができる．たとえば，前にも述べたように，時間はしばしば重要なブロック要因の1つである．16個の巣で雛鳥の体重を測定するのに，4つの測定器を用いて，4日間かかったとしよう．このとき，BALANCE（秤）と DAY（日）が2つのブロック要因となりうるだろう（FEEDING（えさの与え方）を処理として扱う）．他方，実験室内での結果に影響を与える要因としては OPERATOR（操作者）とか DAY などが重要な要因として考えられる．これらはラテン方格計画での2つの要因となりうるものである．

　しかし巧妙そうに見えるこの計画にも問題点はある．ラテン方格を利用するには，ブロック数と処理数が同じであるような実験計画でなければならない．また，野外実験に使うときは，水平方向と垂直方向の（対角線方向は考慮していない）変動を反映することになるが，どちらかがあまり変動していない場合には，計画をラテン方格に無理やり押し込める必要はない．きっと，もっと良い他の解決法があるに違いない．3番目の問題点は，計画をきっちりと正方形の中に収めてしまうと，交互作用の検出ができなくなるということである（これは本章で後に取り上げる）．そのため，この計画は便利そうに見えるけれども，実際に最良の計画となることはめったに無いのである．

　最後に1つだけブロック化について述べておきたい．ブロック化は実験計画の基本的な道具であるが，これが適当でないと思われる状況も存在する．温室内で実験を計画するとき，日当り，温度，湿度などに無視できない偏りがあることがある．これらは植物の成長に影響を与え

るだろうから，たとえば，垂直方向に上から下へとブロック化を行うと，これらの違いによる変動を消去できるかもしれない．しかし，実際の所，温室の内部的変動は大きすぎるので，ブロック化では解決できないかもしれないという見解もある．そこで，1つの代案は，すべての植木鉢を毎日無作為に置き換えるというものである．こうすれば，温室内に存在するいくつもの異なった状態にすべての植物が曝されることになる．このような例は，創意に富んだ解決策を考えることで，誤差変動を減らし，余計な変数による影響を偏ることなく効率的に最小化することができるということを示している．

5.2 ブロック化に関する幾何的類似

2つのカテゴリカル型変数の分解

ブロック化は前章で述べた統計的消去の一種であるが，基本的に前と異なる点は，ブロックがカテゴリカル型であるということである．そのため，2つの連続型変数ではなく，2つのカテゴリカル型変数に則した解析を行うことになる．分解の原理は全く同じであり，最初に（BLOCK + TREATMENT）と誤差に分解し（図5.6では，それぞれ MF と FY），次に最初の項をさらに BLOCK と TREATMENT に分解する（図5.6では，それぞれ ME と EF）．

自由度の分解も，前と同様に，各頂点で当てはめられる母数の個数を使って計算される．ある頂点から次の頂点へ移動するときに，当てはめられる母数の個数の差がその分解に伴う自由度を表す．点 Y は N 個のデータ点を，M は1個の全平均（あるいは定数）を表す．M から E へ移動するとき，この距離の平方はブロックで説明される変動を表す（Box 5.2 の例では 52.859）．ブロックが b 個あるときには，ブロック間の変動を計算するために，b 個の平均がデータに当てはめられる．ゆえに，M から E へ移動するときは，自由度 $b-1$ が使われることになる．ベクトル EY はブロック内での変動を表すが，これはさらに分解できる．ベクトル EF は，ブロックによる影響をすでに消去してしまった後での，処理の効果で説明される変動を表す．処理の数を t と置くと，この分解はさらに自由度 $t-1$ を消費する．

2つのカテゴリカル変数をもつモデルの当てはめ

ブロック化した豆の実験を再度取り上げてみよう．その結果を出力し直したものが Box 5.4

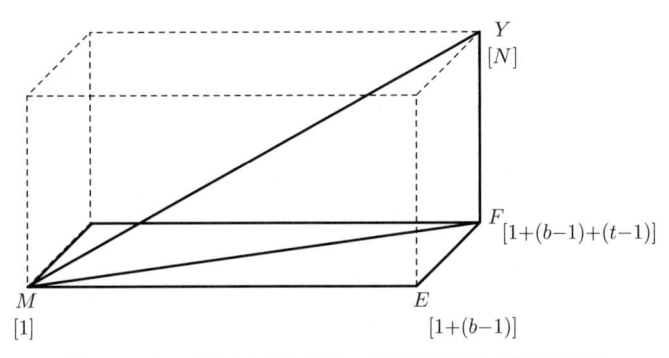

図 5.6 カテゴリカル型変数による統計的消去の幾何的類似

BOX 5.4　無作為化ブロック計画の ANOVA 表と係数表

一般線形モデル

モデル式：YIELD = BLOCK + BEAN
BLOCK と BEAN はカテゴリカル型

YIELD に対する分散分析表，検定は調整平方和を用いる

変動因	DF	Seq SS	Adj SS	Adj MS	F	P
BLOCK	3	52.895	52.895	17.632	4.66	0.017
BEAN	5	444.435	444.435	88.887	23.48	0.000
誤差	15	56.795	56.795	3.786		
合計	23	554.125				

係数表

項	Coef	SECoef	T	P
定数	16.6750	0.3972	41.98	0.000
BLOCK				
1	0.0417	0.6880	0.06	0.953
2	2.3917	0.6880	3.48	0.003
3	−1.4750	0.6880	−2.14	0.049
4	*−0.9584*			
BEAN				
1	5.0750	0.8882	5.71	0.000
2	5.7000	0.8882	6.42	0.000
3	−0.6000	0.8882	−0.68	0.510
4	−0.2500	0.8882	−0.28	0.782
5	−3.7000	0.8882	−4.17	0.001
6	*−6.225*			

である．その ANOVA 表には係数表が追加されている．1番目の表は収穫量を決めるのにどの説明変数が重要なのかを教えてくれている．2番目の表は変数 BLOCK と BEAN から収穫量 YIELD を予測するのに用いられる．これは第1章で行った FERTIL から YIELD を予測するやり方の拡張になっている．以前に述べた約束どおり，「定数」として与えられる係数は全平均である．つまり群平均の重みを考慮しないで単純に平均を取ったものである．これがここでの基準点である．しかし前にも述べたように，この決め方は統計パッケージによって異なっている．ブロックに対して与えられる数値は群平均の定数からの偏差である．偏差の和は0であるから，4番目の偏差は他の偏差からの計算で求められる．6種類の豆に対しては，まず5つの偏差が与えられ，6番目の偏差は計算で求められる．つまり，定数以外の母数はすべておのおのの群平均の基準点からの偏差である．これらの母数が他の統計パッケージでどのように扱われているかは Web 上のパッケージ専用の補足に述べておいた．

5.2 ブロック化に関する幾何的類似

表 5.1 無作為化ブロック計画での係数と母数の対応

項		係数
定数		μ
ブロック	1	α_1
	2	α_2
	3	α_3
	4	$-\alpha_1 - \alpha_2 - \alpha_3$
処理	1	β_1
	2	β_2
	3	β_3
	4	β_4
	5	β_5
	6	$-\beta_1 - \beta_2 - \beta_3 - \beta_4 - \beta_5$

2つのカテゴリカル型変数をもつモデルは次のような一般的な形式で表現できる.

$$y = \mu + \left\{\begin{array}{cc} \text{ブロック} & \text{偏差} \\ 1 & \alpha_1 \\ 2 & \alpha_2 \\ 3 & \alpha_3 \\ 4 & -\alpha_1 - \alpha_2 - \alpha_3 \end{array}\right\} + \left\{\begin{array}{cc} \text{処理} & \text{偏差} \\ 1 & \beta_1 \\ 2 & \beta_2 \\ 3 & \beta_3 \\ 4 & \beta_4 \\ 5 & \beta_5 \\ 6 & -\beta_1 - \beta_2 - \beta_3 - \beta_4 - \beta_5 \end{array}\right\} + \epsilon$$

これらの母数の推定値は係数表で与えられる（表 5.1 を参照）.

上の式において，括弧内の斜体でない数字はその点で当てはめられた母数の番号を表し，それはまた係数表の中の番号と一致する．斜体の番号に対する値は他の母数から自動的に計算される．最後の記号 ϵ はモデルの周りのデータの散らばり具合を表す．数学的には，各データ点において，正規分布からの独立な確率変数を表している．ただし，その正規分布の平均は 0 であり，分散は未知の誤差分散である（ANOVA 表の中の誤差平均平方で推定される）．係数表から母数の最良の推定値が得られるので，それらを使って適合値は計算される（このとき ϵ はその期待値 0 であると解釈する）．適合値はデータのもつ信号部分を推定しているといってよい．すると，誤差分散はデータに含まれた雑音部分を推定していることになる．解析の目的は信号と雑音を分離することに他ならない．

これまでの2つの節を一緒に考えると，幾何的類似とはモデル適合の過程を反映するものであることがわかる．分解の過程，すなわち適合の過程は3段階である．まず全平均，次にブロックの平均，さらに処理の平均が適合される．そのつど追加されて計算される母数の数が自由度に他ならない．このモデル適合での3段階は，モデルの母数（全平均，ブロック偏差，処理偏差）を表すために採用された表示方法の反映でもある．本書では，その方法はMinitabに準拠している．他のパッケージには適合値を別のやり方で表示しているものもあるが，それはWeb上のパッケージ専用の補足で解説してある．別名表記（つまり母数をどのように表示するか）

は，単に表示方法の問題でしかなく，母数の個数や，解析での本質的な結論は常に同じものになる．

5.3 直交性の概念

完全計画

前章の2つの連続型変数の解析において，調整平方和と逐次平方和の概念が導入された．2つのカテゴリカル型変数に両概念を用いるとどうなるだろうか？ Box 5.4 の BLOCK に対する調整平方和と逐次平方和を調べてみると，どちらも全く同じである．これは，豆の品種の違いを考慮しようがしまいが，ブロックで説明される変動は同じであるということを意味する．つまり，BLOCK と BEAN は**直交**（orthogonal）するのである．ある変数についての知識が別の変数についての情報を何も与えないとき，その2つの変数は直交するという．もっとも，2つの連続型の変数の場合，そのようなことは起きそうにはない．というのも，2つの変数が**完全**に無相関（相関係数が 0）になる必要があるからである．2つの連続型の変数を測定するとき，偶然からだけでも必ず多少の相関が生じて，互いの情報に影響し合うことになるだろう．では，2つのカテゴリカル型変数が直交するということはどのように理解すればよいのだろうか？

すべてのブロックと処理の組合せに反復数を書き込んだ表を使って，直交計画を説明してみよう．図 5.7 の計画 A では，すべての組合せに対して同じ回数の反復を配置している．どの処理にも，各ブロックが正確に同数だけ現れている．それゆえ，ブロック効果があったとしても（たとえば，ブロック 2 は非常にやせた土壌であるなど），処理の比較に影響は出ないだろう（たとえば，ブロック 2 を利用した割合はすべての処理において同じなので，その影響はすべての処理に等しく現れるだろう）．逆に，ブロック内での処理についても同様のことがいえる．これと同じ考え方を確率的に理解することもできる．無作為に実験区画を選んだとしよう．このとき，その所属するブロックがわかったとしても，その区画でどの処理が行われたかについての情報を引き出すことはできない（たとえば，それが処理 1 である確率は，ブロックの情報にかかわらず，1/4 である）．それゆえに，ブロックを考慮に入れようが入れまいが，処理で説明できる変動は変わらない（逆も同様である）．結局，これら2つの変数のどちらにおいても，調整

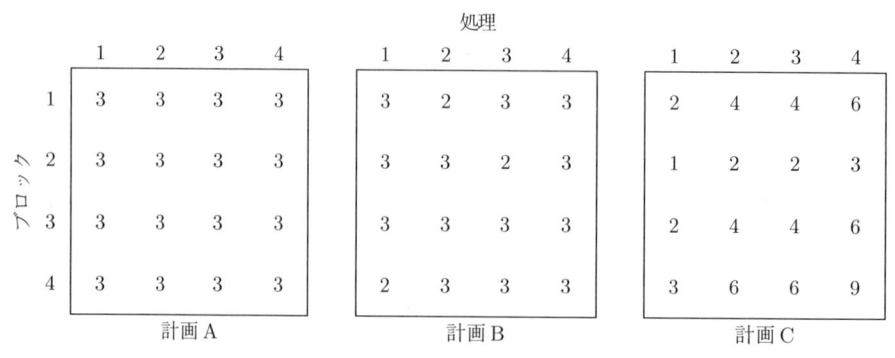

	処理					処理					処理			
	1	2	3	4		1	2	3	4		1	2	3	4
1	3	3	3	3	1	3	2	3	3	1	2	4	4	6
2	3	3	3	3	2	3	3	2	3	2	1	2	2	3
3	3	3	3	3	3	3	3	3	3	3	2	4	4	6
4	3	3	3	3	4	2	3	3	3	4	3	6	6	9
	計画 A					計画 B					計画 C			

図 **5.7** ブロックと処理に対する反復の配置

平方和と逐次平方和は等しいことになる．

計画 C は，直交はしているが均衡的 (balanced) でないので，あまり用いられることのない計画例である．これは処理とブロックどちらにも比例するように反復数を配置することによって得られる．たとえば，処理 1 は 2, 1, 2, 3 という反復数をブロック 1 からブロック 4 の中にもつ．他の処理もこれらに比例した反復数を各ブロック内にもっている．それゆえ，1 つの区画が無作為に選ばれたとき，それがどのブロックに所属しているかという知識は，どの処理を受けたかという情報に何ら貢献しない．同様に，どの処理内でもブロック配置の割合は同じである（たとえば，ブロック 2 はどの処理内でも割合 1/8 である）．こうして再び，どのブロック効果もすべての処理に対して等しい影響を与えることになる，つまり直交しているのである．しかし，計画は均衡的でないので，処理 1（8 個の反復）よりも処理 4（24 個の反復）についてはるかに多くの情報が与えられることになる．実際には，どの処理の情報についても同程度の興味をもつのが普通なので，直交かつ均衡したものが最も常識的な計画になるだろう．

実験計画の直交化がなぜ望ましいのだろうか？　出力の解釈がたいへんやさしくなる，というのがその答えである．前章で見た例とは異なり，調整平方和と逐次平方和を比較して，どのように変化するのかを注意深く考察する必要がなくなる．なぜなら，それら 2 つは等しいからである．2 つの連続型変数をもつモデルで解釈を複雑にしていたものに，情報の共有や情報の増加などがあったが，2 つの直交変数をもつモデルではこれらで悩む必要がない．複雑なモデルを当てはめるときには，この直交性の利点はますます便利なものになるだろう（たとえば，第 10 章を見るとよい）．

しかし，実際上の問題では，計画を直交化しようとしても，偶発的な障害により実現できないこともかなりある．たとえば，図 5.7 の計画 B は実験の過程で 3 区画が破損したものである．こういった例では，ANOVA 表における調整平方和と逐次平方和には多少の違いが現れてくるだろう．

豆の品種に関するデータセットに戻り，再度解析した結果が Box 5.5 である．ただし，今回は 2 つの区画が除かれている．これと，もともとの直交計画の結果 Box 5.4 とを比較すると，今回の 2 つ説明変数に対する F 比はさらに増加しているので結論は変わらないことになる．しかし，直交性が失われたので，ブロックに対する調整平方和と逐次平方和が少々異なっている（豆の品種はモデル式での最後の説明変数なので，これに対する両者は一致している）．またもう 1 つ，係数表における標準誤差も少し異なっている．平均の標準誤差は $s/\sqrt{n}$ で計算される．ただし，n は平均を計算する際のデータ点の数である．品種 2 の豆に対する標準誤差は他のものよりも大きいが，これはこの品種に対する区画の 1 つが除かれたことによる．これより，この平均に関する信頼区間はたとえば品種 1 に対するものより広くなるだろう．つまり，結論は変わらなかったが，平均についての精度などは影響を受けることになった．

直交性が大幅に失われると，調整平方和と逐次平方和の違いはさらに大きくなるだろう．そして，直交性の利点が失われ，2 つの連続型変数をもつモデルで解釈の問題を議論したように，2 つの変数間の情報の共有や情報の増加の可能性を考えなければならないことになる．

BOX 5.5 無作為化ブロック計画において直交性を少し失う

一般線形モデル

モデル式：MYIELD = MBLOCK + MBEAN
MBLOCK と MBEAN はカテゴリカル型

MYIELD に対する分散分析表，検定は調整平方和を用いる

変動因	DF	Seq SS	Adj SS	Adj MS	F	P
MBLOCK	3	49.291	49.690	16.563	6.47	0.006
MBEAN	5	449.413	449.413	89.883	35.09	0.000
誤差	13	33.296	33.296	2.561		
合計	21	532.000				

係数表

項	Coef	SECoef	T	P
定数	16.7007	0.3529	47.33	0.000
MBLOCK				
1	0.0160	0.5813	0.03	0.978
2	2.3660	0.5813	4.07	0.001
3	−1.5007	0.5813	−2.58	0.023
4	*−0.8813*			
MBEAN				
1	5.0493	0.7425	6.80	0.000
2	6.7389	0.8435	7.99	0.000
3	−0.6257	0.7425	−0.84	0.415
4	−0.2757	0.7425	−0.37	0.716
5	−3.7257	0.7425	−5.02	0.000
6	*−7.1611*			

直交性に関する3つの図

直交性のもともとの定義に戻ろう．2つの要因が互いに直交しているとは，一方の要因を考慮に入れても入れなくても，他方の要因で説明される変動に変化がないことであると定義される．ゆえに，ある要因で説明される変動の量を線分で表すと，この線分の長さは1説明変数モデルにおいても，また2説明変数モデルにおいてでも同じである．2説明変数モデルで説明できる全線分は2つの1変数モデルで説明できる線分の和となる（図 5.8）．

図 5.6 において，モデルで説明できる変動と誤差として説明される変動への分解は，直立した3角形で表されている．さらに2つの説明変数（たとえば，ブロックと処理）への変動の分解は水平面上での3角形で表される．これを図 5.9 で再度図示する．直交する変数に関しては（そしてこれに限ってであるけれども），モデル式での変数の順番を入れ替えると，水平面上の3角形は同じく水平面上の4角形の反対側に回ったときの2辺を使った3角形に変更される．

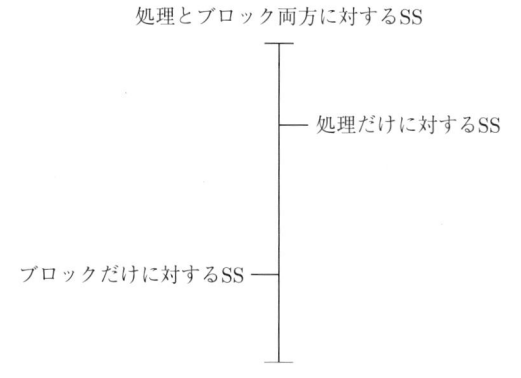

図 5.8 直交した 2 つの変数の平方和の合計は 2 つを含むモデルの平方和に等しい

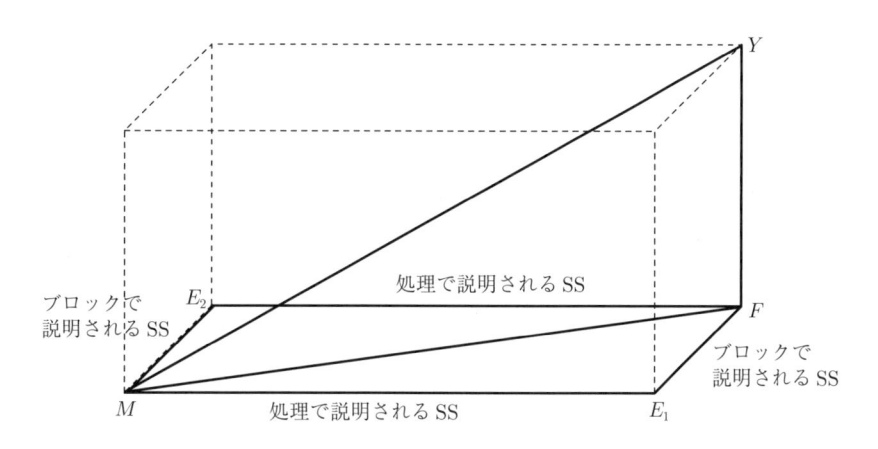

図 5.9 2 つの異なる道順による平方和の分解

つまり，$ME_1 = E_2F$, $ME_2 = E_1F$ が成り立っている．これは直交性を表すもう 1 つの表現になる．

最後に，図 4.8 と図 4.9 にある 4 角形と同じものを平面上に描き直してみると，その形は長方形（図 5.10）に他ならない．「直交」という言葉はまさに「直角に」ということを表しているのである．実際，この統計用語は幾何的類似に由来して使用されてきている．ここでの直角とは E_1ME_2 のことである（だから 2 変数は直交しているのである）．また，ME_1F も直角でなければならない（以前に幾何的類似で説明したように，直線上で E_1 はデータに限りなく近づかなければならないからである）．ゆえに，FE_1ME_2 は長方形となる．この結果，2 つの変数のどちらでも，他方を統計的に消去してもしなくても，その SS は変化しないことになる．

5.4 要　約

本章では 2 つのカテゴリカル型の説明変数をもつモデルを取り扱い，実験計画の基本原理を紹介した．特に，次のことを説明した．

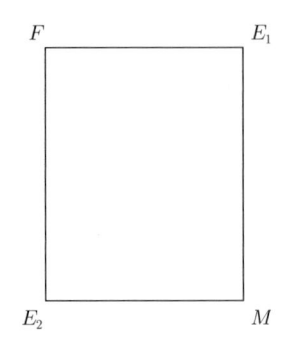

```
           F                E₁
           ┌────────────────┐
           │                │
           │                │
           │                │
           │                │
           │                │
           │                │
           └────────────────┘
           E₂               M
```
図 5.10　直交性の幾何的類似

- 反復と擬似反復の陥穽．
- 無作為化．
- ブロック化の原理：計画の中に効果的にブロックを組み込む方法と統計的消去の原理に基づいた解析法．
- 2 方向のブロック化としてのラテン方格．
- 直交性と均衡性：2 つ変数が直交するとは，一方の変数についての知識が他方についての予測力を増やしも減らしもしないような場合である．これはカテゴリカル変数をもつ実験計画でのみうまく設定できる．
- 直交性の幾何的類似．

5.5　練習問題

カーネーションの生長

ある園芸家が，苗床でカーネーションを育て，散水回数と遮光量の効果が，販売できるような良い花の生産個数にどのように影響するかを調べた．3 水準の散水（1 週間に 1 回，2 回，3 回）と 4 水準の遮光（なし，1/4，1/2，完全遮光）で計画した．この計画を実行するにあたり，3 つの苗床を準備したが，これらの苗床は肥沃度や他の重要な点でも異なっていたため，ブロックとして組み込むことにした．4 週間後，花を数え上げ，その平方根（SQBLOOMS）を取り，それを応答変数として解析した．3 つのカテゴリカル変数（BED, WATER, SHADE）をもつ GLM が用いられた（データは花数（blooms）データセットにある）．Box 5.6 がその結果である．

(1) Box 5.6 での解析は直交しているか？

苗床をブロックとして扱う必要があっただろうか？ また，次の実験はすべての苗床の上で無作為化して配置すべきではないだろうか？ このように考えた園芸家は，苗床をブロック要因として扱わずに，同じデータを解析し直してみた．その結果が Box 5.7 である．

(2) 苗床をブロックとして扱う必要があったか？ あったとしたら，なぜか？

ところが，訪問者が 3 つの実験区画からカーネーションを抜いてしまったことがわかった．これら 3 つの実験区画での花の数は正確ではなさそうなので，解析から除くことにした．新たに縮小されたデー

BOX 5.6　苗床と水と遮光に関するカーネーションの花の数の解析

一般線形モデル

モデル式：SQBLOOMS = BED + WATER + SHADE
BED, WATER, SHADE はカテゴリカル型

SQBLOOMS に対する分散分析表，検定は調整平方和を用いる

変動因	DF	Seq SS	Adj SS	Adj MS	F	P
BED	2	4.1323	4.1323	2.0661	9.46	0.001
WATER	2	3.7153	3.7153	1.8577	8.50	0.001
SHADE	3	1.6465	1.6465	0.5488	2.51	0.079
誤差	28	6.1173	6.1173	0.2185		
合計	35	15.6114				

項	Coef	SECoef	T	P
定数	4.02903	0.07790	51.72	0.000
BED				
1	0.0620	0.1102	0.56	0.578
2	0.3805	0.1102	3.45	0.002
3	−0.4425			
WATER				
1	−0.4110	0.1102	−3.73	0.001
2	0.3731	0.1102	3.39	0.002
3	0.0379			
SHADE				
1	0.0965	0.1349	0.72	0.480
2	0.2934	0.1349	2.17	0.038
3	−0.1191	0.1349	−0.88	0.385
4	−0.2708			

タ変数である，花の数の平方根（SQ2）に対して，説明変数である苗床（B2），散水（W2），遮光（S2）を用いた解析がやり直された．その3番目の結果が Box 5.8 である．

(3) Box 5.8 と Box 5.6 を比較して，どこが異なっているか，あるいは一致しているか？ それはなぜか？ これで統計的結論が変わるか？
(4) Box 5.6 の係数表を用いて，散水水準と遮光水準に応じた花の数の変化を見るためにヒストグラム（2種類）を描け．

雄のスムースイモリの背びれ

雄のスムースイモリ（*Triturus vulgaris*）は繁殖期に背びれを成長させる．求愛の際，雄はフェロモンを発散し，尻尾を振る．背びれは，フェロモンがふわふわと雌の鼻先まで漂うのを助けていると考えられている．ある学生が背びれの大きさの変動を調べるという研究を行った．彼女は2週間の間に

BOX 5.7 苗床をブロックとして使わなかったときのカーネーションの花の解析

一般線形モデル

モデル式：SQBLOOMS = WATER + SHADE
WATER と SHADE はカテゴリカル型

SQBLOOMS に対する分散分析表，検定は調整平方和を用いる

変動因	DF	Seq SS	Adj SS	Adj MS	F	P
WATER	2	3.7153	3.7153	1.8577	5.44	0.010
SHADE	3	1.6465	1.6465	0.5488	1.61	0.209
誤差	30	10.2496	10.2496	0.3417		
合計	35	15.6114				

項	Coef	SECoef	T	P
定数	4.02903	0.09742	41.36	0.000
WATER				
1	−0.4110	0.1378	−2.98	0.006
2	0.3731	0.1378	2.71	0.011
3	*0.0379*			
SHADE				
1	0.0965	0.1687	0.57	0.572
2	0.2934	0.1687	1.74	0.092
3	−0.1191	0.1687	−0.71	0.486
4	*−0.2708*			

BOX 5.8 3 つのデータ点を除外したときのカーネーションの花の解析

一般線形モデル

モデル式：SQ2 = B2 + W2 + S2
B2，W2，S2 はカテゴリカル型

SQ2 に対する分散分析表，検定は調整平方和を用いる

変動因	DF	Seq SS	Adj SS	Adj MS	F	P
B2	2	2.7626	2.6490	1.3245	8.03	0.002
W2	2	5.0793	4.6764	2.3382	14.18	0.000
S2	3	0.8072	0.8072	0.2691	1.63	0.207
誤差	25	4.1213	4.1213	0.1649		
合計	32	12.7704				

10 ヶ所の池を訪れ，87 匹の雄のイモリを測定した．このデータはイモリ（newt）データセットに納めてある．変数は次のとおりである．

　　LSVL: 体長（鼻先から総排泄口までの長さ）の測定値（mm）の対数
　　LCREST: 背びれの高さの測定値（mm）の対数
　　POND: 雄が捕獲された池に付けた識別番号，$1, ..., 10$
　　DATA: 雄の測定調査を行った日付

(1) LCREST を応答変数と置き，背びれの大きさがイモリの体長に影響を及ぼすかどうかを調べるためにデータを解析せよ．
(2) このようなモデルでは変数に POND を含めたほうが良いと考えられるが，なぜか？ この場合でもそう考えられるか？
(3) どのような状況なら，変数に DATE を含めたほうが良いと思われるか？ また，どのようにすれば，そのような状況であることを検出できるか？

第6章

連続型変数とカテゴリカル型変数を混在させる

6.1 これまでの適合モデル

　これまでの5つの章では，いくつかのモデルがデータに当てはめられた．それらすべてのモデルには共通点がある．どのモデルでも，1つの応答変数（Y 変数あるいはデータ変数）を予測するのに1つあるいは2つの説明変数を使っていた．また，これまでに考えた Y 変数はいつも連続型であったが，説明変数はカテゴリカル型であっても連続型であってもよかった．当てはめられるモデルは文字によるモデル式によって指定できる．これまでに出てきたモデル式を下に挙げてみよう．

　　YIELD = FERTIL
　　YIELDM = VARIETY

　　VOLUME = HEIGHT
　　MATHS = ESSAYS
　　SPECIES2 = SPECIES1

　　AMA = YEARS + HGT
　　FINALHT = INITHT + WATER
　　WGHT = RLEG + LLEG
　　POETSAGE = BYEAR + DYEAR
　　LVOLUME = LDIAM + LHGHT

　　YIELD = BLOCK + BEAN
　　SEEDS = COLUMN + ROW + TREATMT

　カテゴリカル型説明変数による解析は平均についての違いを探索し，一方，連続型説明変数による解析は Y 変数と X 変数との間の直線的な関係を探索する．これら ANOVA と回帰のどちらも一般線形モデル（GLM）という同じ傘の下で解析することができ，その出力結果は次

の2つの表にまとめられる.

1. ANOVA表. この表は，説明変数がデータ変数と関係するかどうかを検証するために，その証拠をまとめたものである．その答えは p 値の中にある．小さな p 値は帰無仮説が棄却されるべきであるということを示している．p 値を導くときの基礎になる平方和は，逐次平方和かもしれないし，あるいは調整平方和かもしれない．後者に基づくならば，解くべき問題は「他の変数がすでに当てはめられた後でも，この変数に何らかの予測力が残されているか」である．
2. 係数表. この表は，変数同士がどのように関係しあうかについて教えてくれる．この表から，説明変数を使ってデータ変数を予測する式を求めることができる．カテゴリカル型変数の各水準は偏差で表現され，連続型変数は傾きを通してデータ変数と関連付けられることになる．偏差と傾きは，真の母数に対してデータセットが与えることのできる最も良い推定値である．また，これら推定値の標準偏差（あるいは標準誤差）も係数表から得られ，それによって，その関係がデータからどの程度の信頼度で推定されたかがわかる．

適合式はデータの中にある信号を推定していると見なすことができる．データとモデルの間の差は残差である．それから計算された分散が誤差分散である（つまり，ANOVA表の誤差平均平方である）．ある意味では，GLM分析とは雑音から信号を分離するものであり，その信号がデータを代表するぐらい十分に強力かどうかを教えるものである．

これまでに当てはめたモデルの説明変数は，連続型またはカテゴリカル型のどちらかであった．また，1つのモデルには多くて3つまでしか含まれていなかった（都会のキツネ（urban foxes）のデータ解析のように）．しかし，モデルにはさらに多くの説明変数を加えていくことも可能である（第11章で議論する予定であるが，この説明は難しくなる）．変数の個数は自由度が許す限り増やすことができるが，最も有益なモデルを決定したいならば，できるだけ少ない変数でその関係を表すことが目標になる．

また，連続型変数とカテゴリカル型変数を混在させることも可能である．これはよく共分散分析と呼ばれている．

6.2 連続型変数とカテゴリカル型変数の結合

同じモデルに連続型変数とカテゴリカル型変数を混在させるには，これまでと同じようにそれらをモデル式に指定するだけでよい．ただし，カテゴリカル型変数と連続型変数を区別するための命令も含めて指定する必要がある．実は第4章ですでに，統計的消去の原理を紹介したときに1つの例を与えている．それは異なる散水条件で3つの苗木群の成長率を測定するという例であった．ここでは別の例を使って，もっと詳しく見てみよう．

ハンセン病への治療法の探索

ハンセン病は桿菌が原因で発病する．桿菌指数を減らすための3つの治療法を比較し，最も有効な治療法を見つけることにする．それぞれの治療群に10人の患者を配置した．最も簡単な

6.2 連続型変数とカテゴリカル型変数の結合

BOX 6.1　ハンセン病の治療法

一般線形モデル

モデル式：BACAFTER = BACBEF + TREATMT
BACBEF は連続型，TREATMT はカテゴリカル型

BACAFTER に対する分散分析表，検定は調整平方和を用いる

変動因	DF	Seq SS	Adj SS	Adj MS	F	P
BACBEF	1	587.48	515.01	515.01	35.22	0.000
TREATMT	2	83.35	83.35	41.67	2.85	0.076
誤差	26	380.15	380.15	14.62		
合計	29	1050.98				

係数表

項	Coef	SECoef	T	P
定数	−0.013	1.806	−0.01	0.994
BACBEF	0.8831	0.1488	5.93	0.000
TREATMT				
1	−1.590	1.012	−1.57	0.128
2	−0.726	1.002	−0.72	0.475
3	2.316			

解析は治療後の桿菌指数を3群間で比較することだろう（単純なANOVA）．しかし，その指数はまた，治療前に患者の病気がどれくらい進行していたかにも関係するだろう．ゆえに，この初期病状の違いを考慮できたならば，より強力な検定となるはずである．解かれるべき問題は「桿菌指数の初期の違いが考慮された後で，最終の桿菌指数は治療法の違いでどのように異なるか？」である．変数 BACAFTER（治療後の桿菌指数），TREATMT（治療法），BACBEF（治療前の桿菌指数）はハンセン病（leprosy）データセットの中にある．Box 6.1 がその解析結果である．

このモデルから導かれる最良の適合式とはどのようなものだろうか？　当てはめるモデルが BACBEF と BACAFTER と間の回帰にすぎないならば，モデルは直線関係である．一方，BACBEF を共変量としては含まず，3つの治療法だけを含むモデルならば，適合値は3つの平均となるだろう．この2つの説明変数を組み合わせると，各治療法での BACAFTER の3つの平均が BACBEF に伴って変化すると考えられる．ゆえに，モデルは今やそれぞれの治療法についての3つの平行な直線となる．

係数表から導かれるモデルは次のとおりである．

$$\text{BACAFTER} = -0.013 + 0.8831 \times \text{BACBEF} + \begin{bmatrix} \text{TREATMT} & \\ 1 & -1.590 \\ 2 & -0.726 \\ 3 & 2.316 \end{bmatrix}$$

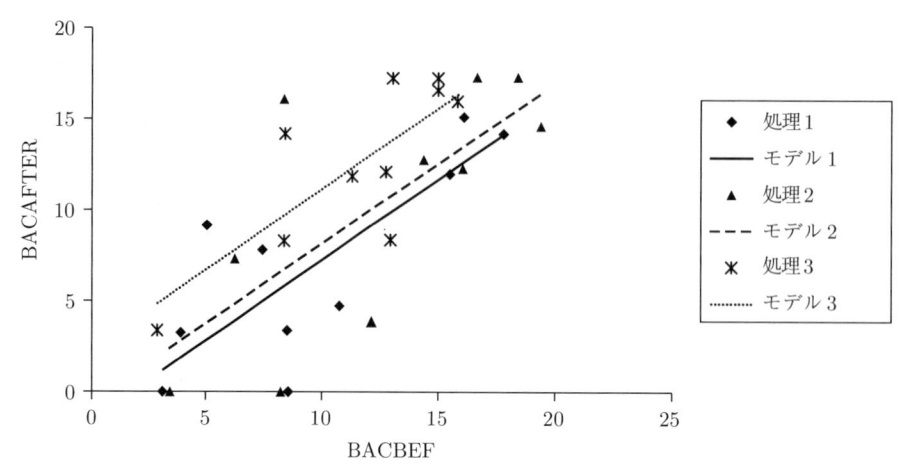

図 6.1 ハンセン病の実験におけるデータ点とその最良の適合直線

治療法3の係数（斜体）が他の2つから計算されることに注意しよう．以前示したように（本書で採用した別名表記である），それらの偏差の合計は0でなければならないからである．治療の主効果は切片を変化させるので，具体的に書くと，3直線の式は次のようになる．

$$\text{BACAFTER} = -1.603 + 0.8831 \times \text{BACBEF} \qquad \text{TREATMT 1}$$
$$\text{BACAFTER} = -0.739 + 0.8831 \times \text{BACBEF} \qquad \text{TREATMT 2}$$
$$\text{BACAFTER} = 2.303 + 0.8831 \times \text{BACBEF} \qquad \text{TREATMT 3}$$

これら3つの直線はデータ点とともに図 6.1 に示されている．では，なぜ3つの直線は平行なのだろうか？　この点に関していえば，当てはめたモデル式に，まさに平行であるように制約がかかっているからである．しかし本当は，そうではないとデータは示しているかもしれない．たとえば，3番目の治療法はたいへん病気の進んだ患者だけに対して有効なのかもしれない．そうであれば，治療法3のデータに最適なモデルは，もっと低い傾きをもつ直線になるだろう（あるいは直線よりも曲線がよく適合するかもしれない）．このような問題に答えるには，さらに複雑なモデルを当てはめる必要がある．それについては第7章と第11章で調べることにする．

体重と脂肪の関係における性差

健康管理計画下にある19人の学生を対象に，皮下脂肪圧の測定値を利用して総体脂肪量が体重の百分率として推定された．2.10 節では，体重と脂肪量の関係を知るために脂肪データセットが調べられ，人の体重から脂肪率を予測しようとした．しかし，有意な関係は見つけられなかった．参加者の性別の情報を追加して，ここで再び同じデータセットを解析してみよう．

図 6.2 がその散布図である．女性はひし形，男性は四角で示されている．

図 6.3 の散布図では，WEIGHT（体重）が無視され，変数 FAT（総体脂肪量）が SEX（性別）に対して表示されている．

その散布図から，女性は男性よりも高い体脂肪率をもつことがわかる．また FAT と WEIGHT の関係は両性間で異なっているようである．Box 6.2 の GLM は，WEIGHT と SEX の両方が

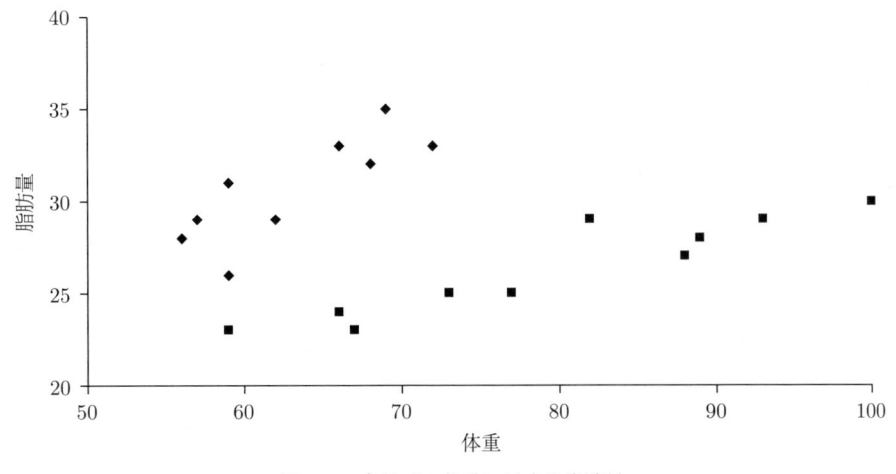

図 6.2 各性での体重に対する脂肪量

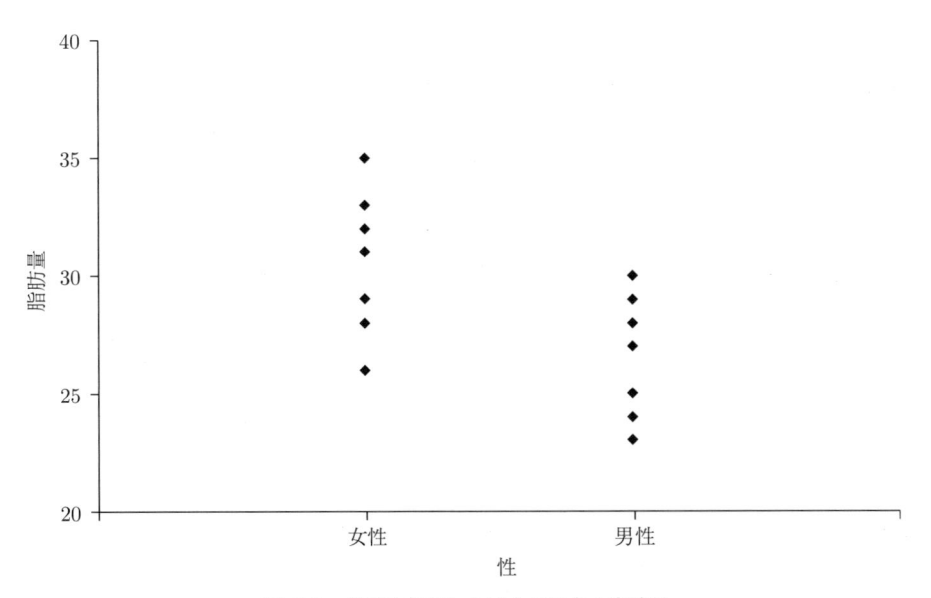

図 6.3 体重を無視した場合の男女の脂肪量

FAT の有意な予測要因であること示している．それによって，以下のような適合式が得られる．

$$\text{FAT} = 13.01 + 0.21717 \times \text{WEIGHT} + \begin{bmatrix} \text{SEX} & \\ 1 & 3.9519 \\ 2 & -3.9519 \end{bmatrix}$$

モデルとデータは図 6.4 で比較できる．前の例と同様に，適合モデルの 2 直線は平行であるように制約されている．しかし，データを見ると，女性の直線は男性の直線よりもっと急であるべきかもしれない．研究者が単にモデルを当てはめるだけで，その適合値とデータを比較しようとしないならば，このような問題に気付かないままで終わってしまうかもしれない．ここで

BOX 6.2 脂肪量の説明変数として体重と性を用いる

一般線形モデル

モデル式：FAT = WEIGHT + SEX
WEIGHT は連続型，SEX はカテゴリカル型

FAT に対する分散分析表，検定は調整平方和を用いる

変動因	DF	Seq SS	Adj SS	Adj MS	F	P
WEIGHT	1	1.328	87.105	87.105	34.00	0.000
SEX	1	176.098	176.098	176.098	68.73	0.000
誤差	16	40.995	40.995	2.562		
合計	18	218.421				

係数表

項	Coef	SECoef	T	P
定数	13.010	2.679	4.86	0.000
WEIGHT	0.21715	0.03724	5.83	0.000
SEX				
1	3.9519	0.4767	8.29	0.000
2	-3.9519			

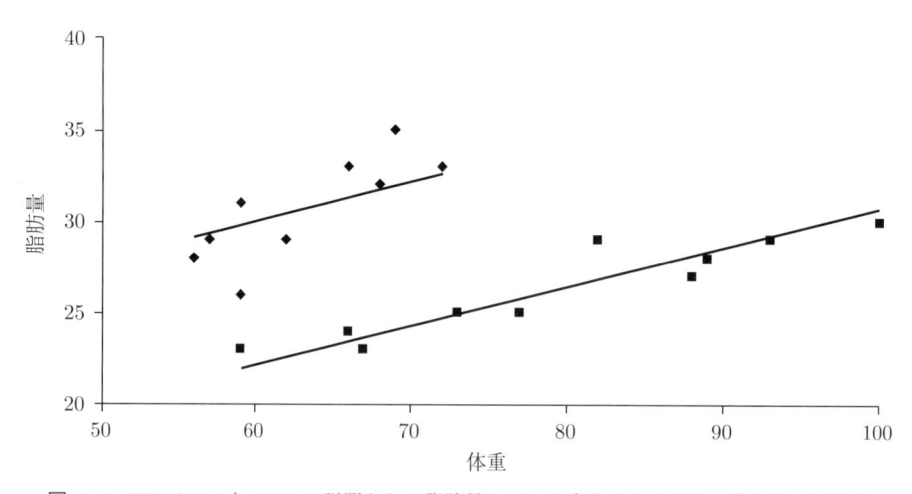

図 6.4 WEIGHT と SEX で説明される脂肪量のデータ点とそのモデル，◆女性，■男性

は何が問題なのだろうか？　それは，2 直線が同じ傾きをもつと仮定したことにある．この仮定は正しくないかもしれない．これまで行われたすべての解析において，仮定は検証されないままで使われてきた．通常の統計的解析の手順を踏むならば，常にモデルそのものについての検査が行なわれるべきである．そうすれば，ここで疑われるような問題にも気付くはずである．検査すべき仮定とそれらに問題がないか調べる方法については，第 8 章と第 9 章で解説する．

6.3 連続型変数とカテゴリカル型変数の間の直交性

前章で，直交性の概念が紹介された．あるカテゴリカル型変数が他のカテゴリカル型変数について何ら情報を与えないとき，これら2つの変数は直交する．直交性は，2変数を組み合せた反復数の配置表を調べるか，ANOVA表の逐次平方和と調整平方和を比較することによって検出できる．一方，2つの連続型変数の場合，定義により両者の相関係数が0でなければならないので，直交することはまずないだろう．では，カテゴリカル型変数と連続型変数が直交することはありえるのだろうか？以下の例は，20個のフラスコで細菌を5日間培養する実験である．半数のフラスコの細菌にはラクトースの栄養補給を行った．そして，そのことが個体群増殖にどのように影響を与えるかが調べられた．毎日，各処理に対して2個のフラスコが処理され（よって，毎日合計4個），細菌の個体群密度が推定された（BACTERIA）．Box 6.3 で示されるように，連続型説明変数（DAY）とカテゴリカル型説明変数（LACTOSE）を用いて，その解析は行われた（すべては細菌増殖（bacterial growth）データセットにある）．

調整平方和と連続平方和を調べると，DAY は LACTOSE と直交していることがわかる．さらに，DAY の値は連続型であるけれども，実験計画の中では離散値（1, 2, 3, 4, 5）を取り，LACTOSE の2水準のどちらでも全く同じ値になる．ゆえに，2つのカテゴリカル型変数の場合と同様に，反復数の配置表からも両変数の直交性が示される．

BOX 6.3 ラクトースの2つの水準における細菌の増殖

一般線形モデル

モデル式：BACTERIA = DAY + LACTOSE
DAY は連続型，LACTOSE はカテゴリカル型

BACTERIA に対する分散分析表，検定は調整平方和を用いる

変動因	DF	Seq SS	Adj SS	Adj MS	F	P
DAY	1	297.97	297.97	297.97	130.56	0.000
LACTOSE	1	397.07	397.07	397.07	173.00	0.000
誤差	17	38.80	38.80	2.28		
合計	19	733.85				

係数表

項	Coef	SECoef	T	P
定数	3.0939	0.7922	3.91	0.001
DAY	2.7293	0.2389	11.43	0.000
LACTOSE				
1	−4.4557	0.3378	−13.19	0.000
2	4.4557			

BOX 6.4　連続型変数とカテゴリカル型変数の間の直交性を説明する

一般線形モデル

モデル式：DAY = LACTOSE
LACTOSE はカテゴリカル型

DAY に対する分散分析表，検定は調整平方和を用いる

変動因	DF	Seq SS	Adj SS	Adj MS	F	P
LACTOSE	1	0.000	0.000	0.000	0.00	1.000
誤差	18	40.000	40.000	2.222		
合計	19	40.000				

係数表

項	Coef	SECoef	T	P
定数	3.0000	0.3333	9.00	0.000
LACTOSE				
1	0.0000	0.3333	−0.00	1.000
2	0.0000			

連続型変数とカテゴリカル型変数の間の直交性は，別の方法でも説明できる．Box 6.4 では，DAY を応答変数と置き，LACTOSE を説明変数と見なして，「DAY は LACTOSE の水準によってどの程度説明されるだろうか？」という問題を考えている．直交する 2 変数の定義は，一方が他方について何も情報を与えないということである．つまり説明力がないということなので，Box 6.4 に示されるように，F 比が 0 になるのである．

ゆえに，2 つの連続型変数が直交するとき相関係数 r が 0 に等しくなければならないのと同様に，連続型変数とカテゴリカル型変数が直交するためには F 比が 0 にならなければならない．LACTOSE の各水準で DAY の平均値は必ず等しくなるのである．

6.4　連続型か，カテゴリカル型か，どちらの変数とみなすか

変数によっては，連続型として扱ってもカテゴリカル型として扱っても不都合はないかもしれない．前節の説明変数 DAY がその例である．そこでは連続型として扱われたが，5 水準をもつカテゴリカル型変数であるとしても一向にかまわない．どちらでも扱えることに何か特別な利点があるだろうか？

Box 6.3 の DAY をカテゴリカル型変数として当てはめ，再度解析した結果が Box 6.5 である．データセットはまったく同じで，DAY は依然として有意であるが，その F 比は 130.6 から 27.3 に低下してしまった．なぜだろうか？

また，DAY によって説明される調整平方和がわずかに大きくなっている．これらは驚くよ

BOX 6.5　カテゴリカル型変数としての DAY に対する細菌増殖の解析

一般線形モデル

モデル式：BACTERIA = DAY + LACTOSE
DAY と LACTOSE はカテゴリカル型

BACTERIA に対する分散分析表，検定は調整平方和を用いる

変動因	DF	Seq SS	Adj SS	Adj MS	F	P
DAY	4	298.51	298.51	74.63	27.30	0.000
LACTOSE	1	397.07	397.07	397.07	145.28	0.000
誤差	14	38.26	38.26	2.73		
合計	19	733.85				

係数表

項	Coef	SECoef	T	P
定数	11.2820	0.3697	30.52	0.000
DAY				
1	-5.2730	0.7393	-7.13	0.000
2	-2.8054	0.7393	-3.79	0.002
3	-0.2044	0.7393	-0.28	0.786
4	2.6235	0.7393	3.55	0.003
5	5.6593			
LACTOSE				
1	-4.4557	0.3697	-12.05	0.000
2	4.4557			

うなことではない．なぜならば，5つの平均を当てはめるということは，この例においては最大モデルを作るようなもので，直線を当てはめるよりもさらにデータを近似することになるからである．しかし，DAY の平均平方を求めるには，平方和を自由度で割る必要がある．5水準をもつカテゴリカル型変数の自由度は4であるが，直線の自由度は単に1である．これが平均平方と F 比に重大な違いをもたらす原因である．ゆえに，DAY を連続型として解析するほうが，F 比は大きくなり，有意になりやすいのである．つまり，Box 6.3 の解析は Box 6.5 の解析よりも**検出力が高い**といえる（帰無仮説が真でないとき，棄却されやすい）．

他に注意すべき点は，DAY が連続型であるような解析は検出力が高いが，誤差平方和も少し大きいということである．これは，5平均を当てはめるときよりも適合性が少し劣るからであり，非線形な部分が説明されないままで誤差に残されるからである．非線形部分も当てはめた解析法については第7章で調べることにする．

上に述べたことは，カテゴリカル型と連続型のどちらにすべきか迷いそうな変数の場合，いつでも連続型として扱うべきであるということを意味するのだろうか？ この例では連続型での解析のほうが優れていると説明したが，それはまさに要因 DAY が細菌の増殖に対して直線

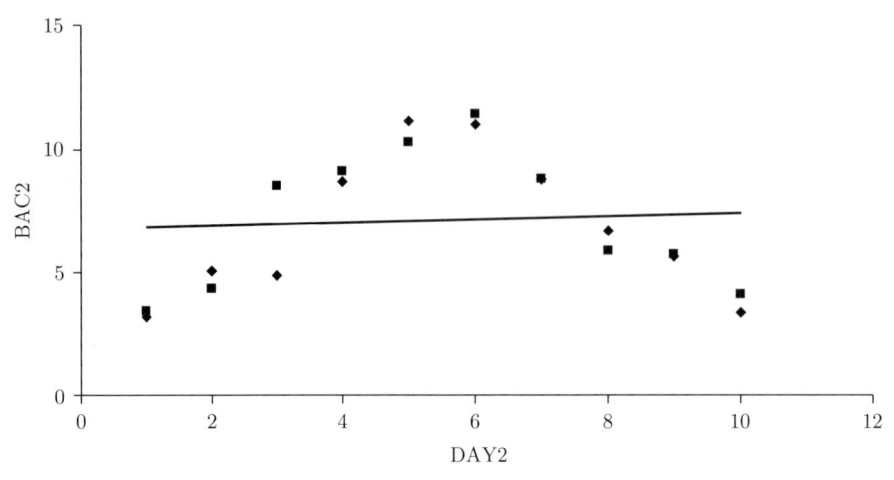

図 6.5 非線形な母集団のデータに直線を当てはめる

BOX 6.6　非線形なデータへの線形変数の当てはめ

一般線形モデル

モデル式：BAC2 = DAY2
DAY2 は連続型

BAC2 に対する分散分析表，検定は調整平方和を用いる

変動因	DF	Seq SS	Adj SS	Adj MS	F	P
DAY2	1	0.494	0.494	0.494	0.06	0.809
誤差	18	147.144	147.144	8.175		
合計	19	147.638				

係数表

項	Coef	SECoef	T	P
定数	6.666	1.381	4.83	0.000
DAY2	0.0547	0.2226	0.25	0.809

的な効果をもっていたからである．異なる条件で細菌の増殖を観察した細菌増殖 2（bacterial growth 2）データセットでは，細菌数は 5 日目に最大に到達し，6 日目から 10 日目にかけて減少している．この場合，培養日数は有意な変化をもたらすかもしれないが，データ点に当てはめた直線の傾きは 0 とは有意に違わないかもしれない（図 6.5 と Box 6.6）．グラフ上でデータを検討しながら解析すると，このような可能性にも気付くことができるだろう．

このような非線形のデータを解析するためのいちばん良い方法については，第 7 章で詳しく述べる．また，変数が連続型として解析できるとき，実際そのように扱うことによる良い点と悪い点については第 10 章で詳しく議論する．まとめると，一定方向への変化傾向をもつデータ

表 6.1 従来の手法とモデル式（GLM）との比較一覧

例	従来の手法	モデル式
2 肥料による収穫量の比較	2 標本 t 検定	YIELD = FERTIL
3 肥料以上による収穫量の比較	1 元配置分散分析	YIELD = FERTIL
ブロックを使った肥料間の収穫量の比較	ブロック化 1 元配置分散分析	YIELD = BLOCK + FERTIL
体脂肪と体重の関係の探索	回帰分析	FAT = WEIGHT
性別を考慮に入れた体脂肪と体重の関係の探索	共分散分析	FAT = WEIGHT + SEX
鯨の観測可能性に影響する要因の探索	重回帰分析	LGWHALES = CLOUD + RAIN + VIS
バラの花の個数に影響する要因の探索	2 元配置分散分析	SQBLOOMS = SHADE | WATER

は，変数が連続型にみなせるならば，そうしたほうが解析はうまくいく．なぜなら，そのほうが検出力の高い解析方法になるからである．

6.5 一般線形モデルの一般的な性質

　一般線形モデルは，いろいろな解析を包括的に扱える技法の集合である．歴史的理由からこれらの検定法の多くは異なる名前をもっており，科学的な文献ではそのような名前で引用されることがまだ多い．しかし実際は，一般線形モデルの原理はさまざまな解析に対応するので，固有の名前をもつ解析ばかりでなく，名前をもっていないような解析までも含むのである．表 6.1 には，GLM が扱える解析とその伝統的な名前がまとめられている．

　この表の最後の 2 つは，まだ紹介していないモデルである．重回帰分析は第 11 章で，要因実験は第 7 章で登場する．そこでは，一般線形モデルの能力，柔軟性，その使いやすさなどが明らかになるだろう．まさに 1 つの傘の下で多くの状況に対応できるのである．解析を成功へとうまく導くには，まず仮説を文字によるモデル式で表現できるようになることである．GLM はすべてに共通するいくつかの仮定を前提としていて，新しく立てたモデル式がその仮定を満足しているかどうかは，どれも同じ手法で検査できる．これまで，当てはめられたモデルは適切で妥当なものであると仮定してきた．しかし，あらゆる GLM がモデル評価の対象であるべきである．これが第 8 章と第 9 章での主な課題となる．

6.6 要　約

- 連続型変数とカテゴリカル型変数が混在するモデル式の解析が紹介された．
- カテゴリカル型変数と連続型変数の間の直交性が定義された．

- カテゴリカル型としても連続型としても扱うことのできる変数が存在する．一定方向への傾向をもつデータであれば，連続型変数として扱うほうがより検出力の高い解析ができる．
- 一般線形モデルがどのように一般的なのかについてまとめられた．そこでは，多くの伝統的な検定法が文字を使ったモデル式で表現された．

6.7 練習問題

植物バイオマスにおける保全とその影響

一定面積の土地における植物バイオマスへの保全の効果について，生態学的研究が行われた．区画当たり 1 ha の土地が 50 区画，イギリス北部の 1 万 ha の中から無作為に選抜された．それぞれの区画において，以下のような変数が記録された．

BIOMASS : $1m^2$ 当たりの植物バイオマスの推定値（kg）
ALT : 区画の平均海抜（m）
CONS : カテゴリカル型変数．保全域の一部のとき 1，それ以外のとき 2
SOIL : 土質を大まかに示すカテゴリカル型変数．チョーク土質は 1，粘土質は 2，ローム土質は 3

これらのデータは保全（conservation）データセットに記録されている．Box 6.7 の出力では，3 つの説明変数による BIOMASS の変動が解析されている．

(1) この解析をもとに，チョーク土質であり，かつ保全域にある平均海抜 200 m の区画で予測される植物バイオマスはどれくらいか？
(2) ローム土質であり，かつ保全域にない平均海抜 300 m の区画で予測される植物バイオマスはどれくらいか？
(3) 植物バイオマスが保全域にあるかどうかに依存して決まるという証拠はどれくらい強いか？その効果はどのような傾向をもつか？
(4) SOIL が BIOMASS に影響を及ぼすという証拠はどれくらい強いか？植物バイオマスの最大値と関係の深い土質タイプは何か？また最小値の場合はどうか？
(5) 植物バイオマスに対する，海抜高度の上昇（1 m 当たり）の効果を 95%信頼区間で求めよ．
(6) CONS の連続平方和と調整平方和の間の違いについて述べよ．
(7) このような研究において無作為化実験を行うことが現実的でないとき，引き出される結論にどのような不確実性が残ってしまうだろうか？

成績平均値の決定要因

アメリカ合衆国の学生の学業成績が，毎年，成績平均値（Grade Point Average, GPA）として評価される．大学の学部は，良い学生を入学させるため，国語能力（VERBAL）と数学能力（MATH）を計るテストの成績で，学生を査定する．学生の GPA を決定するとき，国語能力と数学能力のどちらが重要かを調べるために，ある 2 ケ年（YEAR）のそれぞれで 100 人の学生が選抜され，その点数が分析された．変数である GPA，YEAR，VERBAL，MATH が成績（grades）データセットにある．

(1) MATH，VERBAL，YEAR は GPA を予測する証拠としてどれくらい優れているか？これらの

```
BOX 6.7  保全とバイオマスの解析

一般線形モデル

モデル式：BACTERIA = CONS + ALT + SOIL
ALT は連続型，CONS と SOIL はカテゴリカル型

BIOMASS に対する分散分析表，検定は調整平方和を用いる
変動因     DF    Seq SS    Adj SS    Adj MS      F        P
CONS       1    0.7176    0.0249    0.0249      2.80    0.101
ALT        1    5.8793    4.4273    4.4273    498.10    0.000
SOIL       2    0.3953    0.3953    0.1977     22.24    0.000
誤差      45    0.4000    0.4000    0.0089
合計      49    7.3922


項         Coef       SECoef        T          P
定数       2.21156    0.02486      88.97      0.000
CONS
 1        −0.02443    0.01460      −1.67      0.101
 2         0.02443
ALT       −0.002907   0.000130    −22.32      0.000
SOIL
 1         0.10574    0.02057       5.14      0.000
 2         0.01952    0.01889       1.03      0.307
 3        −0.12526
```

変数の効果はそれぞれどのような傾向をもつか？

(2) ある 1 年生の国語の点数が 700 で数学の点数が 600 のとき，どれくらいの GPA が期待されるだろうか？ 2 年生の国語の点数が 600 で数学の点数が 700 のときはどうだろうか？

第7章
交互作用 ── もっと複雑なモデルを扱う

本章では重要な概念「交互作用」を紹介する．

7.1 要因を取り扱うための原理

多くの実験では時間と予算が限られているので，できるだけ効率的に計画を立てる必要がある．第5章の実験計画では，ある変数（たとえばBEAN）をうまく取り扱うために，さらにもう1つの変数BLOCKを導入した．それはどうしても避けられない変動を消去するためであった．しかし，次の例のように，最初から2つ以上の変数に興味がある場合もある．

農家が，市場で手に入る2品種の小麦のうち収穫量の多いほうはどちらか，またどれくらいの播種密度で最大の収穫量が得られるかについて興味をもっているとしよう．この問題に答えるために，2つの実験計画案を比較してみよう．

実験計画案 1
まず，品種1だけを使って，4水準の播種密度を比較してみる．そこでは，それぞれの播種密度に対し4区画ずつ計16区画を無作為に割り当てる．さらに，別に播種密度1だけを用いて，品種の違いを調べる．このときは，2品種のそれぞれに対し4区画ずつ計8区画を無作為に割り当てる．このように播種密度の比較実験と品種の比較実験において，合計24区画が用いられた．その処理の組合せに対する区画数の配置表は図7.1に与えられている．

最初の品種1を使った実験では播種密度4で最も高い収穫量が得られ，2番目の実験では品種2が品種1よりも収穫量が多かったとしよう．しかし，2つの品種の比較は播種密度1でしか行われていない．この結論を他の組合せに外挿してよいものだろうか？　たとえば，品種2を播種密度4で用いると最大の収穫が得られると考えてよいのだろうか？　この組合せの処理はどちらの実験でも行なわれていない．2つの品種は播種密度によって異なる反応を示す可能性はないのだろうか．しかしこの実験計画案1からそのことを知ることはできない．

実験計画案 2
両方の品種をすべての播種密度で栽培するという実験計画を考えてみよう．つまり，品種と播種密度のすべての組合せを試してみる．どの組合せにも3つの区画を割り当て，再び総数24個の区画を用いることにする．その組合せの配置表は図7.2にある．

	S1	S2	S3	S4
V1	4	4	4	4
V2				

+

	S1	S2	S3	S4
V1	4			
V2	4			

	S1	S2	S3	S4
V1	3	3	3	3
V2	3	3	3	3

図 7.1　播種密度の比較（S1, ..., S4）と品種の比較（V1, V2）

図 7.2　要因実験における播種密度と品種の比較：区別記号は図 7.1 と同じ

　こうすると，最大の収穫量を与える品種と播種密度の組合せを知ることができる．この実験では次の 3 つの問題を考えることができる．品種は収穫量に影響するか？ 播種密度は収穫量に影響するか？ 2 品種は，播種密度が異なる場合でも収穫量へ同等な影響を及ぼすか？ 統計用語を用いれば，この 3 番目の問題は「収穫量への影響において，品種と播種密度との間に**交互作用**（interaction）が存在するか？」ということになる．この問題に答えるには，品種と播種密度のすべての組合せが実験の中に含まれる必要がある．

　図 7.2 のように処理を組合せる実験は**要因実験**（factorial experiment）といわれる．説明変数間の交互作用を検出するためには，このようにすべての可能な処理の組合せを含むような計画を作ることが望ましい．しかし，2 つの変数間に交互作用がなかったとしても，それでも要因実験には別の特徴的な利点がある．それは次のようなものである．実験計画案 1 では，2 つの小実験で，各播種密度に対して 4 反復，また各品種に対して 4 反復を割り当てた．ところが，実験計画案 2 では，各播種密度に対して 6 反復，各品種に対して 12 反復が割り当てられ，より効果的な反復数になっている．まず播種密度（SOWRATE）の 4 水準について考えてみると，どの水準でも，品種 1 の 3 反復と品種 2 の 3 反復をもつ（ゆえに計画は直交している）．つまり，品種に関係なく播種密度を比較できる．同様に，どの品種も各播種密度において等しく 3 反復をもつので，品種の場合も播種密度に関係なく比較できるのである．

　実験計画案 2 は同じ 24 個の区画しか用いないにもかかわらず，効率的に多くの反復数を達成している．これが要因実験の第 2 の利点であり，**潜在反復**（hidden replication）と呼ばれる．たとえ交互作用がなくても，どの区画も 2 つの比較（播種密度の比較，品種の比較）に貢献するのである．

　まとめると，要因計画は，1 要因実験を 2 つ行う場合よりも優れた点として，次の 2 つをもつ．(i) 交互作用を検定できる．(ii) 有意な交互作用がなくても，潜在反復をもたらす．よって，実験を計画するには非常に効率的な手法である．交互作用を検定するには，すべての処理の組合せが必要なのだろうか？ すべての組合せが不可能ではないにしても，それが非常に難しい実

験もあるだろう．組合せが完全でないという制約下でも，交互作用を検定することは可能であるが，自由度は減少してしまう．ゆえに，そのような制約が避けられない場合があることを認めるにしても，交互作用を検定するための最も一般的で効果的なやり方は，やはりすべての処理の組合せを含むことである．

7.2 要因実験の解析

要因実験の解析の背後にある原理は，ここでもまた，平方和の分解とそれに対応する自由度の分解である．このことを，前節の野外要因実験を詳細に検討することで明らかにしよう．実験に3ブロックを用意し，各ブロックで8つの処理の組合せすべてに反復1つを当てることにする．このデータを解析する最も簡単な方法はブロック化された1元配置ANOVAなので，第5章でのやり方を真似ればよい．データは小麦（wheat）データセットにある．8つの処理の組合せに1, 2,..., 8 の番号をつけ，モデル式「YIELD = BLOCK + TRTMT」を用いて解析したときの結果が Box 7.1 である．

この解析の妥当性には何の問題もない．その結論は処理の間に有意な違いがあるというものである（ブロックの間には存在していない）．しかし，実験計画で意図された細かな点がこの解析では失われてしまっている．処理に対する平方和はさらに分解可能なのである．そうすれば，この要因実験で調べようとしている3つの問題に答えを出せる．つまり，(i) 播種密度は収穫量に影響をもつか？ (ii) 品種は収穫量に影響をもつか？ (iii) 2品種は異なる播種密度でも収穫量への同様の影響をもつか？（あるいは，交互作用が存在するか？）．これらに答えるために，2つの説明変数 SOWRATE（播種密度）と VARIETY（品種）を表 7.1 のように解析に導入する．これらを含めたモデルで解析した結果が Box 7.2 である．

処理に対する平方和は3種類に分解されている．播種密度に対する**主効果**（main effect），品種に対する**主効果**，これら2つに対する**交互作用**である．そして，「処理の間に違いは見られる

BOX 7.1 収穫量データに対するブロック化された1元配置 ANOVA

一般線形モデル

モデル式：YIELD = BLOCK + TRTMT
BLOCK と TRTMT はカテゴリカル型

YIELD に対する分散分析表，検定は調整平方和を用いる

変動因	DF	Seq SS	Adj SS	Adj MS	F	P
BLOCK	2	0.3937	0.3937	0.1968	0.52	0.606
TRTMT	7	8.0776	8.0776	1.1539	3.04	0.036
誤差	14	5.3069	5.3069	0.3791		
合計	23	13.7782				

表 7.1 変数の設定（識別番号）

TRTMT	1	2	3	4	5	6	7	8
SOWRATE	1	2	3	4	1	2	3	4
VARIETY	1	1	1	1	2	2	2	2

BOX 7.2　収穫量データに対する要因 ANOVA

一般線形モデル

モデル式：YIELD = BLOCK + VARIETY + SOWRATE + VARIETY * SOWRATE
BLOCK, VARIETY, SOWRATE はカテゴリカル型

YIELD に対する分散分析表，検定は調整平方和を用いる

変動因	DF	Seq SS	Adj SS	Adj MS	F	P
BLOCK	2	0.3937	0.3937	0.1968	0.52	0.606
VARIETY	1	2.1474	2.1474	2.1474	5.67	0.032
SOWRATE	3	5.8736	5.8736	1.9579	5.16	0.013
VARIETY * SOWRATE	3	0.0566	0.0566	0.0189	0.05	0.985
誤差	14	5.3069	5.3069	0.3791		
合計	23	13.7782				

か？」という問題の代わりに，ANOVA 表の3つの要因に対応して3つの問題が設定される．

Box 7.1 と Box 7.2 を比較すると，分解がさらに進んだことがわかる．つまり，3つの新しい変数（SOWRATE, VARIETY, SOWRATE*VARIETY）に対する平方和と自由度を合計したものが，TRTMT での平方和と自由度になっている．では，これがどのようになされたかを見てみよう．新しいモデル式は SOWRATE+VARIETY+SOWRATE*VARIETY である．Box 7.2 で当てはめられたモデルによって，TRTMT の平方和は，SOWRATE+VARIETY+SOWRATE*VARIETY にある3つの項に対応して分解されるのである（その過程は図 7.3 に例示してある）．これら3項が，上に述べた3つの問題に対応することになる．

1. SOWRATE が YIELD に与える影響は，VARIETY のそれぞれの値の間で違いがあるか？答えは「ノー」である（$p = 0.985$）．この問いは「VARIETY が YIELD に与える影響は，SOWRATE のそれぞれ値の間で違いがあるか？」というものと同じである．
2. VARIETY での違いが消去された後，SOWRATE は YIELD に影響を与えるか？答えは「イエス」である（$p = 0.013$）．
3. SOWRATE での違いが消去された後，VARIETY は YIELD に影響を与えるか？答えは「イエス」である（$p = 0.032$）．

要因解析を解釈するときは，最も複雑な問題から出発するのが実践的で好ましい．ゆえに，最初に調べるべき問題は交互作用を含んだものになる．なぜそうなのかは第 10 章で詳しく述

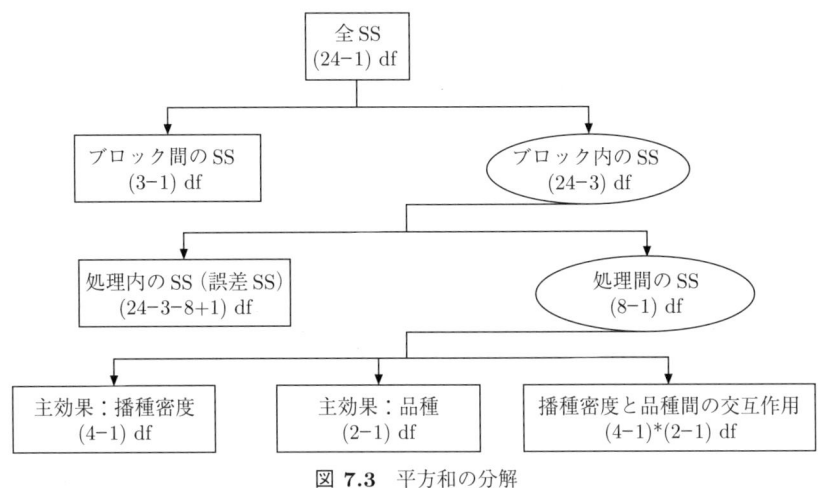

```
           ┌─────────────────┐
           │   全 SS         │
           │  (24-1) df      │
           └────────┬────────┘
            ┌───────┴────────┐
  ┌─────────────────┐  ┌─────────────────┐
  │ ブロック間の SS │  │ ブロック内の SS │
  │   (3-1) df      │  │  (24-3) df      │
  └─────────────────┘  └────────┬────────┘
                        ┌───────┴────────┐
            ┌─────────────────────┐  ┌─────────────────┐
            │ 処理内の SS (誤差SS)│  │  処理間の SS    │
            │  (24-3-8+1) df      │  │   (8-1) df      │
            └─────────────────────┘  └────────┬────────┘
                  ┌──────────────────┬────────┴──────────────────┐
        ┌─────────────────┐ ┌─────────────────┐ ┌───────────────────────┐
        │ 主効果：播種密度│ │  主効果：品種   │ │播種密度と品種間の交互作用│
        │   (4-1) df      │ │   (2-1) df      │ │   (4-1)*(2-1) df      │
        └─────────────────┘ └─────────────────┘ └───────────────────────┘
```

図 **7.3** 平方和の分解

べることにする．

ここでの結論は「2つの要因間に交互作用はないが，どの主効果も有意である」というものである．次節で，それが何を意味するのかについて考えてみよう．また，処理間の変動を3つの成分に分解することによって，有意な違いを検出し，またその違いの原因を SOWRATE や VARIETY あるいはその交互作用などの影響に求めることができた．これは以前にはできなかったことである．次節では，この実験で起り得るすべての結論を調べ上げて，その解釈を行なう．

7.3 交互作用とは何か

播種密度と品種の実験（簡単にするためにブロックを無視する）の結果は5種類の場合に分けることができる．これらを，視覚的にまとめた**交互作用図**（interaction diagram）で説明するとわかりやすい．この交互作用図は一般的には折れ線で描かれ，係数表を見なくても，どの項が有意かわかるようになっている．ここでは，平均収穫量を播種密度に対してグラフ化し，必要に応じてそれぞれの品種に対する折れ線を描くことにする．もちろん逆に，平均収穫量を品種に対してグラフ化し，必要に応じて播種密度の各水準に対する折れ線を描いてもよい（この場合，4本の折れ線になる）．

播種密度も品種も収穫量に影響しない場合

播種密度も品種も有意でない場合，データを最も簡単に表すには全平均（ブロック上での平均）を示せばよい（図 7.4）．この場合のモデル式は YIELD = BLOCK である．

収穫量に対して小麦品種は影響するが，播種密度は影響しない場合

2品種が有意に異なっている場合，品種に対する2つの折れ線は平行になる．ただし，播種密度による違いは有意でないため，折れ線は水平線になる（図 7.5）．この場合のモデル式は YIELD = BLOCK + VARIETY である．

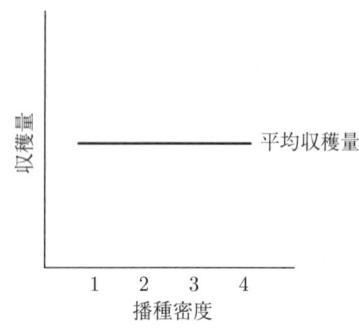

図 7.4 品種も播種密度も影響に差がないときの交互作用図

図 7.5 品種での影響は異なり，播種密度では異ならないときの交互作用図

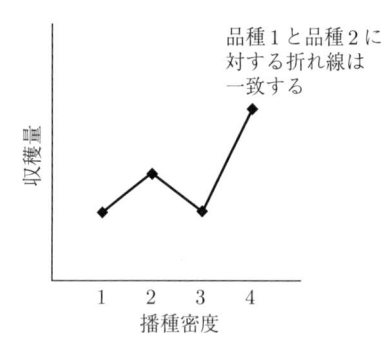

図 7.6 播種密度での影響は異なり，品種では異ならないときの交互作用図

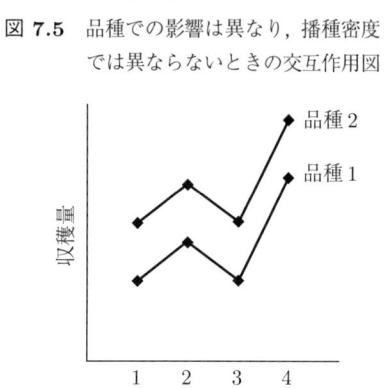

図 7.7 品種と播種密度が加法的に影響をもつときの交互作用図

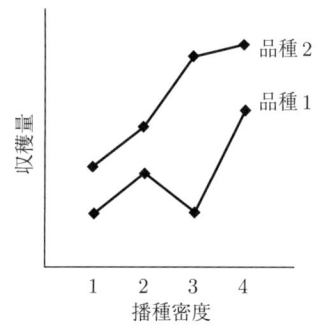

図 7.8 品種と播種密度が非加法的に影響をもつときの交互作用図

収穫量に対して播種密度は影響するが，品種は影響しない場合

この場合，品種は収穫量に影響しないので，2品種に対する折れ線は重なって1つになる．しかし，播種密度の軸には平行ではない（図 7.6）．この場合のモデル式は YIELD = BLOCK + SOWRATE である．

収穫量に対して播種密度と品種が加法的に影響する場合

2つの主効果が有意であるが，両者の間に交互作用が存在しないとき，その2要因は加法的に影響をもつ．この意味は交互作用図でうまく表現できる．2品種の折れ線を比較すると，播種密度の水準が何であっても，収穫量の差は同じである．つまり播種密度1での差は播種密度4での差と同じである．ゆえに，2つの折れ線は互いに平行的に変化する（図7.7）．

この場合のモデル式は YIELD = BLOCK + VARIETY + SOWRATE である．播種密度が連続型変数であれば，交互作用図は2つの平行な直線として示されるだろう（7.7節を参照）．

播種密度と品種との間に交互作用が存在する場合

最後に，交互作用が有意な場合，播種密度と品種は収穫量に対して非加法的に影響を与える．このとき，2つの折れ線の差は，播種密度に依存して変化する．たとえば，その差は，播種密度3ではかなり大きいが，播種密度1と2の間ではあまり変わらない．実験によっては，この2つの折れ線が交差するような交互作用もありえる．しかし，交互作用が存在するために，2つの折れ線が必ず交差しなければならないというわけではない．重要なのは，図7.8のように，この2つの折れ線が平行ではないということが有意に確認できることである．

この場合のモデル式は YIELD = BLOCK + VARIETY + SOWRATE + SOWRATE*VARIETY である．

では，Box 7.2 の ANOVA 表に戻って，この中のどれが結果を最もよく表しているか考えてみよう．解析の結果をいかに明瞭に簡潔に示すかということが目的である．ゆえに，最も複雑な項が最初に検討されるべきである．ここでは播種密度と品種の間の交互作用がそれにあたるが，有意ではない（$p = 0.985$）ので式に含める必要はない．一方2つの主効果は有意なので，両方とも必要である．ゆえに，図7.7 にある交互作用図が最適であることがわかる．

これらの交互作用図を使って，SOWRATE および VARIETY による YIELD への影響について起りうるいろいろな場合を図式的に表すことができた．また，交互作用図は，次節で示すようにデータ自身の様子を効果的に表すために使うこともできる．

7.4 結果の表示

交互作用がない場合の要因実験

交互作用図を反映する適合式を作成するには，係数表から適切な係数値を選んでくる必要がある．実験計画では，通常，全モデルを当てはめるので，係数表にはブロック，すべての主効果，交互作用が含まれる（Box 7.2 でやったように）．ANOVA 表の解釈は常に下から上へと移動する．つまり，交互作用から始めることになる．ここでは，交互作用は有意でなかったが，主効果は有意であった．ゆえに，交互作用をもたない場合の適合式を求めるべきで，それには主効果の係数のみを用いることになる（Box 7.3）．

第5章のブロック化された1元配置 ANOVA と同様の原理に従って，適合式は次のように求められる（ただし，ここでは変数が1つ増える）．

BOX 7.3　Box 7.2 の要因分析の係数表から取り出した主効果の係数

係数表

項	Coef	SECoef	T	P
定数	8.5364	0.1257	67.92	0.000
BLOCK				
1	−0.0848	0.1777	−0.48	0.641
2	0.1810	0.1777	1.02	0.326
3	*−0.0962*			
VARIETY				
1	0.2991	0.1257	2.38	0.032
2	*−0.2991*			
SOWRATE				
1	−0.2804	0.2177	−1.29	0.219
2	−0.4469	0.2177	−2.05	0.059
3	−0.1034	0.2177	−0.47	0.643
4	*0.8307*			

$$\text{YIELD} = 8.5364 + \begin{bmatrix} \text{BLOCK} & \\ 1 & -0.0848 \\ 2 & 0.181 \\ 3 & \mathit{0.0848 - 0.181} \end{bmatrix}$$

$$+ \begin{bmatrix} \text{SOWRATE} & \\ 1 & -0.2804 \\ 2 & -0.4469 \\ 3 & -0.1034 \\ 4 & \mathit{0.2804 + 0.4469 + 0.1034} \end{bmatrix} + \begin{bmatrix} \text{VARIETY} & \\ 1 & 0.2991 \\ 2 & -0.2991 \end{bmatrix}$$

前と同様に，最初の項（係数表での定数項）は全平均である．他の項はこれからの偏差になるので，括弧内で和を取ると 0 になる．それゆえに，斜体で表される値は同じ括弧内の他の値から計算される．ここでの交互作用図に対応する YIELD の適合式を求めるとき，交互作用は有意でなかったのでその項は除く．交互作用の項にはそれに由来する追加的な偏差が含まれるはずであるが，それを除くということは，交互作用による平均的な偏差を 0 と仮定することになる．出力からこのような適合式を記述するやり方は統計パッケージによって異なるが，Web 上のパッケージ専用の補足に詳しく述べてある．

結果を表すにはどうしたらよいのだろうか？　交互作用は有意ではなかったので，最も簡単な方法は，4 つの播種密度に対する平均と 2 つの品種に対する平均を単に表すだけのものである．これならば数表でも，ヒストグラムでもよい．Box 7.4 は平均とその標準誤差を一緒に表にしたものである．

> **BOX 7.4　交互作用が有意でないときの結果をまとめる**
>
> YIELD の最小 2 乗平均（最小 2 乗法による平均の推定値）
>
> | SOWRATE | Mean | St 誤差 |
> |---|---|---|
> | 1 | 8.256 | 0.2514 |
> | 2 | 8.089 | 0.2514 |
> | 3 | 8.433 | 0.2514 |
> | 4 | 9.367 | 0.2514 |
> | VARIETY | | |
> | 1 | 8.835 | 0.1777 |
> | 2 | 8.237 | 0.1777 |

このデータセットは直交的かつ均衡的である．そうでない場合は，出力はもう少し複雑になる．ところで，パッケージソフトは，交互作用を作図するための「最小 2 乗平均（least squares means）」を計算してしまうだろう．しかし，うまく設定してやると，パッケージは主効果だけを用いた最小 2 乗平均を計算してくれる．これについては Web 上のパッケージ専用の補足に詳しく述べておいた．

この表にある標準偏差は各平均に対する標準誤差である．それは第 1 章で示したように，$s/\sqrt{n}$ で計算される．誤差分散 s^2 は Box 7.2 の ANOVA 表から 0.3791 となる．どの播種密度に対しても n は 6 である（これらの平均を計算するために使われたデータ数）．そこで，Box 7.4 にあるように，$\sqrt{0.3791/6} = 0.2514$ となる．この計算からわかるように，すべての播種密度に対して標準誤差が同じになるのである．なぜならば，標準誤差を計算するときには全データから推定した誤差分散がいつでも用いられ，この実験計画ではどの播種密度に対しても同数の区画が配置されているからである．品種に対しても s は同じであるが，n は 12 になるので，その標準誤差は $\sqrt{0.3791/12} = 0.1777$ となる．

この例では交互作用が有意でなかったので，2 つの結果を示すだけで十分である．1 つは SOWRATE によって YIELD がどのように変化するかを説明したものであり，もう 1 つは VARIETY によるものである（図 7.9）．

最後に注意しておきたいことがある．このように要因実験を解析して，交互作用が有意でなかったとすると，最初から交互作用を取り除いて，主効果だけの単純なモデルを再適合させてみようと思うかもしれない．母集団についての「真のモデル」が交互作用を含んでいないならば，s^2 は母集団分散 σ^2 の妥当な推定値になるだろう．しかし，2 つの説明変数が交互作用をもっているにもかかわらず，たまたまそれを実験で検出できなかっただけかもしれない（第 2 種の過誤）．このような状況で，交互作用を除いて解析すると，第 2 種の過誤を最初から犯すことになる．このとき，s^2 の平均は σ^2 にならないので，すべての標準誤差に偏差が入り込む．ゆえに，実験計画を反映したモデルを当てはめて，そこで得られた s^2 の推定値を使って標準誤差を計算するほうが賢明である．

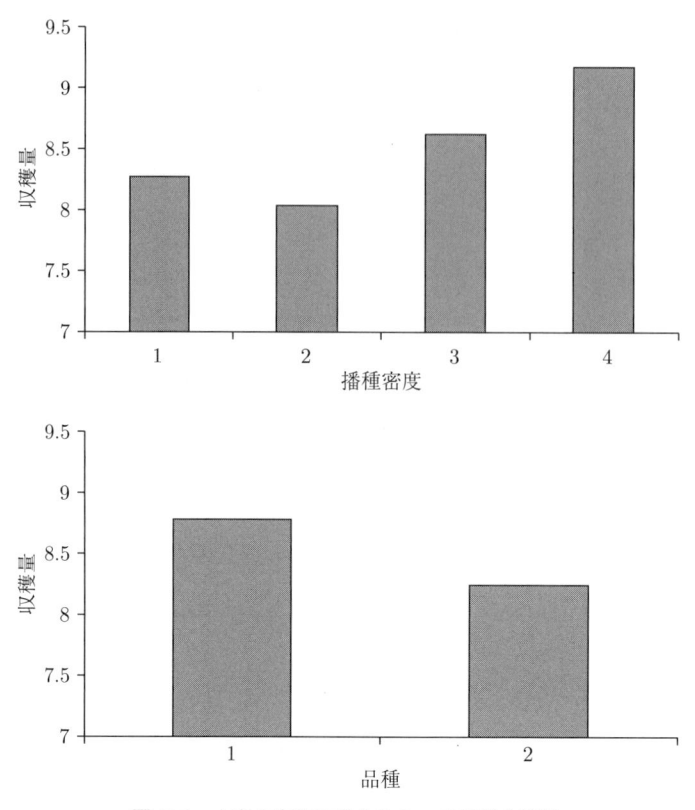

図 7.9　小麦の実験に関する 2 つの簡単な説明

有意な交互作用がある場合の要因実験

　交互作用が有意であるとき，その実験結果の解析と表示について考えてみよう．チューリップ栽培において最適な条件を調べる実験が行なわれた．花の数を応答変数とし，それぞれ 3 つの水準をもつ遮光量と散水量を処理として選んだ．花壇は 3 つ用意し，それぞれに 9 つの区画を設けた．実験が直交するように，9 つの処理の組合せがそれぞれ 1 つずつ各ブロック（花壇）に配置されるようにした．データはチューリップ（tulips）データセットにある．

　Box 7.5 に示したこの実験の解析結果は遮光と散水間の交互作用を含んでいる．まずこの交互作用を見てみると，有意になっている（$p = 0.005$）．ゆえに，花の数は散水量と遮光量の影響を受けるし，散水量への反応は，遮光量が 3 つの水準のどれであったかということにも依存する．つまり，2 要因はもはや加法的であるとはいえないので，各変数のみを用いた簡単な 2 つの説明では済まず，もっと複雑な 1 つの説明が必要である．適合式には，交互作用の項が追加されなければならない．交互作用が有意なので，花の期待数を予測するには散水水準と遮光水準の各組合せに交互作用の項が必要になるのである．ただ，係数表の交互作用の項において斜体で表示されていない偏差は 4 つだけである．実は，他の 5 つの偏差はこれら 4 つから計算できるのである．どの係数が表示されるか，またいくつの係数が表示されるかはパッケージによって異なるが，この詳細については Web 上のパッケージ専用の補足に述べてある．表 7.2 の

BOX 7.5　有意な交互作用を持つ要因実験の解析

一般線形モデル

モデル式：BLOOMS = BED + WATER + SHADE + WATER * SHADE
BED, WATER, SHADE はカテゴリカル型

BLOOMS に対する分散分析表，検定は調整平方和を用いる

変動因	DF	Seq SS	Adj SS	Adj MS	F	P
BED	2	13811	13811	6906	3.88	0.042
WATER	2	103626	103626	51813	29.11	0.000
SHADE	2	36376	36376	18188	10.22	0.001
WATER * SHADE	4	41058	41058	10265	5.77	0.005
誤差	16	28477	28477	1780		
合計	26	223348				

係数表

項		Coef	SECoef	T	P
定数		128.994	8.119	15.89	0.000
BED					
1		−31.87	11.48	−2.78	0.014
2		13.59	11.48	1.18	0.254
3		*18.28*			
WATER					
1		−77.72	11.48	−6.77	0.000
2		3.85	11.48	0.33	0.742
3		*73.87*			
SHADE					
1		51.44	11.48	4.48	0.000
2		−19.67	11.48	−1.71	0.106
3		*−31.77*			
WATER * SHADE					
1	1	−72.67	16.24	−4.47	0.000
1	2	12.94	16.24	0.80	0.437
1	*3*	*59.73*			
2	1	29.92	16.24	1.84	0.084
2	2	−6.48	16.24	−0.40	0.695
2	*3*	*−23.44*			
3	*1*	*42.75*			
3	*2*	*−6.46*			
3	*3*	*−36.29*			

表 7.2 交互作用項の係数の計算

		散水水準			合計
		1	2	3	
遮光水準	1	−72.67	29.92	42.75	0
	2	12.94	−6.48	−6.46	0
	3	59.73	−23.44	−36.29	0
合計		0	0	0	0

ように，交互作用の各項は 3×3 表で表示するとたいへん理解しやすくなる．

この表における偏差の列和および行和は 0 である．これは，このモデルの交互作用が自由度 4 であることの理由にもなっている．というのも，交互作用の 9 つの係数のうち，4 つだけが自由に変化できるからである．この交互作用の自由度は主効果の自由度の積 $4 = 2 \times 2$ で与えられる（すべての処理の組合せが実験に使われたとして）．

さて，全モデルに対する適合式は次のようになる．

$$\text{BLOOMS} = 128.994 + \begin{bmatrix} \text{BED} & \\ 1 & -31.87 \\ 2 & 13.59 \\ 3 & 18.28 \end{bmatrix} + \begin{bmatrix} \text{WATER} & \\ 1 & -77.72 \\ 2 & 3.85 \\ 3 & 73.87 \end{bmatrix}$$

$$+ \begin{bmatrix} \text{SHADE} & \\ 1 & 51.44 \\ 2 & -19.67 \\ 3 & -31.77 \end{bmatrix} + \begin{bmatrix} \text{WATER} & * & \text{SHADE} & \\ 1 & 1 & -72.67 \\ 1 & 2 & 12.94 \\ 1 & 3 & 59.73 \\ 2 & 1 & 29.92 \\ 2 & 2 & -6.48 \\ 2 & 3 & -23.44 \\ 3 & 1 & 42.72 \\ 3 & 2 & -6.46 \\ 3 & 3 & -36.29 \end{bmatrix}$$

モデルが有意な交互作用をもつとき，2 つの平均（ここでは散水量と遮光量）だけでデータを表現しようとすることはもはや適切ではない．散水量への花の反応は遮光量に依存する（逆も同様である）からである．

Box 7.6 にある平均は，主効果と交互作用から適切な項を選び，適合式を計算することで得られる．たとえば，遮光量 1 と散水量 3 での 1 区画当たりの花数の推定値は $128.994 + 51.44 + 73.87 + 42.75 = 297.05$ である（小数点 2 桁まで求めた）．（これは通常，その処理の組合せに対するブロックすべてを通しての平均である．）遮光水準と散水水準の各組合せにおける反復数はどれも同じなので，その標準誤差も同じになる．

この実験結果は，前節のように 2 つの単純な図で表すことはできず，図 7.10 のような複雑な図となる．散水量を増やすと BLOOMS は増加するが，その傾向が最も大きいのは遮光量が最

> **BOX 7.6　有意な交互作用を伴う結果のまとめ**
>
> BLOOMS の最小 2 乗平均
>
> | WATER | * SHADE | Mean | SEMean |
> |---|---|---|---|
> | 1 | 1 | 30.04 | 24.36 |
> | 1 | 2 | 44.55 | 24.36 |
> | 1 | 3 | 79.22 | 24.36 |
> | 2 | 1 | 214.20 | 24.36 |
> | 2 | 2 | 106.69 | 24.36 |
> | 2 | 3 | 77.63 | 24.36 |
> | 3 | 1 | 297.05 | 24.36 |
> | 3 | 2 | 176.74 | 24.36 |
> | 3 | 3 | 134.82 | 24.36 |

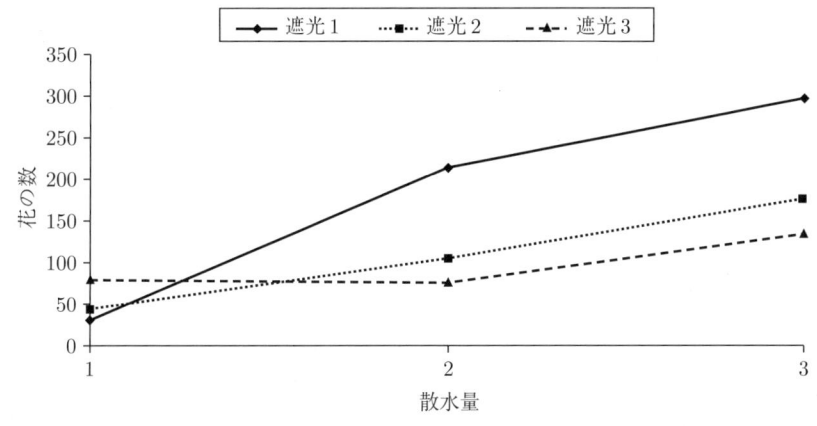

図 **7.10**　Blooms データセットに対する交互作用図

小のときである．

誤差表示：誤差棒

実験結果を図示する際，通常，データのもつ変動の大きさも表示する．最もよく利用されるものは，次の3種類である：(1) 標準誤差，(2) 標準偏差，(3) 差の標準誤差．

平均の標準誤差

図 7.11 は平均のヒストグラムであるが，±1 倍分の標準誤差が平均の上下に誤差棒として追加してある（図ではなく，表で示されてもよい）．反復数はどちらの処理群でも同じなので，誤差棒はどちらも同じ長さである．これらは推定した平均の精度を表している．

標準偏差

図 7.12 は上と同じヒストグラムに，±1 倍分の標準偏差を誤差棒として追加したものである．

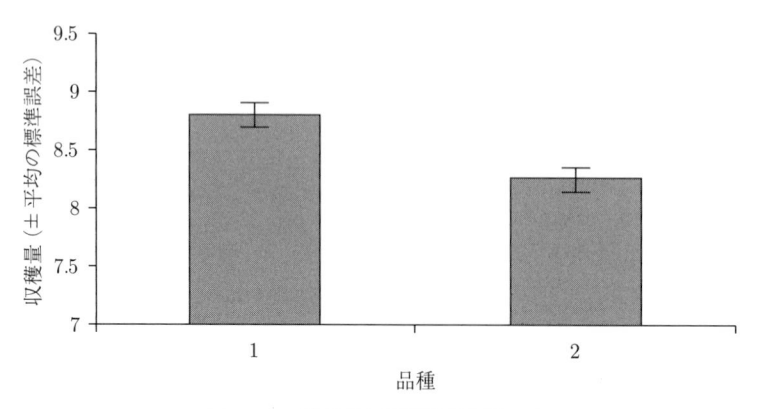

図 7.11 誤差棒に標準誤差を用いる

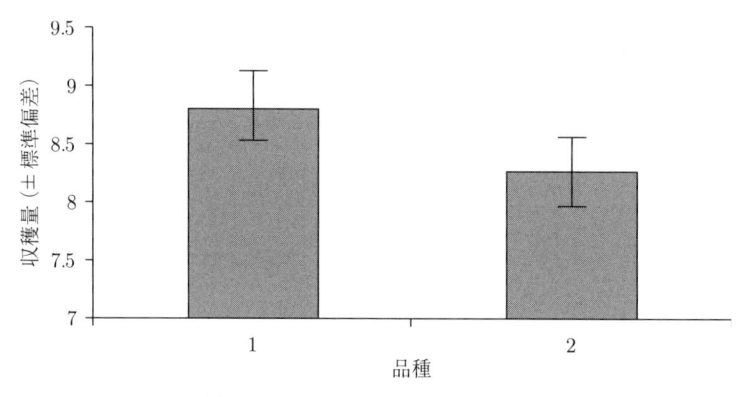

図 7.12 誤差棒に標準偏差を用いる

標準偏差はデータの各群で別々に推定されるので，その大きさは各群において異なる（この例ではその差はわずかである）．これはデータのもつ変動を表す．

差の標準誤差

2つの平均を比較したいとき，差の標準誤差を誤差棒として表示することも1つの方法である．直交計画では，これは次のように計算できる．

$$SE_{diff} = \sqrt{SE_1^2 + SE_2^2}$$

これは小麦の実験での2品種の結果を比較するときに使える．両者の差の標準誤差は次のように計算される．

$$SE_{diff} = \sqrt{0.1777^2 + 0.1777^2} = 0.2514$$

（これは播種密度平均の標準誤差に等しいが，たまたま一致したにすぎない）．図 7.13 の誤差棒がこの差の標準誤差を表している．

この図から視覚的におおよその t 検定を行なうことができる．実際に t 検定を行おうとすると，まず次の t 統計量を計算しなければならない．

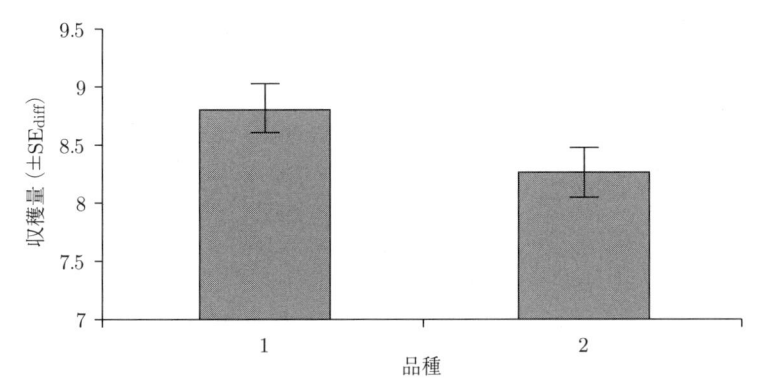

図 7.13 誤差棒に差の標準誤差を用いる

$$t_s = \frac{2\text{変数の差}}{SE_{diff}}$$

これが2より大きいならば，その差はおおよそ5%水準で有意になる．ゆえに，図7.13の2つの誤差棒が重なっていないならば，2つの平均は有意に異なると判断できる．

信頼区間

別の方法として，平均の信頼区間（巻末の「復習」R1.3節を参照）を使うやり方もある．誤差の自由度は全モデルから計算されるので（Box 7.2），この圃場実験の場合，その自由度は14である．95%信頼区間を計算するには，このときのt分布の臨界値2.1448を利用する．信頼区間の一般的な計算式は次のとおりである．

推定値 ± 推定値の標準誤差 × t分布の臨界値

これに実際の値を代入すると，播種密度2の平均に対しては

$$8.089 \pm 0.2514 \times 2.1448$$

であるから，その信頼区間は次のようになる．

$$(7.550, 8.628)$$

まとめると，ヒストグラム上に誤差棒を描くとき，よく用いられるやり方は2通りある：(1) ヒストグラム上に重ねてデータの標準偏差を描く，(2) 平均の標準誤差を描く．最初のものは，そのヒストグラム上でデータがどの程度変動するかを教えてくれるが，2番目はモデル推定の精度を教えてくれる．よく利用されるのは，平均の標準誤差を描くほうである．それには，全モデルからの標準誤差の推定値を用いるが，その理由は前に述べたとおりである．2平均の差についてのt検定を視覚的に行えるので，差の標準誤差を描くやり方も面白いが，これは研究者の目を平均の対比較ばかりに向かせがちになる．これは少々危険である．どの対比較も第1種の過誤を犯す可能性をもつので，比較の例数が増えると，この過誤を犯す確率が増加する．また，

その確率の評価も難しい．この陥穽については，「p 値の多重性」として第 11 章で議論する．

最も重要な点は次のとおりである：(1) 誤差棒としてどの情報を付加したいのか決める，(2) そのことを図の脚注に明記する．

7.5　連続型変数の交互作用

連続型変数とカテゴリカル型変数を混在させる

前節では説明変数 SOWRATE は 4 水準をもつカテゴリカル型変数として扱われた．しかし，水準 1 から 4 への変化を播種密度の増加と捉えると，連続型変数とみなしてもよい．そのように考えると，連続型変数とカテゴリカル型変数が混在したモデルでは，交互作用はどのような意味をもつのだろうか？ そもそも，交互作用とはある変数の効果が他の変数の値に依存するということであった．そうであれば，連続型変数の傾きがカテゴリカル型変数の水準に依存するということになる．

6.2 節のハンセン病のデータに戻って考えてみよう．図 6.1 に描かれた適合式のグラフは 3 本の平行な直線であった．これらの直線が平行となったのは，加法的モデルが当てはめられたからである．ゆえに，交互作用を当てはめるということは，最適な直線が平行状態から有意に異なっているかどうかを調べることに等しい（Box 7.7 参照）．

ANOVA 表を調べると，交互作用は有意ではないことがわかる（$p = 0.961$）．よって，前に Box 6.1 で与えられたモデルが最も適切であると結論できる．しかし，この出力例を使って，交互作用を入れた適合式がどのようなものになるか示してみよう．最初の 3 つの項は加法的モデル式と同じであり，付け加えられた最後の項が交互作用を表している．

$$\mathrm{BACAFTER} = -0.126 + \begin{bmatrix} \mathrm{TREATMT} & \\ 1 & -0.946 \\ 2 & -0.896 \\ 3 & 0.946 + 0.896 \end{bmatrix} + 0.8894 \times \mathrm{BACBEF}$$

$$+ \begin{bmatrix} \mathrm{TREATMT} & \\ 1 & -0.0611 \\ 2 & 0.0167 \\ 3 & 0.0611 - 0.0167 \end{bmatrix} \times \mathrm{BACBEF}$$

交互作用のため，治療法に依存して傾きが変化している．この式は傾きと切片の異なる 3 つの式としてもっと簡単に表現できる（表 7.3）．また，図 7.14 のように交互作用図として描くこともできる．

ここでは 3 つの異なる直線を当てはめたが，ANOVA 表からわかるように，これらの 3 つの直線の傾きが有意に異なっていたというわけではない．

調整平均（連続型変数をもつモデルでの最小 2 乗平均）

連続型変数とカテゴリカル型変数が混在したモデルについての結果を表示するとき，処理の

BOX 7.7　ハンセン病のデータでカテゴリカル型変数と連続型変数の交互作用を解析する

一般線形モデル

モデル式：BACAFTER = TREATMT + BACBEF + TREATMT * BACBEF
TREATMT はカテゴリカル型，BACBEF は連続型

BACAFTER に対する分散分析表，検定は調整平方和を用いる

変動因	DF	Seq SS	Adj SS	Adj MS	F	P
BACBEF	1	587.48	482.63	482.63	30.57	0.000
TREATMT	2	83.35	5.83	2.91	0.18	0.833
TREATMT * BACBEF	2	1.25	1.25	0.62	0.04	0.961
誤差	24	378.90	378.90	15.79		
合計	29	1050.98				

係数表

項	Coef	SECoef	T	P
定数	−0.126	1.955	−0.06	0.949
BACBEF	0.8894	0.1609	5.53	0.000
TREATMT				
1	−0.946	2.520	−0.38	0.711
2	−0.896	2.701	−0.33	0.743
3	1.842			
BACBEF * TREATMT				
1	−0.0611	0.2174	−0.28	0.781
2	0.0167	0.2128	0.08	0.938
3	0.0444			

表 7.3　交互作用をもつ適合式の表現

治療法	適合式
1	BACAFTER = −1.072 + 0.8283× BACBEF
2	BACAFTER = −1.022 + 0.9061× BACBEF
3	BACAFTER = 1.716 + 0.9338× BACBEF

比較のために単純に平均を利用することはもはやできない．1例としてハンセン病のデータセットを挙げると，各治療法を比較するとき BACAFTER（治療後の桿菌指数）の3つの平均を利用することは適切ではない．その平均は治療法の違いを反映しているのではあるが，治療前の桿菌指数（BACBEF）の違いにも影響されるからである．ゆえに，3種類の治療法を公平に比較するには，どの患者も同じ桿菌指数をもって治療が始まったと仮定して行なうのがよい．その桿菌指数値としては，BACBEF の平均が用いられる．この値を各治療法に対する適合式に代入することで，3種類の治療法における**調整平均**（adjusted means）を求めることができる．

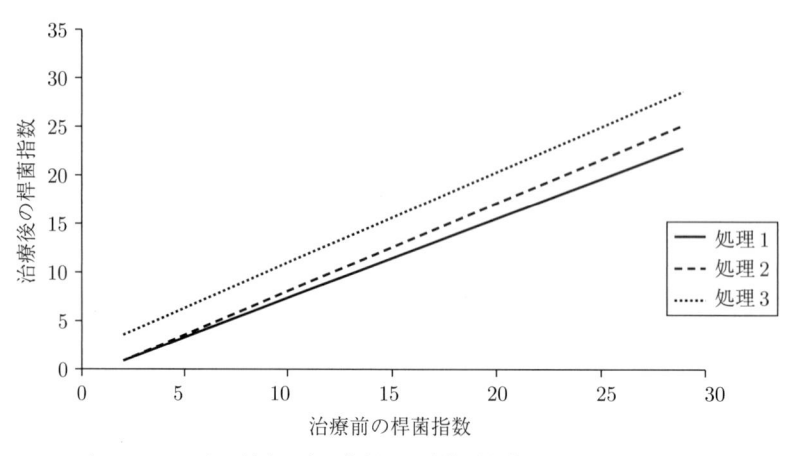

図 **7.14** ハンセン病データセットに対する交互作用図：連続型変数とカテゴリカル型変数が当てはめられた

BOX 7.8 モデルが共変量を含むとき，処理間の比較をするために，調整した平均を求める

連続型変数の平均

	Mean	SEMean
BACBEF	11.19	4.904

BACAFTER の調整された最小 2 乗平均を求めるために，それらを適合式に代入する

TREATMT	Mean	SEMean
1	8.201	1.313
2	9.121	1.286
3	12.171	1.262

　その計算例が Box 7.8 である．そこでは交互作用を当てはめたモデルを使っている（Box 7.7 参照）．調整平均は，表 7.3 にある 3 つの適合式の BACBEF に 11.19 を代入して求められている．たとえば，処理 3 に対する調整平均は $1.716 + 0.934 \times 11.19 = 12.17$ である．

　調整平方和と調整平均とは類似している．3 つの調整平均は，BACBEF の影響が取り除かれた後の（3 つの式に BACBEF の同じ値を代入するので），3 種類の治療法に対する BACAFTER の平均である．一方，TREATMT の調整平方和は，連続型変数として組み込まれた BACBEF を統計的に消去した後，治療法で説明できる変動である．

　ここで注意すべきことは，直交的ならば各要因ごとに別々に最小 2 乗平均を求められるということである．特に分散分析においては，カテゴリカル変数の各水準ごとに単純平均を求めればよい．しかし，直交性を失うと最小 2 乗平均と単純な平均とは必ずしも一致しなくなる．もっとも，この最小 2 乗平均はパッケージソフトからいつでも計算できるだろう（詳しくは，Web 上のパッケージ専用の補足を参照せよ）．

まとめると，交互作用が有意でないときは，調整平均がその結果を表現するいちばん良いやり方である．一方，図 7.14 の直線が平行から有意に外れるときには，治療法の比較は，適合式の BACBEF にどのような値を代入するかによって影響を受けてしまう．よって，有意な交互作用をもつモデルの結果を表すには，交互作用図を用いるのが最も良いやり方である．

交互作用の信頼区間

傾きの信頼区間が計算できたように，2 つの傾きの差の信頼区間も計算できる．例で説明しよう．

5 月の北スコットランドの森で 60 匹のシジュウカラ（*Parus major*）が捕獲された．その体重 WGHT（g）と附蹠骨の長さ TARSUS（mm）が測定された．森は道路で 2 つに分断され，森の管理状態も両側で異なっていた．そこで，森のどちら側で捕獲されたかという違いがカテゴリカル型変数 LOCATION（2 水準）として記録された．データはシジュウカラ（great tits）データセットにある．研究の目的は，WGHT と TARSUS との間の関係を調べ，その関係が道路の両側で異なっているかを判断することである．

全モデルが当てはめられたが（Box 7.9），交互作用は有意でなかった．つまり，附蹠骨と体重の関係を表す直線の傾きには，道路のそれぞれの側の間で有意な違いはなかった．

係数表に与えられた情報を用いて，交互作用の信頼区間を求めることができる．本章の少し前に述べたように，信頼区間の一般公式は次のとおりである．

$$\text{推定値} \pm \text{推定値の標準誤差} \times t \text{分布の臨界値}$$

この公式を用いると，さまざまな母数の信頼区間を計算できる．TARSUS に対する WGHT の傾きは，LOCATION1 では $3.9929 - 0.0354$ であり，LOCATION 2 では $3.9929 + 0.0354$ である．係数表にある推定値 -0.0354 はこれら 2 つの傾きの差の半分であり，その標準偏差が 0.1458 である．ゆえに，傾きの差とその標準偏差を求めるには，これらを 2 倍する必要がある．また，t 分布の臨界値は自由度 56 で求めなければならない．以上より，差の信頼区間は次のようになる．

$$(0.0354 \times 2) \pm (0.1458 \times 2) \times 2.004$$

つまり，次を得る．

$$(-0.514, 0.655)$$

この信頼区間が 0 を含んでいることに注目しよう．これは交互作用が有意でないために起ったことであるが，逆にこのことから交互作用が有意でないという結論を導くこともできる．

この例ではカテゴリカル型変数が 2 水準しか取らないので，交互作用に対する信頼区間を設定できた．つまり，このようなやり方で差に対する信頼区間を設定するには，2 群の比較であることが必要である．

連続型変数間の交互作用

連続型変数間の交互作用は，いろいろな交互作用の中でも特に理解しやすいものである．と

BOX 7.9 全モデルでシジュウカラの体重を予測する

一般線形モデル

モデル式: WGHT = LOCATION + TARSUS + LOCATION * TARSUS
LOCATION はカテゴリカル型, TARSUS は連続型

WGHT に対する分散分析表, 検定は調整平方和を用いる

変動因	DF	Seq SS	Adj SS	Adj MS	F	P
LOCATION	1	11.0	1.5	1.5	0.19	0.661
TARSUS	1	5682.0	5599.8	5599.8	750.41	0.000
LOCATION * TARSUS	1	0.4	0.4	0.4	0.06	0.809
誤差	56	417.9	417.9	7.5		
合計	59	6111.4				

係数表

項	Coef	SECoef	T	P
定数	−41.993	2.408	−17.44	0.000
LOCATION				
1	1.062	2.408	0.44	0.661
2	−1.062			
TARSUS	3.9929	0.1458	27.39	0.000
TARSUS * LOCATION				
1	−0.0354	0.1458	−0.24	0.809
2	0.0354			

いうのも,交互作用を表す記号(「*」や「.」を用いるが,パッケージによって異なる)は本当に積を意味しているからである.たとえば,連続型変数 X と Z に対するモデル式 $Y = X + Z$ を考えてみよう.交互作用を考慮に入れたいとき,1つのやり方は,2つのベクトル X と Z の要素同士を掛け合わせて第3番目の連続型変数 XTIMESZ を作り,それを新しく追加したモデル式を適合させればよい.

$$Y = X + Z + \text{XTIMESZ}$$

別な書き方をすると,次のような2つの変数間の交互作用を適合させることになる.

$$Y = X|Z = X + Z + X * Z$$

XTIMESZ の傾きが(同じことだが,$X * Z$ の傾きが)0と有意に異なっていれば,有意な交互作用があることになる.

以前に扱った樹木データセットを使って説明しよう.高さと直径を使って体積を予測したいとする.このとき(Box 7.10),交互作用は非常に高い有意性を示す($p < 0.0005$).これは何を意味しているのだろうか? 樹木の直径が大きくなればなるほど,高さ1単位分のもつ体積へ

7.6 交互作用の利用

BOX 7.10　2つの連続型変数の間の交互作用を検定する

一般線形モデル

モデル式：VOLUME = DIAMETER + HEIGHT + DIAMETER * HEIGHT
DIAMETER と HEIGHT は連続型

VOLUME に対する分散分析表，検定は調整平方和を用いる

変動因	DF	Seq SS	Adj SS	Adj MS	F	P
DIAMETER	1	7581.8	68.1	68.1	9.29	0.005
HEIGHT	1	102.4	128.6	128.6	17.52	0.000
DIAMETER * HEIGHT	1	223.8	223.8	223.8	30.51	0.000
誤差	27	198.1	198.1	7.3		
合計	30	8106.1				

係数表

項	Coef	SECoef	T	P
定数	69.40	23.84	2.91	0.007
DIAMETER	−5.856	1.921	−3.05	0.005
HEIGHT	−1.2971	0.3098	−4.19	0.000
DIAMETER * HEIGHT	0.13465	0.02438	5.52	0.000

の影響の度合いが大きくなるということである（予想されることだが）．

7.6　交互作用の利用

交互作用は 2 つの大きな機能をもつ．ここではその 1 つについて詳しく述べ，他のもう 1 つは軽く触れる程度にする（第 9 章で詳しく取り扱う）．

単純な説明かあるいは複雑な説明か

要因計画を伴う実験では，交互作用の当てはめこそが解析の本質的な部分である．そして，その有意性を導き出すのが p 値に他ならない．2 変数のモデルで，交互作用が有意でないならば，応答変数に対するこれら 2 つの変数の影響は全く別々に記述できる．播種密度と品種が小麦の収穫量にどのような影響を及ぼすかという実験がまさにこの例である．このときの交互作用は有意ではなかったので，播種密度の影響は 1 つの主効果だけで要約することができるし，品種の影響ももう 1 つの主効果だけで要約できる．交互作用が有意であったならば，どの品種が利用されたかがわからなければ，「播種密度は収穫量にどのように影響を与えるか？」という問題に答えることはできない．チューリップに関する実験がその例である．散水量と遮光量との間に有意な交互作用があったので，花の数への散水量の影響を 3 通りに記述しなければならなかった（遮光量の 3 水準それぞれに対応させて）．ゆえに，交互作用が有意であるかどうかに

最良のモデルは加法的か？

交互作用の2番目の機能は加法性の検定である．当てはめようとするモデルが交互作用の項を含まないならば，変数は加法的に結合すると仮定していることになる．これは変数がカテゴリカル型であっても連続型であっても同じである．このことは今まであまり問題にすることなく仮定してきた．交互作用を追加することにより，その仮定が実際正しいのかどうかを検定することができるようになる．

Box 7.10 で解析された例では，非常に有意な交互作用が検出された．これは，直径と樹高が材積に加法的に影響を与えるという仮定は適当でないということを示している．木の幹が円筒のような形をしているとしたら，その材積は次の公式で求められるだろう．

$$材積 = \pi \times \left(\frac{直径}{2}\right)^2 \times 樹高$$

よって，直径と樹高は積の形で結合されると考えるべきかもしれない．また，すべての変数の対数を取るという別のやり方もある．すると，積は和へ変換され，次のような線形のモデルが当てはまる．

$$\log(材積) = \log(樹高) + \log(直径)$$

では，この2つのやり方のどちらが良いだろうか？　どのモデルを当てはめたほうが良いかという問題は第9章での主題である．実際のところ，交互作用の有意性が検出できたならば，対数変換を取るのが良さそうである．

加法性の検定や，非加法性を処理するために交互作用を利用するやり方などについては第9章でさらに広く検討するつもりである．

7.7 要　約

- 要因実験計画は2つの利点をもっている．1つは交互作用の検定ができるということ，もう1つは，有意な交互作用がない場合は，潜在反復という効果を利用できるということである．
- 交互作用とは，ある X 変数の Y への影響が別の X 変数の水準に依存して異なるということを意味している．
- 主効果と交互作用の間で平方和を分解できるようなモデル式が紹介された．
- 交互作用図が紹介された．データをこれで図示すると，解析結果を視覚的にわかりやすくまとめることができる．典型的な交互作用図を描くことにより，帰無仮説や有意性検定の意味などが理解できる．
- 2変数の交互作用が有意でないならば，結果は2つの簡単な説明でまとめられる．有意ならば，1つの複雑な説明を要する．
- 平均とその差に対する解析結果を表現するために，標準誤差と信頼区間という2つの方法が

紹介された．
- カテゴリカル型変数と連続型変数との間の交互作用，連続型変数同士の間の交互作用が紹介された．
- 交互作用は2つの基本的な機能をもつ：(1) 説明が単純であるか複雑であるか，(2) モデルが加法的であるか．

7.8 練習問題

解毒剤

2種類の解毒剤の有効性を調べるために，4水準の毒物投与量を設定して実験を行なった．毒物投与の5分後に解毒剤を与え，25分後に血液中の関連物質の濃度を測定することにより反応を調べた．解毒剤と投与量のすべての組合せに対して，それぞれ3人の被験者を準備した．データは解毒剤（antidotes）データセットにある．要因 ANOVA の結果は Box 7.11 に与えられている．

(1) 全モデルを当てはめたときの交互作用図を描け．
(2) ANOVA 表からどのような結論が導けるか？
(3) この実験結果をまとめるために，最も良い方法は何か？

体重，脂肪，性別

脂肪（fats）データセットを再度扱う．参加者の性別も考慮に入れた，より詳しい解析を行なってみよう．データを解析して，次の質問に答えよ．

(1) 男性のデータを使って，最良の適合直線を求めよ．
(2) 女性のデータを使って，最良の適合直線を求めよ．
(3) これらの傾きが異なっているという証拠の強さはどの程度か？

BOX 7.11 解毒データにおける交互作用

一般線形モデル

モデル式：BLOOD = ANTIDOTE + DOSE + ANTIDOTE * DOSE
ANTIDOTE と DOSE はカテゴリカル型

BLOOD に対する分散分析表，検定は調整平方和を用いる

変動因	DF	Seq SS	Adj SS	Adj MS	F	P
ANTIDOTE	1	1396.90	1396.90	1396.90	23.68	0.000
DOSE	3	1070.09	1070.09	356.70	6.05	0.006
ANTIDOTE * DOSE	3	835.88	835.88	278.63	4.72	0.015
誤差	16	943.68	948.68	58.98		
合計	23	4246.55				

係数表

項		Coef	SECoef	T	P
定数		8.697	1.568	5.55	0.000
ANTIDOTE					
1		7.629	1.568	4.87	0.000
2		−7.629			
DOSE					
5		−8.186	2.715	−3.01	0.008
10		−4.119	2.715	−1.52	0.149
15		3.097	2.715	1.14	0.271
20		9.208			
ANTIDOTE * DOSE					
1	5	−7.244	2.715	−2.67	0.017
1	10	−3.551	2.715	−1.31	0.209
1	15	2.573	2.715	0.95	0.358
1	20	8.222			
2	5	7.244			
2	10	3.551			
2	15	−2.573			
2	20	−8.222			

第8章
モデルの検査I：独立性

　すべての統計的検定はいくつかの仮定に依存している．一般線形モデルは，**母数検定**（parametric tests）の集合体であり，**独立性**（independence），**分散の均一性**（homogeneity of variance），**誤差の正規性**（normality of error），**線形性（加法性）**（linearity/additivity）の4つの仮定を前提としている．独立性は，すべての統計量の基本となるものであり，深刻な統計的問題を引き起す原因として最も重要である．

　これらの仮定はなぜそれほどまでに重要なのだろうか？ GLM解析における仮説検定の目的は，ある要因がデータの変動を説明するのに重要かどうかについて調べることである．この役目は，帰無仮説が間違いであるという証拠の強さを評価できる p 値に託される．p 値は，上の仮定が成立するときにだけ正確である．仮定が満たされないならば，p 値は誤って導かれるばかりでなく，その不正確さの程度も評価できなくなるだろう．さらには，係数表で与えられる母数の推定値が最適でなくなり，その標準誤差も正しくなくなるだろう．こうして，すべての解析の価値が疑わしいものになる．GLMの仮定は表面に現れることは少ないが，非常に重要であることは明らかだろう．

　ゆえに，仮定の検査はどのようなGLM解析においても不可欠な部分である．順を追って4つの仮定が担っている意味を正確に知るために，解析を逆に辿って考えてみる．つまり，自然がプログラムを書くことによってデータセットを作ったと想像してみよう．そして，そのプログラムがどのように書かれたかを推測することを目標としよう．このようなプログラムは，以下のような要素を含む必要がある．

- 雑音（たとえば，標準正規分布から無作為に30データ点を発生させ，それぞれに「真の誤差分散」の平方根を掛ける）
- 信号（データ変数 Y のうち，モデル式が決定する成分を作り出す．そのモデル式は，データ解析のときとほぼ同じものであるが，「真の母数の推定値」，つまり各変数の係数を具体的に含むところが異なる）

たとえば，「$Y = 2*X1 + 4.5*X2 + $ 雑音」のように表せる．データセットがいったん作られると，正しいモデル式を使って（この場合，文字によるモデル式は $Y = X1 + X2$）それが解析されることになる．その解析の目標は雑音と信号を識別することにある．ただし，ここでは信号についての事前の知識をもっている所が異なっている．この人工的に作られたデータセッ

ト は，GLM の仮定を満足するように設計された．ゆえに，これらの仮定が何を意味するかについて正確に説明するための便利な道具になる．

本章では，4 つの仮定のうち最初の独立性について詳しく調べる．他の 3 つの仮定は第 9 章で議論する．独立性の正式な定義は，「データセットの部分集合がどのように選ばれようとも，その部分集合がもつ誤差についての知識が残りの他のデータ点の誤差について何の情報も与えないならばデータセットは独立である」というものである．では，このことは人工的なデータセットではどのように説明されるのだろうか？モデルの周りの散らばりを表す残差は，今回，標準正規分布から無作為に発生させた数値によって作られた．無作為に発生させたので，それらの数値は互いに独立でなければならない．このことは実際のデータセットとどのように関係するのだろうか？これを理解する最も簡単な方法は，独立性が損なわれている状況を考えることである．

8.1 均質でないデータ

ある種の蛾の幼虫が野外で非常に高い密度に達していた．そこで，ある生態学者が，餌をめぐる競争が存在するという仮説を立てたとしよう．3 つの生息場所のそれぞれから，観察された幼虫の 5 日間での体重増加（WGTGAIN）と無作為に選ばれた 10 株の植物のそれぞれについて 1 若枝当たりの平均幼虫数（POPDEN）が測定された．これらのデータは幼虫（caterpillars）データセットにある．Box 8.1 のように 2 変数間の関係が調べられた．

この解析は，高い密度の個体群では幼虫の体重増加は少ない，つまり 2 変数には負の相関関係があるという仮説を裏付けているように見える．しかし，データが 3 つの異なる生息場所から収集されたという事実は無視されている．これは重大な問題だろうか？

BOX 8.1 生息場所の違いを無視して，個体群密度に対する体重増加を解析する

一般線形モデル

モデル式：WGTGAIN = POPDEN
POPDEN は連続型

WGTGAIN に対する分散分析表，検定は調整平方和を用いる

変動因	DF	Seq SS	Adj SS	Adj MS	F	P
POPDEN	1	354.12	354.12	354.12	36.82	0.000
誤差	28	269.32	269.32	9.62		
合計	29	623.44				

係数表

項	Coef	SECoef	T	P
定数	14.708	1.082	13.59	0.000
POPDEN	−3.2338	0.5330	−6.07	0.000

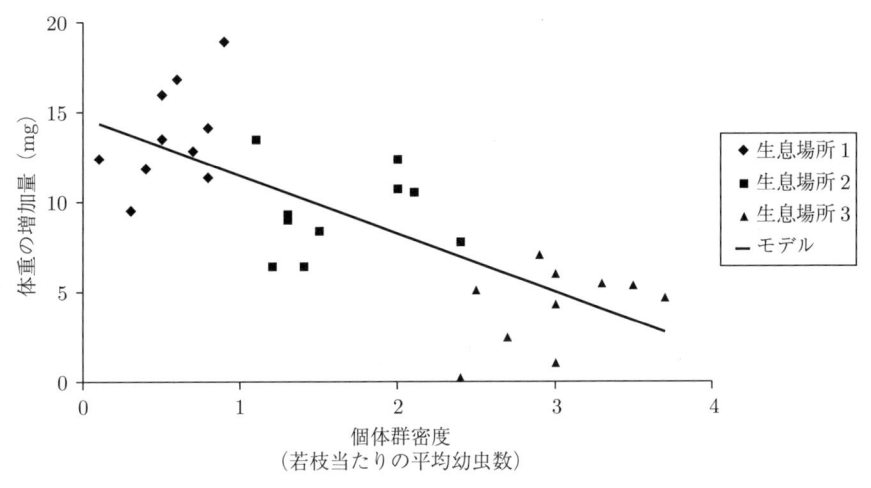

図 8.1 体重増加と個体群密度の関係

BOX 8.2　蛾の幼虫の個体群密度において生息場所の違いを考慮する

一般線形モデル

モデル式：WGTGAIN = HABITAT + POPDEN
HABITAT はカテゴリカル型，POPDEN は連続型

WGTGAIN に対する分散分析表，検定は調整平方和を用いる

変動因	DF	Seq SS	Adj SS	Adj MS	F	P
HABITAT	2	458.36	118.85	59.43	10.27	0.001
POPDEN	1	14.62	14.62	14.62	2.53	0.124
誤差	26	150.47	150.47	5.79		
合計	29	623.44				

係数表

項	Coef	SECoef	T	P
定数	5.784	2.141	2.70	0.012
HABITAT				
1	6.853	1.547	4.43	0.000
2	0.5455	0.6328	0.86	0.397
3	−7.3985			
POPDEN	1.924	1.211	1.59	0.124

データは，適合モデルを表す直線とともに，図 8.1 に示されている．3 つの異なる生息場所は，ひし形，四角，三角の記号で示されている．個体群密度は，生息場所 1 と生息場所 3 の間で有意に異なっているようである．そこで，HABITAT（生息場所）をそのモデルに含めると，何が起るだろうか？ Box 8.2 がその解析結果である．

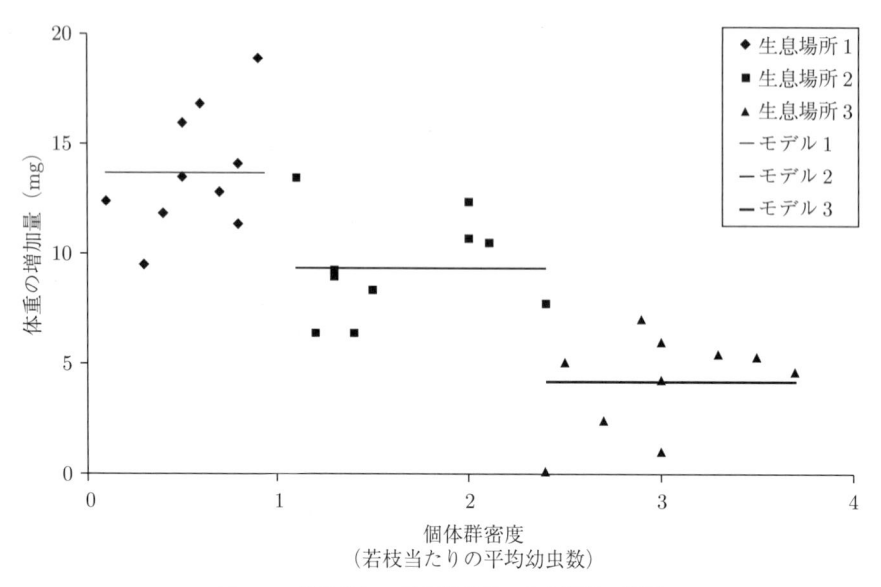

図 8.2 体重増加，個体群密度，生息場所の関係

　これによると，POPDEN と WGTGAIN の関係は消えてしまったことがわかる．つまり，生息場所の違いが統計的に消去されると，これら2つの変数の間の傾きは0と有意に異ならなくなったのである．
　ゆえに，データを最もよく表現するものは，図 8.2 に描かれているように，3つの水平線を使ったものだろう．平均 POPDEN と平均 WGTGAIN は生息場所間では異なるが，生息場所内では有意な関係はない．データが3つの異なる生息場所から取られたという事実を無視すると，2つの連続型変数の間に人工的な関連が作られてしまう．あるいは，少なくともその証拠が誇張されてしまうのである．
　では，これは独立性の仮定にどのように関係するのだろうか？　もともとデータセットはある均質なデータの集合の中から無作為に取られたものではなく，3つの部分群から構成されたものであった．ゆえに，データが直線の周りで無作為に変動するということを前提にする図 8.1 のモデルよりも，3つの異なる平均の周りで変動するというほうが良い表し方である．1つの生息場所から取られるすべてのデータ点は，何らかの共通する性質を帯びるものである．つまり，これらの点の残差の値を知り得たならば，その生息場所から取られる他のデータ点の残差の値がおおよそ予測できるだろう．しかし，図 8.2 の正しいモデルでは，データ点は今やそれぞれの生息場所の平均の周りに集まっている．つまり，1つのデータ点の残差がわかっても，他のデータ点の残差の取りそうな値を予測するのには役立ちそうにもない．データ内部に存在する部分群が無視されるならば，データは不均質（heterogeneous）なものになり，そのため独立性の仮定が損なわれるのである．
　データセット内部にもともと存在する部分群を無視するならば，間違った結論に導くどのような筋書でも創作することは可能である．かつて生物学者は，データの均質性の問題を無視することが多かった．必要な統計学的道具を持たなかったためである．しかし今は，そのような

8.1 均質でないデータ

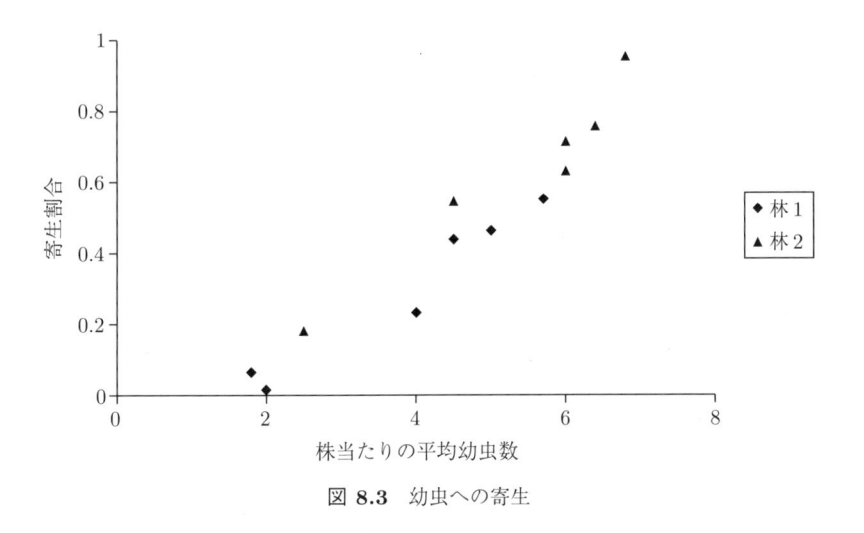

[図 8.3 のグラフ: 横軸「株当たりの平均幼虫数」(0〜8)、縦軸「寄生割合」(0〜1)、林1(◆)と林2(▲)の散布図]

図 8.3 幼虫への寄生

言訳は通用しない．

部分群内でも部分群間でも同じ結論

クモマツマキチョウ（*Anthocharis cardamines*）の幼虫の数が2つの林で調査された．それぞれの林において，幼虫が高密度に見られた6ヶ所でそれぞれ10株の植物が選ばれ，その上の幼虫数が数え上げられた．幼虫密度（CATDEN）はそれぞれの場所での1株当たりの幼虫平均数として記録された．幼虫は蛹になるまで観察され，ヒメバチ属の寄生蜂によって寄生された数（PARA）が記録された．これらのデータはツマキチョウ（Orange Tips）データセットにある．図 8.3 にそのグラフが示されている．

2つの林の違いを無視してデータを解析すると，寄生と密度は強く関係していると結論づけられそうである．WOOD（林）を要因としてモデルに含めても，同じ結論が出るのかもしれない．しかし，一方の林の幼虫密度が他方よりも高いことも明らかになるだろう．ゆえに，この例では，基本的にはどちらも同じ結論に到達したかもしれないが，WOOD が無視されると，チョウの分布についての追加的な情報が失われるのである．

存在しない関係の現れ

ナワバリ内にある餌場の数が多いほど，そのナワバリを防衛するために使われる雄の投資は大きくなるという仮説が立てられたとしよう．投資は防衛行動に使われる時間（分）で測定された．この場合，データは2年を通して集められ，変数は INVEST（投資），YEAR（年），FSOURCE（餌場の数）として，クロウタドリ（blackbirds）データセットにおかれている（図 8.4 を参照せよ）．

YEAR を無視すると，データは仮説を支持しそうである．しかし YEAR を要因として含めると，各調査年の内部ではそのような関係は存在しない（丸い点でも，三角の点でもそのような傾向が認められない）．調査年2では，総餌量がより豊富であったため，餌場の数が増え，雄

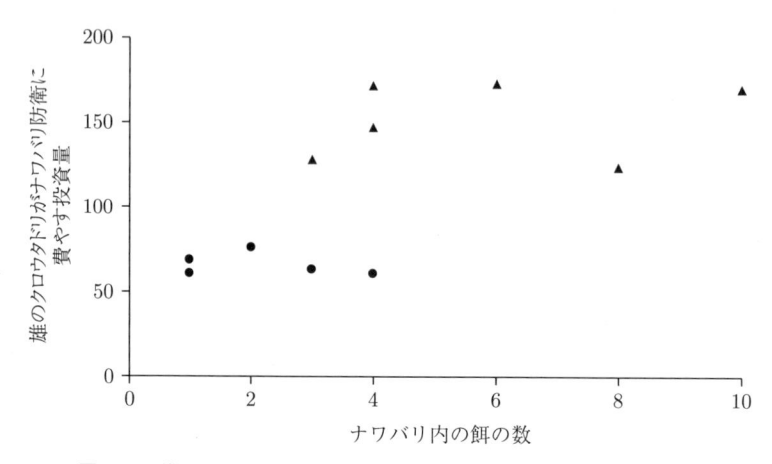

図 8.4 雄のクロウタドリによるナワバリ防衛：●＝年1, ▲＝年2

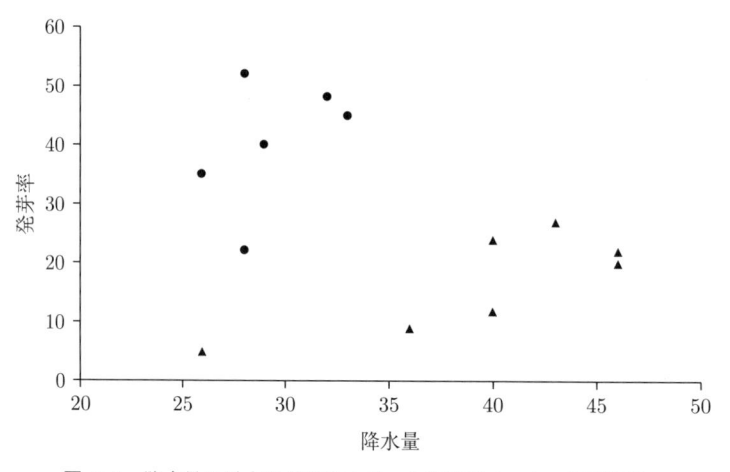

図 8.5 降水量に対する発芽率：●＝生育場所1, ▲＝生育場所2

はより多くの時間をナワバリ防衛に割くことができたのかもしれない．この場合，YEARを除外すると間違った結論を導くことになる．

正反対の結論

樹木の実生の発芽率がいろいろな場所で記録され（GERMIN），その場所の降水量（RAINFALL）に対して回帰が取られた．観察場所は，図 8.5 に参照されるように，極端に異なる生育場所（HAB）から選ばれた．データは雨と発芽（rain and germination）データセットにある．RAINFALL だけを説明変数として解析すると，GERMIN と RAINFALL には負の相関関係が見られる（降水量が増えるにつれて種子の発芽が少なくなる．しかし，有意ではない）．しかし，逆に，生育場所内部では正の相関が見てとれる．つまり，雨が多いほど発芽率を上昇させるという普通の結果である．同じ降水量であった場合，生育場所2の発芽のほうが生育場所1よりも多い．生育場所1では発芽の可能性が低いのかもしれない（たとえば，空いた地面

が少ない）．この場合，HABが無視されたならば，事実とは正反対の結論が導かれてしまっただろう．

これらの例で示された解決法はたいへん簡単である．つまり，データセット内の部分群を特徴づけるカテゴリカル型変数は解析に含めるべきであるというものである．しかし，独立性が損なわれる場合は他にも存在するかもしれない．それらは，計画段階で解決するのが最も良い方法である．

8.2 繰返しの測定値

ある個体が2回以上測定され，それらが独立であるとして扱われたとしよう．そのとき，独立性という基本的仮定は損なわれているのである．これを以下の例で説明しよう．

ある農家が自分の飼っているブタをさらに太らせる飼料を見つけたいと考えている．2つの飼料を比較するために，それぞれの飼料に対して5頭ずつ計10頭のブタが使われた．3, 8, 20, 60週間後と期間をおいて体重が測定された．表8.1がそのデータである．

これらのデータはブタ（pigs）データセットにある．このデータセットには見かけ上は40個のデータ点があるが，それぞれのブタが4回測定されており，これら4つのデータ点は独立ではない．あるブタが測定日1で相対的に大型であったならば，そのブタは実験全期間を通して相対的に大型のままだろう．このとき，この大型のブタにたまたま飼料1が与えられていたな

表 8.1 ブタデータセット

DIET	PIG	SAMPLE	LGWT	DIET	PIG	SAMPLE	LGWT
1	1	1	0.78846	2	6	1	0.74194
1	1	2	1.70475	2	6	2	1.66771
1	1	3	3.72810	2	6	3	3.71357
1	1	4	4.68767	2	6	4	4.52504
1	2	1	0.69315	2	7	1	0.58779
1	2	2	1.58924	2	7	2	1.45862
1	2	3	3.83298	2	7	3	3.58074
1	2	4	4.53903	2	7	4	4.37450
1	3	1	0.69315	2	8	1	0.64185
1	3	2	1.64866	2	8	2	1.52606
1	3	3	3.73050	2	8	3	3.62700
1	3	4	4.60517	2	8	4	4.35927
1	4	1	0.78846	2	9	1	0.53063
1	4	2	1.60944	2	9	2	1.45862
1	4	3	3.63495	2	9	3	3.46574
1	4	4	4.45783	2	9	4	4.26690
1	5	1	0.83291	2	10	1	0.91629
1	5	2	1.72277	2	10	2	1.68640
1	5	3	3.87743	2	10	3	3.79098
1	5	4	4.64150	2	10	4	4.62301

らば，飼料1が優れているという4つの証拠になってしまうだろう（実は，1個の証拠を提供するにすぎないのだが）．では，これをどのように解決すればよいだろうか？

この例では，それぞれのブタ個体は独立であると見なしてよい．ゆえに，解決策の1つは，1頭のブタが1つのデータ点に相当するようにデータセットを書き換えることである．これには2つの方法がある．単一代表アプローチと多変量アプローチである．

単一代表アプローチ（single summary approach）

これら2つの方法の中で簡単なほうが単一代表アプローチである．各ブタ個体において，データは1つの値で代表される必要がある．まず，表8.2の形式に全データが変更される．つまり応答変数LOFWTは4つの応答変数に変換される（LOFWT3〜LOFWT60まで）．1つの行が，今や1頭のブタの全データに相当する．

どの応答変数を代表に使うかという選択は実験の目的によるだろう．たとえば，農家が60週間後の体重を最も増加させる飼料に興味があるのなら，最後の体重（LOFWT60）だけを使い，その他のデータは捨てるのが最も適切だろう．しかし，最初の20週までの最も早い成長速度に興味があるのであれば，（LOFWT20 − LOFWT3）を使い，最後のデータ点は捨てるのがより適切かもしれない．憶えておくべき要点は以下のとおりである．

- どのような代表が使われるとしても，重要なのは，本当に興味のある情報がそれに含まれているかということである．
- 代表の決め方はいろいろあるが，その多くでデータを捨てるという結果になるかもしれない．これは理想的ではないけれども，独立性の仮定を損なうよりはるかに好ましい．もっと多くのデータ点を提供しようとして，ときどき余計に測定値を取ろうとすることがあるが，無駄な試みである．独立性について理解することは，このような無駄な努力を避けるのにも役立つ．
- 代表としたい統計量を2つ以上選ぶこともあり得る．しかし，そこには注意が必要である．いろいろな方法でデータを解析すると，単なる偶然だけからでも，有意な結果になってしまう確率が上昇するだろう（この問題は，「p値の多重性」と呼ばれており，第11章でもっと詳しく議論する）．

表 8.2 ブタ1匹にデータ1点を対応させたデータセット．変数PIGは使用しなくてよい

LOGWT3	LOGWT8	LOGWT20	LOGWT60	DIET
0.7885	1.7048	3.7281	4.6877	1
0.6931	1.5892	3.8330	4.5390	1
0.6931	1.6487	3.7301	4.6052	1
0.7885	1.6090	3.6350	4.4578	1
0.8329	1.7228	3.8774	4.6415	1
0.7419	1.6677	3.7136	4.5250	2
0.5878	1.4586	3.5807	4.3745	2
0.6419	1.5261	3.6270	4.3593	2
0.5306	1.4586	3.4657	4.2669	2
0.9163	1.6864	3.7910	4.6230	2

BOX 8.3　ブタの最終期の体重を解析する

一般線形モデル

モデル式：LOGWT60 = DIET
DIET はカテゴリカル型

LOGWT60 に対する分散分析表，検定は調整平方和を用いる

変動因	DF	Seq SS	Adj SS	Adj MS	F	P
DIET	1	0.06123	0.06123	0.06123	4.32	0.071
誤差	8	0.11339	0.11339	0.01417		
合計	9	0.17462				

係数表

項	Coef	SECoef	T	P
定数	4.50799	0.03765	119.74	0.000
DIET				
1	0.07825	0.03765	2.08	0.071
2	−0.07825			

農家は最後の体重に最も興味をもったとしよう．その解析結果が Box 8.3 である．

飼料1のほうが良いという兆候はあるが，結果的に有意ではなかった．全自由度はわずか 9 であり，たいへん小さなデータセットになってしまった．そのため，有意な違いがなかったということは驚くほどのことではない．農家はもっと多くのブタを使い，最終時点の体重を測定することに専念したほうが良かったのだろう．つまり，これは計画段階で解決されるべき問題なのである．もちろん，飼育場の広さが制約であったのかもしれないが，本当の制約ならば受け入れなければならないのであって，繰返しの測定などで解決できるようなものではないのである．

実験を計画するとき，どのデータ値が独立であると見なせるかを明確にしておくことが重要である．これは，真の反復について述べた第 5 章の議論にも関連している．処理に無作為に割り付けられる実験単位は独立であり，真の反復でもある．ここでは，ブタが 2 つの飼料に無作為に割り付けられるので，正確なデータセットが含むのはブタ 1 頭に対して 1 つのデータ点である．

1 つの個体に関するすべての情報を利用するにもかかわらず，それでも正しいというような解析法が存在するのだろうか？　答えは「イエス」である．それを次に議論しよう．

多変量アプローチ（multivariate approach）

多変量統計学の原理の紹介も兼ねながら，その一般的な手法を解説しよう．それはどのようなときに必要になるのだろうか？　独立性を損なうことなく，多変量の Y 変数をどのように含

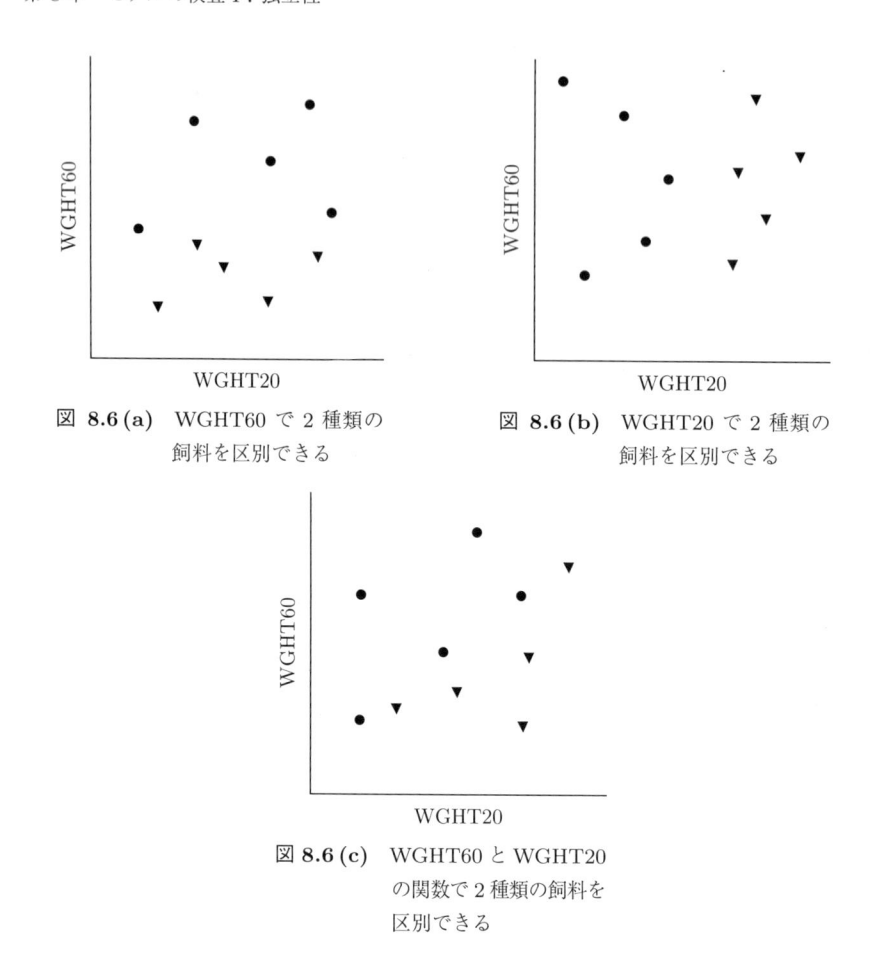

図 8.6 (a)　WGHT60 で 2 種類の飼料を区別できる

図 8.6 (b)　WGHT20 で 2 種類の飼料を区別できる

図 8.6 (c)　WGHT60 と WGHT20 の関数で 2 種類の飼料を区別できる

めることができるのかについて解説したい．

　多変量統計学の背後にある原理は，すべての Y 変数を使って，飼料 1 と飼料 2 が区別できるかどうかを調べることにある．この説明のために，2 つの Y 変数 WGHT20，WGHT60 しか含まない簡単な例を考えよう．これらの 2 変数を座標軸に使ったグラフに，ブタ 1 頭をデータ 1 点としてプロットする．そこでは，飼料 1 は ● で，飼料 2 は ▼ である．

　図 8.6 (a) では，WGHT20 軸に関して，2 種類のデータ点はどちらもほぼ同程度の範囲に広がっているので，2 つの飼料を判別できない．しかし，WGHT60 軸に関しては判別可能で，飼料 1 が高い値を与えている．

　もう 1 つの図 8.6 (b) では，WGHT20 軸を使えば 2 つの飼料を判別できる．図 8.6 (c) では，対角線に関してその両側に 2 集団が別れているので，WGHT20 と WGHT60 の関数が両者をうまく判別するだろう．4 番目にあり得る例は（図示していない），2 種類の点が完全に混ざりあうもので，2 つの飼料は WGHT20 と WGHT60 を使って判別できないというものだろう．

　ある特殊な多変量解析法（判別関数解析）は，データセットがもつ Y 変数の数がいくつであっても（この場合は 4 である），この原理を拡張できるものである．その目標は，多次元空間で 2 つの飼料からのデータ点を 2 群に判別する方法があるかどうかを知ることである．帰無仮

> **BOX 8.4　複数の Y 変数に対する分散分析**
>
> MANOVA
>
> モデル式：LOGWT3, LOGWT8, LOGWT20, LOGWT60 = DIET
> DIET はカテゴリカル型
>
> DIET に対する MANOVA　　　$s = 1$　$m = 1.0$　$n = 1.5$
>
> | 規準 | 検定統計量 | F | DF | P |
> |---|---|---|---|---|
> | Wilk's | 0.58211 | 0.897 | (4, 5) | 0.529 |
> | Lawley−Hotelling | 0.71790 | 0.897 | (4, 5) | 0.529 |
> | Pillai's | 0.41789 | 0.897 | (4, 5) | 0.529 |
> | Roy's | 0.71790 | 0.897 | (4, 5) | 0.529 |

説は，飼料 1 と飼料 2 についてのデータ点の 2 集団が混ざりあっていて，座標のどのような関数によっても 2 つに分離できない，というものになる．

「MANOVA」つまり多変量 Y 変数の分散分析は，2 つの飼料に差はないという帰無仮説を検定する．Box 8.4 はブタ（pigs）データセットの解析結果である．

この解析によって，4 つの全応答変数を含んだ情報がすべて利用され正しく分析されても，2 つの飼料間には有意な違いは存在しないと結論される（$p = 0.529$）．このような単純な例では，使われた 4 つの検定はすべて同等であるため，同じ p 値になる．カテゴリカル型変数が 3 水準以上になったり，変数の数が増加したりすると，検定結果は異なったものになり，どの解釈を採用するかという隠れた問題が顕在化してくる．

このような種類の解析は本書の GLM の主題に含まれないので，ここではもうこれ以上追求しない．ただ，注意すべき 4 つの点を挙げておく．

1. グラフ上でも解析の中でもブタ 1 頭がデータ 1 点に対応する．各データ点は Y 変数の数と同じ数の座標軸によって定義される．そのとき使われる軸の数はいくらであってもかまわない．この例では，各ブタ個体は 4 次元空間内の 1 つのデータ点として表現されている．ゆえに，独立性の仮定は損なわれていない．
2. すべての情報がある 1 つの適切な分析の中で利用される．
3. GLM と同様に，多変量解析もいろいろな仮定を前提とする．GLM では，誤差は正規分布に従うと仮定された．多変量解析では，Y 変数は多変量正規分布に従うと仮定される．単純に，2 つの Y 変数について考えてみると，2 変数正規分布とは $Y1$ 軸と $Y2$ 軸をもつ 2 次元平面上で 1 つの峰をもつような分布である（次元がさらに上がると視覚化は難しい）．
4. 一般に，多変量解析はかなり複雑な仮定を前提とする．それらはさらに損なわれやすい仮定である．

このような複雑な解析を行うときには，注意を払わなければならないことが数多くある（仮

定に関して).しかし,複数の Y 変数のデータを一緒にして使うことが不可欠ならば,その複雑性を相手にする価値があるかもしれない.たとえば X 変数の有意な効果を示すために,複数の応答変数からの証拠を事前に利用する必要があるならば,多変量アプローチは意味のあるものになるだろう.

8.3 入れ子のデータ(nested data)

適切に扱わなければ独立性を損なうことになるかもしれない第3のデータは,入れ子になったデータである.葉に含まれるカルシウム量の研究を使って説明しよう.ある植物の3株が選ばれ,それぞれから4つの葉が採集された.さらに,これら12枚の葉のそれぞれから4つの円盤が切り取られ処理された.この過程は図8.7に図示されている.

このデータセットは,円盤状の葉片から測定された48個のカルシウム濃度値をもつことになる.しかし,これらの値を48個の独立したデータ点として取り扱うことは正しくない.なぜなら,同じ葉からの円盤片は異なる葉のものよりも同じような値を取る傾向があるだろうし,同じ株から取られた円盤片は異なる株から取られたものよりも互いに似かよった値になるだろう.ここでも,データセットの内部で自然なデータの部分群が存在する.このことは,解析方法に反映される必要がある.同一の葉の内部での円盤片,同一の株の内部の葉と,異なる2つの階層でデータの部分群が生じているので,これは単に同じ株上で繰返し測定値が取られたという場合よりも,かなり複雑な状況になる.

このような種類の階層データの解析は第12章で扱う.ここでは,間違って解析するとどのように独立性を損なうことになるかという点に注目するために,この例を取り上げた.

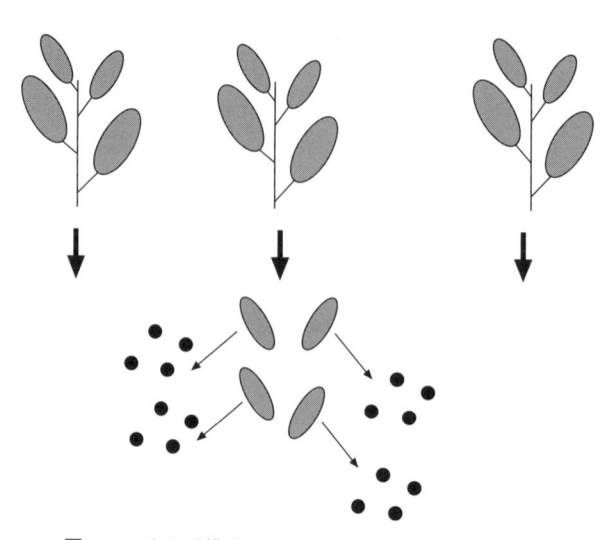

図 8.7 入れ子構造のある計画での植物株,葉,円盤

8.4 非独立性の検出

非独立性を検出できる能力があれば，極めて有益である．しかし，非独立性は，出版された科学論文においてもよく見かける間違いであり，その最後の結論に重大な影響を与えている．さらには，これで安全であると思えるような方法も存在しないのである．たとえ非独立的であったとしても，必ずしも検出できるというものではない．

実験を計画するとき，可能な限り早い段階で（少なくともデータを取る前に），独立性の問題を考えておくことは重要である．真の反復数を確かめて，これに処理を無作為に配分することは，実験過程の不可欠な部分である．誰か他人の解析が疑わしいとき，実験計画の記述からANOVA表で期待される自由度を計算できるはずである．実験計画を見ることができない場合でも，次の3つの特徴が認められるようならば，疑いを抱いてもおかしくない．

1. 多すぎるデータ点：誤差と全自由度を調べると，これを検査できる．たとえば，1200本の木から1200個の葉面が採集されたか，あるいは，12本の木のそれぞれから100枚の葉が採集されたかを知る必要がある．
2. 極めて信じがたい結果：少数の個体から測定を繰り返すと，人為的に標本数を膨らませる効果が生じる．小さく，有意でない差でも，重複して測定すれば有意になる．それは，その測定値の1つ1つがその差を支持する別々の証拠となるからである．
3. いろいろな種類の繰返し測定：繰返し測定値はいろいろな姿で現れる．たとえば，時系列や成長曲線は，事実上，時間経過に伴う繰返しの測定値である．これらに対する正しい手法が存在するにもかかわらず，正しくない解析方法が使われることも多い．

これらの特徴を，以下の例を使って説明しよう．

トマトの種子の発芽

トマト種子の発芽に対して，5つの異なる水準の散水効果を決定するために，ある実験が行われた．主な目的は，発芽の割合（百分率）を最大にする散水水準を決定することである．50個の種子皿が準備され，その種子皿での発芽の割合が3日間にわたり毎日測定された．データはトマト (tomatoes) データセットにある．最初の解析では，150個のデータ点すべてが使われた（Box 8.5）．

Box 8.5 では以下のような変数が定義されている．

PERCGERM= 測定された種子皿における発芽の割合（%）
WATER= 散水水準，最低から最高まで $-2, -1, 0, 1, 2$ と記号化される
DATE= $1, 2, 3$ と記号化される測定日

解析結果で最初に気付く点は，全自由度が149（150−1で計算される）もあることである．しかし，実験計画の記述には，50個の種子皿があり，そのそれぞれが3回測定されるとある．したがって，この解析は繰返し測定の弊害を受けている．実生用の各皿が散水処理に無作為に配

BOX 8.5　トマトの発芽を解析する間違ったやり方

一般線形モデル

モデル式：PERCGERM = DATE + WATER
DATE と WATER はカテゴリカル型

PERCGERM に対する分散分析表，検定は調整平方和を用いる

変動因	DF	Seq SS	Adj SS	Adj MS	F	P
DATE	2	5713.03	5713.03	2856.51	205.00	0.000
WATER	4	283.16	283.16	70.79	5.08	0.001
誤差	143	1992.57	1992.57	13.93		
合計	149	7988.75				

BOX 8.6　トマトの発芽を解析する正しいやり方

一般線形モデル

モデル式：PG3 = WATER3
WATER3 はカテゴリカル型

PG3 に対する分散分析表，検定は調整平方和を用いる

変動因	DF	Seq SS	Adj SS	Adj MS	F	P
WATER3	4	140.97	140.97	35.24	2.21	0.083
誤差	45	717.98	717.98	15.96		
合計	49	858.95				

分されたという仮定の下では，独立な単位は種子皿ということになる．ある1つの皿が測定日1で特に高い発芽率をもったならば，測定日2，測定日3でも高い発芽率をもつ傾向があるだろう．これら3つの測定値は独立ではないにもかかわらず，与えられた散水処理が発芽に対して特に好ましいものであったという印象を与えることだろう．ゆえに，この解析ではDATEとWATERの両方が非常に有意である（それぞれ，$p < 0.0005$，$p = 0.001$）と結論されたが，これは信用できない．

　同じデータが，最終日の50測定値だけを使って再び解析された．その結果がBox 8.6である．PG3は最終日における発芽割合であり，WATER3はその種子皿における散水処理である．

　新しい解析では，全自由度（49）がこの実験における真の反復数である．しかし，$p = 0.083$が得られ，散水処理の有意性は消えてしまった．ゆえに，前の結果で現れた有意性は，独立の仮定が損なわれたことによる直接的な影響なのであろう（言い換えると，前の解析は擬似反復をもっていたということである．この用語は第5章で最初に議論されている）．

　結局，この実験の最初の解析は，繰返し測定のために多すぎるデータ点をもっていたと考えら

れる．これは有意であるという結果を導いたが，正しい解析では，この有意性は消えてしまった．後の章でさらに優れた解析方法を使って，再度このデータセットを扱うことにする．

8.5 要約

- 独立性はすべての統計的検定が前提とする仮定である．
- 均質でないデータを解析するとき，データに内在する部分群を無視すると，独立性の仮定を損なってしまう．その影響は，有意な関係を見のがしたり，いつわりの関係を発見したりすることになる．
- 独立性を損ないやすいもう1つの例は，繰返し測定値の解析である．この問題を解決する方法は，データを1つの応答変数で代表させるか，多変量統計学を使うことである．
- 入れ子のデータを間違ったやり方で解析すると，独立性を損なう．
- 非独立性を検出するには，その解析目的に釣り合った実験を計画すべきである．
- 非独立性の徴候は，多すぎるデータ点や極めて信じがたい結果の中に見ることができる．しかし，非独立性は必ずしも検出できるとは限らない．
- 非独立性が起り得る原因として，次のようなものがある．
  - 異なる卵群から生まれた幼虫
  - 異なる日や異なる人によって取られた測定値
  - 双子，あるいは兄弟姉妹
  - 限られた数の植物株や生息場所から取られた標本
  - 異なる一腹家族から育てられた動物
  - 同じ人，同じ場所，同じ生物からの繰返し測定値

8.6 練習問題

非独立性はどのように標本数を膨らませるか

シャープ博士は，ヒツジの摂食に関して，学部生の卒業研究を指導した．博士は雄が食事中に雌よりも頻繁に上を向くと確信していた（根拠とする理論をもっていたがここでは問わない）．その学部生は，調査現場の隠れ場所に身を潜めて（ヒツジに影響を与えないように），何週間もの辛い時間を費やす観察を行った．彼は，雄3頭と雌3頭の観察を1時間ずつ20回行い，そのそれぞれについて以下のようなデータを記録した．(i) 摂食総時間，(ii) 上を向く回数（上向き行動は次のような様式で頭を上げる行動であると定義された：目を開けながらあごをひざの位置よりも上に持ち上げる．ただし，頭をあごの位置よりも上にした状態で，連続した歩みが3歩以下でなければならない）．データはヒツジ（sheep）データセットにある．それは次のような6つの列データをもつ．(i) DURATION（分で表される摂食時間），(ii) NLOOKUPS（上向き行動の回数），(iii) SEX（雌は1，雄は2と記号化），(iv) SHEEP（1から6まで記号化），(v) OBSPER（1から20までの何番目の観察時間かという数）．どの観察日においても，各ヒツジは無作為な順番で観察された．

シャープ博士は上向き行動の頻度（LUPRATE）をNLOOKUPS/DURATIONで計算した．解析

146　第8章　モデルの検査 I：独立性

BOX 8.7　摂食中のヒツジにおける頭上げ行動の頻度

一般線形モデル

モデル式：LUPRATE = OBSPER + SEX
OBSPER と SEX はカテゴリカル型

LUPRATE に対する分散分析表，検定は調整平方和を用いる

変動因	DF	Seq SS	Adj SS	Adj MS	F	P
OBSPER	19	0.191918	0.191918	0.010101	2.41	0.003
SEX	1	0.132816	0.132816	0.132816	31.67	0.000
誤差	99	0.415244	0.415244	0.004194		
合計	119	0.739977				

結果は Box 8.7 にまとめられている．

(1) 解析を批評せよ（データ点は独立か？）．
(2) もっと適切な解析を考え実行せよ．
(3) 調査計画を批評せよ．

異なる実験からのデータを結合する

　グレイキット博士は，毎年同じ課題で学部生の卒業研究を指導する．博士は，早い時期に鳴き始める雄のクロウタドリは，その年の繁殖終了までにヒナを多く巣立ちさせることができると確信している．彼の学生は非常に努力し，早春からクロウタドリのさえずりを聴き取り，巣を観察し，何匹のヒナが巣立ちするか数え上げた．クロウタドリは夏の終りまでの間に営巣を繰り返すため，この計画は長い時間を要した．グレイキット博士は，調査に適した場所を努力して見つけ，年ごとにまったく異なる場所を選んでいる．5年間のデータはさえずり（birdsong）データセットにある．年ごとに，次のことが記録された．(i) クロウタドリの各雄について，朝に20分間以上長く鳴いた初日を5月1日からの日数で表したもの（SONGDAY1 など），(ii) 各雄のナワバリで育てられ巣立ったすべてのヒナの数（YOUNG1 など）．グレイキット博士は，毎年，彼の学生が効果を見つけられずに失敗するのでたいへん失望していた．しかし，最近の生物の学生の統計的知識は優れたものになってきている．博士はあなたにこの仕事を継ぐ学生として無報酬だが働いてもらえないかと依頼してきた．すると，あなたは逆に，次のように答えたとしよう．これまでの5年間のデータを見せてもらえたら，それを適切に分析してあげましょうと．

(1) 過去5年間の証拠について，グレイキット博士は何を理解していないのだろうか？
(2) あなたは，それをどのようにしたら適切に解析できるだろうか？
(3) 適切に解析したらどのような結論になるだろうか？

第9章
モデルの検査II：さらなる3つの仮定

　本章では，さらに3つの仮定について検討する．それは分散の均一性，誤差の正規性，そして線形性（加法性）である．独立なデータセットであれば，これらの仮定がいくつか満たされていなくても，説明変数や応答変数を変換することによって修正できる場合もある．この3つの仮定の意味するところや，あるいは仮定が満足しないときに何が起るのかについて第8章の初めに作った帰無データを使いながら説明しよう．また，モデル検査のやり方も紹介する．これにより，仮定に関する問題点が診断できるようになる．その基本的な解決方法はデータの変換である．

　あるモデルを当てはめるとき，前提としなければならない仮定を検査してみるという習慣を身に付けることは大事である．必ず行う解析の一部として作業過程に組み込むべきである．しかしながら，同時に，それらの仮定が絶対に正しいというところまで示す必要はない．またそれは不可能であるということを理解しておくことも重要である．ここで紹介するモデル検査法は，データをいろいろとプロットしてみて，そのパターンを見つけようとするものである．プロットを丹念に調べ，仮定に反するようなパターンが見つかるか検査をしてみる．たぶんそれだけでよいだろう．実際のところ．辛うじてわかるぐらいの弱いパターンであれば，当てはめようとするモデルに重大な問題を引き起すことはないだろう．この点については章末の練習問題の最後で取り上げる．そこでは，GLMの仮定を満足する人工のデータセットを作り，それを解析するつもりである．そして，これから紹介するモデル検査法を使って，その解析の評価を試みる．GLMの仮定を満足するとわかっているデータでも，モデル検査法が完全に機能するとはいえないことがわかるだろう．

9.1　分散の均一性

　一般線形モデルの2番目の仮定は分散の均一性である．言い換えると，当てはめられたモデルの周りでのデータの散らばり具合はどこでも等しいというものである．観測値と推定値との差は**残差**と呼ばれる．前章の初めで作られた人工データでは，残差の分散は，誤差分散にある既定値を指定することによって設定された．このことから，X変数で決定される適合値の大小にかかわらず，どのデータ点においても散らばり具合は等しくなっている．しかし，現実ではそうならないこともしばしばである．よくある例は重さや長さの測定である．このような場合，

大きいものを測るよりも，小さなものを測るほうが精度は良い．測定器での測定では，絶対的な一定の誤差があるというよりは，その測定値とその誤差との相対比率で一定になることが多いからである．その結果，絶対誤差は適合値が大きくなるに従って増大し，残差における分散の不均一性を生じさせる．

このことは結果の解釈にどのように影響するのだろうか？ GLM の基本原理から，変動は，モデルで説明できるものと説明できずに残されるものの2つに分解されるはずであった．その説明できなかった変動が誤差平均平方である．この値が不正確ならば，これから導かれる F 比と有意水準も同様に不正確になる．また誤差平均平方は，モデルのもつすべての母数の推定値の標準誤差を計算するために必要なものである．これらの標準誤差は，適合値の大小にかかわらずモデル全体を通して等しいと仮定される．ゆえに，誤差平均平方がただ単に「残差がモデルの各部分でもつ変動の平均」の見積もりであるにすぎないならば，分散が不均一である場合，作られる信頼区間はモデルのある所では狭すぎたり，また別の所では広すぎたりすることになるだろう．

まとめると，分散が不均一であるときは，推定すべき分散は1つではなく，データセットの各部分で異なる分散を推定しなければならない．

このことは簡単な例で説明できる．15名の男性が減量のための食事療法の実験を受けたとしよう．栄養士は，3通りの療法を比較してどの療法が最も効果的かを調べたかったので，5名ずつにそれぞれの療法を受けてもらった．1ヶ月後，各人の体重の変化 WGHTCH が記録された（食事療法（diets）データセットにある）．Box 9.1 と図 9.1 に，これらの解析結果と残差のプロットがその適合値とともに与えてある．

p 値を調べると，療法の違いは減量に影響を与えているように見える（$p = 0.027$）．また，療法3が最も効果的であるようだ（係数表で最小の平均値をもつ）．しかし，残差プロットは何かがおかしい．結果がしかるべく表示されているのであれば，3つの平均はそれらの共通な標準誤差（$s/\sqrt{n}, s = \sqrt{\text{EMS}} = 4.18$）を伴って表示されるのが普通である．ところが，残差プロットを見てみると，療法3の誤差は療法1に比べて遥かに大きいので，この標準誤差は元のデータにおける散らばり具合について間違った印象を与えてしまうだろう．Y 変数の変換でこの問題は解決できるかもしれないが，このような検討は，結論を出そうとする前にやっておくべきである（9.4 節を参照せよ）．

9.2 誤差の正規性

これはモデルの周りでの残差の分布形についての仮定である．以前に作ったデータセットは，正規分布から生成されたので，この仮定を正確に満足している．この仮定を満たさないデータセットを意図的に作りたいならば，別の分布に従う確率変数を用いるとよい．たとえば，-1 から 1 の範囲内に値を取る一様分布などが利用できる．

ところで，分散の均一性と誤差の正規性が混同されるときがある．前者の仮定はモデルの周りでの散らばりの度合に関するものであり（残差の分布の広がりはどこでも一定か？），後者は残差の分布形に関するものである．これらは単回帰モデルを使って図示できる．たとえば，

BOX 9.1　食事療法に伴う体重の変化

一般線形モデル

モデル式：WGHTCH = DIET
DIET はカテゴリカル型

WGHTCH に対する分散分析表，検定は調整平方和を用いる

変動因	DF	Seq SS	Adj SS	Adj MS	F	P
DIET	2	173.56	173.56	86.78	4.97	0.027
誤差	12	209.42	209.42	17.45		
合計	14	382.99				

係数表

項	Coef	SECoef	T	P
定数	1.924	1.079	1.78	0.100
DIET				
1	0.032	1.525	0.02	0.984
2	4.150	1.525	2.72	0.019
3	−4.182			

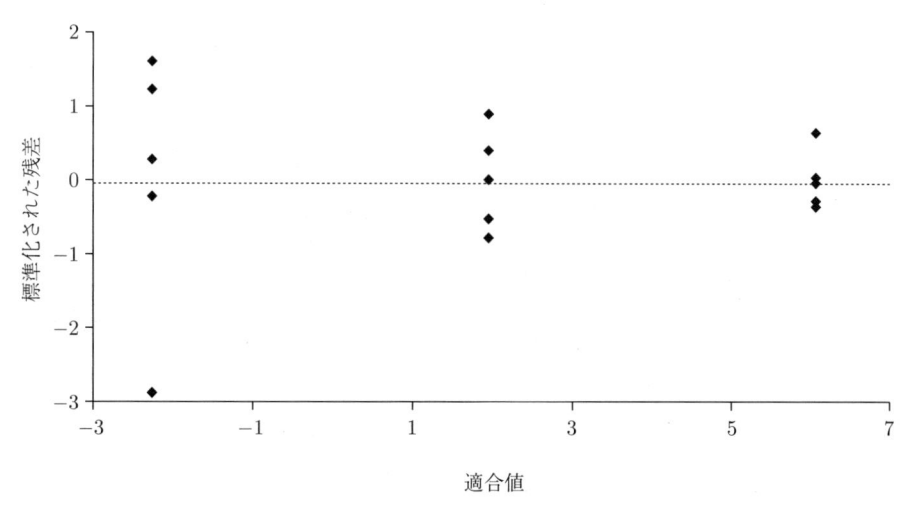

図 9.1　応答変数 WGHTCH の適合値に対する残差のグラフ

図 9.2(a) では，残差の分布が回帰直線の周りに立体的に描かれているが，それは正規性を満たし，分散の大きさもモデル全体を通して均一である．図 9.2(b) では，残差分散は適合値が大きくなるにつれて増大するが，正規性は保たれている．図 9.2(c) では，回帰直線の周りの分散は均一であるけれども，分布は歪んでいる．最後の図 9.2(d) では，残差の分布は歪んでいるし，分散の均一性も失われている．

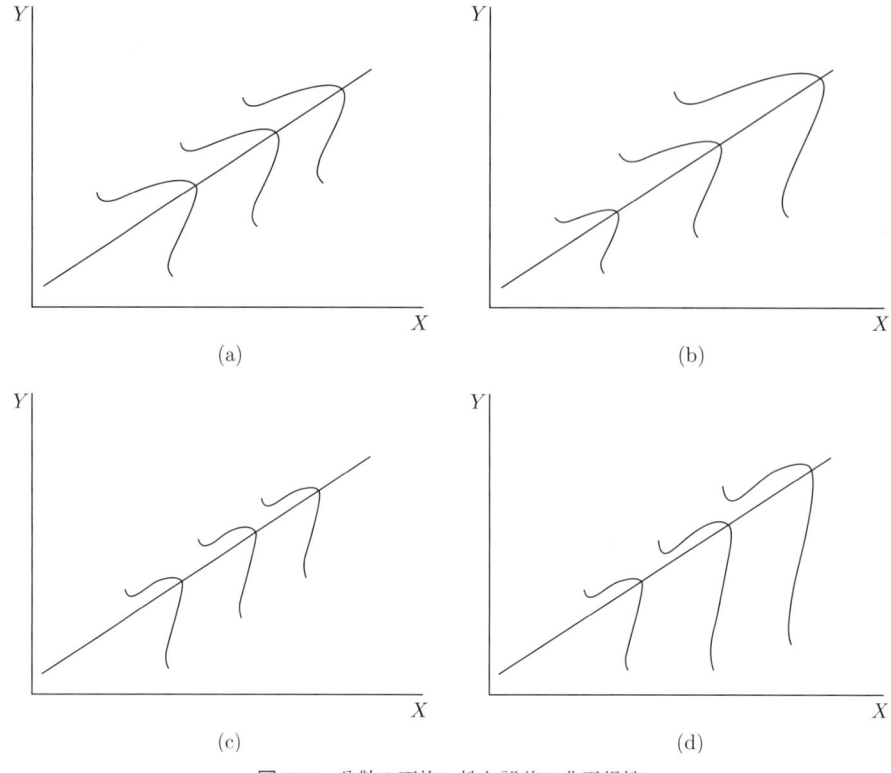

図 9.2 分散の不均一性と誤差の非正規性

誤差の非正規性は GLM 解析にどのような影響を与えるのだろうか？ F 比を計算するとき，2 つの分散の比が取られる（説明変数で説明できる変動と説明できずに残される変動に関する分散である）．一方 F 分布は，帰無仮説の下で（つまり，帰無仮説が正しいとき）生じうるすべての F 比の値を使って作られる．そのときの 2 つの分散は正規分布から求められるものであると仮定される．よって，F 分布の実際の形も，またそれによって求まる有意性判定のための臨界 F 値も，その正規性の仮定の下で決定される．繰返しになるが，この仮定が満足されないと，有意水準が不正確なものになるのである．

正規性の仮定を満たさないような生物学上あるいは医学上のデータは多い．この仮定は残差の分布について述べたものではあるが，元のデータの分布と残差（モデルを当てはめた後のデータ）の分布とはたいてい似ているものである．たとえば，生存データなどは非正規性を示す典型的なデータである．多くの種の寿命を測定してみると，幼年時に高い死亡率をもっている（平均を左側の 0 のほうへ引き寄せることになる）．一方，少数の個体は相当に長生きする．生存時間データの分布は，左側は 0 で切られるが，右側はまさに寿命で制限を受けるだけである．そのため，それらはかなり右側に裾を延ばした形になることが多い．

9.3 線形性（加法性）

GLM では，応答変数と説明変数との間の線形な関係が推定される．前に作ったデータセッ

トでは，3 変数 $Y, X1, X2$ の間に設定した関係は線形関係であった．その適切なモデル式は $Y = X1 + X2$ である．しかし，データが次のように作られていたならば，

$$Y = (X1)^{2.54}(X2)^{0.54}e^{1.71*\text{Noise}}$$

もはや文字によるモデル式が適切とはいえないだろう（* は掛け算を表す）．$LY, LX1, LX2$ をそれぞれ $Y, X1, X2$ の自然対数と置き，上の式の両辺の対数を取ると次のようになる．

$$LY = 2.54 * LX1 + 0.54 * LX2 + 1.71 * \text{Noise}$$

このように，LY は $LX1$ と $LX2$ で線形的に表現できる．つまり，すべての変数の対数を取ると，線形性の仮定が満たされることになる．非線形な関係であったとしても，適当な線形化の方法があれば，それを用いて GLM を適用できる．上記のように積の関係ならば，対数を取れば線形化できる．このような手法は**変換**（transformation）と呼ばれており，次節でさらに詳しく解説する．非線形性を扱えるような他の手段としては，交互作用の当てはめ（第 7 章）や，多項式の当てはめ（第 10 章）などがある．扱うモデルが正しいことを確かめることが，本書の後半における大きな主題の 1 つになる．

9.4 モデル評価とその解法

現実のデータセットがどのように実際に作られたかについて知ることはできないが，選ばれたモデルがそのデータにどの程度適合しているかについては見ることができる．モデル評価の技法とは，問題となりそうな兆候をデータの中に見つける方法のことである．これには 2 通りの方法がある．残差に対する正式な検定と図示による略式な判定法である．ここではこの後者について述べることにする．

興味があるのは 2 つの変数，**適合値**（係数表から得られる）と**残差**（データ点と適合値との差）である．定義より，残差の平均は 0 である．解釈を簡単にしたいならば，**実際の残差**（raw residuals）と**標準化された残差**（standardized residuals）を区別しておくほうが良い．実際の残差はデータとモデルとの間の差であり，データと同じ単位をもつ．標準化された残差はその標準偏差が 1 であるように変換されたものである（残差の平均は 0 なので，標準偏差を 1 にするには，残差の標準偏差で割るだけでよい）．それゆえ，標準化された残差は「標準偏差の倍数」であると考えられるので，各データ点がモデルからどれくらい離れているかについて判断できる値になる．

残差のヒストグラム

モデルを当てはめた後の残差のヒストグラムを図示すると，分布が正規的であるかどうかを大まかではあるが視覚的に判断できる．図 9.3 では 3 つの例を挙げている．

図 9.3 (b) のヒストグラムは対称的なので，変換する必要はないだろう．しかし，図 9.3 (a) は右に裾を延ばし，図 9.3 (c) は左に延ばしているので，何か変換する必要がありそうである．多くのデータセットでは裾を右に延ばした分布になることが一般的であり，そのような場合に

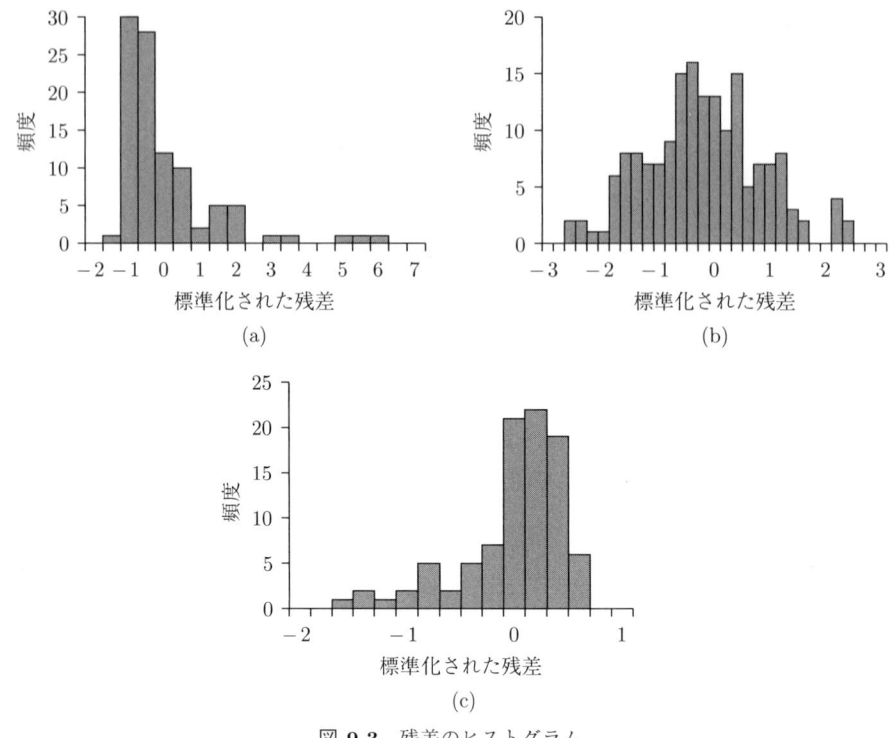

152   第 9 章　モデルの検査 II：さらなる 3 つの仮定

図 9.3　残差のヒストグラム

は，大きな値は引き寄せ，小さな値は引き伸ばすような効果をもつ変換が必要になる．通常用いられるものに 3 つの変換がある．平方根（square root），対数（logarithms），逆数（inverse）である．

　これらの変換が分布に対してどのように作用するのか，生存時間のデータセットを用いて説明してみよう．一群の苗木を発芽から枯れるまで追跡した．平均生存時間は 24.8 日であった．図 9.4 のヒストグラムからすぐにわかることは，多くの個体が最初の数週間で死んでいるということである．これはカタツムリが食べたことによる被害である．この初期の期間を乗り越えると，死亡率はそれほど高くなくなり，いくつかの個体は栽培時期の最後まで生き延びることができている．

　データ変換の目的は分布形の変形にあり，残差が対称な正規分布形に近づくようにすることである．上に挙げた 3 つの標準的な変形は，右に裾を伸ばした分布のデータに対して有効である．というのも，それらは値が大きい場合と小さい場合とで異なって作用するからである．たとえば，平方根を考えてみると，値が大きくなるとそれに比例して圧縮するという効果をもっている．そのため，全分布にこの平方根変換をほどこすと，分布の右裾を縮め，左裾を引き伸ばすことになる．図 9.4 の実際のデータの分布において，2 つの実線の矢印は小さい側の 2 点の相対的位置（10 と 20）を表し，2 つの破線の矢印は大きい側の 2 点の相対的位置（90 と 100）を表す．このデータを変換したものが図 9.5（(a) は平方根，(b) は自然対数，(c) は逆数）である．同じ 4 つの点の相対的位置も示しておいた．どの図においても，実線の矢印は引き離されたのに比べ，破線のものは近づいている．これより，3 つの変換の相対的な効力についても

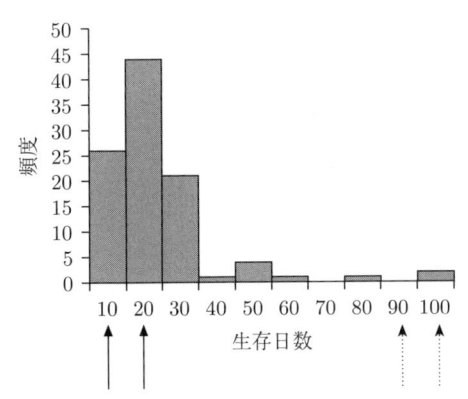

図 **9.4** 200 本の苗木の生存日数．実線の矢印は生存日数 10 日，20 日を指し，破線の矢印は 90 日，100 日を指す．図 9.5 においては，矢印はこれらのデータ変換後の値を指す

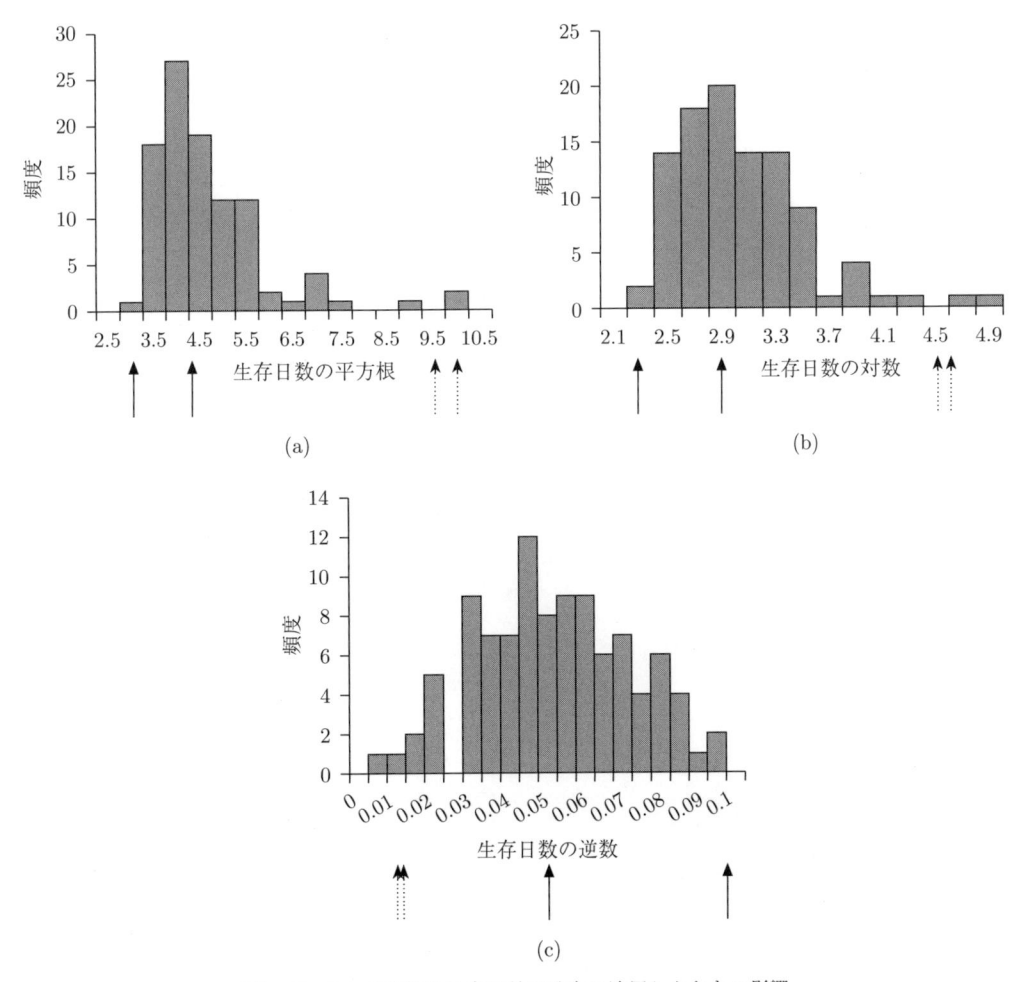

(a) (b)

(c)

図 **9.5** 3 つの変換を生存日数の分布に適用したときの影響

154　第 9 章　モデルの検査 II：さらなる 3 つの仮定

知ることができる．平方根変換が最も弱く，逆数変換が最も強い．逆数変換は分布の左右を入れ替える．つまり元の分布の右裾にある値が左側に現れるという性質をもっている．

ここで扱った例は生データの分布がかなり歪んでいたので，最も強力な逆数変換がそれを対称形に直すのにほぼ成功している．次に，正規性の仮定について調べるためにもう少し正式な方法を紹介しよう．

正規確率プロット（Normal probability plots）

これは，残差の分布の「正規性」をさらに量的に評価する方法である．幼樹（plantlets）データセットは，2 種の植物について高さ，葉の大きさ，寿命の 3 変数をもっている．この 2 種を比較して 3 変数の残差が異なる分布をもっていることを見てみよう．

Box 9.2 で 2 種の高さが比較されている．図 9.6 には，その残差のヒストグラムと正規確率プロットが図示されている．

図 9.6 の残差の分布は正規分布であるように見える．つまり正規分布から取り出された総数 50 個からなるデータセットであると仮定できそうである．では，その標準化された残差を大き

BOX 9.2　幼樹データセットにおける樹高の解析

一般線形モデル

モデル式：HGHT = SPECIES
SPECIES はカテゴリカル型

HGHT に対する分散分析表，検定は調整平方和を用いる

変動因	DF	Seq SS	Adj SS	Adj MS	F	P
SPECIES	1	260.83	260.83	260.83	46.28	0.000
誤差	48	270.55	270.55	5.64		
合計	49	531.38				

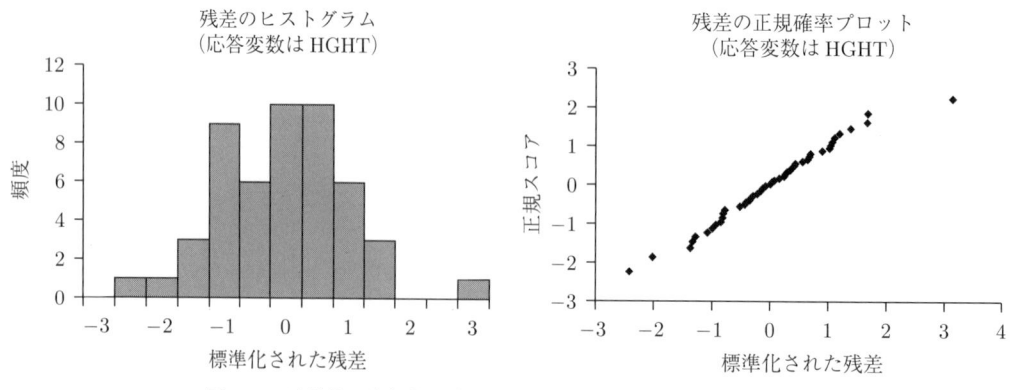

図 9.6　正規的に分布する残差のヒストグラムと正規確率プロット

さの順に並べてみよう．この 50 個の値が標準正規分布（巻末の「復習」を参照）から無作為に取り出されたものならば，それら残差のなかで最小のものの期待値を計算することができるだろう．実際，その期待値を計算してみると，平均 0 から -2.24 倍の標準偏差だけ離れた値となる．ここで扱っているデータセットでは，標準化された残差の最小値は -2.91 である．このようにして，他の残差もその期待値と対応させることができる．実際の残差が真に正規分布に従っているならば，対となる両者の値の相関は非常に強いものになるだろう．つまり，正規スコアを標準化された残差に対してプロットすると，それらは直線に近くなるだろう．そのような確率プロットの「直線性」はその相関係数で評価することができるのである．これは正規性を量的に検定する 1 つの手法である．Sokal RR と Rohlf FJ (1994) は「*Biometry: the principles and practice of statistics in biological research*, 3rd ed., Freeman and Co. New York」においてこの問題を詳しく検討し，正規性からのずれを検定するための手法について述べている．

データが正規性から外れるとき，正規確率プロットがどのように変化するかについて見てみよう．今扱っているデータセットの中の変数 LONGEV には，残差にかなり独特なパターンが見られる（Box 9.3, 図 9.7）．残差のヒストグラムは右に裾を延ばしており，正規確率プロッ

BOX 9.3　幼樹データセットにおける寿命の解析

一般線形モデル

モデル式：LONGEV = SPECIES
SPECIES はカテゴリカル型

LONGEV に対する分散分析表，検定は調整平方和を用いる

変動因	DF	Seq SS	Adj SS	Adj MS	F	P
SPECIES	1	3300	3300	3300	0.30	0.585
誤差	48	525103	525130	10940		
合計	49	528403				

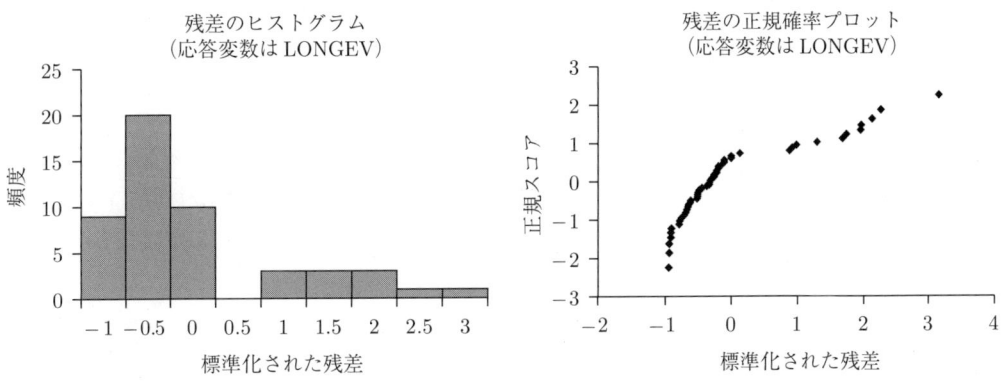

図 9.7 右に裾を延ばした残差に対する残差プロット

> **BOX 9.4　幼樹データセットにおける葉面積の解析**
>
> 一般線形モデル
>
> モデル式：LEAFSIZE = SPECIES
> SPECIES はカテゴリカル型
>
> LEAFSIZE に対する分散分析表，検定は調整平方和を用いる
>
> | 変動因 | DF | Seq SS | Adj SS | Adj MS | F | P |
> |---|---|---|---|---|---|---|
> | SPECIES | 1 | 0.1152 | 0.1152 | 0.1152 | 0.25 | 0.618 |
> | 誤差 | 48 | 21.9496 | 21.9496 | 0.4573 | | |
> | 合計 | 49 | 22.0648 | | | | |

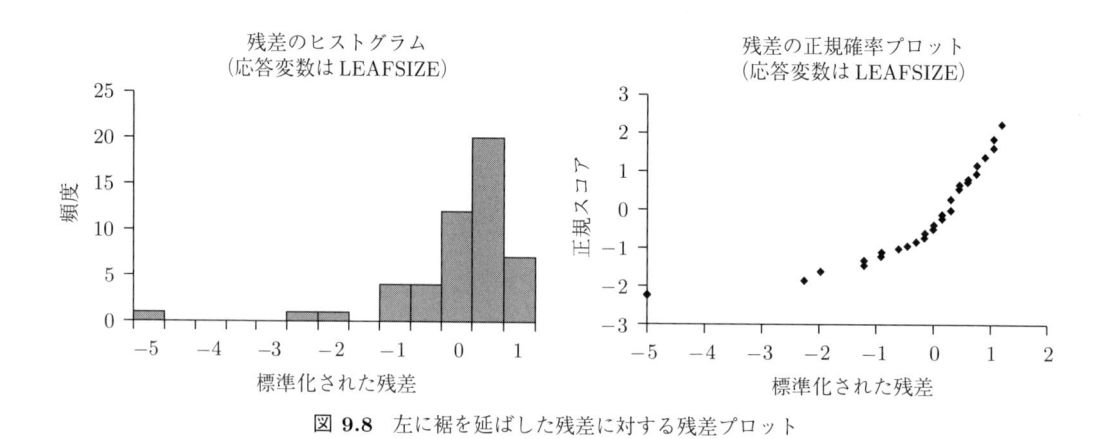

図 9.8　左に裾を延ばした残差に対する残差プロット

トは凸状になっている．グラフの左側にある標準化された残差の多くが平均からあまり離れていないので，プロット線は平均の近くで対角線より上に摘まみ上げられる格好になる．一方，グラフの右側では多くの残差が期待される場合よりも平均から大きく離れすぎているので，プロット線は対角線より下のほうに降りてくるのである．

それとは対照的なのが変数 LEAFSIZE についての結果である（Box 9.4，図 9.8）．この図では，残差の分布は左へと裾を延ばし，正規確率プロットは凹状になる．標準化された残差の小さいほうの値は，正規分布から期待される値以上に平均から離れている．これが，プロット線を平均あたりで対角線より下に引き下げ，そして左へなびかせているのである．

また，このようなプロットは，外れ値が存在すればそれを警告してくれるかもしれない．それらの外れ値はグラフの端に現れるものであるが，プロット線でいうと右上の端あるいは左下の端に現れる（これらはグラフが右か左のどちら側に裾を延ばして歪んでいるかに関係する）．たとえば，図 9.8 では，残差ヒストグラムの左端の離れた所に点が1つある．これはまた正規確率プロットでは最も左側にある点に他ならない．

まとめると，非正規性を検出するには，残差ヒストグラムと正規確率プロットを図示すべき

である. 非正規性を修正するには, Y 変数に平方根・対数・逆数などの変換を試みるとよい.

適合値に対して残差をプロットする

この2番目の図示技法は, 線形性と分散の均一性に関して何か問題があれば, それを検出してくれる. モデルがデータに完璧に当てはまっているならば, 誤差は全く存在しないはずである. 残差はすべて0になり, それらはすべて水平軸の上にプロットされることになる. しかしながら, モデルの周りにはある程度の誤差変動があるのが普通である. GLM の仮定では, それらの分散は均一であるとされている. 以下で, 3つの異なる Y 変数 (Y1, Y2, Y3) を X に対して回帰させるという例を見てみよう (データは 3Ys データセットにある).

Box 9.5 と図 9.9 を見てみると, 標準化された残差は平均0の上下にかなり均等に散らばっている. ほとんどの残差が -2 と2の間にあり, 正規分布からのデータであると期待できそう

BOX 9.5 データセット 3Ys, Y1

一般線形モデル

モデル式: Y1 = X
X は連続型

Y1 に対する分散分析表, 検定は調整平方和を用いる

変動因	DF	Seq SS	Adj SS	Adj MS	F	P
X	1	345772	345772	345772	1.1E+05	0.000
誤差	28	89	89	3		
合計	29	345861				

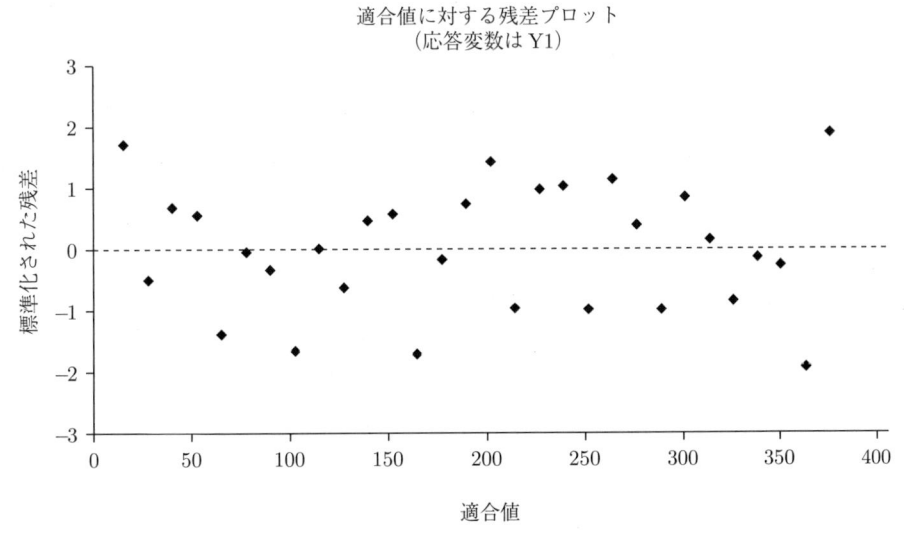

適合値に対する残差プロット
(応答変数は Y1)

図 9.9 均一的な分散をもつ残差の適合値に対するグラフ

BOX 9.6　データセット 3Ys, Y2

一般線形モデル

モデル式：Y2 = X
X は連続型

Y2 に対する分散分析表，検定は調整平方和を用いる

変動因	DF	Seq SS	Adj SS	Adj MS	F	P
X	1	896449	896449	896449	2.99	0.095
誤差	28	8401229	8401229	300044		
合計	29	9297677				

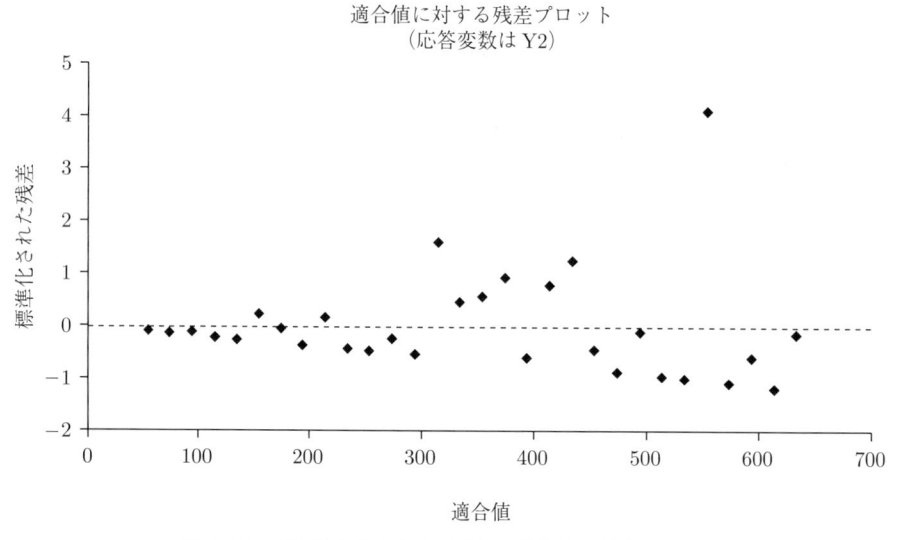

適合値に対する残差プロット
（応答変数は Y2）

図 9.10　増加的な分散をもつ残差の適合値に対するグラフ

である．

一方，Box 9.6 と図 9.10 では，残差の分散は，適合値が大きくなるにつれて増大しているように見える．これは，生物データを扱うときによく出会う現象である．この場合，値が大きくなると Y 変数を正確に測定することは難しくなっていく．このような現象を引き起こす原因が，測定誤差だけであるというわけではないだろう．たぶん，主たる原因でさえないだろう．統計的誤差は，むしろ関係しているはずの変数を考慮しなかったことで生じることがよくある（理由は，ただ単に測定されなかったり，あるいはその関連性そのものが認識されていなかったりするためである）．そのような変数が適合値と相乗的に関係しているならば，それを考慮しないということは，適合値の増加とともに誤差分散を増大させる原因となる．

Box 9.7 と図 9.11 にあるような，適合値の増加とともに誤差分散が減少する現象はあまり起ることではない．

9.4 モデル評価とその解法

BOX 9.7　データセット 3Ys, Y3

一般線形モデル

モデル式：Y3 = X
X は連続型

Y3 に対する分散分析表，検定は調整平方和を用いる

変動因	DF	Seq SS	Adj SS	Adj MS	F	P
X	1	348148	348148	348148	3.0E+05	0.000
誤差	28	33	33	1		
合計	29	348181				

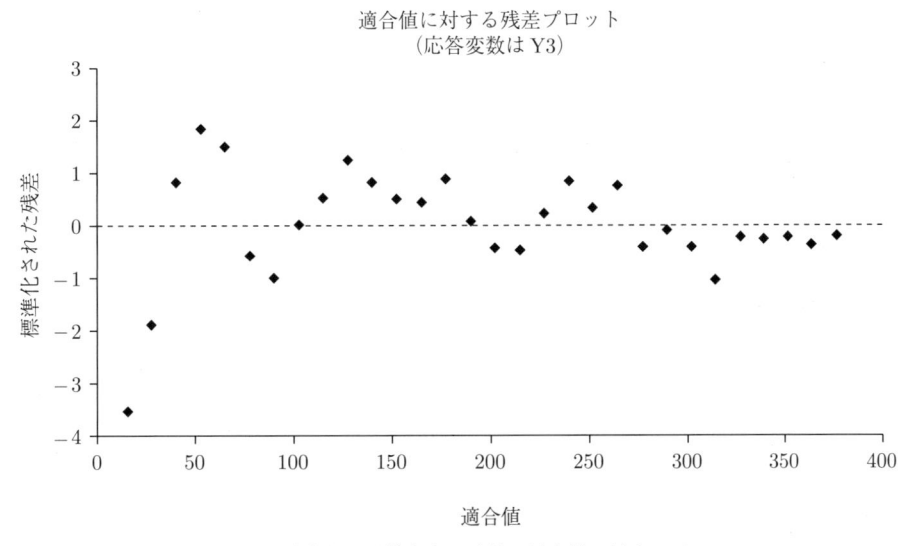

適合値に対する残差プロット
（応答変数は Y3）

図 9.11　減少的な分散をもつ残差の適合値に対するグラフ

これらの問題に対する解決法は，実は，前節で扱った非正規性の修正のところで与えたものである．つまり，3 つの変換，平方根，対数，逆数は図 9.10 のような分散増加の問題でも役に立つ可能性をもっている．それらは大きな値に対して段階的に強い効果をもつからである．一方，分散減少の問題は分散増加を修正しすぎたときによく起る（たとえば，平方根変換で十分なときに，それより強い逆数変換を適用してしまったときなどである）．そのような場合は，一歩退いて，弱い変換を試みるとよい．比較的まれであるが，生データで分散減少が起っているという場合は，小さい値よりも大きい値を大きく引き伸ばすような変換が必要になる．たとえば，平方，指数，もっと高い次数のべき乗などである．

まとめると，分散の不均一性を検出するには，適合値に対して残差をプロットするとよい．分散増加の問題を解決するには，Y 変数を平方根，対数，逆数などで変換する．分散減少に対しては，Y 変数の平方やもっと高い次数のべき乗などを取る．これらの比較的単純な手法でう

まくいかないときは，Box-Cox 公式を利用するという手段も考えられる（9.6 節を参照）．

変換による均一性・正規性への同時的効果

分布の広がりと形が，変換によって同時的にどのように変化するかについて見てみるために，同一軸上にプロットした 3 つの分布（図 9.12(a)）について考えてみよう．それらは大まかに平均 2, 10, 25 と範囲 (1,5), (5,15), (15,39) をもつ．分散は明らかに異なっている．また，左側の 2 つの分布は右へ裾を延ばしている．これらを対数 $\log_2$ で変換したものが図 9.12(b) である．その結果，どの分布も対称的で等しい分散をもつようになった．

分散の不均一性を処理するための手法は，誤差の非正規性を処理するためのものと同じである．このこと自体で問題が起ることはないのだろうか？ たとえば，非正規性を解決するために行った変換が，却って分散の不均一性を引き起すということはないのだろうか？ 幸いなことに，実際には，あまりそのようなことは起らないようである．この 2 種類の問題はたいていの場合，互いに伴って起りやすく，ここで見た例のように一方を解決すると他方も解決されてしまうというのが通常である．そうならず，ジレンマに陥るようならば，分散の不均一性を解決

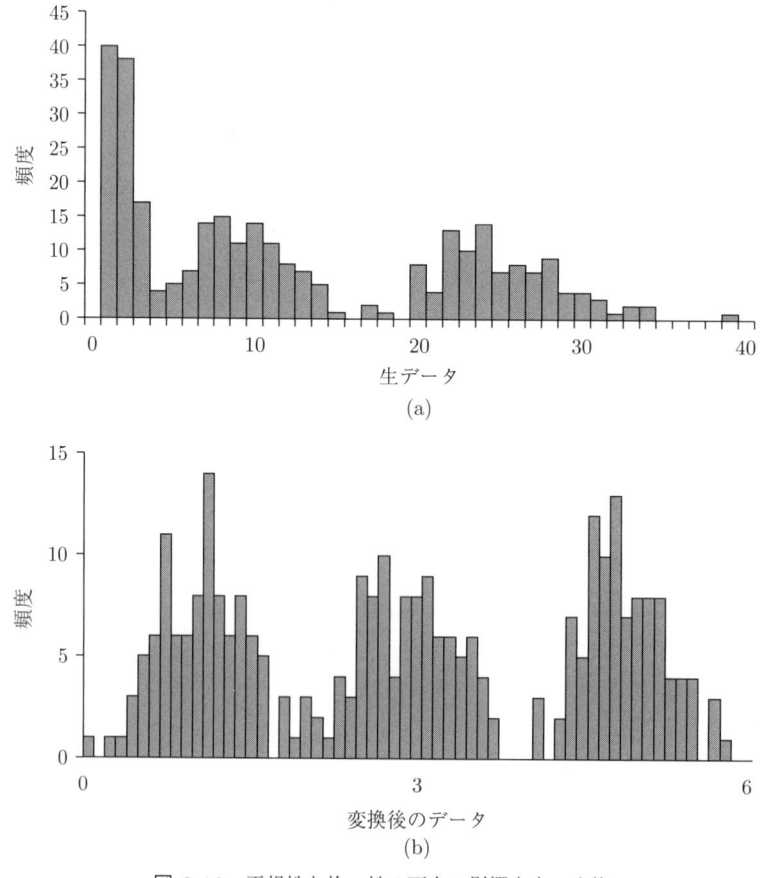

図 9.12 正規性と均一性の両方に影響をもつ変換

することを優先したほうが良い．正規性は F 比の実際の分布を決定するために重要なものではあるが，たとえ正規性が失われたとしても，中心極限定理がその代役を務めてくれる．これは，データを取って来た元の分布がどのようなものであったとしても，標本数が十分に大きければ，その標本平均は正規分布に従って出てきたと見なすことができるというものである（巻末の「復習」，あるいは ML Samuels 著『*Statistics for the life sciences*』，Maxwell-Macmillan International (1989) を参照せよ）．ところで，データの変換だけでは，GLM のすべての仮定を満足させることはできないかもしれないということも理解しておくべきである．そのような場合には，他の統計的手法を用いる必要があるが，それは本書の守備範囲を超えたものになってしまう．

適合値に対する残差プロットでさらに非線形性も検出できる．この適合値に対するプロットはモデルの当てはめを全体的に眺めようとするものに他ならない．複数個の連続型説明変数があるときでも，どの変数が非線形性と関連しているかについて知ることは有益である．この話題は次節で説明しよう．

連続型説明変数ごとの残差プロット

このプロットで，Y がどの X 変数と線形的であるかについて直接的に確かめられる．図 9.13 (a) には，線形モデル $Y = X$ を当てはめたときの回帰直線が書き込まれている．しかし，プロットからは Y と X の間に曲線的な関係が見て取れる．本章の後半では，このようなプロットの判定の仕方をもっと正式に考えるが，ここでは，いくつかの例を見ることで，まずこのような場合の問題点について紹介することにしよう．

図 9.13 (b) は直線を当てはめたときの残差プロットである．はっきりとした U 字形が見て取れる．最初の 10 個の残差は正で，次に負の残差の集団があり，さらに右には正の集団が続いている．これは図 9.13 (a) のグラフのすべてのデータ点にもまさに対応していて，まずモデルの上側にデータ点がいくつかあり，次に大部分が下側にという具合である．Y と X との関係がさらに複雑になると，他のパターンも出現する．図 9.14 はそのような例である．

非線形性に対する解決法

非線形性の問題を扱うには，その対策としてのいくつかの選択肢が存在する．交互作用，変換，多項式などである．分散の不均一性に対しては Y 変数の変換を用いたが，X 変数と Y 変数を共にあるいは一方だけを変換することにより非線形性が解決できるかもしれない．

非線形性を解決する手段としての交互作用と変換

非線形性は，2 つのカテゴリカル型変数間に交互作用を当てはめることによって解決できることがある．例を使って説明するとよく理解できるだろう．細菌の増殖において栄養素の濃度がどの程度の効果をもつかという実験が行われた．栄養素としてショ糖（SUCROSE）とロイシン（LEUCINE）が選ばれた．要因実験では 48 個の寒天プレートが準備され，ショ糖は 4 水準の濃度，ロイシンは 3 水準の濃度で添加された．プレートは 4 日に分けて使用され，毎日，すべての処理の組合せ（12 通り）が配置された．それゆえ，DAY はブロックとして扱われた．

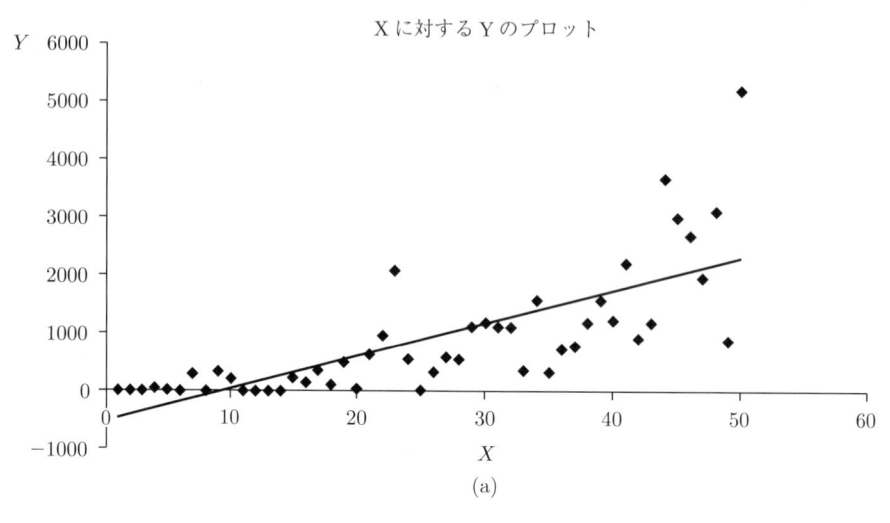

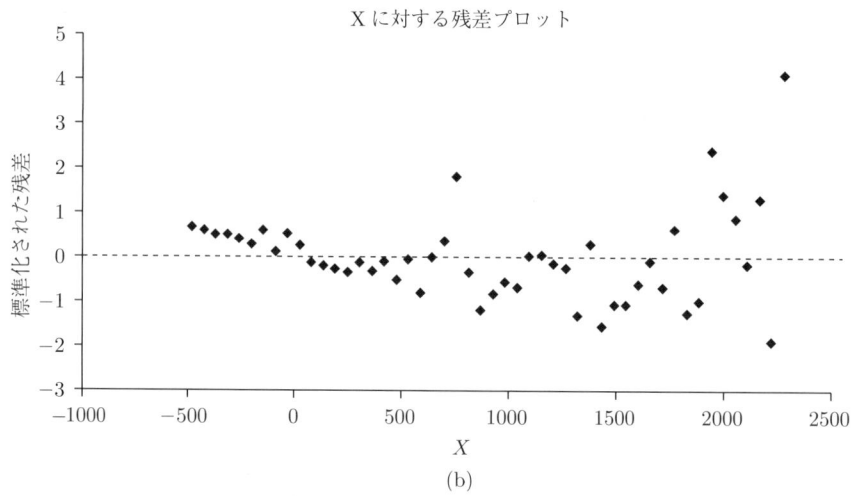

162　第9章　モデルの検査II：さらなる3つの仮定

図 9.13　曲線的な関係とその残差プロット

データは細菌（bacteria）データセットにある．

　最初の解析（Box 9.8）では，DENSITY を変換することなく，主効果のみを当てはめてみた．SUCROSE も LEUCINE も高い有意性を示している（それぞれ，$p = 0.004$ と $p < 0.0005$ である）．

　しかしながら，残差プロット（図 9.15）はこのモデルに難点があることを示している．小さな適合値での残差はすべて正であるが，次に続く大部分が負の残差であり，大きな適合値に正の残差が少し現れる．これは明らかに線形性に反している．

　そこで，解析を再びやり直し，ショ糖とロイシンとの間の交互作用を加えてみた（Box 9.9）．

　この2回目の解析では，交互作用は強い有意性を示している（$p = 0.0001$）．それゆえ，モデルには交互作用を含める必要がある．残差プロット（図 9.16）も改善されてはいるが，まだ問題が残っている．

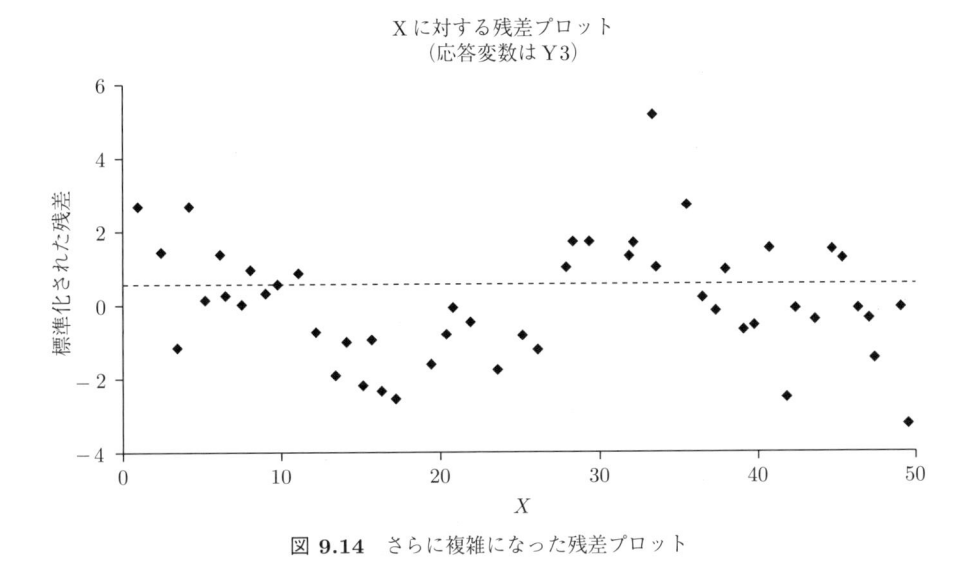

X に対する残差プロット
（応答変数は Y3）

図 9.14 さらに複雑になった残差プロット

BOX 9.8 交互作用を除いた場合の細菌の増殖の解析

一般線形モデル

モデル式：DENSITY = DAY + SUCROSE + LEUCINE
DAY, SUCROSE, LEUCINE はカテゴリカル型

DENSITY に対する分散分析表，検定は調整平方和を用いる

変動因	DF	Seq SS	Adj SS	Adj MS	F	P
DAY	3	1.1570E+19	1.1570E+19	3.8566E+18	0.52	0.674
SUCROSE	3	1.1895E+20	1.1895E+20	3.9651E+19	5.31	0.004
LEUCINE	2	1.4762E+20	1.4762E+20	7.3811E+19	9.88	0.000
誤差	39	2.9136E+20	2.9136E+20	7.4709E+18		
合計	47	5.6951E+20				

　線形性の問題は解決されたが，分散の不均一性の問題が依然と残ってしまった．もっとも，細菌密度が増加するとその推定誤差も増大する傾向があるので，これはある程度予想されていたことである．そこで，3 回目の解析では，細菌数の対数が取られた（Box 9.10 と図 9.17）．
　すると，ショ糖とロイシンの有意性はさらに高まり（両者とも高い F 比），交互作用の有意性は消えている．さらに，残差プロットも改善され，非線形性および分散の不均一性の問題も解消されることになった．
　この例から 2 つの非常に重要なことを学ぶことができる．1 つは，2 つのカテゴリカル型変数間に交互作用を当てはめると，非線形性の問題が解決できる可能性があるということである．しかし，今回の特殊な例では，残差プロットのもつ問題のすべてを解決することはできなかった．そのため，他の方法を考える必要があった．もう 1 つは，モデルの非加法性（非線形性）

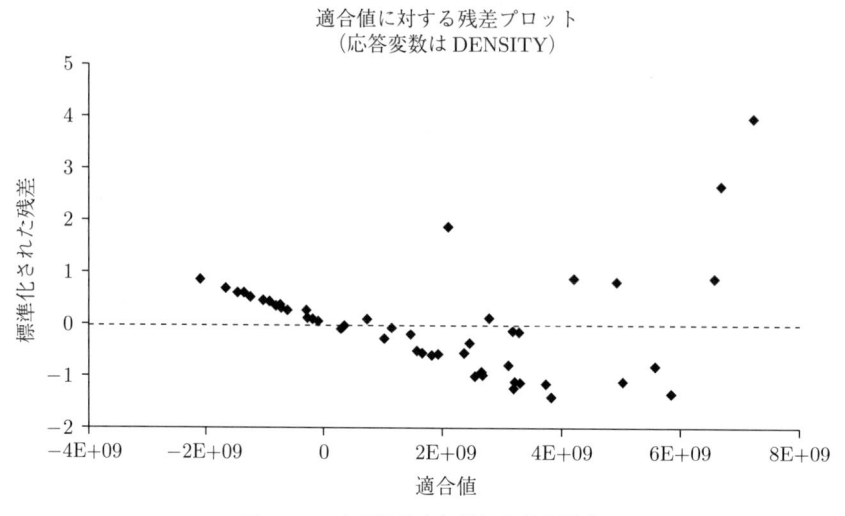

適合値に対する残差プロット
（応答変数は DENSITY）

図 9.15　交互作用を無視した細菌増殖

BOX 9.9　交互作用を入れて細菌の増殖を再び解析する

一般線形モデル

モデル式：DENSITY = DAY + SUCROSE + LEUCINE + SUCROSE * LEUCINE
DAY, SUCROSE, LEUCINE はカテゴリカル型

DENSITY に対する分散分析表，検定は調整平方和を用いる

変動因	DF	Seq SS	Adj SS	Adj MS	F	P
DAY	3	1.1570E+19	1.1570E+19	3.8566E+18	0.81	0.496
SUCROSE	3	1.1895E+20	1.1895E+20	3.9651E+19	8.36	0.000
LEUCINE	2	1.4762E+20	1.4762E+20	7.3811E+19	15.56	0.000
SUCROSE * LEUCINE	6	1.3479E+20	1.3479E+20	2.2464E+19	4.73	0.001
誤差	33	1.5658E+20	1.5658E+20	4.7447E+18		
合計	47	5.6951E+20				

の解決において，交互作用の代わりに，Y 変数の対数変換が役に立ったということである．対数は変数間の積の関係を和の関係へと転換するからである．今回の例では，説明変数がカテゴリカル型なので，Y 変数の変換だけで十分である．そして Y 変数が変換されてしまうと，交互作用はもはや必要ではなくなった．

連続型説明変数にも非線形性があるような場合には，Y 変数も X 変数も対数変換すべきかもしれない．そのような例を 9.5 節で検討しよう．3 番目の手段として，多項式（たとえば，$X + X^2$）を用いて X と Y の間に曲線的な関係があるかどうかを調べるやり方もある．これについては，第 11 章で詳しく議論したい．

適合値に対する残差プロット
（応答変数は DENSITY）

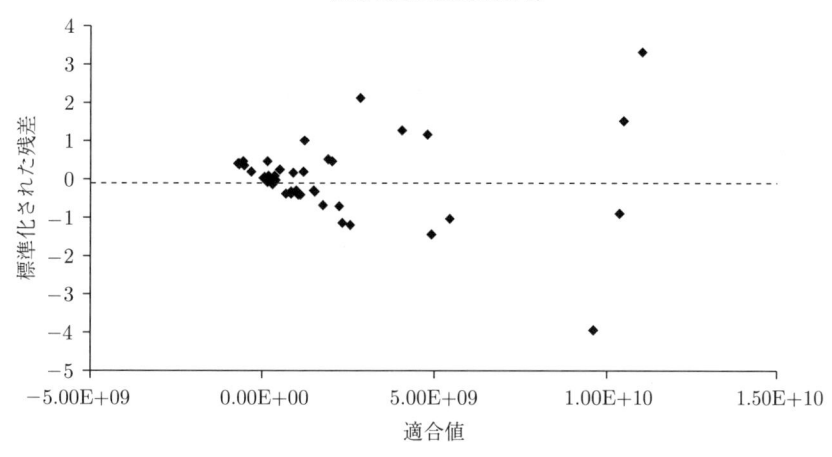

図 9.16 交互作用を含んだ残差

BOX 9.10　変数変換をして，細菌の増殖を再び解析する

一般線形モデル

モデル式：LOGDEN = DAY + SUCROSE + LEUCINE + SUCROSE * LEUCINE
DAY, SUCROSE, LEUCINE はカテゴリカル型

LOGDEN に対する分散分析表，検定は調整平方和を用いる

変動因	DF	Seq SS	Adj SS	Adj MS	F	P
DAY	3	1.0461	1.0461	0.3487	1.38	0.265
SUCROSE	3	20.8387	20.8387	6.9462	27.55	0.000
LEUCINE	2	15.1785	15.1785	7.5892	30.10	0.000
SUCROSE * LEUCINE	6	1.1489	1.1489	0.1915	0.76	0.607
誤差	33	8.3204	8.3204	0.2521		
合計	47	46.5326				

残差プロットを調べるためのヒント

図示することでモデルの評価を行ったが，この簡単なやり方はかなり主観的であるという問題点を認めざるを得ない．もう少し正確にやりたいのなら，図 9.18 のように，プロットを縦にいくつか等間隔に区分してみるとよい．

どの区間でも，点の分布はだいたい同じであるべきである．各区間での平均に違いがなければ（横の 0 軸よりも上とか下に片寄っていないようならば），線形性には問題はないだろう．また，分散（残差の範囲）に違いがないようならば，分散の均一性にも問題はないだろう．区間内のデータ点の個数に違いがあってもそれはかまわない．しかし，この方法にも注意が必要である．区間内の点の個数が通常かなり少なくなるからである（この例では 4 から 7 である）．点

適合値に対する残差プロット
（応答変数は LOGDEN）

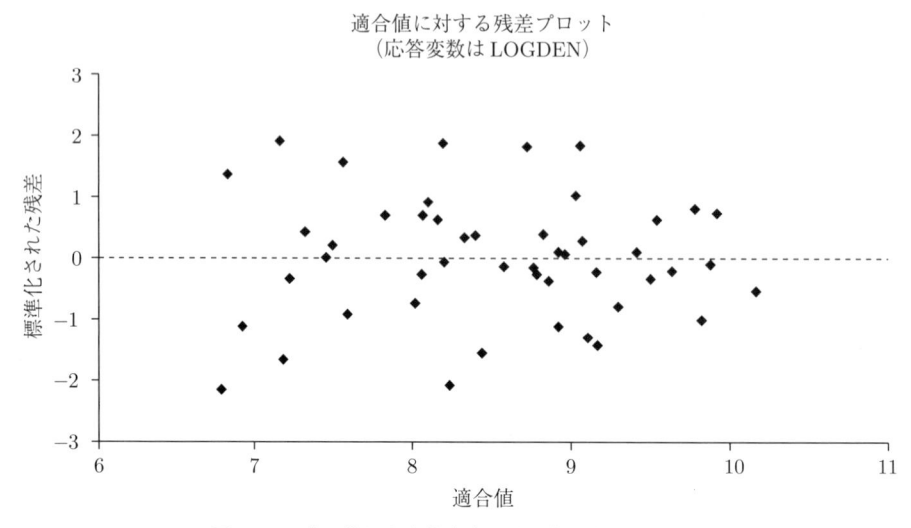

図 9.17 交互作用と変換を含んだときの残差プロット

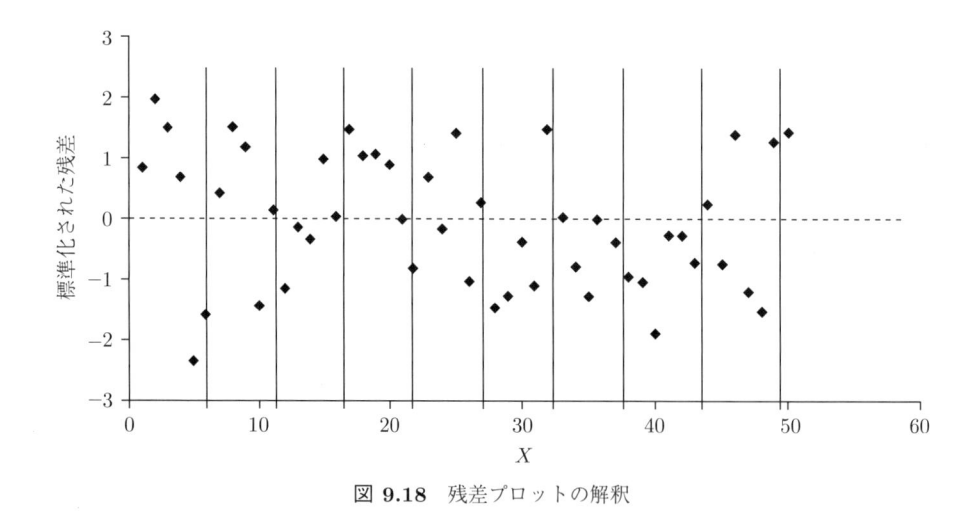

図 9.18 残差プロットの解釈

の個数が少なくなればなるほど，0 軸の一方の側に片寄りやすくなる．また，点の数が少ないと分散も小さくなるだろうと考えるのもよくある勘違いである．図 9.18 の残差プロットは正規分布から発生させたものなので，当然この視覚的な検査では合格しなければならないはずである．与えられたプロットをどう判断すべきか悩むようだったら，それと比べるための正規プロットを発生させてみるのも 1 つの手段である．

9.5 出荷材木量の予測：モデル評価の 1 例

1 本の木から取れる出荷可能な材木の体積を正確に求めようとするならば，伐採せざるを得ない．しかし，生きた木からそれが見積もれるならば，森林関係者は大いに助かるはずである．

9.5 出荷材木量の予測：モデル評価の1例

BOX 9.11　変数変換しない場合の材積の解析

一般線形モデル

モデル式：VOLUME = DIAM
DIAM は連続型

VOLUME に対する分散分析表，検定は調整平方和を用いる

変動因	DF	Seq SS	Adj SS	Adj MS	F	P
DIAM	1	7581.9	7581.9	7581.9	419.47	0.000
誤差	29	524.2	524.2	18.1		
合計	30	8106.1				

係数表

項	Coef	SECoef	T	P
定数	−36.945	3.365	−10.98	0.000
DIAM	60.791	2.968	20.48	0.000

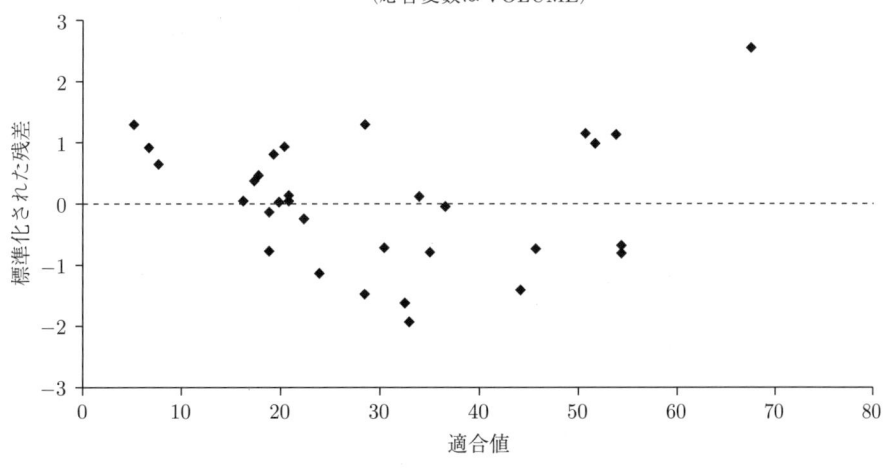

図 9.19　出荷可能な材木量に対する残差プロット

31 本の伐採された木に関する相対成長の測定値（allometric measurements）と出荷材木の体積についてのデータが解析された（データは出荷材木（merchantable timber）データセットにある）．Box 9.11 では，木の材積を予測するために直径を用いた解析が行われ，また適合値に対する残差がプロットされている（図 9.19）．

材積と直径の間には明らかに高い有意性が見られる．しかし，残差プロットはこのモデルに問題があることを示している．明らかに残差は U 字形をしており，線形性の仮定が満たされていないのではないかと疑われる．また，グラフの散らばり具合は右側が左側より大きく，分散

の均一性についても疑わしい．もっとも，これら2つの問題が共に出現することは珍しいことではない．

　残差プロットは，材積と直径との関係が曲線的であることを暗示しているが，これを解決する方法としては2つの選択肢がある．2次関数の当てはめ（第11章）か，あるいは変換である．ここでは変換を用いてみよう．というのも，円柱の体積の公式が次で与えられるからである．

$$材積 = \pi * (半径)^2 * 樹高$$

半径ではなく直径を用いると次のようになる．

$$材積 = \frac{\pi * (直径)^2 * 樹高}{4}$$

つまり，木の材積が十分に円柱で近似できるならば，材積と直径との間には2次関数的関係が期待できる．そして，その積の関係は対数を取ることにより加法的な関係に転換できる．

$$\log(材積) = -0.242 + \log(樹高) + 2\log(直径)$$

切片 -0.242 は $\pi/4$ から求められたものである．自然対数を取ると線形化されるので，GLMの仮定が成り立つようになる．変換後，円柱で木の材積を近似できるかという仮説検定を行った．Box 9.12 のモデルが当てはめられ，図 9.20 がその残差プロットである．

　まず気付くことは，残差プロットが大幅に改善されていることである．十分に好ましいもの

BOX 9.12　木を円柱として当てはめる

一般線形モデル

モデル式：LVOL = LHGHT + LDIAM
LHGHT と LDIAM は連続型
適合値に対するデータ点の残差

LVOL に対する分散分析表，検定は調整平方和を用いる

変動因	DF	Seq SS	Adj SS	Adj MS	F	P
LHGHT	1	3.4957	0.1978	0.1978	29.86	0.000
LDIAM	1	4.6275	4.6275	4.6275	698.74	0.000
誤差	28	0.1854	0.1854	0.0066		
合計	30	8.3087				

係数表

項	Coef	SECoef	T	P
定数	-1.7047	0.8818	-1.93	0.063
LHGHT	1.1171	0.2044	5.46	0.000
LDIAM	1.98271	0.07501	26.43	0.000

9.5 出荷材木量の予測：モデル評価の1例

適合値に対する残差プロット
（応答変数は LVOL）

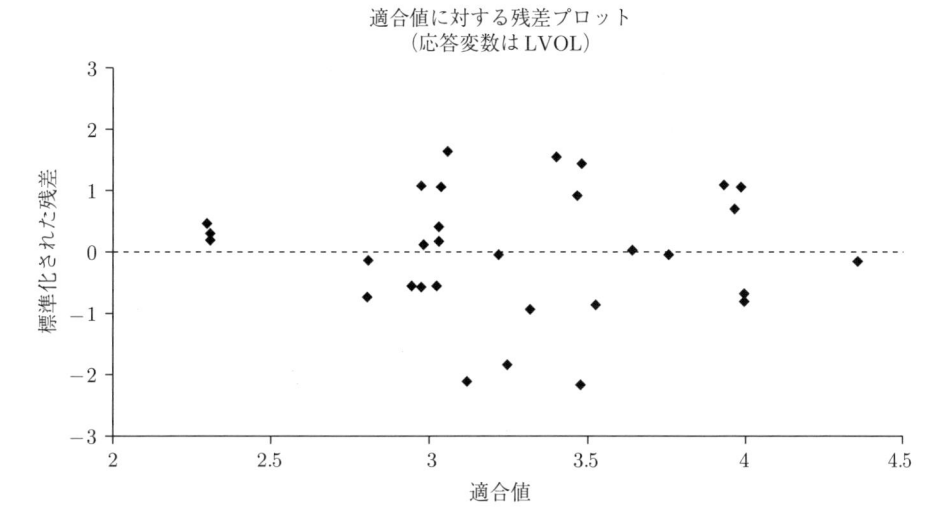

図 9.20 円柱に見なされたときの材木量に対する残差プロット

表 9.1 仮説「木は円柱である」の検定

母数	仮説	自由度 28 の t 検定	有意性
切片	$=-0.242$	$\dfrac{-1.7047-(-0.242)}{0.8818} = -1.659$	$p > 0.05$
log(直径) の傾き	$=2$	$\dfrac{1.98271-2}{0.07501} = -0.2305$	$p > 0.05$
log(樹高) の傾き	$=1$	$\dfrac{1.1171-1}{0.2044} = 0.5729$	$p > 0.05$

になっている．変換によって，線形性も分散の均一性も共に得られている（線形性は，X または Y の両方あるいは片方を変換すれば得られるが，分散の均一性を得るには Y 変数を変換しなければならない）．次に気付くことは，log(直径) と log(樹高) の両説明変数がともにこの解析では有意となっている（$p < 0.0005$）ことである．では，最後に，円柱の公式が材積をうまく記述するという仮説をどのように検定すればいいのだろうか（これは最初に第 3 章で扱った問題の再検討である）．

係数表から適合式を求めると，次のようになる．

$$\log(\text{材積}) = -1.7047 + 1.98271 \log(\text{直径}) + 1.1171 \log(\text{樹高})$$

このとき，仮説検定問題は次の3つの部分に分けられる．(i) log(直径) の傾きは2と有意に異なっているか？ (ii) log(樹高) の傾きは1と有意に異なっているか？ (iii) 切片は -0.242 と有意に異なっているか？ 係数表にはこれら母数の推定値だけではなく，それらの標準誤差も与えられている．ゆえに，問題には3つの t 検定を使って答えることができる（表 9.1）．

その結果，log(直径) と log(樹高) の傾きはどちらも，変換後の円柱の公式そのものから予想

される係数値と有意には異なっていない．また，切片も，予想された値よりは低いが，有意に低すぎるということもない．これより，円柱で木の材木出荷量を近似的に表現できるといってよいかもしれない．

しかしながら，表 9.1 の各検定は，モデルに現れる他の項が与えられたという条件の下での検定である．たとえば，LDIAM の傾きに対する t 検定の結果は，LHGHT の傾きがすでに推定されて定まっているというモデルに基づいて導かれている．もし LHGHT の傾きを 1 としていたならば，残差分散は異なったものになっていただろう．すると，LDIAM についての t 検定の結果も違ってくるだろうし，「LDIAM の傾きは 2 と有意に異なっていない」とする結論も怪しくなることだろう．この疑問は問題にならないのだろうか？

実際に円柱の公式を用いてみると，木の材積はいつもその期待値に届かないことが確認できる．そこで，さらに正確な解析を行ってみよう．最初の解析では，傾きも切片も推定値からの偏差をもっている．その中で最大の偏差（標準誤差を単位として測った）を与えているのは切片である．切片は全データの平均から少し離れた所にあるのでこれは当然なことである．つまり，傾きのもつ不確実性が切片に影響し，その取る値の範囲を広くさせてしまうからである．では，log(樹高) の傾きを 1，log(直径) の傾きを 2 に固定したとき，切片の値はどうなるのか，すなわち円柱の公式で与えられる期待値からどれくらいの偏差をもつようになるのかについて考えてみよう．円柱の公式を対数で表現すると次のようになる．

$$\log(\text{材積}) - \log(\text{樹高}) - 2\log(\text{直径}) = -0.242$$

データセットの樹高，材積，直径の値を用いて，この式の左辺から切片の値の集合が得られる．その平均と標準偏差が Box 9.13 に与えられている．この平均は，-0.242 に近くなるべきだろうが，そうなっているだろうか？得られた推定値は予想している値 -0.242 よりもかなり低い．いつものように，t 検定を行うと，

$$\frac{-1.1994 - (-0.242)}{0.0142} = -67.5$$

となり，自由度 30 での p 値は 0.001 よりもさらに小さい．ゆえに，データから実際に確かめられたとおり，木は同じ樹高と直径をもつ円柱から予想される材積よりもいつも少ない材積量しかもたないことがわかる．これは，幹が上に向かうにつれ，細くなっていくからである．実

BOX 9.13　円柱の切片の期待値から切片の平均偏差を推定する

次のように定義される新しい変数 LDEVINT を計算する

$$\text{LDEVINT} = \text{LVOL} - \text{LHGHT} - 2 * \text{LDIAM}$$

LDEVINT の記述統計

変数	データ数	平均	標準誤差
LDEVINT	31	-1.1994	0.0142

BOX 9.14 円柱が表す有効な材積の比率を推定する

新しい変数 LUSEFRAC によって推定される材積の比率の計算式

$$\text{LUSEFRAC} = \text{LVOL} - (-0.242 + \text{LHGHT} + 2 * \text{LDIAM})$$

LUSEFRAC の記述統計

変数	データ数	平均	標準誤差
LUSEFRAC	31	-0.9574	0.0142

際，伝統的に木の直径は胸の高さで計測することに決まっている．どの年齢の木でも，その部分で最大直径に近い値を測定できると期待しているからである．そこで，さらに解析を進めて，材積の円柱に対する割合が推定できるようになれば便利だろう．これは，円柱の体積で実際の樹木の体積を割ったものになる．対数で表現すると，次のようになる．

$$\log(割合) = \log(材積) - (-0.242 + \log(樹高) + 2\log(直径))$$

解析結果は Box 9.14 にまとめてある．

最後に，樹高と直径から想定される円柱の体積に対する実際の材積の平均的な割合について考えてみよう．ここにある数値を用いて，この平均の 95%信頼区間を求めることができる．それは，自由度 30 に対する信頼区間の公式から次のようになる．

$$-0.9574 \pm 2.042 \times 0.0142$$

この解析は自然対数を取ったデータで行なわれたので，その結果は元の値に直したほうが便利である．ただ，元に戻すには，信頼区間を計算してから戻さなければならない（対数を取って初めて，モデルに関する仮定が満たされたからである）．割合の 95%信頼区間は次のようになる．

$$(0.373, 0.395)$$

このように，1 本の木がもつ材積の平均は，円柱の 37.3%から 39.5%の間であると 95%の信頼度で結論できる．ある特定の木に対して予測区間を求めるときは，第 2 章で説明したとおり，この平均の信頼区間よりも幅が大きくなるだろう．

9.6 変換の選び方

データを操作して GLM の仮定を満たすようにするには，変換が最も便利な道具の 1 つであるということはすでに示した．それは非線形性と分散の不均一性の両方を解決してくれる．何か特定の変換を用いるべきであるという事前の知識がないようならば，経験則からいうと，最も弱いものから始めるべきである（適合値が大きくなるのに伴って残差の分散が増大していたり，あるいはその分布が右に裾を延ばしているようならばまず平方根変換を取ればよい）．変換

して解析した後，**再度モデル評価を行う**ことが大事である．そして問題が解決されたかどうか，もっと強い変換が必要なのではないかということを再検討すべきである．残差のヒストグラムとプロットが満足いくものであるときだけ，確信をもって解析を進めることができるのである．

データの種類によっては，適切な変換が事前にわかっているような場合もある．図9.4の生存データが典型的なものである．左側は0で切られるが，右側は寿命で制限されているだけなので，右に裾を延ばした分布形になる．これを修正するには，強い逆数変換を使わなければならない．ときには，負の逆数変換もよいかもしれない．そうすると，各係数の符号を元のデータのモデルと同じにすることができるからである．そのほうが解釈は容易である．相対成長データも平均とともに増加する分散をもつ傾向があり，変換の強さとしては対数変換程度が必要になる．実際の解析では，前もって対数変換をしておくのが普通である．データがポアソン分布に従っているならば（計数データである），これも平均とともに増加する分散をもっているのであるが，平方根変換によって安定することが知られている．計数データの解析は第13章で詳しく取り扱う．これら3つの種類のデータを解析する際には，どのような変換が適当なのかという情報は事前に用意されているといってよいだろう．

どの変換が適当なのかは，結局，平均に対する分散の増加率に関係している．つまり，分散と平均の関連性の強さである．その強さは次のような式のべき乗 k で定量化できるかもしれない．

$$\text{分散} \sim (\text{平均})^k, \quad k \geq 0$$

ここでは，右側に裾を延ばした分布の変数（正の変数）を扱っていることになり，そのとき分散は平均（あるいは適合値）に伴って増加する．適当な変換がわからないという場合には，k を推定してみるのも1つの手段である．そのためには，本来のモデルを当てはめ，残差を計算して，その残差の2乗の対数を適合値の対数に対してプロットすればよい．つまり，次のようなモデルを当てはめることになる．

$$\log(\text{残差の分散}) = k \log(\text{適合値の平均})$$

よって，回帰直線の傾きが k の推定値である．

k の推定値が得られたら，分散の不均一性を修正する変換を求めるために，**Box-Cox の公式**を利用する．つまり，y を本来の応答変数とすると，新しい変数 Y が次の公式を用いて定義される．

$$Y = \frac{y^{(1-k/2)} - 1}{1 - k/2}$$

$k = 0$ の場合は，分散は一定であり，Box-Cox の公式は変換しないことと同じ意味をもつ．分散が平均に一次的に比例する場合は（すなわち $k = 1$），この公式は平方根変換を意味している．k が2に近づくとき，公式の極限は対数 $ln(y)$ となり，相対成長データに適した変換となる．$k = 4$ の場合は逆数変換と同等になるが，1を引き $1 - k/2$ で割るので，分布は左右に反転されない．つまり，元のデータの右側部分が，変換された分布では左側に出てくるなどということはない（図9.5(c) 参照）．実は，この公式は，分散と平均の関連性の強さに対応して利用するようにここで勧めてきた変換をすべて含んでいる．さらに，それらの間にある変換も指

定できるようになっている．それゆえ，Box-Cox の公式は，右の方向に裾を延ばした分布の変数（正の変数）を修正できる一連の変換を提供している．しかし，実際は，平方根，対数，逆数の3つの変換で通常は十分である．

割合や比率の解析はかなり難しい問題を含んでいる．というのも，それは一方を0で切られ，もう一方は1（あるいは100％）で制限されているからである．それゆえ，誤差は両極端で極めて非対称になるが，中心部では近似的に対称になる．このような種類のデータを正規化するある特殊な変換として，逆正弦変換（arcsine transform）と呼ばれているものがある．

$$Y = \sin^{-1}\sqrt{割合}$$

または

$$\sin Y = \sqrt{割合}$$

最後に，変換データの解析結果を表示するときは，元のデータの単位に戻して表現しておくほうが親切なやり方である（出荷材木データセットの解析結果に対して行ったように）．しかし，信頼区間を設定するときは，まず変換されたデータの下で区間を計算し，それを逆に変換して元の単位に戻すべきである．

9.7 要約

- 一般線形モデル（GLM）の満足すべき4つの仮定とは，誤差の独立性，分散の均一性，線形性，正規性である．
- これらの仮定が満たされないならば，有意水準はもはや正確とはいえない．
- モデル評価の方法について述べた．特に図示によるやり方を扱った．
- 誤差の正規性の検定には，残差のヒストグラムと正規確率プロットを用いる．
- 分散の均一性の検定には，適合値に対する残差のプロットを行う．
- 線形性の検定にも，適合値に対する残差のプロットを行う．複数の連続型変数に対しても，1つずつ行えばよい．
- 非正規性の解決にはデータの変換が使える．残差の分布が右に裾を延ばしている場合は，平方根，対数，逆数の変換を行う．左に延ばしている場合は，平方，指数の変換を行う．
- 適合値に伴って増加する分散を修正するにも，平方根，対数，逆数の変換が有効である．平方根変換が最も弱く，逆数変換が最も強い．
- 変換は，分散の均一性，正規性の両方に影響をもつ．
- 非線形性の解決法には，(i) 交互作用の導入，(ii) 応答変数あるいは説明変数の変換，(iii) 多項式（2次関数，3次関数など）の当てはめなどがある．
- 対数変換と交互作用は非加法性を解決する手段である．どちらが適しているかを知るにはモデル評価を行う必要がある．
- 分散と平均の関係が直接的に推定可能であるならば，どの変換が最も適切であるか，Box-Cox の公式を用いて決めることもできる．

9.8 練習問題

分散の安定化

この例を使って，3つの標準的な変換がデータセットの分散にどのような影響をもたらすかについて説明する．完全に無作為化した24区画で大豆栽培の実験を行うよう計画した．これらは同数の3群に分けられ，群ごとに異なる処方の除草剤が与えられた（データは大豆（soya beans）データセットにある）．目的は大豆それ自体に最小の害しか与えない処方を選ぶことにある．ワークシートには DAMAGE（損害量）と除草剤の区別番号（WDKLR）が書き込まれている．データに3つの変換，平方根，対数，負の逆数を行った．生データおよび変換されたデータを使って，WDKLR に対する DAMAGE をプロットしたものが図 9.21 の4つのグラフである．

各変換後の基本的な統計量を表にしたものが Box 9.15 である．

(1) グラフと表を見て，どの変換が最も良さそうだと思われるか述べよ．

ブロック化された実験での分散の安定化

この例では，ブロックを導入したために実験計画が少し複雑になっている．そのため，設定された変数をそのまま使うのでは役に立たないかもしれない．残差や適合値をよく検討する必要がある．ある園芸家がある高山植物の発芽率を最大にしたいと願っていた．そのため，温室でその実験を行った．6つの無作為化されたブロック（BLOCK）が準備され，5水準の処理（TRMNT）が発芽率にどのような効果をもつかが調べられた．一定期間後に現れた子葉の数（NCOT）が測定され，応答変数とされた．

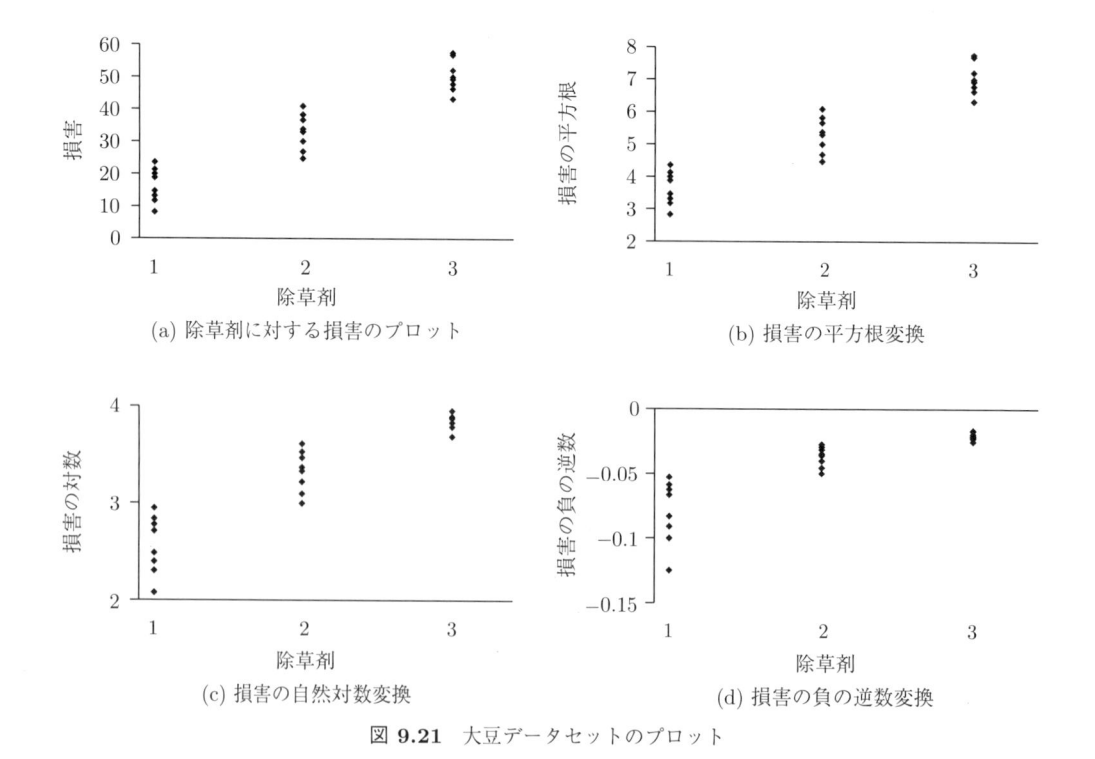

(a) 除草剤に対する損害のプロット

(b) 損害の平方根変換

(c) 損害の自然対数変換

(d) 損害の負の逆数変換

図 9.21 大豆データセットのプロット

| BOX 9.15　大豆データセットの基本統計量 |

WDKLR の各水準における DAMAGE の記述統計

		データ数	平均	中央値	標準偏差
DAMAGE	1	8	13.50	13.50	3.82
	2	8	28.50	28.50	5.88
	3	8	49.75	48.50	6.98

SRDAM の各水準における DAMAGE の記述統計

		データ数	平均	中央値	標準偏差
SRDAM	1	8	3.641	3.669	0.529
	2	8	5.301	5.338	0.558
	3	8	7.038	6.964	0.492

LOGDAM の各水準における DAMAGE の記述統計

		データ数	平均	中央値	標準偏差
LOGDAM	1	8	2.565	2.596	0.297
	2	8	3.3260	3.3498	0.2133
	3	8	3.8985	3.8815	0.1393

INVDAM の各水準における DAMAGE の記述統計

		データ数	平均	中央値	標準偏差
INVDAM	1	8	−0.07998	−0.07500	0.02460
	2	8	−0.03667	−0.03510	0.00799
	3	8	−0.02044	−0.02062	0.00282

これらは子葉（cotyledons）データセットにある．

(1) プロットや解析を行う前に，変換を行ったほうが良いと考える理由は何か？
(2) この実験計画に対して適切な一般線形モデルを当てはめよ．
(3) 標準化された残差を用いて，適合値に対するその残差をプロットせよ．また，処理ごとに残差の基本統計量を計算せよ．
(4) 3つの変換，平方根，対数，負の逆数をそれぞれ適用して，解析とモデル評価を行え．
(5) どの変換が最も適切か？ ただし，次のことを心に留めておくことは重要である．変換の目的は，各分散が互いに正確に等しくなることを追求することではなく，高い平均値をもつグループが高い分散をもつというような傾向を取り除きたいだけである．変換によって分散を正確に等しくすることなどはできない．各グループの分散にばらつきが出るのはしかたないことである．

トカゲの頭蓋骨

ある学生が 81 匹分のトカゲの頭骸骨を測定した．どの頭蓋骨でも次のような測定値が得られた．
　　JAWL：下あごの長さ
　　BVOL：脳の体積の推定値

BOX 9.16　トカゲの頭蓋骨の解析

一般線形モデル

モデル式：BVOL = JAWL
JAWL は連続型

BVOL に対する分散分析表，検定は調整平方和を用いる

変動因	DF	Seq SS	Adj SS	Adj MS	F	P
JAWL	1	0.52278	0.52278	0.52278	284.65	0.000
誤差	78	0.14325	0.14325	0.00184		
合計	79	0.66603				

係数表

項	Coef	SECoef	T	P
定数	−0.041583	0.00806	−5.16	0.000
JAWL	0.52456	0.03109	16.87	0.000

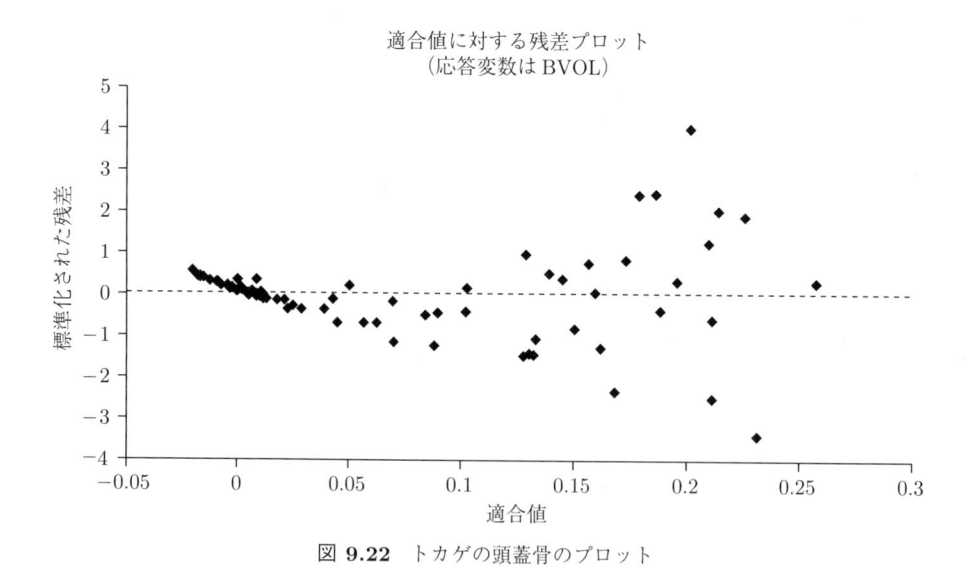

図 9.22　トカゲの頭蓋骨のプロット

SITE：頭蓋骨の発見された場所を区別する場所番号，1, ..., 9

これらはトカゲ (lizards) データセットにある．学生は解析を行い，グラフを用いてモデルを評価した．解析結果は Box 9.16 と図 9.22 にある．

(1) 残差プロットを見て，モデルはデータによく当てはまっているか述べよ．
(2) 変換を使って，どのようにモデルを改善することができるだろうか？ どの変換が最も有効だと思われるか？

学生は，また別の解析を行った．その結果は Box 9.17 と図 9.23 である．

BOX 9.17　トカゲの頭蓋骨の別の解析

一般線形モデル

モデル式：LBVOL = SITE + LJAWL
SITE はカテゴリカル型で，LJAWL は連続型

LBVOL に対する分散分析表，検定は調整平方和を用いる

変動因	DF	Seq SS	Adj SS	Adj MS	F	P
Site	8	193.445	0.301	0.038	0.19	0.992
LJAWL	1	10.405	10.405	10.405	52.52	0.000
誤差	70	13.867	13.867	0.198		
合計	79	217.717				

係数表

項	Coef	SECoef	T	P
定数	−0.1302	0.5556	−0.23	0.815
SITE				
1	0.0267	0.3156	0.08	0.933
2	0.0644	0.1816	0.35	0.724
3	0.0836	0.1505	0.56	0.580
4	−0.0871	0.1487	−0.59	0.560
5	−0.0164	0.2107	−0.08	0.938
6	0.0099	0.2232	0.04	0.965
7	−0.1204	0.2486	−0.48	0.630
8	0.1036	0.3393	0.31	0.761
9	*−0.0643*			
LJAWL	1.9904	0.2747	7.25	0.000

適合値に対する残差プロット
（応答変数は LBVOL）

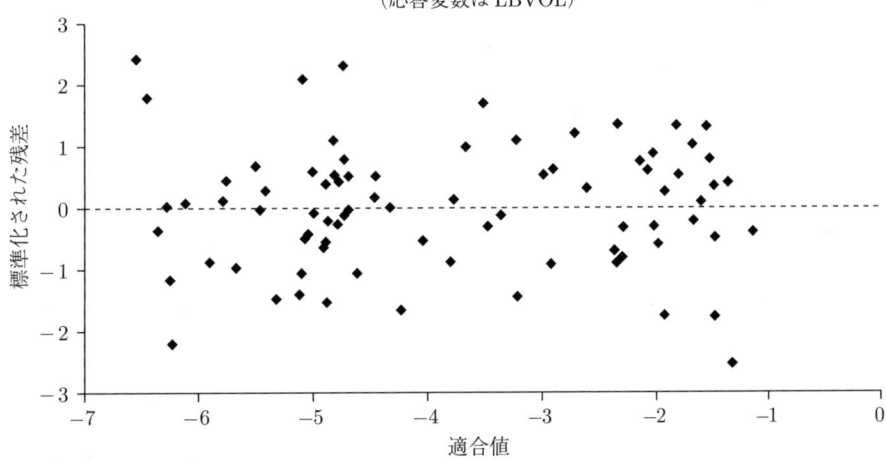

図 9.23　トカゲの頭蓋骨に対する，もう1つの解析の残差プロット

(3) どのモデルが良いと思うか？ またその理由は？
(4) 2番目のグラフにおける残差の傾向について述べよ．
(5) 9つの場所の間の違いについて，何か判断できることはあるか？
(6) LJAWL に対する LBVOL の傾きが 3 であるという仮説を検定せよ．

「完全」なモデルの検証

ここでは，正規分布から作られたとわかっているデータセットを使い，その「正規」分布のヒストグラムを検査してみよう．

(1) リス（squirrels）データセットには 50 匹の雄と 50 匹の雌のリスの体重が納めてある（それぞれの変数は MALE と FEMALE である）．性ごとに，体重とその対数のヒストグラムをそれぞれプロットせよ．
(2) 上の 4 種類のデータ（雌の生データとその対数変換，同様に雄の生データとその対数変換）についての正規確率プロットを描け．これらの正規確率プロットから何か結論できるか？
(3) 雌と雄それぞれの体重の平均と標準偏差を計算せよ．
(4) 雌の体重の平均と標準偏差をもつ正規分布から 50 個の乱数を取り出し，新しいデータセットを作れ．これを 10 回繰り返し，それぞれのデータセットに対して，体重のヒストグラムを描け．元のデータセットのヒストグラムおよび対数のヒストグラムと，これら新しく作ったヒストグラムを比較せよ．
(5) 同様に，雄の体重の平均と標準偏差をもつ正規分布から 50 個の乱数を取り出すデータセットを 10 組作り，それぞれヒストグラムを描け．それらからどのようなことが読み取れるか？

第10章

モデル選択 I：
モデル選択の原理と実験計画

10.1 モデル選択問題

前の2つの章では，GLM の4つの仮定を満たすモデルの選択に焦点をあてた．しかし，そこで使われた選択の基準は，最も良いモデルを選択するための唯一の基準でもなければ最良の基準でもない．たとえば，残差プロットに関する仮定は十分に満たすが，説明変数の組合せが異なるようなモデルがいくつもありえる．これらのモデルの中から最も良いモデルを選ぶにはどのような基準が使われるべきだろうか？

この問題を，ある1つの連続型変数 X を使って応答変数 Y を予測するという単純なモデルを考えることによって説明しよう（データは多項式（simple polynomial）データセットにある）．

解析では（Box 10.1），まず線形モデルが当てはめられた．その残差プロット（図 10.1）を見ると，図の中央で，残差 0 の水平線の上側に明らかなへこみが存在し，線形性の仮定が満たされていない．この問題を解決する1つの方法は，第9章で述べたような多項式を当てはめることである．2次式（Box 10.2 と図 10.2）と3次式（Box 10.3 と図 10.3）の2つの多項式モデルを考えてみる．

2次式と3次式の両モデルとも，満足できる残差プロットである．そうであれば，たぶん2次式モデルで十分であり，3次の項のような余計な複雑さは必要としないだろう．この例では，残差プロットは2次式モデルが最も良いことを強く示唆しているが，他の場合はそれほど簡単ではないかもしれない．あるモデルは捨てられ，別のモデルは受け入れられるというとき，そのための確実な理由が必要である．たとえば，2次の項が必要であるという証拠はどれくらい強いものなのか，あるいは3次の項が必要であるという証拠はどれくらい弱いものであるのかを示すべきである．言い換えると，p 値が欲しいのである．これらはモデルの出力から通常得られるが，3つの出力を比較するには問題があるように思われる．最初の解析では，モデルの線形成分は有意である（F 比の値 723 に対して $p < 0.0005$）．しかし，2次の項が含まれた2番目の出力では，線形成分は $p = 0.442$ であり，有意ではない．同様に，2次の項の p 値は2番目の解析では有意であるが（$p < 0.0005$），3番目の解析では有意でない（$p = 0.379$）．どの p 値を使うべきか，またそれはなぜなのか？ これらのことを定める規則が必要である．

BOX 10.1 　線形モデルの当てはめとその検査

一般線形モデル

モデル式：Y1 = X1
X1 は連続型

Y に対する分散分析表，検定は調整平方和を用いる

変動因	DF	Seq SS	Adj SS	Adj MS	F	P
X1	1	6663021	6663021	6663021	722.89	0.000
誤差	78	718946	718946	9217		
合計	79	7381967				

係数表

項	Coef	SECoef	T	P
定数	−128.08	19.40	−6.60	0.000
X1	29.473	1.096	26.89	0.000

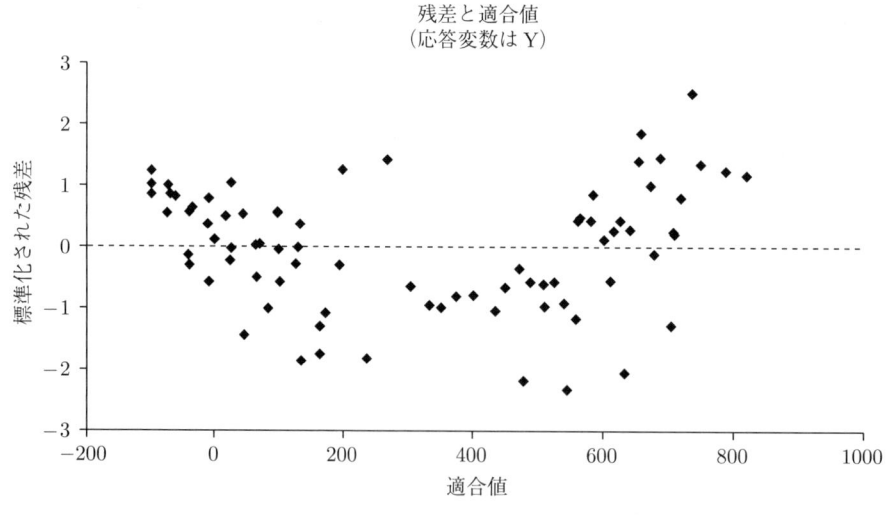

残差と適合値
（応答変数は Y）

図 10.1　Box 10.1 の線形モデルにおける残差プロット

　ここで挙げた特殊な例は簡単な場合であるといってよいだろう．実際，残差を検査するだけで，どのモデルが最も良いか十分な手がかりが得られているからである．モデルの選択はむしろもっと複雑な過程を要することが多い．そこで，そのようなモデル選択のための 3 つの原理について考えてみよう．変数の節約，p 値の多重性，境界設定の考え方である．次節ではこれらの原理を紹介し，本節の例に応用してみよう．また，次章ではもっと違った種類の解析にこれらの原理を応用してみよう．

BOX 10.2　2 次式モデルの当てはめとその検査

一般線形モデル

モデル式：Y1 = X1 + X1 * X1
X1 は連続型

Y に対する分散分析表，検定は調整平方和を用いる

変動因	DF	Seq SS	Adj SS	Adj MS	F	P
X1	1	6663021	3597	3597	0.60	0.442
X1 * X1	1	256148	256148	256148	42.62	0.000
誤差	77	462798	462798	6010		
合計	79	7381967				

係数表

項	Coef	SECoef	T	P
定数	−7.62	24.21	−0.31	0.754
X1	3.189	4.122	0.77	0.442
X1 * X1	0.8525	0.1306	6.53	0.000

図 10.2　2 次関数モデルにおける残差プロット

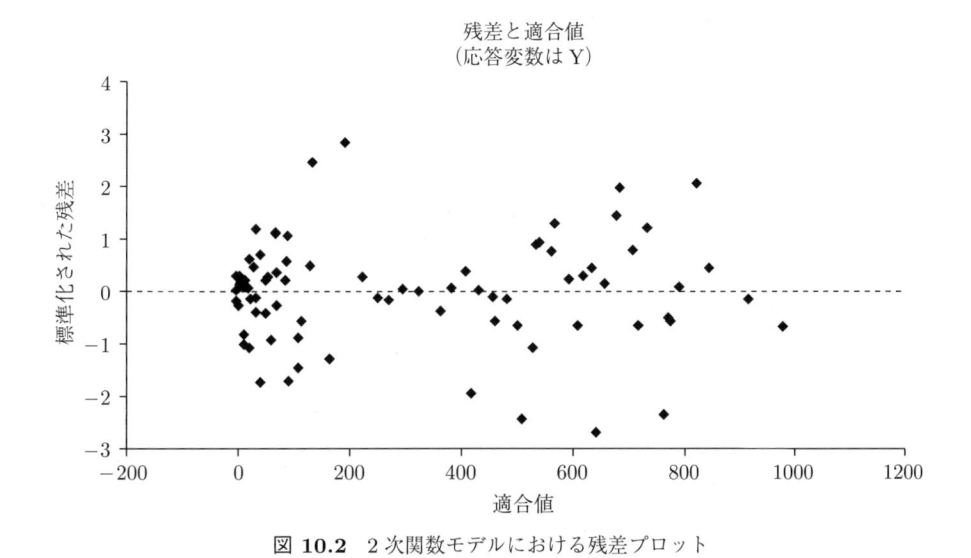

10.2　モデル選択の 3 つの原理

変数の節約（Economy of variables）

モデル選択の最初の原理は，単純であればあるほど良いというものである．複雑な説明よりも単純な説明が好ましいという一般的な指針は，統計的な言葉でいうと次のような原理に翻訳

BOX 10.3　3次式モデルの当てはめとその検査

一般線形モデル

モデル式：Y1 = X1 + X1 * X1 + X1 * X1 * X1
X1 は連続型

Y に対する分散分析表，検定は調整平方和を用いる

変動因	DF	Seq SS	Adj SS	Adj MS	F	P
X1	1	6663021	2505	2505	0.41	0.523
X1 * X1	1	256148	4763	4763	0.78	0.379
X1 * X1 * X1	1	720	720	720	0.12	0.732
誤差	76	462078	462078	6080		
合計	79	7381967				

係数表

項	Coef	SECoef	T	P
定数	−15.75	33.92	−0.46	0.644
X1	6.179	9.625	0.64	0.523
X1 * X1	0.6169	0.6971	0.89	0.379
X1 * X1 * X1	0.00500	0.01452	0.34	0.732

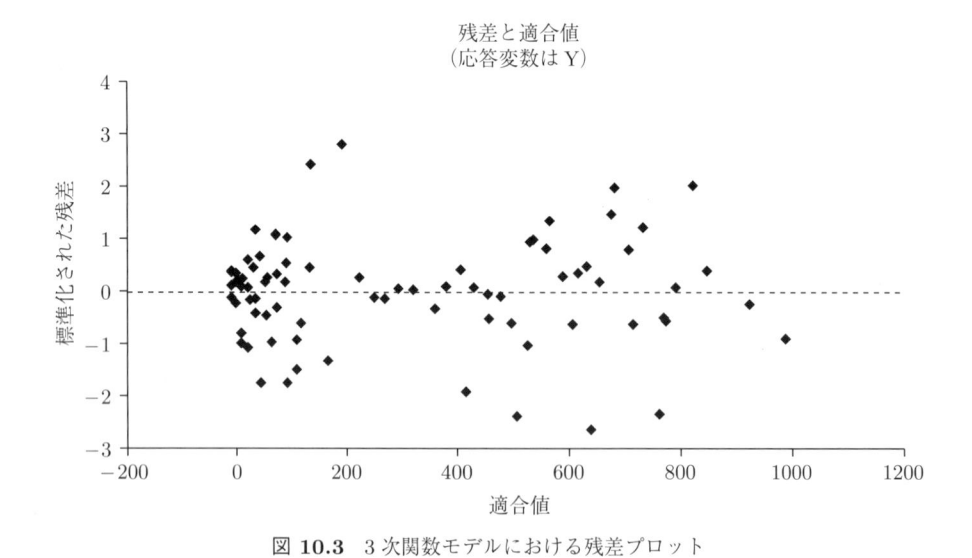

図 10.3　3次関数モデルにおける残差プロット

される．

- モデルのもつ母数はできるだけ少ないほうが良い．
- モデルは単純な関係式であるべきである（これは普通，線形を意味するが，生物学のある分

BOX 10.4　有意でないブロックをもつ野外実験を解析する

一般線形モデル

モデル式：YIELD = BLOCK + VARIETY
BLOCK と VARIETY はカテゴリカル型

YIELD に対する分散分析表，検定は調整平方和を用いる

変動因	DF	Seq SS	Adj SS	Adj MS	F	P
BLOCK	2	10.51	10.51	5.25	0.32	0.727
VARIETY	3	348.76	348.76	116.25	7.17	0.002
誤差	18	291.83	291.83	16.21		
合計	23	651.10				

野ではべき乗の関係が最も単純であるかもしれない).

一般に，モデルはすべての項が有意であるような**最小十分モデル**（minimal adequate model）にまで削ぎ落とされるべきである．

しかし，このとき，さまざまな観察変数を含むようなモデルは，実験計画により指定されるモデルとははっきりと区別して考えたほうが良い．第 4 章の都会のキツネデータセットの解析に戻り，このことを具体的に説明してみよう．この例では，都会のキツネの冬季の体重，つまり生存率に影響を与える要因が調べられている．説明変数は 3 つである（キツネの平均餌量（AVFOOD），群れ内のキツネの個体数（GSIZE），群れのナワバリの広さ（AREA））．

2 番目に行った解析（Box 4.7）では AVFOOD と GSIZE の 2 つの説明変数を使っており，両方とも有意であることがわかった（$p < 0.0005$）．3 番目の解析（Box 4.8）では説明変数として AREA を追加したが，それは有意とはならなかった．この 3 番目のモデルでは，AVFOOD と AREA が情報を共有し合ったために，AVFOOD の有意性が減少したのである．結局，より良いモデルは説明変数として AVFOOD と GSIZE の 2 つだけを含むものになった．このような不必要な変数を取り除く過程は**モデルの単純化**（model simplification）と呼ばれている．

これと対照的なのが Box 10.4 である．これは，3 つのブロックを用いて豆の 4 品種を比較するために計画された実験の解析である（エンドウ（pea）データセットにある）．解析ではブロックは有意ではない．これは，最も単純なモデルを当てはめるにはブロックを除くべきであるということを意味するだろうか？

この結果から，ブロックを除いて品種だけの単純なモデルを立てたくなるだろうが，それは正しいモデルではない．この問題は 7.4 節で最初に議論されている．そこでは，交互作用が有意でないとき，要因実験の結果をどのように説明すべきかについて考えている．それと同じ原理がここでも通用する．母集団での「本当の関係」が説明変数 VARIETY だけに関係しているならば，正しいモデルは追加変数 BLOCK を含まないものだろう．しかし，ただ単に BLOCK の有意性の検出に失敗しただけかもしれず，その場合と区別できない．モデルから BLOCK を

除けば，BLOCKが有意でないという結論を最初から採用することになる（これは，それが本当に有意でない場合と，それを検出することに失敗しただけである場合の両方を含むだろう）．これによって，誤差平均平方は変化してしまい，それを基に計算されるF比の妥当性やすべての母数の推定値の標準誤差に影響が及ぶだろう．

　実際には，誤差平均平方はわずかに変化するだけかもしれない．しかし，計画された実験にとって最も良い経験則は，計画段階で考えられた本来の解析を行えというものである．一方，観察を基にした多くの研究では，単なる「本来の解析」というものが存在しないので，この単純な原理は当てはまらない．このときは，モデルの決定はさらに難しくならざるを得ない．

p値の多重性（Multiplicity of p-values）

　この問題は，p値が何を意味しているかを復習するのにまさに好都合なものである（これについては，「付録1」で多少詳しく議論している）．0.05というp値が意味するものは，帰無仮説が真であるにもかかわらず，結果が有意であると間違って判断する確率が5%であるというものである．どのような解析においても，たとえ応答変数と説明変数との間に関係がなくても，有意に関係があると判断される確率は存在するのである．帰無仮説が真であるとき，対立仮説が有意に正しいと間違って判断することは第1種の過誤（type I error）と呼ばれている．p値の境界値を0.05に設定することによって，その過誤の起る確率が5%以下であるように保たれている．しかし，同じ目的のために5つの異なる関係式を調べるとき，それぞれが偶然だけで有意になる確率が5%であるならば，5つのうち少なくとも1つが有意になる確率はもっと高くなるはずである．

　同じ目的のために複数の関係を検討するということは，正確には何を意味しているのだろうか？　たとえば，ある占星術師が，「さそり座」の人々は他の星座の人々よりも有意に背が低いということを見いだして，それに意味をもたせようとしたとしよう．そのため，大きなデータベースを基に，「さそり座」と「おうし座」の人々の身長が比較される．さらに10通り，その他の星座との比較が行われるだろう．つまり，背の高い人々がどちらの星座に属するかを決めるために，11通りの関係が調べられることになる．これら11の検定のそれぞれが，有意となる確率0.05をもっている．各検定が独立であると仮定できるならば，11の関係のうちの少なくとも1つが偶然だけで有意になる確率は2項分布を使って計算することができる（答えはおおよそ0.43になる）．星座間の身長に差異がないときでも，間違って差異があるとしてしまう確率が43%もあることになる．これは科学者にとって受け入れがたい大きさである．

　これはまさに同じ質問を何度も繰り返すようなものである．しかし，この種の問題が非常に珍しいというわけではない．観察に基づくデータセットでは特にそうである．これについては第11章でもっと詳しく議論することにする．多くの項を含む実験計画においてもこの多重性に対する原理が適用できる．たとえば，3つの変数をもつ要因実験は，ANOVA表に7つのp値をもつ（3つの主効果，3つの2要因交互作用，1つの3要因交互作用）．もっと複雑な実験になると，p値の数は劇的に増加する．ある高次の交互作用だけが有意で，その項を検定することが実験の基本的な目的でないとき（あるいは，先行する研究からその項が有意になるとは期待できないようなとき），その結果は疑ってよいかもしれない．解析を行う前に，重要でない

と考えた項は最初から1%以下でしか有意にしないと決めておいてもよい．そうすると，より直接的に重要な項に焦点を合わせることができるだろう．

境界設定の考え方

境界設定（**marginality**）とは，交互作用を導入することにより出現してくる**階層構造**（hierarchies）に関係するものである．

モデル式においては階層構造が考慮されなければならない

GLM において，階層構造とは何を意味するのだろうか？ 3つの説明変数をもつ実験計画では，3つの階層が存在する．つまり，(1) A，B，C の主効果，(2) A*B，B*C，A*C の3つの2要因間交互作用，(3) A*B*C の3要因間交互作用である．連続型変数を伴う解析では，多項式を当てはめるときに階層構造が出現する．たとえば，3次の多項式は3つの階層，つまり (1) 線形成分 X，(2) 2次の成分 X^2，(3) 3次の成分 X^3 をもつ．その階層構造では，最も単純で低次の項が最初に来て，複雑な項が後に続く．境界設定の最初の規則は，モデル式を作成するときにこれらの階層が考慮されなければならないということである．そこでは，交互作用の後にそれらの成分である主効果を配置してはならない．適切なモデル式は次のようなものである．

$$\text{Yield} = A + B + C + A*B + A*C + B*C + A*B*C$$

これを A | B | C のように略記してもよい（正確な表記は使う統計パッケージに依存する．Web 上のパッケージ専用の補足を参照せよ）．不適切なモデル式は次のようなものである．

$$\text{Yield} = A + B + A*B + A*C + B*C + C + A*B*C$$

この式の問題点は，主効果 C が A*C より後に現れていることである．一方，次の式は適切である．

$$\text{Yield} = A + B + A*B + C + A*C + B*C + A*B*C$$

なぜなら，交互作用の後にそれらの成分である主効果が現れることがないからである．低次の項は必ず高次の項よりも前に現れなければならないし，低次の項を完全に除いてしまうことなどがあってはならない．

交互作用の有意性は主効果の重要性を含む

これらの階層に配慮することはなぜ重要なのだろうか？ 答えは交互作用がそれを構成する要因としての主効果を含むことにある．交互作用が有意であるかどうかは，データを説明する筋道が単純なのか複雑なのかを教えている．たとえば，第7章のチューリップデータセットの WATER*SHADE という交互作用は，花の数に対する SHADE の効果が WATER の処理水準に依存することを示している．これが正しいならば，主効果である SHADE と WATER のどちらかが花の数の決定に重要でないなどということは無意味になる．ゆえに，交互作用は，実質的には主効果を含むのである（当然，交互作用の効果も）．同様に，2次の項 X^2 が有意ならば，線形の成分もモデルに含まれることになる．X のいかなるべき乗であろうとそれが含ま

れるならば，それより低いべき乗の項はすべて含まれなければならない．いくつかの統計パッケージではモデルを交互作用だけで指定できるかもしれないが，そこでは自動的にすべての主効果とその交互作用が当てはめられることになるだろう．

よって，境界設定の2番目の原理は，ある交互作用が有意ならば，その成分である主効果も有意性の程度に関係なく重要でなければならないというものである．これは，重層的な質問に最も単純に答えようというものである．その質問とは，「花の数に対する遮光量の影響は散水量に依存するか？ そうでなければ，遮光量は花の数に影響をもつか？ さらに，散水量は花の数に影響をもつか？」である．質問を主効果と交互作用に関するものに分解することによって，交互作用の複雑さを含める必要があるかどうか，あるいは主効果だけで問題ないのかどうかが判断できる．

交互作用によって調整された平方和で主効果を検定してはならない

調整平方和の定義を思い出してみよう．それは，モデルにおける他のすべての変数の影響を考慮した後での，ある変数の説明力である．ゆえに，交互作用は主効果を含むので，交互作用が考慮された後で主効果の平方和を検討しようとしても意味のある設問とはならない．たとえば，散水量と遮光量が複合的に花の数に影響を与えるという事実を知っているにもかかわらず，散水量が花の数に影響をもつかどうかを問うようなものである．

ゆえに，境界設定の考え方とは，階層構造をもつモデルの各項の p 値（有意性の判定に用いる）を妥当で適切なものに設定するための一連の規則である．これで，モデル選択の3つの原理のうちの3番目が揃った．次節では，本章の初めに紹介した多項式の例に戻って，これら3つの原理を応用し，実例を使って解説する．

多項式問題におけるモデル選択

Box 10.1–10.3 の解析は，3つのモデルを扱っている．モデル選択の3つの原理を適用して，それらの中から正式にどのモデルが適当かということの決定を行ってみよう．

変数の節約

この目的は，データを十分に説明する最も単純なモデルを選ぶことにある．ゆえに，不必要な X1 のべき乗は含めたくない．しかし，残差がどのような傾向を示してもよいというわけでもない．結局，このことから Y1 = X1 + X1*X1 というモデルが最も適当だろうというところに行き着く．2次の項は，2次式のモデルで有意なので必要だが，3次の項は，3次式のモデルで有意ではないので必要としない．

p 値の多重性

探索的な解析では，X1 のべき乗を多く当てはめたいと思うかもしれない．あるべき乗が事前に重要であると予想できる理由があるならば，最初から含めるべきである．ときには，残差プロットの解釈が難しく，あるべき乗が有意でなかったとしてもそれより高次のべき乗も検査するようなことがあるかもしれない．このように純粋に探索的にさらに高次のべき乗を調べる場合でも，有意であった最後のべき乗の2つ上のべき乗ぐらいで留めておくほうが良い．また，

その 2 つ上のべき乗が，有意性の境界線上にある程度ならば，疑わしいと考えてもよいだろう．前の例でいうと，3 次の項は有意ではないので，4 次まで当てはめて調べてもよい．しかし，残差プロットは十分に満足できるものなので，多くの場合，研究者はそれ以上のことを調べようとしないだろう．

境界設定の考え方

Box 10.1–10.3 の ANOVA 表のどれにおいても，モデル式の最高次のべき乗に対する p 値だけが検討されるべき価値をもっている．最初の解析では X1 が $p < 0.0005$ を取り，Box 10.2 では X1*X1 が $p < 0.0005$ を取り，Box 10.3 では X1*X1*X1 が $p = 0.732$ を取っている．最後の 3 次式モデルでの X1 や X1*X1 の p 値は有意でない（0.523 と 0.379）という事実を気にする必要はない．これらは無意味なのである．高次の項で調整された平方和に基づいているからである．これらの有意性検定は，高次の交互作用（つまり，3 次の項）で調整された平方和に基づくことになり，意味のある問題にはなっていないのである．

ゆえに，最終的に選ばれる最適なモデルは Y1 = X1 + X1*X1 になるだろう．母数の推定値はその係数表から得られ，適合式は次のようになる．

$$Y1 = -7.62 + 3.189 * X1 + 0.8525 * X1 * X1$$

ここでは 3 つのモデルを次々に当てはめたが，これとは異なるやり方もある．Box 10.5 にあるように，次数の順番通りにすべての項をもつモデルを当てはめ，そのすべての F 比を逐次平方

BOX 10.5 調整平方和ではなく逐次平方和を検定に使う ANOVA 表

一般線形モデル

モデル式：Y1 = X1 | X1 | X1
X1 は連続型

Y に対する分散分析表，検定は逐次平方和を用いる

変動因	DF	Seq SS	Adj SS	Seq MS	F	P
X1	1	6663021	2505	6663021	1095.90	0.000
X1 * X1	1	256148	4763	256148	42.13	0.000
X1 * X1 * X1	1	720	720	720	0.12	0.732
誤差	76	462078	462078	6080		
合計	79	7381967				

係数表

項	Coef	SECoef	T	P
定数	−15.75	33.92	−0.46	0.644
X1	6.179	9.625	0.64	0.523
X1 * X1	0.6169	0.6971	0.89	0.379
X1 * X1 * X1	0.00500	0.01452	0.34	0.731

和に基づいて計算するならば，境界設定の規則は満たされることになる．各項はモデルの中でそれよりも先行する項で調整されるだけであり，それらは低次のべき乗なので，このようなやり方が許されるのである．

この場合，境界設定の規則は何も犯されていない．X1*X1*X1 の F 比は X1 と X1*X1 で調整され，X1*X1 の F 比は X1 だけで調整される．この解析だけで，最も良いモデルを決定できる．しかし，最適なモデルの母数を得るには，X1*X1*X1 の項を除外して再度モデルを当てはめる必要があることも事実である．また，このやり方の欠点は，もっと単純なモデルで残差を調べていない点にある．残差の検査はモデル選択の補助的な役割をはたすばかりでなく，分散の均一性の崩れなどの別の問題についての警鐘にもなってくれるからである．ところで，多項式がいかに役立つものであるか憶えておくことも重要であろう．それは，どのような形状（関数形）で関係するのかを教えてくれるからである．10.5 節では，このような目的で多項式を利用した場合の研究を解析してみよう．

10.3　4 種類のモデル選択問題

どのような種類の解析においても，モデル選択問題は生じてくる．その問題に対応して解析は大きく 4 種類のグループに分類できる．その中の 3 つについては本章で考え，かなり特殊な 4 番目は第 11 章で議論することにしよう．

グループ 1

最初のグループは，直交するように計画された実験である．そこでのモデルは実験計画そのもので規定される．実験が交互作用を含むならば，境界設定の考え方が適用されるだろう．しかし，直交計画であることにより逐次平方和と調整平方和が全く等しくなるので，これらの実験は特に解釈しやすいものになる．つまりここでは，境界設定のところで 3 番目に述べた考え方は関係しなくなる．直交実験でのモデル選択の例を 10.4 節で考える．

グループ 2

2 番目のグループは，おそらくいくつかのデータ点を失うことによって直交性を失った実験計画である．そのため，逐次平方和と調整平方和の間にわずかな違いが出ることだろう．その差がわずかならば，普通，その解析に問題は起らないだろうが．そのこと自体を確かめるために別のモデルの当てはめが必要になるかもしれない．10.4 節でその例を考える．

グループ 3

3 番目のグループは，連続型変数の多項式を伴う実験計画である．再び，境界設定がモデル選択における主要な考え方になる．10.5 節でその例を考える．

グループ 4

4 番目のグループは，多くの変数（普通，連続型）を当てはめるモデルに対するものである．これらはよく重回帰問題と呼ばれている．このような場合，変数の節約と p 値の多重性がモデル選択における主な原理である．どの変数をモデルに含めると最適になるのかを推理するには，

通常，純粋に統計的な問題以上のものがかかわってくる．これはまた，実践的な問題でもあり，先行する研究にも依存する．変数間で共有される情報の度合いが，モデルを単純化する過程において考慮すべき重要な点になる．ゆえに，複数個の変数で逐次平方和と調整平方和との間に大きな差が見られるならば，モデルの単純化の過程には複雑な問題がありそうだという警告がなされていると考えたほうがよい．このような種類の解析は第 11 章の主題である．

モデル選択の最初の段階で，取り扱う問題がどのような種類のものなのかを判定しておかなければならない．これには以下のことを考慮する必要がある：(a) 説明変数（カテゴリカル型か？ 連続型か？ 交互作用はあるか？），(b) 逐次平方和と調整平方和の間の差（直交した実験か？ 直交性は失われていないか？ 互いの情報に影響を与えあうような連続型変数は存在しないか？）．次節では，直交性をもつ，あるいはそれに近い実験計画について検討する．また，最終節では，連続型変数を伴う実験計画について考えてみよう．

10.4 直交性をもつ，あるいはそれに近い実験計画

直交的な実験でのモデル選択

ジャガイモ生産農家は貯蔵中にジャガイモが腐敗する問題をよく経験する．腐敗の発生率を最小限に抑える条件を見つけるためにある実験が行われた．変数は，酸素（3 水準：OXYGEN），温度（2 水準：TEMP），細菌の接種（3 水準：BAC）であった．この最後の変数は，実験を始めるときにジャガイモに故意に注射した細菌の接種量の違いを表す（実験中に確実に腐敗させるためである）．それは，1, 2, 3 と記号化されたが，これらの区分は順序尺度でもある（酸素や温度の場合も同様である）．それぞれの処理の組合せに 3 反復を配置する要因計画が作られた．この実験の解析結果が Box 10.6 である（データはジャガイモ (potatoes) データセットにある）．最初に注目すべき点は，逐次平方和と調整平方和が等しいことである．これで実験が正確に直交していることが確かである．これによって，モデル式の各項の推測が他の項とは独立に行えるので，解釈が非常に簡単になる．つまり，ANOVA 表のすべての p 値をそのまま評価することができるので，モデル式が交互作用を含んでいたとしても，主効果について結論を下すことができる．

ANOVA 表で考慮すべき最初の項は，最高次の交互作用である（BAC* TEMP*OXYGEN）．これは有意ではないので（$p = 0.492$），その次に高い 3 つの交互作用に注意を向けることができる．これらの中では，BAC*TEMP のみが有意である（$p = 0.05$）．そのため，その主効果である BAC と TEMP も重要でなければならない（境界設定の 2 番目の考え方から）．しかし，主効果 BAC と TEMP が非加法的に働くという証拠は有意性の境界線上にあるので，交互作用の有意性は認められないと結論してもよいかもしれない．ともかく，主効果が存在するという圧倒的な証拠があるのは確かである．

この例の解釈は非常にわかりやすく，直交計画が有用であることを強く示すものになっている．10.5 節でもこの例に戻り，この特別な解析がさらにどのように扱えるのかを見ることにする．

BOX 10.6　要因実験の解析

一般線形モデル

モデル式：ROT = BAC | TEMP | OXYGEN
BAC, TEMP, OXYGEN はカテゴリカル型

ROT に対する分散分析表，検定は調整平方和を用いる

変動因	DF	Seq SS	Adj SS	Adj MS	F	P
BAC	2	651.81	651.81	325.91	13.91	0.000
TEMP	1	848.07	848.07	848.07	36.20	0.000
OXYGEN	2	97.81	97.81	48.91	2.09	0.139
BAC * TEMP	2	152.93	152.93	76.46	3.26	0.050
BAC * OXYGEN	4	30.07	30.07	7.52	0.32	0.862
TEMP * OXYGEN	2	1.59	1.59	0.80	0.03	0.967
BAC * TEMP * OXYGEN	4	81.41	81.41	20.35	0.87	0.492
誤差	36	843.33	843.33	23.43		
合計	53	2707.04				

直交性を失ったときのモデル選択

多くの実験において，本来の計画が直交性をもつように意図したものであったとしても，実験の進行中に不運な事故で欠損値を出してしまうことがある．このとき，結果の解釈を確かなものにするために，2つ以上のモデルを当てはめる必要が生じることがある．

サボテンの生長に対する3つの栄養素の影響を調べるために実験が行われた．要因計画に従って硝酸塩（NI），リン酸塩（PH），水（H2O）の3つの栄養素が4水準でサボテンに与えられた．3週間後，サボテンの乾燥重が測定された．不運にも乾燥過程で，いくつかのラベルが紛失し，もともと直交的で均衡していた実験計画が非直交かつ不均衡なものになってしまった．このことは，逐次平方和と調整平方和を比較すれば明らかである．実際，両者の間にわずかな差が見られる（Box 10.7）．（これらのデータはサボテン（cactus plants）データセットにある）．

この差により2つの面で複雑さが生じる．たとえば，H2O の場合，その逐次平方和は硝酸塩によって調整され，調整平方和は硝酸塩とリン酸塩によって調整される（実際は，モデルの中の他のすべての項によって調整される）．つまり，その平方和は他のどの項で調整されるかによって違ってくる．ゆえに，モデル式の中での位置との関係なしには，もはやその重要性を評価することができない．もう1つの複雑さは，H2O を含む高次の交互作用の項（たとえばNI*H2O）によってもその調整平方和が調整されるということである．10.2節で議論したように，これは階層に関する規則を犯すので，ANOVA 表における調整平方和に基づく p 値を使えば，もはや意味をなさない疑問に答えるようなものになってしまう（たとえば，水と硝酸塩の複合的な効果が考慮された後でさらに，水はサボテンの成長に影響するかと問えるだろうか？）．

これらの複雑さに対処するためには，次のような2つの解析指針が必要となる：(1) ANOVA

BOX 10.7 直交性を失い調整平方和と逐次平方和が同等に影響を受ける場合の解析

一般線形モデル

モデル式：DRYW = NI | H2O | PH
NI, H2O, PH はカテゴリカル型

DRYW に対する分散分析表，検定は逐次平方和を用いる

変動因	DF	Seq SS	Adj SS	Seq MS	F	P
NI	3	38.6797	37.9039	12.8932	109.39	0.000
H2O	3	0.2332	0.5108	0.0777	0.66	0.579
PH	3	26.7578	26.0708	8.9193	75.67	0.000
NI * H2O	9	2.0007	1.7625	0.2223	1.89	0.062
NI * PH	9	0.7641	0.8178	0.0849	0.72	0.689
H2O * PH	9	1.2027	1.2618	0.1336	1.13	0.346
NI * H2O * PH	27	1.7371	1.7371	0.0643	0.55	0.964
誤差	104	12.2579	12.2579	0.1179		
合計	167	83.6334				

表は調整平方和よりも逐次平方和で作られなければならない，(2) 説明変数の順番が異なるモデルを当てはめることにより，それが結果に影響を与えるかどうかを見るべきである．この例では3つの異なる要因をもつので，6つの異なるモデルが存在することになる（NI | H2O | PH, H2O | PH | NI, PH | NI | H2O, PH | H2O | NI, H2O | NI | PH, NI | PH | H2O）．この中の3つについての解析結果が，Box 10.8 にある．

これら3つの解析の間で，各項の p 値はわずかに異なるだけである．Box 10.7 での逐次平方和と調整平方和に大きな違いはないので，これは予想できたことではある．しかし，複数のモデルを当てはめて，それらの逐次平方和と調整平方和の両方に基づいた p 値を調べることは常に重要なことである．

この例では，直交性を失ったことが実験の解釈の妨げにはなっていない．欠損値があまり多くなく，それらが異なる処理の上で一様に散らばっているようであれば，通常このようなことになる．もし，欠失がある組合せの処理全体に及んでいたならば，状況はもっと違っていただろう．そのとき，いくつかの要因の有意性は，モデル式における変数の順番に依存するかもしれない．このような場合，有意性の変わらない項を信頼するしかなく，実験を再度行う必要があるかもしれない．

10.5 カテゴリカル型変数の水準間に存在する傾向を探す

いくつかの実験では，取り扱う変数をカテゴリカル型とするか連続型とするか選択できる場合もある．カテゴリカル型変数の記号化に順序が伴っているならば（Box 10.6 のジャガイモの

BOX 10.8 (a)　直交性を失ったので，サボテンの生長を再び解析する

一般線形モデル

モデル式：DRYW = H2O | PH | NI
NI, H2O, PH はカテゴリカル型

DRYW に対する分散分析表，検定は逐次平方和を用いる

変動因	DF	Seq SS	Adj SS	Seq MS	F	P
H2O	3	0.4339	0.5108	0.1446	1.24	0.304
PH	3	25.6528	26.0708	8.5509	72.55	0.000
NI	3	39.5841	37.9039	13.1947	111.95	0.000
H2O * PH	9	1.2508	1.2618	0.1390	1.18	0.316
H2O * NI	9	1.9310	1.7625	0.2146	1.82	0.073
PH * NI	9	0.7859	0.8178	0.0873	0.74	0.671
H2O * PH * NI	27	1.7371	1.7371	0.0643	0.55	0.964
誤差	104	12.2579	12.2579	0.1179		
合計	167	83.6334				

BOX 10.8 (b)　直交性を失ったので，サボテンの生長を再び解析する

一般線形モデル

モデル式：DRYW = PH | NI | H2O
NI, H2O, PH はカテゴリカル型

DRYW に対する分散分析表，検定は逐次平方和を用いる

変動因	DF	Seq SS	Adj SS	Seq MS	F	P
PH	3	25.2647	26.0708	8.4216	71.45	0.000
NI	3	39.8666	37.9039	13.2889	112.75	0.000
H2O	3	0.54395	0.5108	0.1798	1.53	0.212
PH * NI	9	0.8976	0.8178	0.0997	0.85	0.576
PH * H2O	9	1.2780	1.2618	0.1420	1.20	0.300
NI * H2O	9	1.7920	1.7625	0.1991	1.69	0.101
PH * NI * H2O	27	1.7371	1.7371	0.0643	0.55	0.964
誤差	104	12.2579	12.2579	0.1179		
合計	167	83.6334				

解析のように)，他の連続型変数と同じようにその傾向を探索することができる．カテゴリカル型として扱うと，普通，その変数の異なる水準間で有意な違いがあるかどうかはわかるが，傾向については何もわからない（平均値の視覚的な探査は別である）．次の例で説明するように，連続型としてこの変数を扱えば，何か特別な利点が見いだせるかもしれない．

BOX 10.8(c)　直交性を失ったので，サボテンの生長を再び解析する

一般線形モデル

モデル式：DRYW = PH | H2O | NI
NI, H2O, PH はカテゴリカル型

DRYW に対する分散分析表，検定は逐次平方和を用いる

変動因	DF	Seq SS	Adj SS	Seq MS	F	P
PH	3	25.2647	26.0708	8.4216	71.45	0.000
H2O	3	0.8220	0.5108	0.2740	2.32	0.079
NI	3	39.5841	37.9039	13.1947	111.95	0.000
PH * H2O	9	1.2508	1.2618	0.1390	1.18	0.316
PH * NI	9	0.9248	0.8178	0.1028	0.87	0.553
H2O * NI	9	1.7920	1.7625	0.1991	1.69	0.101
PH * H2O * NI	27	1.7371	1.7371	0.0643	0.55	0.964
誤差	104	12.2579	12.2579	0.1179		
合計	167	83.6334				

BOX 10.9　TEMP と BAC 処理に対するジャガイモの腐敗の程度

ROT の最小 2 乗平均

BAC * TEMP		Mean	SE of Mean
1	1	3.556	1.562
1	2	7.000	1.562
2	1	4.778	1.562
2	2	13.556	1.562
3	1	8.000	1.562
3	2	19.556	1.562

ジャガイモの腐敗の実験に戻ってみよう．Box 10.9 は有意な項の平均値を表で示している．

これらの平均値は，図 10.4 の交互作用図にわかりやすく図示されている．そこでは，平均値を当てはめているので（直線というよりも），点が互いに結ばれている．もし BAC が連続型として扱われていたならば，直線が引かれていただろう．図 10.4 によると，ROT と BAC の関係は温度 2 のときは直線的であるように見える．しかし，温度 1 のときは曲線的かもしれないと疑わせる兆候も見られる．BAC は最初に行われた解析ではカテゴリカル型として扱われた．しかし，順序をもつ変数でもあるので，連続型として扱われてもよい．このとき，考えるべき次の 4 つの問題が存在する．(1) ROT と BAC の間の関係には直線的傾向があるか？ (2) その直線的傾向の傾きは 2 つの温度水準において同じか？ (3) ROT と BAC の間の関係に曲線成

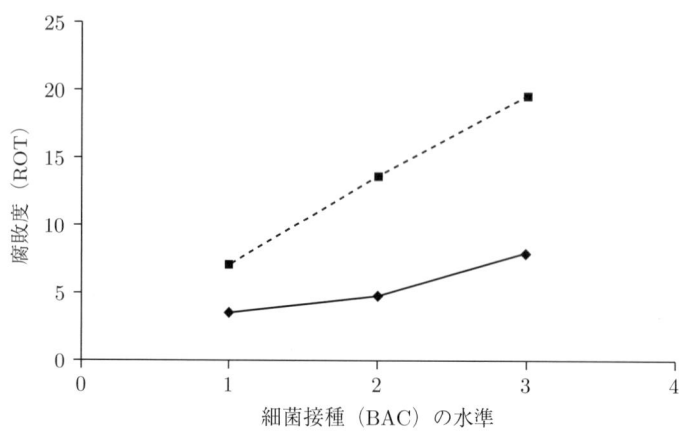

図 10.4 ジャガイモの腐敗実験における交互作用図．（実線は TEMP1，破線は TEMP2）

BOX 10.10　傾向を見るために，ジャガイモの腐敗の実験を再び解析する

一般線形モデル

モデル式：ROT = OXYGEN + TEMP | BAC | BAC
OXYGEN と TEMP はカテゴリカル型で，BAC は連続型

ROT に対する分散分析表，検定は逐次平方和を用いる

変動因	DF	Seq SS	Adj SS	Seq MS	F	P
OXYGEN	2	97.81	97.81	48.91	2.35	0.106
TEMP	1	848.07	4.68	848.07	40.79	0.000
BAC	1	650.25	5.78	650.25	31.27	0.000
TEMP * BAC	1	148.03	15.43	148.03	7.12	0.010
BAC * BAC	1	1.56	1.56	1.56	0.08	0.785
TEMP* BAC * BAC	1	4.90	4.90	4.90	0.24	0.630
誤差	46	956.41	956.41	20.79		
合計	53	2707.04				

分はあるか？ (4) この曲線成分は 2 つの温度水準において同じか？ これらの問題には，Box 10.10 に示された ANOVA 表の中の対応する成分を見て答えることができる．

　BAC は今や連続型として扱われることになったので，もはや直交計画とはなっていない．そこで，Box 10.10 の ANOVA 表は，すべての項に対する正しい p 値を得るために，調整平方和ではなく逐次平方和を使って作成された．いつものように，調べるべき最初の項は，最高次の交互作用 TEMP*BAC*BAC である．BAC は連続型なので，BAC*BAC は 2 次の項である．このとき，その 3 要因の交互作用が意味するものは，TEMP の水準 1 の場合と TEMP の水準 2 の場合で，2 次の項 BAC*BAC が異なっているかというものである（図 10.4 の下の折線が曲線で，上の折線は直線ではないかと疑ったように）．しかし，これは有意とはならない

($p = 0.630$). また，BAC*BAC も有意ではないので（$p = 0.785$），ROT と BAC の関係には曲線成分が全く含まれていないことがわかる．TEMP*BAC を見てみると，これは有意である（$p = 0.01$）．よって，主効果 TEMP と BAC もまた重要になる．

BAC が連続型として扱われ直交性が失われたので，Box 10.10 の ANOVA 表は逐次平方和を基に作られている．しかし，OXYGEN の逐次平方和と調整平方は等しいままである．つまり，直交性が完全に失われているわけではない．OXYGEN は 3 水準をもち，どの水準においても TEMP と BAC の組合せ（すべて同じ反復 3 をもつ）がすべて現れている．それゆえに，OXYGEN は TEMP と BAC に対して直交性を保っているのである．

一見したところ，有意な項は前の解析と同じなので（TEMP*BAC とそれらの主効果），BAC をカテゴリカル型ではなく連続型とみなしてデータセットを再解析しても，得るものはほとんどないのではないかと思うかもしれない．しかし，この解析には要因実験よりも優れた次のような 2 つの特徴的な利点がある．それは，(1) ROT と BAC の関係を表す形状について調べられたことと，(2) この 2 番目の解析は最初の物に比べて鋭敏になっているということである．

形 状

要因分析の結果を表した交互作用図を調べると，BAC の水準が上ると ROT の値も上昇しているということは明らかである．しかし，この上昇が直線的であるか，曲線的であるかはわからない（特に温度 1 に対しては）．2 番目の解析結果より，なんらかの傾向はあるが非直線性を示す証拠はないということが明らかになった．そして，傾きは 2 つの温度の場合で有意に異なっている．しかし，両方に曲線成分の証拠はない．このような形状についての疑問に答えられるのは，BAC が連続型として当てはめられるときだけである．

鋭敏さ

どちらの解析でも有意になった項は全く同じであったが，2 番目の解析のほうが有意性は大きい（TEMP*BAC の p 値は，最初の解析では 0.05 であり，2 番目の解析では 0.01 であった）．なぜそうなのか？ これはいつもそうなのだろうか？

図 10.5 で 2 つの解析方法が比較されている．1 番目の解析では，BAC の平方和は 651.81 である．2 番目の解析では，BAC の平方和は線形成分（BAC）と曲線成分（BAC*BAC）に分解され，自由度も同様に分解されている．自由度は等分されているにもかかわらず，BAC の変動の大部分は線形成分（650.25）で説明され，2 次成分への変動の配分はほとんどない．ゆえに，2 番目のモデルでの BAC の F 比は極めて大きい（どちらも $p < 0.0005$ ではあるけれども）．同様に，最初のモデルの交互作用（TEMP*BAC）は，2 つの温度水準のそれぞれの中に残された線形成分と 2 次成分に分解される．ここでも，その変動の大部分は異なる傾きをもつ 2 つの直線を当てはめることで説明されることになり，それぞれの温度水準内において異なる曲線を当てはめても特に何も説明できていない．結局，TEMP*BAC の F 比も 2 番目の解析のほうが大きい（p 値は 2 番目のほうが小さい）．

変数 BAC は線形成分と 2 次成分に分解された．これは，平方和の多項式分解と呼ばれ，関係の形状を検出するために使える．何か傾向があるならば，この例のように鋭敏な検定となり，さらに有意な p 値が得られる．直線を当てはめると，「一定の傾向はあるか？」と設問するこ

要因分析　　　　　　　　　　混合分析

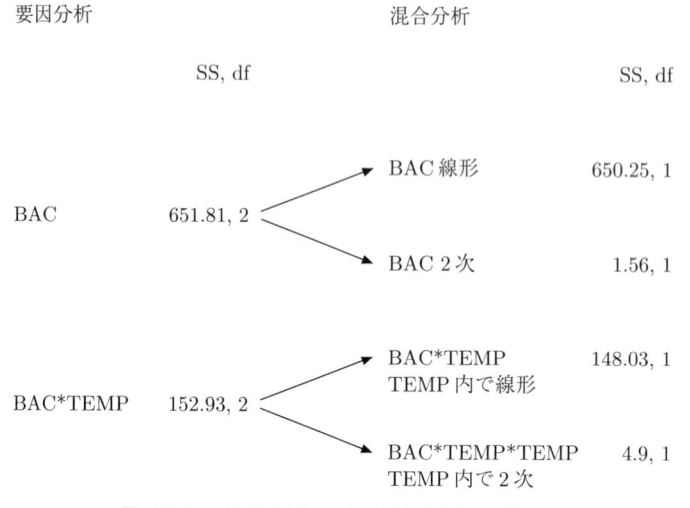

SS, df　　　　　　　　　　　　　SS, df

BAC　　651.81, 2　　　　BAC 線形　　　650.25, 1

　　　　　　　　　　　　　BAC 2次　　　1.56, 1

BAC*TEMP　152.93, 2　　BAC*TEMP　　148.03, 1
　　　　　　　　　　　　　TEMP 内で線形

　　　　　　　　　　　　　BAC*TEMP*TEMP　4.9, 1
　　　　　　　　　　　　　TEMP 内で2次

図 10.5　線形成分と2次成分に変動を分解する

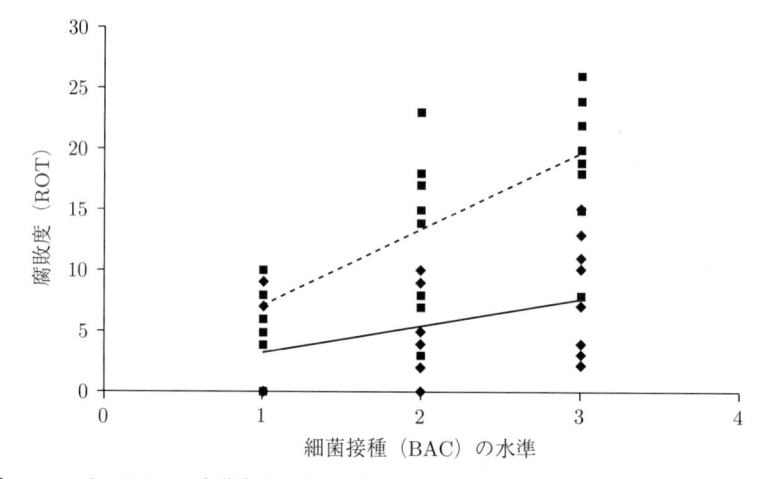

図 10.6　ジャガイモの腐敗実験の結果を表示する．（実線は TEMP1，破線は TEMP2）

とになり，それぞれ平均値を当てはめると，「差があるか？」と設問することになる．解析のもつ本質的な部分もまた，結果を表示する際に反映されるはずである．たとえば，図 10.4 では，BAC と TEMP の異なる水準に対して ROT の平均値を示していて，各温度水準内でその平均値は折線で結ばれていた．今回，BAC は連続型変数として当てはめられたので，モデルは正式に2直線として示されることになった（図 10.6）．

BAC にとっての平方和は線形成分と2次成分に分解された．実は，最初の解析での変数 BAC は自由度2しかもっていないので，この例の場合よりも高次な成分を当てはめることはできない．自由度が，当てはめられるべき乗の数を制限しているのである．その一般的な法則は，順序のあるカテゴリカル型変数が n 水準をもっているならば，連続型として扱うときには $n-1$ までのべき乗に分解してよいというものである．ところで，順序のあるカテゴリカル型変数が多くの水準をもっているならば，連続型としてそれを扱ったときに鋭敏さが増す可能性はもっ

と高まる．n 水準の要因は自由度 $n-1$ をもっているので，変動の大部分を線形的傾向で説明できるとき，その平均平方は $n-1$ 倍に増大する（その要因の線形成分の平均平方は $n-1$ ではなく 1 で割算されるので）．これによって，有意でない F 比も容易に有意になることだろう．

最後の 2 つの節で，モデル選択の過程が実験計画を通して説明された．そこでは，境界設定の考え方がモデル選択における重要な原理であった．また，直交性を失ってしまったときの処理の仕方や，カテゴリカル型変数における傾向を調べるにはどうすべきかについて議論された．次章では，モデルの数が非常に増えてしまうような，観察記録によるデータセットを扱う．

10.6 要約

- モデル選択の 3 つの原理が紹介された．それは，変数の節約，p 値の多重性，境界設定の考え方である．
- 3 つの原理を説明するために，それらを多項式モデルで生じる問題に応用した．
- 3 つの原理の相対的な重要性は，対象とするデータセットの特徴によって異なる．主に次のような 2 つの場合がある：(1) 逐次平方和と調整平方和が等しい（計画された直交実験），あるいは，それに近い場合（直交性の消失），(2) 逐次平方和と調整平方和に大きな差がある場合．
- 直交（あるいはそれに近い）実験のとき，重要なのは境界設定の原理である．直交実験のモデル選択は，調整平方和を基にした ANOVA 表を使うだけでよい．しかし，直交性が失われたときには，p 値を逐次平方和から導き，そして，説明変数を考えられるすべての順番で当てはめてみるべきである（ただし，境界設定の制限の中で）．
- 順序のあるカテゴリカル型変数は連続型として当てはめることができる．ある一定の傾向があるならば（たとえば，線形的にあるいは 2 次で），これはより鋭敏な方法になる．もう 1 つの利点は，その変数の平方和を多項分解できるので，関係の形状について調べられることである．

10.7 練習問題

多項式を検出するには逐次平方和を必要とする

この例では，2 つのデータセットが解析される．X に対する Y と XS に対する Y である（X データセットと XS データセットにある）．2 番目の説明変数 XS は X から 0.2 を引くことで計算された．ゆえに，X と XS は本質的には同じ変数であるが，わずかに異なっている．それらは両方とも図 10.7 で Y に対してプロットされている．当然，その関係の形状は同じものである．

それぞれのデータセットに対して 2 つの解析が行われた．F 比を計算するために調整平方和を用いたものと逐次平方和を用いたものがある．これらは Box 10.11 に示されている．

(1) 曲線の形は X から定数を引いても変化しない．X と XS の調整平方和を比較せよ．また，それらの逐次平方和を比較せよ．このような状況では一般的に，どちらの平方和が役に立たないだろうか？

(a) X に対する Y

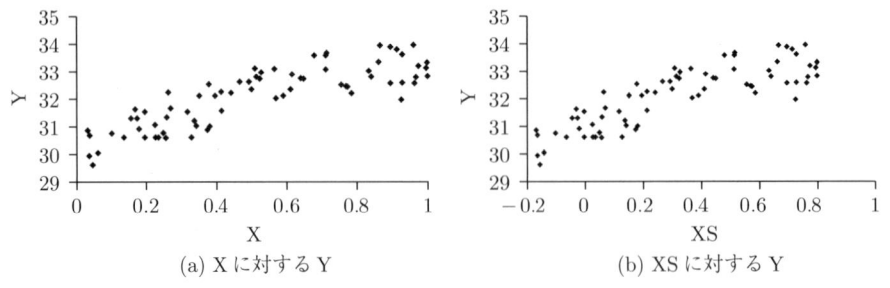

(b) XS に対する Y

図 10.7 当てはまる多項式モデルを探索するためのデータのプロット

BOX 10.11 (a)　X に関する解析

一般線形モデル

モデル式：Y = X | X | X
X は連続型

Y に対する分散分析表，検定は調整平方和を用いる

変動因	DF	Seq SS	Adj SS	Adj MS	F	P
X	1	58.906	0.719	0.719	2.46	0.121
X * X	1	4.305	0.151	0.151	0.52	0.475
X * X * X	1	0.542	0.542	0.542	1.85	0.178
誤差	68	19.876	19.876	0.292		
合計	71	83.629				

一般線形モデル

モデル式：Y = X | X | X
X は連続型

Y に対する分散分析表，検定は逐次平方和を用いる

変動因	DF	Seq SS	Adj SS	Seq MS	F	P
X	1	58.906	0.719	58.906	201.53	0.000
X * X	1	4.305	0.151	4.305	14.73	0.000
X * X * X	1	0.542	0.542	0.542	1.85	0.178
誤差	68	19.876	19.876	0.292		
合計	71	83.629				

---

(2) Box 10.11 (b) にある ANOVA 表の中でどちらが好ましいか？ それはなぜか？

(3) どのような状況で（交互作用を含まない），調整平方和を基にした検定が好ましいものになるだろうか？

BOX 10.11 (b)　XS に関する解析

一般線形モデル

モデル式：Y = XS | XS | XS
XS は連続型

Y に対する分散分析表，検定は調整平方和を用いる

変動因	DF	Seq SS	Adj SS	Seq MS	F	P
XS	1	58.906	10.502	10.502	35.93	0.000
XS * XS	1	4.305	0.029	0.029	0.10	0.753
XS * XS * XS	1	0.542	0.542	0.542	1.85	0.178
誤差	68	19.876	19.876	0.292		
合計	71	83.629				

一般線形モデル

モデル式：Y = XS | XS | XS
XS は連続型

Y に対する分散分析表，検定は逐次平方和を用いる

変動因	DF	Seq SS	Adj SS	Seq MS	F	P
XS	1	58.906	10.502	58.906	201.53	0.000
XS * XS	1	4.305	0.029	4.305	14.73	0.000
XS * XS * XS	1	0.542	0.542	0.542	1.85	0.178
誤差	68	19.876	19.876	0.292		
合計	71	83.629				

平方和の多項式成分への分解

　大麦の生産量を調べるためにある要因実験が行われた．36 区画がさらに 4 つのブロックに分けられ，3 品種がそれぞれ 3 通りの異なる間隔で植え付けられ比較された．これらのデータは変数 BYIELD（収穫量），BSPACE（栽培間隔），BVARIETY（品種），BBLOCK（ブロック）をもつ大麦（barley）データセットにある．

(1) 変数をカテゴリカル型として扱い，要因実験の GLM を行え．そして，その平均値をもとめ，交互作用図を描け．その交互作用図は図 10.8 にあるものと似ているはずである．
(2) 収穫量に対する栽培間隔の影響についての解析から，どのような結論が導かれるか？ 交互作用図を描くと，どのような疑問を追加したくなるか？
(3) BSPACE を連続型として扱い，2 次の項を含めた次の解析を行え．表 10.1 を完成せよ．
(4) 表 10.1 の 3 つの列のどの列において，多項式成分間の平方和の和がカテゴリカル型変数の平方和と等しくなるか？
(5) BYIELD に対する BSPACE のグラフの形は，多項分解の影響をどのように反映しているか？
(6) この解析の結論は，最初の解析で導かれたものと比べて，どのように変わったか？

第 10 章　モデル選択 I：モデル選択の原理と実験計画

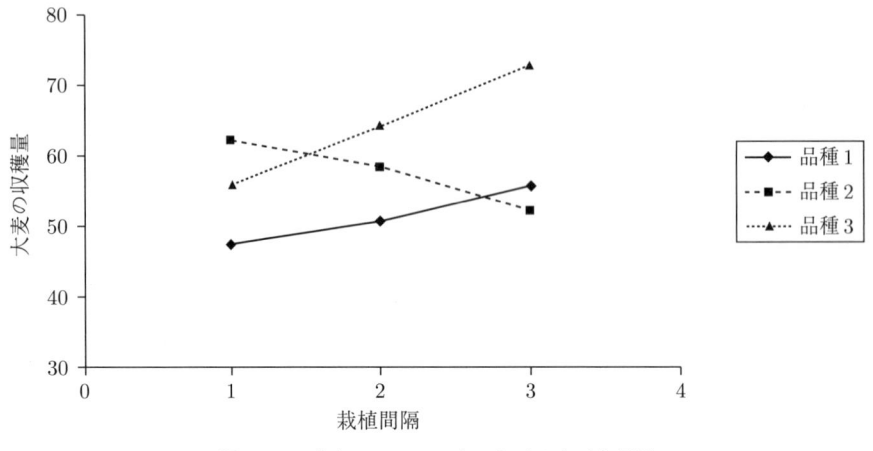

図 10.8　大麦データセットにおける交互作用図

表 10.1　平方和の表

	調整平方和	逐次平方和	自由度
2 番目の解析での線形項 BSPACE			
2 番目の解析での 2 次の項 BSPACE*BSPACE			
上記の項の和			
1 番目の解析での カテゴリカル型変数 BSPACE			

第11章
モデル選択II：
複数の説明変数をもつデータセット

　典型的な重回帰問題では，1つの Y 変数に対して説明変数として利用可能な X 変数が数多く存在する（これは計画された実験とは対照的である．そのときの X 変数は主に実験者が取り扱ったものに限られている）．このときの解析の目的は，Y をうまく説明したり予測したりする X 変数のセットを選択することにある．モデル選択の原理は同じであるが（変数の節約，p 値の多重性，境界設定），選択可能なモデルの数が大幅に増えるので，問題はかなり大きなものになる．

　わずか6個の X 変数しかもたない場合でも，可能なモデルは63個にもなる（1個の X 変数だけのモデルで6個，2個の X 変数をもつモデルで15個などである）．しかも，これは交互作用を含んでいないモデルの場合の話である．2つの変数についての交互作用もさらに考慮しようとすると，30000以上のモデルが存在することになる．これらのすべてを調べるということは全く現実的ではないので，重回帰問題で交互作用を扱うことはあまりない（交互作用を含むある特定の仮説を検定しようというのなら別であるが）．このように，境界設定について考えることは希なのであるが，最も適したモデルを選ぶという課題は依然として残されているのである．

　複数個の連続型変数をもつデータセットを扱う際に起る2番目の問題は，変数が直交していないということである．つまり，1つの変数のもつ情報は，他にどのような変数がモデルの中に含まれているかによって影響を受けることになる．この考え方はすでに第4章で取り扱っている．そこでは2種類の影響について考えた．1番目は2つの変数が情報を共有し合う場合である．この場合，一方の変数がモデルに含まれていると，他方の変数は予測力の増加にあまり寄与しない．2番目は，一方の変数が他方の情報を増加させる場合である．これら2種類の影響は，モデルに含まれている2変数の逐次平方和と調整平方和の違いを比較することにより区別できた．1番目の変数の調整平方和が逐次平方和よりも小さいようならば，2番目の変数と情報を共有している．逆に，大きいようならば，2番目の変数が情報を増加させている．この判定法は，2個や3個の変数間の関係を調べる際に役立つだけでなく，もっとたくさんの変数をもつモデルに対しても役立つだろう．

　まとめると，重回帰問題では交互作用を含めることは少ない．しかし，他の2つの原理，変数の節約，p 値の多重性は依然として重要である．

11.1 重回帰における変数の節約

多項式回帰や計画された実験において，可能な限りモデルを単純化しようとする原理はかなり考えやすいものであった．高次のべき乗項は，残差プロットと p 値を見て，必要なら追加するだけでよかった．計画された実験でも，必要なすべての変数は実験計画の初めにあらかじめ決められている．しかし重回帰問題においては，さまざまな X 変数があまりにも広範囲に渡って存在する可能性がある．そしてどの X 変数も統計的経費とでも言うべきものを消費する．1つの連続型変数は自由度1を消費するだけでなく，もし有意でないならば，誤差平均平方を増加させる危険性ももつのである．しかも，実際の経費も消費する．たとえその変数が Y の予測に有意に貢献する場合であったとしても，その測定には資金上の費用がかかるかもしれない．現実の経費について一般的に議論することはできないだろうが，最良モデルの選択に実際上の影響を与えていることも多いのである．

次に考えるべきことは，Y を予測するために用いる変数の個数の問題である．2つのモデルを比較するとき，説明される変動の大きさばかりでなく，それを説明するために用いた X 変数の個数に注意を向けることも重要である．モデルがどれくらい変数を節約してデータに当てはめられているのか，それを評価する多くの方法が定式化されており，統計パッケージの中に整備されている．この分野の紹介として，そのうちの2つの方法について少し詳しく見てみよう．

R^2 と調整 R^2

第2章で初めて単回帰を紹介したとき，統計量 R^2 は，モデルで説明できる変動の割合を評価する量として用いられた．これは次のように定義された．

$$R^2 = \frac{\text{全 SS} - \text{残差 SS}}{\text{全 SS}}$$

ただし，SS は平方和である．R^2 の値は 0 と 1 の間にあり，R^2 の値が大きければ大きいほどモデルで説明できる割合が大きいことを意味するのであった．しかし，2つのモデルを比較しようとするならば，説明変数の個数も考慮に入れるべきである．この R^2 の欠点は，モデルに変数が追加されればされるほど，R^2 は大きくなるという点にある．変数が有意であろうとなかろうと，とにかく増やし続けるならば限りなく 1 に近づいていくだろう．

この問題は，次の調整 R^2（adjusted R^2, R^2_{adj}）を計算することによって解決できる．

$$\text{調整 } R^2 = \frac{\text{全 MS} - \text{残差 MS}}{\text{全 MS}}$$

ただし，

$$\text{全 MS} = \frac{\text{全 SS}}{\text{全 DF}}$$

である．また，残差 MS は誤差分散の推定値であり，回帰直線の周りの散らばり具合を表している．これが小さいと，調整 R^2 は大きくなる．

上の式より

$$R^2_{adj} = 1 - (1-R^2)\left[\frac{\text{全自由度}}{\text{残差の自由度}}\right]$$

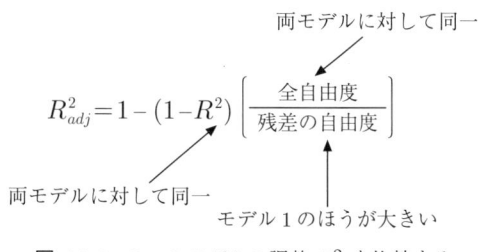

両モデルに対して同一（全自由度）
両モデルに対して同一（R^2_{adj}）
モデル1のほうが大きい（残差の自由度）

図 11.1 2つのモデルの調整 R^2 を比較する

$$\frac{\text{残差 SS}}{\text{全 SS}} = 1 - R^2$$

となるので，次が成り立つ．

$$\text{調整 } R^2 = 1 - (1-R^2)\left[\frac{\text{全 DF}}{\text{残差 DF}}\right]$$

このように変形すると，モデルの含む変数の個数が増加したとき，調整 R^2 がどのように変化するのかがよくわかるようになる．モデルに重要でない変数を加えると，R^2 は増加するかもしれないが，残差の自由度は減少するので，調整 R^2 は1に到達せず平均的に頭打ちになる（ここで確信できるのは調整 R^2 に関する平均的な事実についてだけである．個々の変数が互いに影響しあって調整 R^2 を増減させるからである．個々の変数が有意に近いかどうかは重要ではない）．それゆえ，これは，説明される変動についての情報と用いられる変数の個数とを結びつけているものである．このことを説明するために（図11.1を参照），説明される変動の割合が同じである2つのモデルを考えてみよう．モデル1は $R^2 = 0.8$ であり，説明変数を3つもつ．一方，モデル2は同じ値の R^2 をもつが，説明変数の個数は5つであるとする．

どちらのモデルでも R^2 の値と全自由度は同じである．しかし，モデル1の説明変数の自由度は小さいが，モデル2では大きい．それゆえ，モデル1では変動がより効率的に説明されるので，大きい調整 R^2 をもつことになる．

低地への移住

この例を使って，モデルに説明変数を増やしたとき，R^2 と調整 R^2 がどのように変化するかについて説明しよう．データは，環境の変化が血圧にいかなる影響を与えるかということを調べた人類学者達の研究から引用した．対象はさまざまな年齢の39人の男性集団である．彼らは高地から標高のかなり低い土地に移住してきている．その時期もばらばらである．表11.1にあるように，彼らの血圧や他の身体的な値が測定された（データはペルー（Peru）データセットにある）．

従来の研究では，最も重要な変数は移住してからの経過時間（YEARS）と体重（WGHT）であると考えられている．Box 11.1(a) によると，これら2つは有意である．また，回帰モデルの R^2 は 0.421 であり，調整 R^2 は 0.389 である．残りの変数のどれが重要であるかを調べるため，人類学者の1人が他の変数を1つずつ組み込みながら R^2 と調整 R^2 を計算してみた．その最終モデルに対する結果が Box 11.1(b) である．

表 11.1 血圧に対する標高変化の影響（ペルーデータセット）

AGE	年齢
YEARS	高地から移動した後の年数
WGHT	体重（Kg 単位）
HGHT	身長（mm 単位）
CHIN	アゴの皺の深さ（mm 単位）
FOREARM	前腕の皺の深さ（mm 単位）
CALF	ふくらはぎの皺の深さ（mm 単位）
PULSE	1 分間当たりの脈拍数
SYSTOL	最高血圧
DIASTOL	最低血圧

BOX 11.1(a)　血圧の重回帰分析

モデル 1

一般線形モデル

モデル式：SYSTOL = YEARS + WEIGHT
YEARS と WEIGHT は連続型

SYSTOL に対する分散分析表，検定は調整平方和を用いる

変動因	DF	Seq SS	Adj SS	Adj MS	F	P
YEARS	1	50.0	972.9	972.9	9.26	0.004
WEIGHT	1	2698.3	2698.3	2698.3	25.68	0.000
誤差	36	3783.2	3783.2	105.1		
合計	38	6531.4				

$R^2 = 42.1\%$　　$R^2_{adj} = 38.9\%$

　追加された 6 個の変数のどれも有意でないが，R^2 は 0.421 から 0.5 に増加している．一方，調整 R^2 は 0.389 から 0.366 へ落ちている．これは最初のモデルのほうが変動を効率よく説明することを意味している．実際，ある変数が調整 R^2 を増加させるかどうかは，その変数の貢献する F 比が 1 よりも大きいかどうかに関係している．その F 比が正確に 1 であるとすると，その変数で説明される誤差 SS の割合が，その変数によって消費される誤差 DF の割合に正確に等しくなるため．誤差 MS は変化しない（それゆえに，調整 R^2 も変化しない）．

予測区間

　予測区間は，モデルがデータにいかに効率よく適合しているかを評価する 2 番目の方法を提供する．予測区間の考え方自体は，第 2 章の単回帰式に関して紹介している．1 つの X 変数で Y を予測するとき，その不確実性には次の 2 つの原因があった：(1) 回帰直線の周りでの散ら

> **BOX 11.1(b)** 低地への移動後に血圧に影響を及ぼす要因の重回帰分析：モデル 7
>
> 一般線形モデル
>
> モデル式：SYSTOL = YEARS + WEIGHT + AGE + HEIGHT + CHIN
> $\quad\quad\quad\quad\quad$ + FOREARM + CALF + PULSE
>
> YEARS, WEIGHT, AGE, HEIGHT, CHIN, FOREARM, CALF, PULSE はすべて連続型
>
> SYSTOL に対する分散分析表，検定は調整平方和を用いる
>
> | 変動因 | DF | Seq SS | Adj SS | Adj MS | F | P |
> |---|---|---|---|---|---|---|
> | YEARS | 1 | 50.0 | 697.6 | 697.6 | 6.41 | 0.017 |
> | WEIGHT | 1 | 2698.3 | 2201.7 | 2201.7 | 20.22 | 0.000 |
> | AGE | 1 | 27.9 | 97.4 | 97.4 | 0.89 | 0.352 |
> | HEIGHT | 1 | 61.4 | 263.6 | 263.6 | 2.42 | 0.130 |
> | CHIN | 1 | 366.9 | 249.3 | 249.3 | 2.29 | 0.141 |
> | FOREARM | 1 | 42.7 | 59.2 | 59.2 | 0.54 | 0.467 |
> | CALF | 1 | 14.7 | 16.2 | 16.2 | 0.15 | 0.703 |
> | PULSE | 1 | 3.0 | 3.0 | 3.0 | 0.03 | 0.870 |
> | 誤差 | 30 | 3266.7 | 3266.7 | 108.9 | | |
> | 合計 | 38 | 6531.4 | | | | |
>
> $R^2 = 50.0\%$ $\quad R^2_{adj} = 36.6\%$

ばり，(2) 真の回帰直線を推定するときの誤差．単回帰では 2 つの母数，切片と傾きが推定されるが，これらのどちらも予測区間の不確実性の原因になることは，2.5 節で説明したとおりである．$X = X'$ での Y の予測区間をもう一度書いておこう．

$$\mathrm{PI} = \hat{Y} \pm t_{crit} s \sqrt{\frac{1}{m} + \frac{1}{n} + \frac{(X' - \bar{X})^2}{SS_x}}$$

ただし，

$$SS_x = \sum (X - \bar{X})^2$$

である．項 $1/m$ は真の回帰直線の周りの散らばり具合を表す（ただ 1 つのデータ点を予測するときは $m = 1$，2 つの点の平均を予測するときは $m = 2$ といった具合に）．項 $1/n$ は切片の推定における不確実性を表す（n はデータ点の個数である）．3 番目の項は傾きの不確実性を表している．

重回帰問題では，複数個の X 変数で Y を予測する．その説明変数 1 つ 1 つに対して，それぞれ母数が推定される．これは予測区間の公式に 2 通りの影響を与える．第 1 番目は，公式の不確実性を記述する部分にそれぞれの母数に対応する項が現れるということである．重回帰では，その変数に関係する母数は傾きであるのが普通なので，その項は $(X' - \bar{X})^2 / SS_x$ の形をしている．第 2 番目は，母数の追加によって残差の自由度が減少し，そのため t_{crit} が増加す

BOX 11.2　2つの説明変数をもつモデルを使った予測区間

回帰式：SYSTOL = 50.3 −0.572 YEARS + 1.35 WEIGHT

予測値と区間

適合値	適合値のStDev	95.0% CI	95.0% PI
145.25	6.06	(132.96, 157.54)	(121.10, 169.40)

BOX 11.3　5つの説明変数をもつモデルを使った予測区間

回帰式：SYSTOL = 117 − 0.573 YEARS + 1.87 WEIGHT − 0.253 AGE
　　　　　　−1.27 FOREARM − 0.0530 HEIGHT

予測値と区間

適合値	適合値のStDev	95.0% CI	95.0% PI
146.71	7.32	(131.81, 161.60)	(120.92, 172.49)

るということである．どちらの場合でも，X 変数の個数が増えると精度を表す区間の幅は広くなっていく．しかし一方，その変数が有意であると，誤差平均平方（$s^2 =$ EMS）を減少させ，区間の幅を狭くするだろう．予測を主な目的とする研究ならば，予測を改善したり悪化させたりするという視点から，変数を加えることの相対的なコストと利益を考慮すべきである．モデルに関係のない変数を追加すると，平均的に予測を悪化させることになるだろう．

標高による血圧の変化を調べたデータセットについて再度考えてみる．調査時から遡って40年前に低地に移動してきた住民で，現在の体重が87 kg の者に対して予測区間を計算してみた．Box 11.2 は，2つの有意な説明変数だけをもつモデル1の下で求められた予測区間（PI）と信頼区間（CI）を示している．まず注目すべき点は信頼区間と予測区間の違いである．この信頼区間は回帰直線そのものがもつ不確実性を表しているのに対して，予測区間にはその直線の周りでの散らばりもさらに追加されている．つまり，予測区間は信頼区間より広くなるのである．Box 11.3 では，上の2つの説明変数に加えて，合計5つの説明変数をもつモデルにおける同一人物の予測区間が計算されている．

この2番目のモデルでの予測区間は，モデルに情報が追加されたにもかかわらず，さらに広くなっている．この追加された情報が，モデルの説明力とも言えるものを有意に増加させることができなかったために，逆に予測における不確実性を増加させる結果になってしまった．それゆえ，単純なモデルのほうがより正確な予測を提供できたのである．

情報を追加したのに予測の精度は落ちたのだから，一見すると，これは逆説の一種かと思えるかもしれない．しかし，どのようなデータセットも常に信号と雑音をないまぜにして含んでいる．根底にある関係を真に担っている変数は信号と雑音をともに提供するが，そうでない変数は雑音のみを表しているにすぎない．そのような変数は予測の精度を低下させるだけので

> **BOX 11.4** 「5つの点」の例
>
> 一般線形モデル
>
> モデル式：Y = X
> X は連続型
>
> Y に対する分散分析表，検定は調整平方和を用いる
>
> | 変動因 | DF | Seq SS | Adj SS | Adj MS | F | P |
> |---|---|---|---|---|---|---|
> | X | 1 | 3.3674 | 3.3674 | 3.3674 | 24.97 | 0.015 |
> | 誤差 | 3 | 0.4046 | 0.4046 | 0.1349 | | |
> | 合計 | 4 | 3.7720 | | | | |
>
> 係数表
>
> | 項 | Coef | SECoef | T | P |
> |---|---|---|---|---|
> | 定数 | −12.925 | 3.279 | −3.94 | 0.029 |
> | X | 6.294 | 1.260 | 5.00 | 0.015 |
>
> モデル式：Y = X + X*X
> X は連続型
>
> Y に対する分散分析表，検定は逐次平方和を用いる
>
> | 変動因 | DF | Seq SS | Adj SS | Seq MS | F | P |
> |---|---|---|---|---|---|---|
> | X | 1 | 3.3674 | 0.0343 | 3.3674 | 17.42 | 0.053 |
> | X*X | 1 | 0.0181 | 0.0181 | 0.0181 | 0.09 | 0.789 |
> | 誤差 | 2 | 0.3866 | 0.3866 | 0.1933 | | |
> | 合計 | 4 | 3.7720 | | | | |
>
> 係数表
>
> | 項 | Coef | SECoef | T | P |
> |---|---|---|---|---|
> | 定数 | −34.48 | 70.62 | −0.49 | 0.674 |
> | X | 22.92 | 54.40 | 0.42 | 0.715 |
> | X*X | −3.20 | 10.46 | −0.31 | 0.789 |

ある．変数の追加によって状況が悪化してしまうことがあるということを理解するために，次の簡単な例を考えてみよう．X 変数は1つとし，5つのデータ点が与えられ，真の線形関係が成り立っているとする．Box 11.4 がこのデータセットの解析結果である．2次の項は有意とならず，線形性を示している．

実は，X のすべての値が互いに異なっているならば，多項式の項をもっと加えて，すべての点にぴったりと当てはまる多項式を考えることができる．図 11.2 で完璧に当てはめられたものは，すべての点を通る4次関数である．この多項式はデータセットの範囲内においてかなり

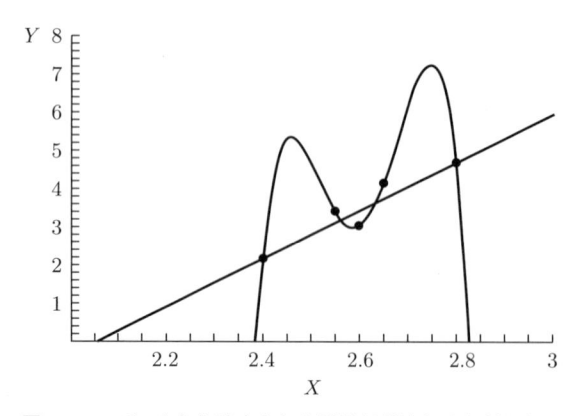

図 11.2 ぴったりと適合された関数が最適とはかぎらない

曲がりくねったものになっている．では，X の範囲内で新しい点を内挿しようとすると，その適合値は本来のデータ点よりも上のほうに位置することになる．また，範囲外に外挿しようとすると，ほんの少し外れただけでも Y は大きく負の値を取ることになる．データそのものから受ける印象からすると，まことに奇妙な結果である．明らかに，データに完全に適合させることが最良の適合であるとは限らないのである．

初めて予測区間について学ぶと，それが，Y の予測値のもつ不確実性を表現するには格好の便利な道具であると思うかもしれない．しかし，それを使うときには気を付けなければならない点がいくつかある．まず予測区間は，モデルが正しいことを前提にして，ある確率で（たとえば 95% で）Y の値を含むように作った範囲なのである．よって，必要な多項式や交互作用あるいは説明変数を見逃すと，その前提が損なわれるので区間は正しく設定されないことになる．そのような不正確さは，説明変数がデータセットの端の値を取れば取るほど増大する．さらには，その範囲を超えて外挿すると極端に増大するのである．次に，予測区間は互いに独立ではないので，これらを用いて回帰直線全体に対する信頼範囲を図に描こうとすると間違いになる．そうはいってもモデルがデータにいかに効率よく適合しているかを見たいだけなら，予測区間を使って比較してもかまわないだろう．少なくともここでの目的は，変数の追加によってモデルの予測能力が悪化してしまうことがあるということを納得してもらうことにある．

11.2 重回帰における p 値の多重性

問題の大きさ

調べたい X 変数が増えると，その中の少なくとも 1 つが有意になる確率は大きくなる．帰無仮説が正しいときに有意であると結論すれば，第 1 種の過誤を犯すことになる．p 値の境界値を 0.05 に設定することで，純粋に確率的な働きのみで検定統計量が有意になる確率が 5% あることを許容している．しかし，同じ目的のために複数個の p 値を利用すると，ある p 値において第 1 種の過誤を犯す危険は増大するのである．これを簡単に説明するために，k 個の p 値を使い，それらが独立に求められると仮定して，その第 1 種の過誤を犯す確率を計算してみよ

う．個々の p 値において，その危険を犯す確率が Λ であったとする．すると，k 個の p 値の中の少なくとも 1 個で有意性が得られる確率は次のような関係式を満足する．

$$\text{第 1 種の過誤の確率} = 1 - \text{どれも有意でない確率}$$

独立な事象の確率はそれらの確率を掛け合わせて求められるので，k 個すべてが有意でないという確率を求めるには $1 - \Lambda$ を k 回掛ければよい，つまり $(1-\Lambda)^k$ である．ゆえに，求める確率は $1 - (1-\Lambda)^k$ である．たとえば，$k = 6$, $\Lambda = 0.05$ のときは，第 1 種の過誤を犯す確率は約 26% になる（ポストホック比較法（Post hoc comparison）やボンフェローニの修正（Bonterroni correction）などもこの種の計算に基礎を置いている）．実際には，各 p 値は互いに独立ではないので，この確率の計算は修正されなければならない（その計算は難しい）．ともあれ，これは明らかに重回帰のもつ深刻な問題である．この種の問題を解析するときはいつでも，この危険性をできるだけ小さくする方法について注意深く考察することが重要である．

可能な解決法

本章の初めに述べたように，特定の仮説を検定したいとか，非線形性の問題を解きたいとかいうことがない限り，重回帰で交互作用を考えることはあまりない．というのも，これは考慮すべき p 値の個数を極端に増加させてしまうからである．これ以外にも，第 1 種の過誤の危険性を減少させる次のような 3 つの方法がある．

やみくもに X 変数を増やさない

1. 初めからできるかぎり X 変数の数を減らすようにしよう（つまり，上の関係式での k を小さくする）．2 つの X 変数の相関が高いようならば（たとえば，左足と右足の長さ），その中の 1 つだけを利用するとよい．
2. 情報をできるだけ収集し，過去の研究で重要とわかっている変数は統計的に消去するように努めよう．そのため，それらが有意であろうとなかろうと，初めから変数として組み込むべきである．たとえば，先行した文献上の研究から年齢がガンの発生率に関して有意な要因であるとわかっているとしよう．そのようなときには，対象者の年齢の範囲が狭く年齢の影響が有意でないような場合であっても，年齢を初めから変数として組み込むほうがよい（その p 値にかかわらず）．そうやって年齢の影響を統計的に消去するのである．研究の目的は年齢そのものの影響を調べることにはないので，p 値の多重性の問題を引き起こすことはない．
3. 研究の目的を考慮することも重要である．その目的が将来の Y 変数をそのつど予測することにあるのならば，X 変数としてはその時々で利用できて測定しやすいものに限るべきである．

一般に，最良の方法は無駄な問いは切り捨てることである．そうすれば，最も興味ある問題に対する鋭敏な答えを手に入れられる．

緊迫性

2番目は，帰無仮説を棄却する（普通，確率0.05で）ために設定されるp値の境界値（これをαと置く）を，小さくするという方法である．そうすると，有意となる条件を確率0.05にもっと近づけることができる．このような接近の度合いを緊迫性（stringency）という．たとえば，6変数を扱う問題においてαを0.01とおき，上に述べた関係式を用いると，第1種の過誤を犯す確率を0.059にすることができる．これには上に述べた2項分布に基づく計算式を用いている．ただし，6変数はたぶん独立ではないだろうから，実際的な目安を得るためにこの式を利用している．このやり方は，慣習的に設定される有意水準を変更して第1種の過誤を犯す確率を許容的なものにする手法の1つである．1つの検定を行うのに，t検定を用いた対比較を複数回行わなければならない（多重比較）ときにも，ここでのやり方が役に立つ．これをボンフェローニの修正と呼んでいる．

解析過程を逆に行う — 平方和を合成する

一般線形モデルの本質は，変動を細かな成分に分解して，どの要因が変動を有意に説明するのか決定することにある．たとえば，全SSは処理SSと誤差SSに分解される．さらに，処理SSは複数の主効果と交互作用に分解される．順位のあるカテゴリカル型変数のSSは多項式分解を用いてさらに分解される．多重性の問題があるとき，これと全く逆をやってみるとうまくいく場合もある．2つとか3つに分けた問題ではなく，統合した1つの問題に答えるためにSSと自由度を合成するのである．例で説明するのが良いだろう．

木材の密度はその商業的価値を決める重要な要素である．それは比重で効果的に測定できる．比重（specific gravity）データセットは，少数の標本から木の比重を予測するモデルを作る目的で収集されたデータセットである．24本の木が伐採され，その比重が直接測定された（WOODSG）．表11.2にあるように他の5つの変数の測定値も幹から採取されている．

5つの説明変数をすべて単純に適合させるというのも1つのやり方ではあるが，5つの変数では多重性が問題になりそうである．このデータセットを詳しく見てみると，いくつかの無駄な重複が見られる．たとえば，樹木の光の吸収度が春材に対しても秋材に対しても測定されているのである．そこで，これらの問題を統合して，光の吸収度が比重を予測するのに役立つだろうかというさらに一般的な問題を立て，変数の数を5つから4つに減らすというやり方が考えられる．Box 11.5では全モデルが当てはめてあるが，一般的な光の吸収度のF比を求めるためには，最後の2つの項の逐次平方和を合計するとよい．

その光の吸収度に対する合計の平方和は$(0.00110 + 0.29132) = 0.292$であり，合計した

表 11.2　比重データセットの変数

WOODSG	伐採後測定された材木の比重
NFIBSPR	春材部分の切断面での繊維数
NFIBSUM	秋材部分の切断面での繊維数
SPRING	標本の春材部分の割合
LASPRING	春材部分の光の吸収度
LASUMMER	秋材部分の光の吸収度

11.3 自動的モデル選択法

BOX 11.5 比重データセットの解析

一般線形モデル

モデル式：WOODSG = NFIBSPR + NFIBSUM + SPRING + LASPRING + LASPRING
NFIBSPR, NFIBSUM, SPRING, LASPRING, LASPRING は連続型

WOODSG に対する分散分析表，検定は調整平方和を用いる

変動因	DF	Seq SS	Adj SS	Adj MS	F	P
NFIBSPR	1	0.01574	0.04450	0.04450	1.38	0.260
NFIBSUM	1	0.12459	0.00043	0.00043	0.01	0.910
SPRING	1	1.08211	1.04567	1.04567	32.44	0.000
LASPRING	1	0.00110	0.08563	0.08563	2.66	0.125
LASUMMER	1	0.29132	0.29132	0.29132	9.04	0.009
誤差	14	0.45124	0.45124	0.03223		
合計	19	1.96610				

自由度は $1+1=2$ である．ゆえに，平均平方は 0.146 となり，F 比（自由度 2 と 16）は $(0.146/0.03223) = 5.43$ である．このときの p 値は 0.028 である（F 値から p 値を求めるやり方は Web 上のパッケージ専用の補足を参照せよ）．この結果から帰無仮説を棄却するかどうかの決定は，p 値を設定するために考慮した緊迫性の水準に依存することになる．

合成に使われた 2 つの変数は全モデル式での最後に置かれていた．このことは重要である．というのも，最後の 2 つの変数の逐次平方和は他のすべての変数によって調整済みのものであり，検定は合成された変数の調整平方和に基づいて行う必要があるからである．

11.3 自動的モデル選択法

多くの説明変数をもち，その中から選択しなければならないとき，自動的に変数選択を行うという方法を利用できる．段階的に変数を含めるかどうかを決めていく単純な手法としては，変数増加法（forwards stepwise regression）と変数減少法（backwards stepwise regression）という 2 つの方法がある．これらを行うときの陥りやすい陥穽や問題点に焦点を当てながら紹介しよう．

段階的回帰はどのように行うのか

データセットに 5 つの X 変数があったとしよう．変数増加法の出発点は，説明変数を全く含まない空モデル（null model）である．第 1 段階では，説明変数を 1 つずつ含む 5 つのモデルを当てはめる（$Y = X1$，$Y = X2$ などである）．これら 5 つのモデルから，最大の F 値，つまり最小の p 値をもつ変数のモデルを選択する．この変数をたとえば $X3$ とすると，第 2 段階では，この変数に加え，さらに第 2 の説明変数として他の 4 つの変数のうち 1 つを追加したモデルを当てはめる（$Y = X3 + X1$，$Y = X3 + X2$ など）．こうしたモデルの当てはめが

比較検討され，残された変数の中で最も強い変数が選ばれ，モデルに加えられる．この過程はさらに続けられるが，残されたどの変数の F 比も十分に大きくなく，あるいは p 値が十分に小さくなければ，それらのどの変数もモデルに付け加える価値が無いと判定され終了する（その判断の境界となる F 値は 4，p 値は 0.05 と設定されるのが通常である）．このようにその過程が終了した時点で，最良のモデルが選ばれたことになる．

変数減少法では上と同じ原理に従うが，出発点は全モデル（full model）である（つまり，$Y = X1 + X2 + X3 + X4 + X5$ である）．第 1 段階では，各変数の F 比あるいは p 値が調べられ，最小の F 比あるいは最大の p 値をもつ変数がモデルから除かれる（これは調整平方和で行う）．この過程は，モデルの中の最も弱い変数でさえ十分に大きい F 比をもつ，あるいは十分に小さな p 値をもつと判定されるときまで繰り返される．各変数の自由度が同じならば（たとえば，すべての変数が連続型ならば），変数を含めるか含めないかの判定基準として F 比を用いても p 値を用いても同じである．

段階的回帰は，現在でも，モデル選択問題を解決するのに用いられているが，次の例ではこの自動的な手法を用いたときの陥穽について解説しよう．

鯨観光問題に対する段階的回帰

鯨観光用の遊覧観光船を営むある会社は，鯨を観察できなかった場合には料金の半額を返済することを保証している．そこで，その会社は差益を上げるため，鯨が観察できそうかどうかについて，当日の毎朝午前 8 時までに予測をしたいと思っている．観察できそうになければ，その日の観光は中止する．今まで 3 年間で 180 回観光船を出し，その都度集められたいくつかの変数に関するデータベースが作られていた．ここでの解析の目的は，1 周遊の 1 分間当たり観察される鯨の頭数を予測するにはどの変数が重要かを決定することにある．変数は表 11.3 に与えられている．応答変数は 1 周遊当たり観察された鯨の頭数である．ただし，遊覧時間の長

表 11.3 鯨観光（whale watching）データセットの変数

説明変数	
TRIPID	周遊を区別する識別番号，1...180
YEAR	年を区別する識別番号，1, 2, 3
MONTH	月を区別する識別番号，5, 6, 7, 8, 9
DAY	日
NPASS	各周遊の乗客数
CLOUD8AM	港における午前 8 時の雲量，0（快晴）...8（全くの曇天）
RAIN8AM	港における午前 8 時の雨量，0（無），1（少雨），2（中雨），3（大雨）
VIS8AM	港における午前 8 時の視界，km 単位
RAIN	周遊中の雨量，0, 1, 2, 3
VIS	周遊中の視界，km 単位
DURNTOT	周遊にかかる遊覧時間，分単位
応答変数	
LRGWHALE	$\log\left[0.01 + \dfrac{\text{周遊中に観察された鯨の頭数}}{\text{鯨の観察場所での滞在時間}}\right]$

> **BOX 11.6　鯨観光データセットの変数増加法による解析**
>
> 段階的回帰
> Y 変数は LRGWHAL，プログラムは 11 の説明変数からの選択を行った
>
> | 段階 | 1 | 2 | 3 |
> |---|---|---|---|
> | 定数 | -4.525 | -4.555 | -4.641 |
> | | | | |
> | VIS | 0.1252 | 0.1041 | 0.1056 |
> | T-value | 13.91 | 7.63 | 7.79 |
> | P-value | 0.000 | 0.000 | 0.000 |
> | | | | |
> | VIS8AM | | 0.029 | 0.037 |
> | T-value | | 2.05 | 2.56 |
> | P-value | | 0.042 | 0.011 |
> | | | | |
> | RAIN | | | 0.146 |
> | T-value | | | 2.18 |
> | P-value | | | 0.031 |
> | | | | |
> | R^2 | 45.67 | 46.65 | 47.73 |
> | R^2_{adj} | 45.44 | 46.18 | 47.04 |

さで修正され，GLM の仮定を満足するように変換されている．

　会社の経営者は段階的回帰を用いてこの問題を解決することにした．その際，モデルに変数を含めるときの判定の基準として，F 比の値を 4 とした．変数増加法を用いた出力結果が Box 11.6 である．第 1 段階では，VIS が採用され，2 番目に加えられた変数は VIS8AM であり，3 番目は RAIN である．

　他の変数はモデルに付け加えても有意な F 比にならなかったので，この時点でプログラムは終了している．段階的回帰ではモデルの適合度を示す他の数値もいくつか表示される．ここでは R^2 と調整 R^2 が表示されているが，他のものについては Web 上のパッケージ専用の補足で参照できる．

　では，この自動的な手法によって，適切で役に立つモデルを選択できたのであろうか？ この例では，経営者は段階的回帰プログラムに 11 個のすべての変数を入力している．最も関係する変数をいくつか選んで，それらに焦点を当てるということをしなかったために，この出力は p 値の多重性という問題からの影響を確実に受けていると思われる．最初の p 値は非常に有意である（VIS に対して $p < 0.005$）．一方，VIS8AM に対しては $p = 0.042$ であり，証拠としては少し弱い．これから判断すると，約 40%の確率で 10 個の変数のうち少なくとも 1 個の変数が有意になりそうである．それゆえ，この 2 番目の結果については疑ってかかるべきだろう．以上が p 値を解釈する際の統計的議論である．しかし，統計的でない議論もまた重要なのである．

そもそも，VIS と VIS8AM を含むモデルは社長の目的にかなったものなのだろうか？ VIS は遊覧中の視界の程度である．それが，観察できる鯨の頭数の良い予測を与える変数であることはわかったが，周遊に出なければ知ることのできない測定値である．一方，VIS8AM は出発前に測定できる変数である．ある特定の時点での予測を行うとき，どのような変数が利用できるのかということについて，社長は判断を誤っているのである．もちろん，回顧的にその関連を説明したいというのなら別なのであるが．

この例が示すように，このような自動的な手法に依存すると次に挙げるいろいろな問題が起ってくる．

1. 最良のモデルを選ぶときに，純粋に統計的な手法のみに頼りたいという誘惑がある．初心者は，自動的な手法は統計的に洗練されたものであるといった印象をもつかもしれないが，そのために他の関連した情報が無視されがちになる．いくつかの関連しそうな変数をモデルにあらかじめ含めておけば，それはある程度まで克服することができる．
2. また，考えられる限りのすべての変数をプログラムに放り込めば，勝手に選別してくれるだろうという誘惑もある．しかし，これは，目標を定めたやり方ではない．11.2 節で論じた多重性の問題を引き起こすことになる．
3. いくつかの統計パッケージでは，段階的回帰で用いられる変数は連続型に限るという制限がある．上の例では，YEAR がカテゴリカル型なのでこれに関係する．これに関しては後に詳しく述べることにする．
4. モデルに変数を含めるとき，統計的判定基準を F 比 4 と固定し，いつもこの基準で判断したいという誘惑もある．しかし複数の変数を扱うときは，緊迫性についてもっと厳しく考えるべきである．変数選択の段階ごとに異なる判定基準を用いるという選択肢もあるかもしれない．しかし，その選択過程を決定するための厳密な方法は存在していない．
5. 最後に，変数増加法と変数減少法がそれぞれ異なる最適モデルを導き出すということもよくあることである．

上の 5 番目の問題についてもう少し詳しく考えてみよう．これは，複数の連続型変数が情報をどのように共有し合っているかに関係している．1 例として，3 つの変数，$X1, X2, X3$ があったとしよう．図 11.3 はモデル $X1 + X2 + X3$ を 3 通りに表したものである．どの図でも，全線分の長さは，$X1 + X2 + X3$ を適合させたときの平方和の大きさを示している（よって，図 11.3 (a)–(c) における全線分の高さはすべて等しい）．図 11.3 (a) において，0 点から $X1$ の点までの線分の長さは $X1$ のみを適合させたときの平方和である（図 11.3 (b) と図 11.3 (c) においても同様であり，それぞれ $X2$ と $X3$ を適合させたときのものである）．図 11.3 (a) における 2 番目の $X2 + X3$ と書かれた点は $X2 + X3$ を適合させたときの平方和を表す（変数減少法の考え方に従うと，$X1 + X2 + X3$ と $X2 + X3$ との間の差は全モデルから $X1$ を取り除いたときの平方和の減少を表す）．図 11.3 (b), (c) における $X1 + X3$ と $X1 + X2$ も同様である．では，これらの図を使い，変数増加法と変数減少法を用いて「最適なモデル」を導いてみよう．

変数増加法では，$0 \to X2$ の距離が最も大きいので，変数 $X2$ を 1 番目の変数としてモデル

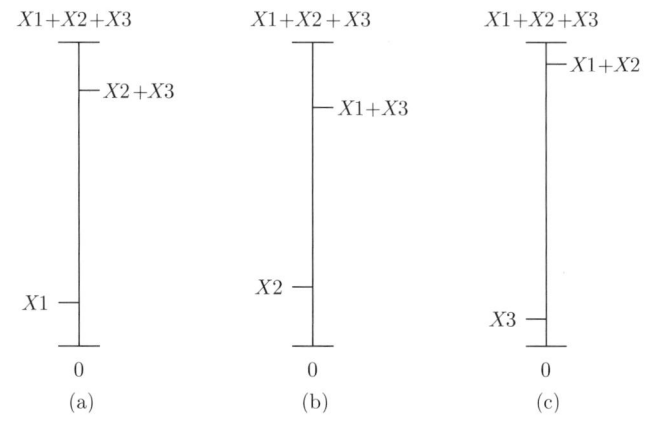

図 11.3　変数増加法と変数減少法が同じモデルを選ぶ場合

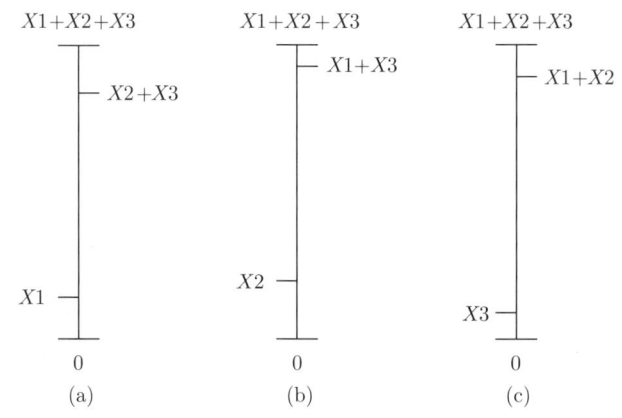

図 11.4　変数増加法と変数減少法が異なるモデルを選ぶ場合

に組み込む．次の段階では，$X2$（図 11.3(b)）から $X2+X3$（図 11.3(a)）あるいは $X2+X1$（図 11.3(c)）へと飛ぶのであるが，後者の移動のほうが大きいので，$X1$ が次にモデルに組み込まれる．最後に，プログラムは $X3$ を含めるべきかどうか判定するのであるが，それで得られる説明力（平方和）の増加は少ないので（ここではとりあえず，有意でなかったとしておこう），終了する．ゆえに，変数増加法が選別したモデルは $X1+X2$ である．

一方，変数減少法では，全モデルから出発して最も有意でない変数を最初に取り除く．この場合は，頂点から最も近い位置にあるのは $X1+X2$（図 11.3(c)）なので，$X3$ を取り除く．$X1$ または $X2$ をさらに取り除くと，説明力は著しく減少するので，プログラムはここで終了する．こうして，この場合は，変数増加法でも変数減少法でも同じモデルが選択される．

図 11.4(a)–(c) では話が違ってくる．このとき，変数増加法はまず $X2$ を選び，次に前と同様に $X1$ を選び終了する．一方，変数減少法では，$X2$ を取り除き（図 11.3(b) で頂点から最も短い距離をもつものが $X1+X3$ なので），終了する．今回は，2つの手法は異なる結果を導き出してしまった．この2番目の例では，実は $X2$ と $X1+X3$ は情報を共有し合っているのである．そのため1変数だけからなる3つのモデルの中では $X2$ が最も有意になるのだが，全

モデルからそれを取り除いたとき，説明される平方和の減少は最も小さいものになっている．

まとめると，多くの統計パッケージがこのような自動的手法を備えているので，この手法について知っておくことは重要である．しかし，モデル選択にかかわるいろいろな問題点と課題について認識を得たので，実際にさまざまな一般線形モデルを自分で当てはめようと試みてみるほうが好ましい．そこでは，あなた自身，モデルを選択する過程に積極的にかかわるべきなのである．鯨観察データセットを再度検討し，そのような別のやり方について説明してみよう．

11.4 鯨観光：GLM による手法を使う

どのようなときに観光船の出航を中止したらよいのか知るために，データセットを再度解析する仕事が，ある女性従業員に与えられた．彼女の最初の解析結果が Box 11.7 である．

この最初の解析は非常に節約的なもので，モデルにはわずか 5 つの変数しか含まれていない．これは p 値の多重性の問題をなるべく小さくしたいという意図からきたものである．予測に役立つ可能性のある変数のみに焦点が当てられている．たとえば，出航前の午前 8 時での雲量，降雨量，視界などである．一方，遊覧中の降雨量や視界などは含まれていない（これらを使って予測したとしても，中止するには遅すぎる）．この最初の解析では，午前 8 時での視界は高い有意性を示している（$p < 0.0005$）．また，明らかに良かった年と悪かった年がある（$p < 0.022$）．

次にやるべきことは，モデルを単純化することである．では，この最初の解析で有意であった変数のみを取り出して，それで済ませてよいものだろうか？ 言い換えると，変数 VIS8AM さえわかれば，残りの RAIN8AM と CLOUD8AM から得られる情報はないと判断してよいのだろうか？ 残念ながらそうではない．判断はもう少し慎重でなければならない．

逐次平方和と調整平方和の差には 2 つの注意すべき点がある．第 1 点は，CLOUD8AM で

BOX 11.7　鯨観光データセットに対する 1 番目の GLM 解析

一般線形モデル

モデル式：LRGWHAL = YEAR + MONTH + CLOUD8AM + RAIN8AM + VIS8AM
YEAR と MONTH はカテゴリカル型で，CLOUD8AM, RAIN8AM, VIS8AM は連続型

LRGWHAL に対する分散分析表，検定は調整平方和を用いる

変動因	DF	Seq SS	Adj SS	Adj MS	F	P
YEAR	2	6.7923	2.9032	1.4516	3.88	0.022
MONTH	4	6.1211	3.5533	0.8883	2.38	0.053
CLOUD8AM	1	4.4622	0.1864	0.1864	0.50	0.481
RAIN8AM	1	9.7026	0.5748	0.5748	1.54	0.216
VIS8AM	1	23.8503	23.8503	23.8503	63.80	0.000
誤差	222	82.9960	82.9960	0.3739		
合計	231	133.9245				

もRAIN8AMでも，両平方和の間の落差はかなり大きいということである．これは，いくつかの説明変数が情報を共有し合っていることを示している．第2点は，どちらの変数の場合も逐次平方和が大きいということである．これは，単独のモデルならば，あるいはもう少し変数の少ないモデルならば，片方あるは両方とも有意になるかもしれないという可能性を示している．このような重回帰問題において，モデルを単純化するときに行ってみるべきことの1つは，予測に役立つ変数とモデルに必要のない変数を分離することである．

ゆえに，この問題を解くときには，モデルに組み込まれる変数の順序が重要になる．ある変数の調整平方和をその逐次平方和と比較したときに見られる落差は，モデルの中でその変数より後にどのような変数が組み込まれるかということに関係する．RAIN8AMに関して言うと，その減少はVIS8AMがその後に存在していることによって生じている．一方，VIS8AMは，他の4つの変数がすでに組み込まれた後でも有意である．ゆえに，VIS8AMは残し，RAIN8AMは除くべきである．

しかし，RAIN8AMを取り除いたことが残りの変数の有意性にどのような影響を与えるかはまだ不明である．CLOUD8AMの調整平方和と逐次平方和との間の落差はRAIN8AMとVIS8AMの両方あるいは一方に関係しているからである．CLOUD8AMがRAIN8AMに大きく関係しているようならば，RAIN8AMが取り除かれたとき，CLOUD8AMは有意になる可能性があるだろう．このようにモデルの単純化において変数を減らすときは，1度につき1つとすべきである．そうやってRAIN8AMをモデルから除外したときの結果がBox 11.8である．

変数CLOUD8AMはRAIN8AMを取り除いた後でも有意ではないので，これもまた取り除いたほうが良い．これで次の3番目のモデルに進むことになるが，その結果がBox 11.9である．VIS8AMは依然として高い有意性を示している．また，YEARも$p = 0.028$から有意であり，MONTHも$p = 0.045$で有意である．さて，問題はモデルをさらに単純化すべきかどうかということである．

BOX 11.8　鯨観光データセットに対する2番目のGLM解析

一般線形モデル

モデル式：LRGWHAL = YEAR + MONTH + CLOUD8AM + VIS8AM
YEARとMONTHはカテゴリカル型で，CLOUD8AMとVIS8AMは連続型

LRGWHALに対する分散分析表，検定は調整平方和を用いる

変動因	DF	Seq SS	Adj SS	Adj MS	F	P
YEAR	2	6.7923	2.6981	1.3490	3.60	0.029
MONTH	4	6.1211	3.6100	0.9025	2.41	0.050
CLOUD8AM	1	4.4622	0.0293	0.0293	0.08	0.780
VIS8AM	1	32.9781	32.9781	32.9781	88.00	0.000
誤差	223	83.5708	83.5708	0.3748		
合計	231	133.9245				

> **BOX 11.9　鯨観光データセットに対する 3 番目の GLM 解析**
>
> 一般線形モデル
>
> モデル式：LRGWHAL = YEAR + MONTH + VIS8AM
> YEAR と MONTH はカテゴリカル型で，VIS8AM は連続型
>
> LRGWHAL に対する分散分析表，検定は調整平方和を用いる
>
> | 変動因 | DF | Seq SS | Adj SS | Adj MS | F | P |
> |---|---|---|---|---|---|---|
> | YEAR | 2 | 6.7923 | 2.7000 | 1.3500 | 3.62 | 0.028 |
> | MONTH | 4 | 6.1211 | 3.6917 | 0.9229 | 2.47 | 0.045 |
> | VIS8AM | 1 | 37.4110 | 37.4110 | 37.4110 | 100.24 | 0.000 |
> | 誤差 | 224 | 83.6001 | 83.6001 | 0.3732 | | |
> | 合計 | 231 | 133.9245 | | | | |
>
> | 項 | Coef | StDev | T | P |
> |---|---|---|---|---|
> | 定数 | −4.44327 | 0.07182 | −61.87 | 0.000 |
> | YEAR | | | | |
> | 1 | −0.08330 | 0.06238 | −1.34 | 0.183 |
> | 2 | 0.15006 | 0.05583 | 2.69 | 0.008 |
> | *3* | *−0.06676* | | | |
> | MONTH | | | | |
> | 5 | 0.1177 | 0.1230 | 0.96 | 0.339 |
> | 6 | 0.01618 | 0.07803 | 0.21 | 0.836 |
> | 7 | 0.18729 | 0.07194 | 2.60 | 0.010 |
> | 8 | −0.07378 | 0.08984 | −0.82 | 0.412 |
> | *9* | *−0.24739* | | | |
> | VIS8AM | 0.10217 | 0.01020 | 10.01 | 0.000 |

　この時点で考えてみるべきことは，むしろ統計的判断を越えたものについてである．MONTH は変数を少なくしたモデルでかろうじて有意である（$p = 0.045$）．しかし，これは手間のかからない変数でもある．該当する月を入力することは非常に容易であり，測定するのに何の費用もかからない．また生物学者による鯨の研究によると，鯨の行動には季節的な変化が見られるようである．この変数について考えるとき，これらのことが考慮されてよい．2 番目に考察が必要なのは，年によってあきらかに有意な違いが見られるということである．しかし，観光シーズンの初期においては，データは十分ではないだろうから，その年が良い年なのか悪い年なのかを判断することはできないかもしれない．観光シーズンの終りに近づくにつれて，その年のデータも蓄積されてくるので，変数 YEAR の予測力も大きくなっていくだろう．それゆえに，変数 YEAR が有意であるといっても，それが役に立つかどうかは観光シーズンの中の時期に依存することになるだろう．

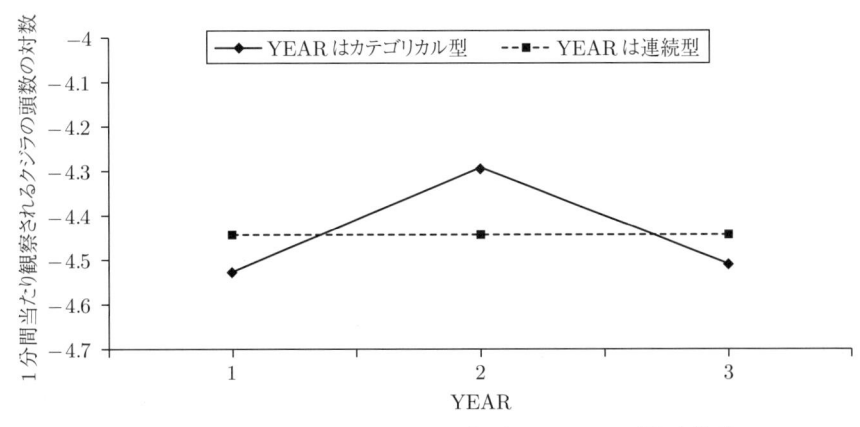

図 11.5 変数 YEAR の最小 2 乗平均（カテゴリカル型と連続型）

　一般線形モデルによる手法では，先に述べた段階的回帰によるものとはかなり異なったモデルを選択することになった．大きな違いは，自動的なやり方では変数 YEAR が説明変数として全く選ばれなかったという点である．この説明は簡単にできる．段階的回帰ではすべての変数を連続型として扱うからである．まず Box 11.9 で選ばれたモデルを見てみると，その係数表から年によって鯨の観察頭数が変化していることがわかる．平均の変化は -0.083, 0.150, -0.067 である（全体の和が 0 になるように最後の数値は計算されている．これについては 3.2 節を参照せよ）．図 11.5 からわかるように，年 2 が最も良い年であり，年 1 と年 3 は平均を下回っている．

　YEAR は，段階的回帰では連続型として扱われ，GLM ではカテゴリカル型として扱われている．3 年間での鯨の観察頭数の変化の様子からすると，それらに適合する直線の傾きはほとんど 0 である．これは，カテゴリカル型変数を連続型として扱い，その傾きを検定するだけであるならば，それがいかに不適切なものになるかという良い例になっている．強調しておきたいのは，解析において変数の有意性だけを見るのではなく，その効果の傾向やパターンを見ることも重要だということである．そのように実行される解析は，より適切なものになり，より感度の高いものになるだろう．

　まとめると，重回帰におけるモデル選択の原理に従った解析が GLM の中で実行された．最初に検討するモデルの説明変数の数を制限することにより，従業員は予測に役立つ可能性のある適切な変数に焦点を当てようと試みたのである．それはすなわち多重性の問題を小さくしようとする試みでもあった．モデルの単純化は，モデルに組み込まれる変数を節約しようという方向に働くが，そこでは統計的な配慮のみならず，それ以外の要因も考慮すべきである．

11.5 要　約

　本章では，重回帰問題において，候補となる複数の説明変数の中から最良のモデルを選び出す手法について述べた．

- 重回帰問題では，交互作用を考えることはほとんどない．ゆえに，境界設定について考えなければならないことはほとんどない．
- いかに効率的にモデルがデータに適合しているかを評価する量として次の2つを導入した：(1) 調整 R^2，(2) 予測区間．
- p 値の多重性は重回帰において重要な問題である．可能な解決策として次の方法を紹介した：(1) やみくもに有意性を導こうとするのではなく，興味ある主要な問題に集中する，(2) 緊迫性を考慮した有意性の条件を設定する，(3) 疑問とする問題数を減らすために平方和を合成する．
- 自動的モデル選択の問題点は次の4つがある：(1) それは純粋に統計的な考慮のみで実行されるが，通常それ以外の因子も重要である，(2) 変数選択において既定の判定基準が適用されがちであるが，緊迫性を自ら考慮した基準のほうが適切な場合もある，(3) 特定の疑問に焦点を当てようとせず，すべての変数が使われがちである，(4) 変数増加法と変数減少法とでは異なる最適解を導くこともある．一方，段階的回帰が有効な状況もありえる．たとえば，純粋に探索的な研究において膨大な数の X 変数が存在し，それらについて事前の見込みや制約がないときである．
- モデル選択の原理を使って，GLM によるモデル単純化の例が与えられた．

11.6 練習問題

ネコノミの最良な駆除法を見つける

ペット雑誌の記者が，ほとんどの家庭で利用されている2種類のネコノミ駆除法の効果を比較しようとした．調査では，猫を飼っている家庭に「観察対象とする猫」を選んでもらい，データを報告してもらうようにした．それらは，以下のような変数をもつネコノミ (cat fleas) データセットに納められた．

NCATS	家庭における猫の数
CARPET	対象猫がカーペットのある部屋に入ることが許されているか (CARPET=1)，否か (CARPET=0)
FLEAS	対象猫に寄生したノミの1年間を通した平均密度
TRTMT	比較される2つの駆除法の識別番号，1 または 2
HAIRL	対象猫の背中の毛の長さ (mm)

初めに，記者は応答変数として LOGFLEAS を用い，それが2つの駆除法によって異なるかどうかという最も簡単な解析を行った．次に，応答変数として FLEAS と LOGFLEAS を用い，別の解析も行った．その結果が Box 11.10 である．

(1) Box 11.10 (a) からどのような結論が導き出せるか？
(2) 解析2と3 (Box 11.10 (b) と (c)) に対して R^2 を計算せよ．
(3) 上に与えられた証拠と問 (2) に対する答から，2番目と3番目のモデルのどちらが良いかをモデル評価法を用いて判定できるだろうか？
(4) 追加した変数は駆除法の比較に役立っているか，それとも邪魔をしているか？ネコノミデータセットを用いて，対象猫の背中にいるノミの平均密度を最も効果的に予測する最終モデルを作れ．その

BOX 11.10 (a)　FLEAS に対する最小モデルを使ったネコノミデータセットの解析：解析 1

一般線形モデル

モデル式：LOGFLEAS = TRTMT
TRTMT はカテゴリカル型

LOGFLEAS に対する分散分析表，検定は調整平方和を用いる

変動因	DF	Seq SS	Adj SS	Adj MS	F	P
TRTMT	1	1.6118	1.6118	1.6118	1.68	0.199
誤差	87	83.5915	83.5915	0.9608		
合計	88	85.2033				

BOX 11.10 (b)　FLEAS に対する全モデルを使ったネコノミデータセットの解析：解析 2

一般線形モデル

モデル式：FLEAS = TRTMT + HAIRL + NCATS + CARPET
TRTMT と CARPET はカテゴリカル型で，HAIRL と NCATS は連続型

FLEAS に対する分散分析表，検定は調整平方和を用いる

変動因	DF	Seq SS	Adj SS	Adj MS	F	P
TRTMT	1	1412	18438	18438	2.72	0.103
HAIRL	1	17463	4	4	0.00	0.981
NCATS	1	188947	188994	188994	27.90	0.000
CARPET	1	32498	32498	32498	4.80	0.031
誤差	84	568947	568947	6773		
合計	88	809267				

モデルの R^2 と調整 R^2 を，解析 3 の同じものと比較せよ．

p 値の多重性

次の指示に従い人工のデータセットを作れ．

平均 10.5 と分散 2.4 の正規分布から 30 個の乱数を取り出し，列ベクトルを作る（この命令は統計パッケージによって異なるので，Web 上のパッケージ専用の補足を参照せよ）．これを 11 回繰り返せ．

このデータセットは，30 個の対象個体からのそれぞれ 11 個の変数の測定値であると解釈する．データは無作為に取り出されているので，それらは完全に無相関である．しかし，これが重回帰問題であると考えてみよう．最初の変数を応答変数とし，残りの 10 変数を説明変数と考える．解析では，すべての変数が無関係であるという帰無仮説を検定するために，全回帰に対する F 検定を行ってもよいし，モデル式における 1 つ 1 つの変数に対してそれぞれ F 検定を行ってもよい．

新しくデータを生成させて，このような解析を 10 回または 20 回繰り返せ．

BOX 11.10(c) **LOGFLEAS** に対する全モデルを使ったネコノミデータセットの解析：解析 3

一般線形モデル

モデル式：LOGFLEAS = TRTMT + HAIRL + NCATS + CARPET
TRTMT と CARPET はカテゴリカル型，HAIRL と NCATS は連続型

LOGFLEAS に対する分散分析表，検定は調整平方和を用いる

変動因	DF	Seq SS	Adj SS	Adj MS	F	P
TRTMT	1	1.6118	5.7593	5.7593	9.03	0.004
HAIRL	1	1.1523	0.1642	0.1642	0.26	0.613
NCATS	1	22.5843	22.5915	22.5915	35.41	0.000
CARPET	1	6.2605	6.2605	6.2605	9.81	0.002
誤差	84	53.5944	53.5944	0.6380		
合計	88	85.2033				

(1) 全回帰に対して検定を行ったときの p 値を記録せよ．その検定が有意になったのは何回か？

(2) 個別の変数に対する検定において，最も有意であった変数の有意度を記録せよ．その p 値を問 (1) で記録された p 値と比較せよ．どちらの p 値のほうが役に立つ情報を提供するか，そしてそれはなぜか？

(3) それぞれの解析において，R^2 と調整 R^2 を記録せよ．データセットは互いに無関係な変数から成り立っていることを前提にすると，これらのどちらが役に立つ情報を与えてくれるだろうか？

(4) 記録した 4 種類の値の集合（2 種類の p 値の集合と 2 種類の R^2 の集合）が与えられているが，X 変数の数を 1, 2, 3, 4, ... と増やしていくとき，それらはどのようなパターンを示すか？

第12章

変量効果

　本章[†1]では，生物学者のために変量効果を紹介する．変量効果とは何か，またそれをどのように理解すればよいのかについて説明する．簡単な例もいくつか挙げるだろう．もっとも，多くの理論や統計パッケージが，ここで紹介する以上に，この変量効果について深くそして詳しく取り扱っていると思われる．

　直交的な計画であればその変量効果の解釈はやさしいが，そうでないならばその F 検定のほとんどは近似的な検定になる．求められる F 比がもはや帰無仮説の下での F 分布に従わないからである．そのため，「最も近い」F 分布を見つけて，帰無仮説の下での実際の分布を近似することになる．そのとき，F 比の分子の自由度は整数ではないかもしれない．たとえば，自由度 4.32 と 12 をもつような F 比を扱うこともあるだろう．

　変量効果を扱うには，4つの新しい概念に慣れる必要がある．次に説明する3つの例で，生物学者が変量効果をよく経験するような状況を紹介しよう．

12.1　変量効果とは何か

固定要因と変量要因の区別

　変量効果（random effect）とは，その水準がある「大きな母集団」からの標本として見なせるようなカテゴリカル型変数のことである．これと対照的に，固定効果とは，その要因の取る水準それ自身に関心があるときの変数である．変量効果の水準は人間，ブタ，植物などの生物個体であることが多い．たとえば，ある特定の種類の植物のカルシウム含有量は株間でばらつくかという問題を考えてみよう．これに答えるために，野外で10株の無作為標本が採集されたとしよう．カルシウム濃度（CACONC）を測定するために，各株からいくつかの標本が取られる．株内や株間で CACONC を比較すれば，それらが株間で異なるかどうか決定できるだろう．この問題に対するモデル式は次のようになる．

　[†1]（訳注）　原著の本章は，母数と推定量と推定値を同じ記号あるいは同じ用語で表記している．本訳書では混乱を避けるため，少なくとも母数と推定量・推定値とは区別することにした．たとえば，母集団分散 σ^2 の推定量・推定値は $\hat{\sigma}^2$ と表記している．また，母数であることを強調するため，ことさらに母集団分散などと訳したところもある．

224　第 12 章　変量効果

$$\text{CACONC} = \text{PLANT}$$

これを解析して結論を導くとき，10 株の標本からの結果を，「大きな母集団」を構成する同種の植物株に外挿したいと思うかもしれない．

　これは，**固定効果**[†2] (fixed effect) を扱ってきたこれまでの章の解析とは対照的である．たとえば，植物のカルシウム含有量に対するある肥料の影響を調べるために，10 本の株が 2 つの処理に配分されたとしよう．このとき，1 株当たり 1 個の測定値が取られると，そのデータは次のように分析されるだろう．

$$\text{CACONC} = \text{TREATMENT}$$

ここでの問題は，これらの特定の処理が植物のカルシウム濃度に影響を与えるかどうかである．最初に述べた解析では，PLANT は変量要因であり，1 つの株から複数の測定値が取られている．一方，いま述べた解析では，TREATMENT は固定要因であり，1 株が反復単位として扱われている（各株からは 1 個の測定値が取られた）．

　固定効果と変量効果には，互いを区別するための 2 つの特徴がある．第 1 の特徴は，どのような推論を望んでいるのかというものである．統計的検定による結論は，「大きな母集団に外挿されるのか？」，それとも「特殊な実験条件にのみ関係したものなのか？」である．最初の例では，植物株はモデル式の 1 要因として定義され，その 10 本の異なる株に対して 1 から 10 までの識別番号が付けられた．しかし，これら 10 本の株に特に興味があるわけではなく，その植物種の無作為標本として考えているだけである．もし PLANT が有意な要因であるとわかったら，この植物種は株間でカルシウム含有において有意にばらつくと結論されるだろう．このとき，標本における無作為性は原理的にたいへん重要である．つまり，結論が妥当であるためには，母集団からの標本として偏っていてはならない．一方，2 番目の実験では，肥料処理は（1, 2 として識別する），2 つの特定の肥料に関係するだけである．その分析の結果が有意であったならば，これら特定の肥料の影響で植物のカルシウム含有に差が生じたと結論されるだろう．この結論はこれら 2 つの肥料についてだけのものであり，肥料一般に対する結論ではない．ただ，固定効果をもつ説明変数であるときでも，その結論を外挿することもよくある（内挿ならばさらに妥当である）．たとえば，TEMP（温度）が説明変数であるような実験を行うとしよう．摂氏 5 度，10 度，15 度で違いが検出されたならば，12 度でも違いがありそうであると結論するかもしれない．しかしこのとき，そのモデルを使って外挿しているのは研究者自身である．一方，変量効果では，各個体が所属する母集団のもつ分散を推定し，さらにその結論をその母集団に外挿するのは，そのモデル自身なのである．

　固定効果と変量効果を区別する第 2 の特徴は，反復の概念である．同じような実験を行うとき，その実験が反復であるためには，何が同じでなければならないのだろうか？　固定効果の場合，肥料についての実験ならば同じ肥料が使われなければならない．つまり，固定効果の水準が同じでなければならない．異なる肥料を使えば，新しい実験となり，前の実験の反復とは見なされない．一方，植物のカルシウム濃度を比較するとき，実験が反復として見なされるため

[†2]（訳注）「母数効果」と訳される場合もある．

に同じでなければならないものは母集団である．植物個体は異なっていてもかまわない．しかし，母集団が異なると別の問題を扱うことになる．

よって，要因が固定要因なのか変量要因なのか迷うとき，次のように自問してみるとよい．(1) 結論は何に対して適用されるのか？ (2) 同じ問題に対して正確に反復されるべきものは何なのか？ ところで，変量要因は生物個体であることが多いが，農場や学校であってもよい．

なぜそれが問題か

これまでデータに当てはめられてきたモデル式は，一般的には次のような形式をもっていた．

$$Y = （1個あるいは複数個の）固定効果 + 誤差$$

Y の変動は固定効果で説明される部分と説明されずに残される部分に分解される．誤差の項は，モデル式の右辺で分散をもつ唯一の項である（つまり，研究での反復において変化する唯一の項である）．第8章で説明したように，それぞれのデータ点に独立性を付与している項でもある．つまり，このGLMの仮定とは，各データ点での誤差が独立であるというものなのである．しかし，モデルが変量要因を含むとき，それは次のようになるだろう．

$$Y = （1個あるいは複数個の）固定効果 + （1個あるいは複数個の）変量効果 + 誤差$$

このとき，変量要因もまた分散をもっている．変量要因が全く重要でないならば，Y に対して変量要因を関係させるような母数はすべて 0 になり，その要因はモデル式と関係しなくなる．しかし，変量要因が重要である場合は，各個体は変量要因の水準として互いに異なることになる．変量要因による変動は，どの個体が母集団から無作為に取られたかということに依存して，研究の反復ごとに変化することだろう．ゆえに，変動を変量要因によって生じる部分と誤差によって生じる部分に分解する必要がある．それは，まるでモデルが2つ以上の誤差の項をもっているかのようであり，仮説検定を複雑にすることになる．

モデルが2つ以上の誤差の項をもつとき，どのようなことが起るのかを理解するために，4つの新しい概念を導入しよう．

12.2 変量効果を扱うための4つの新しい概念

分散成分（Components of variance）

これまでに用いてきたどのモデルにおいても，推定された分散は誤差分散だけであった．しかし，変量要因を含むモデルでは，その変量要因に関連した分散が存在する．たとえば，鳥がどのように餌を採るのかを調べる実験において，ワイタムの森で10羽のムクドリが捕らえられたとしよう．これらの学習速度（LEARNTIME）を調べるために5回の採餌課題がそれぞれの個体（STARLINGS）に与えられた．当てはめられたモデルは次のとおりである．

$$LEARNTIME = STARLINGS$$

このモデルで，ムクドリの学習速度に違いがあるかどうかを知ることができるだろう．しかし

また，ムクドリ間の学習速度の分散も推定できる．この後者の分散の推定は，次の2つの理由で有益である．(1) この分散の大きさはそれ自体重要な情報である．(2) この分散と誤差分散の大きさの比較が役に立つ．STARLINGS の分散が誤差分散よりも非常に大きいならば，ムクドリは非常に大きな変動をもつ実験対象であることがわかる．今後の実験では，多くのムクドリを使うことによって成果が期待できるだろう．逆に，ムクドリの分散が誤差分散と比べて小さいとき，それは学習時間を測定する技術があまり正確でないことを示しており，実験を改善するためにこれらの測定技術を修正する必要があるかもしれない．

まとめると，分散には2つの成分，誤差によるものと変量要因によるものがある．両者とも推定される必要がある．

期待平均平方

期待平均平方（expected mean square）という考え方はすでによく知られている[†3]．固定効果のみをもつ ANOVA 表では，その要因の平均平方は平方和を適当な自由度で割ることによって計算された．その結果得られる平均平方は，その要因により生じた1自由度当たりの変動であると考えられる．このことをここで再度述べる理由は，分散成分と期待平均平方の間には関係があるからである．事実，分散成分と期待平均平方との関係を表す単純な公式が存在する．

どのような固定要因をもつモデルにおいても，その期待平均平方は次のような2つの成分をもっている．(1) その要因による変動（たとえば，肥料間の差やムクドリ間の差）と (2) 誤差による変動である．典型的な固定効果の場合（第1章の肥料を例に取ると），これは次のように表される．

$$\text{肥料に対する期待平均平方} = 10\frac{\gamma_1^2 + \gamma_2^2 + (-\gamma_1 - \gamma_2)^2}{3 - 1} + \sigma_E^2$$

ただし，γ_i は，肥料 i で得られる平均収穫量の全平均収穫量からの真の偏差であり，$3-1$ は肥料に対する自由度である．これは，第1章で最初に議論した肥料に対する平均平方についてのものである．この式で使われた母数 γ_i は固定されていて，帰無仮説は $\gamma_1 = \gamma_2 = 0$ であった．

対照的に，変量要因をもつモデルでの期待平均平方は，たとえば，10羽のムクドリ間の推定されるべき変動を含むことになる．10羽のムクドリは5回の課題のそれぞれで測定されている．ムクドリ間の学習時間において推定されるべき変動は，もとの母集団（各「ムクドリの学習時間」はこれからの標本と見なされる）がもつ母集団分散 σ_S^2 である．よって，その期待平均平方は次のような式になる．

$$\text{ムクドリに対する期待平均平方} = 5\sigma_S^2 + \sigma_E^2$$

ただし，σ_E^2 は誤差分散である．この場合，推定されるべき母数は，実験における特定の水準の固定効果 γ_i ではなく，もっと大きな母集団の分散 σ_S^2 である．このときの帰無仮説は $\sigma_S^2 = 0$

[†3]（訳注）本書では初出であるが，平均平方の期待値のことである．ある要因の平均平方はその要因のもつ1自由度当たりの変動の推定量として理解できる．このとき，この推定量（確率的に変動するので確率変数である）の期待値は，母集団の平均や分散などで表現されることになる．確率変数の期待値に関しては「付録2」を参照するとよい．

表 12.1 交差した実験計画

	品種 1	品種 2	品種 3
肥料 1	*	*	*
肥料 2	*	*	*
肥料 3	*	*	*

表 12.2 入れ子になった実験計画

	アオガラ 1	アオガラ 2	アオガラ 3	アオガラ 4	アオガラ 5	アオガラ 6
計画 1	*	*	*			
計画 2				*	*	*

となる.

入れ子

固定要因はふつう**交差** (crossed) するように計画されるが,変量要因の多くは**入れ子** (nested) にされる.3品種の農作物と3種類の肥料の間の要因計画では,表12.1に示されるように,肥料と野菜品種のすべての組合せが作られる.

しかし,変量要因では多くはこうならない.6羽のアオガラ (BLUETIT) の実験で,3羽ずつが異なる採餌計画 (SCHEDULE) の下で試験されたとしよう.実験の目的は,学習速度が計画1あるいは計画2のどちらで早いかを調べることにある.BLUETIT は変量効果で,SCHEDULE は固定効果である.鳥には1から6までの識別番号が付けられた.しかし,ここではすべての組合せが用いられるのではなく,アオガラは計画の中で入れ子になるので,各個体には表12.2のように,ただ1つの計画が与えられることになる.

一方,統計パッケージでは,入れ子にされる変数を記号化するとき,普通,数字を繰り返して使う.この場合では,計画1において各アオガラに1から3までの数字をあて,計画2においても残りのアオガラに1から3までの数字を再び用いる.そのため,アオガラが6羽いることを忘れると,混乱することになるだろう.

入れ子になった要因をモデル式に組み込むために括弧が使われる.入れ子にされる変数が最初にきて,それを入れ子として含む変数が括弧の中に与えられる.たとえば次のようになる.

LEARNRATE = SCHEDULE + BLUETIT (SCHEDULE)

最後の項は,SCHEDULE の中に入れ子にされた BLUETIT として解釈される.これはさらに複雑になることもある.たとえば,2つの異なる採餌計画と同様に,2つの異なる成功報酬 (RWDRATE) が設定され,それらが要因計画に組み込まれるならば,モデル式は次のようなものになる.

LEARNRATE = SCHEDULE | RWDRATE + BLUETIT (SCHEDULE RWDRATE)

これは,表12.3のように,BLUETIT が SCHEDULE と RWDRATE の中に入れ子にされていることを示す.アオガラに対して,さらにいくつかの要因を追加することもありえるだろう.

表 12.3　2つの固定要因に入れ子にされたアオガラ

	成功報酬 1	成功報酬 2
計画 1	アオガラ 1, 2, 3	アオガラ 4, 5, 6
計画 2	アオガラ 7, 8, 9	アオガラ 10, 11, 12

適切な分母

　固定効果をもつモデルにおける ANOVA は，F 比を得るために，1自由度当たりの固定効果の変動を1自由度当たりの誤差の変動に対して比較する．その適切な分母は常に誤差平均平方である．しかし，変量要因が含まれるならば，ANOVA 表のいくつかの項において，適切な分母は誤差平均平方ではないかもしれない．

　たとえば，モデルが入れ子になっているならば，その中の各層に応じて，それぞれ**適切な分母**（appropriate denominators）が必要になるだろう．このことは例を使って説明しよう．複数の植物株から複数枚の葉を採取し，カルシウム濃度を測定するとしよう．各株からは5枚の葉を採取し，その各葉から3つの円盤を切り取る．各円盤のもつカルシウム濃度を個別に測定する．こうすると，この実験は入れ子を含むことになる．葉は株の入れ子にされ，入れ子の最も低い層には円盤がある．この実験では，次のような2つの問題が考えられる．(1) カルシウム濃度は1つの株から取られた葉の間で変化するか？ (2) カルシウム濃度は株間で変化するか？最初の問題に答えるためには，1枚の葉の中での分散（同じ葉からの円盤の間で）と葉の間での分散（同じ株からの葉の間で）を比較する必要がある．また，2番目の問題に答えるには，同じ株から取られた葉の間での分散と異なる株にある葉の間の分散を比較する必要がある．これら2つの分散比の分母は異なることになる．さらにいうと，入れ子のそれぞれの層においてその分母は異なることだろう．残念ながら，変量効果を含む解析がかなり複雑になることもあるかもしれない．そのときは，適切な分母が見つけられず，合成された分母が使われることになり，そのような状況下での F 比は近似的にならざるをえない．

　では，本節で述べてきた4つの概念について3つの例を使って説明しよう．

12.3　変量要因をもつ1元配置 ANOVA

　ここでは，ある例を使い，変量要因についてできるだけ簡単に説明してみよう．4枚の葉（LEAF）からそれぞれ4個の円盤を切り取り，カルシウム濃度（CACONC）を測定した（図 12.1）．この4枚の葉をその所属する大きな母集団からの無作為標本と見なし，変量要因として考えてみよう（データは葉（leaves）データセットにある）．この例を使って，変量要因の解析のやり方について説明し，分散の各成分と期待平均平方との関係についても説明しよう．その解析結果が Box 12.1 である．

入　力

モデル式は次のように非常に単純である．

$$COCONC = LEAF$$

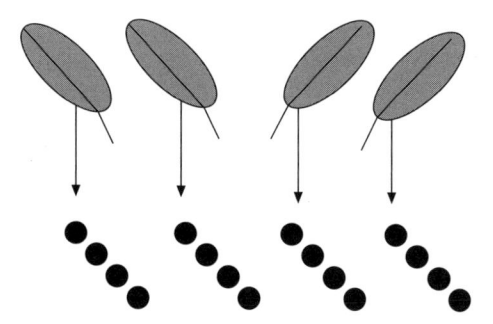

図 12.1 変量要因としての葉の違いをもつ 1 元配置 ANOVA の実験計画

BOX 12.1 変量要因をもつ 1 元配置 ANOVA

一般線形モデル

モデル式：CACONC = LEAF
LEAF は変量要因

CACONC に対する分散分析表，検定は調整平方和を用いる

変動因	DF	Seq SS	Adj SS	Adj MS	F	P
LEAF	3	0.28086	0.28086	0.09362	8.70	0.002
誤差	12	0.12910	0.12910	0.01076		
合計	15	0.40996				

調整平方和を使う期待平均平方

変動因	各項の期待平均平方
1 LEAF	(2) + 4.0000(1)
2 誤差	(2)

調整平方和を使った検定のための誤差項

変動因	誤差 DF	誤差 MS	誤差 MS の合成
1 LEAF	12.00	0.01076	(2)

調整平方和を使う分散成分

変動因	推定された値
LEAF	0.02072
誤差	0.01076

しかし，モデルを指定するとき，どれが変量要因なのか指定することも必要である（この例では LEAF である）．期待平均平方と分散の成分の表はその出力の中に表示される．これらを出力させるにはそれ専用の命令を与える必要があるかもしれない．

ANOVA 表

変量要因を含む ANOVA 表はこれまでと同様である．ここでの結論は，葉の間でカルシウム

濃度に有意な違いがあるというものである（$p = 0.002$）．次に表示される期待平均平方の表から，さらなる情報が得られる．

期待平均平方

この2番目の表には，ANOVA表と同じ変動因が示されている．ただ，参照番号がその頭に付けられている．具体的には，LEAFに1，誤差に2である．また，期待平均平方を分散成分で表す式も与えられている．誤差による母集団分散を σ_E^2 とし，LEAFによる母集団分散を σ_L^2 とすると，LEAFに対する期待平均平方の式は次のように表される．

$$4\sigma_L^2 + \sigma_E^2$$

つまり，$4 \times$ (LEAFの分散) + (誤差分散) である．これらの分散の推定量は次で与えられる．

検定のための誤差項

この表から，F 比の検定で使われる分母がわかる．この場合，それは誤差平均平方である（LEAFが固定効果であるかのように）．検定されるべき帰無仮説は，葉の間には測定誤差以外の変動は存在しないというものである．この帰無仮説が正しいならば，$\sigma_L^2 = 0$ であり，このときの F 比 $(\hat{\sigma}_L^2 + \hat{\sigma}_E^2)/\hat{\sigma}_E^2$ はほぼ1に等しいと期待される（これまでに出てきたすべての F 比も，帰無仮説の下では同様であった）．

分散成分

誤差分散 σ_E^2 は同じ葉からの円盤間の変動を表し，誤差平均平方 $\hat{\sigma}_E^2 = 0.01076$ で推定される．葉の分散の推定値は $\hat{\sigma}_L^2 = 0.02072$ になる．期待平均平方の関係式を使って，期待平均平方の推定値と各分散の推定値との関係を次のように表すことができる[†4]．

$$\text{LEAFの平均平方} = 4 \times 0.02072 + 0.01076$$
$$= 0.0936$$

1葉当たり4枚の円盤があるので，LEAFの分散は4倍される．これを説明しているのがBox 12.2である．これはBox 12.1の出力から関係する部分だけ抜き出したものである．

追加的な結論

この例では，カルシウム濃度における葉の間の分散の推定値は0.0207であるが，円盤間の分散の推定値は0.0108である．ゆえに，葉の間の変動は同じ葉の内の（円盤間の）変動よりも大きい．この情報は，将来の実験において，分析する葉の数を増やすためにもっと努力したほうが良いという示唆を与えている．

まとめると，以前と同様に帰無仮説が検定された．さらに，大きな母集団についての追加的

[†4]（訳注）LEAFの期待平均平方はまさにANOVA表のLEAFの調整平均平方（AdjMS）で推定される．つまり，「期待平均平方の推定値」は「平均平方」そのものである．また，各分散成分は，それらの推定値が関係式を満足するように代数的に解かれることにより推定される．つまり，各要因の平均平方を使って，次式が成り立つようにLEAFの分散成分が推定されたのである．そのため，Box 12.8 の MELANIC*MALE の分散成分のように負の値で推定されてしまうこともあることに注意しておこう．

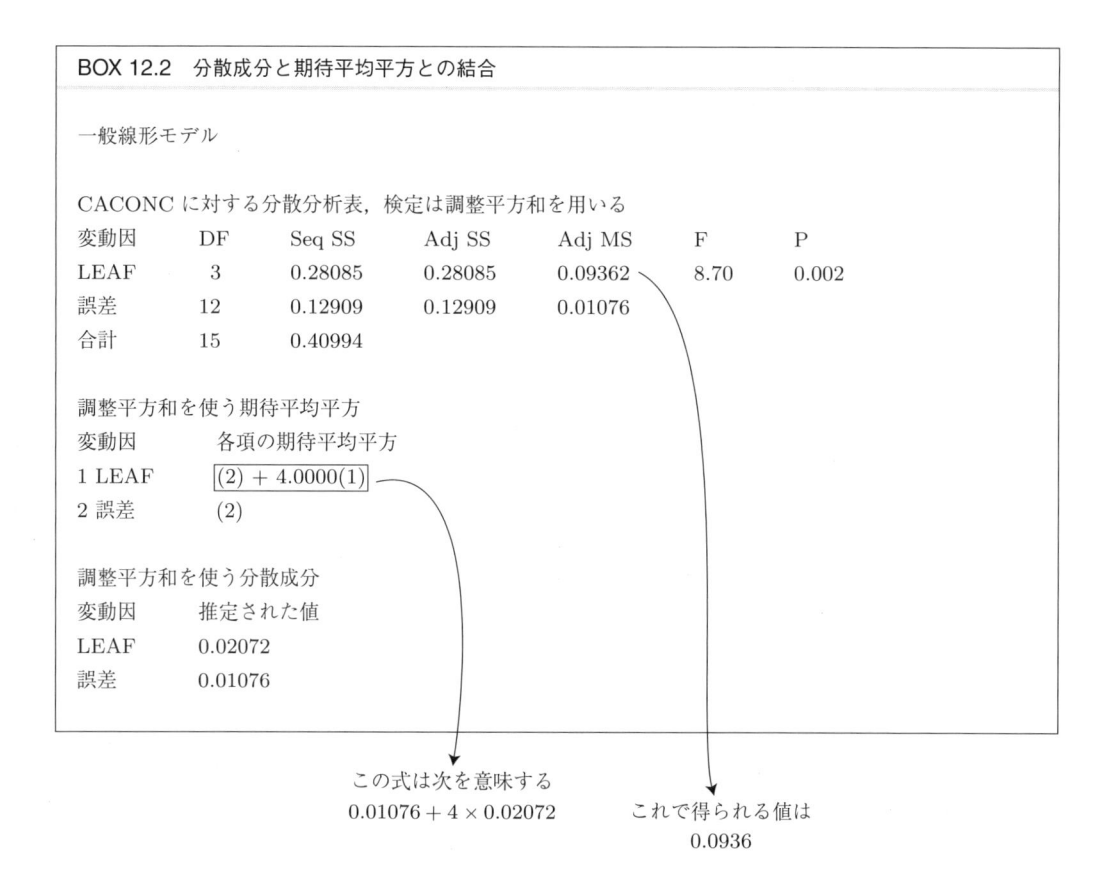

```
BOX 12.2  分散成分と期待平均平方との結合

一般線形モデル

CACONC に対する分散分析表，検定は調整平方和を用いる
変動因      DF    Seq SS     Adj SS     Adj MS     F      P
LEAF        3    0.28085    0.28085    0.09362   8.70   0.002
誤差        12    0.12909    0.12909    0.01076
合計        15    0.40994

調整平方和を使う期待平均平方
変動因         各項の期待平均平方
1 LEAF        (2) + 4.0000(1)
2 誤差         (2)

調整平方和を使う分散成分
変動因         推定された値
LEAF          0.02072
誤差          0.01076
```

この式は次を意味する
$0.01076 + 4 \times 0.02072$

これで得られる値は
0.0936

な情報も得られた．この母集団の変動についての情報はそれ自体で価値のあるものであるが，将来の実験を計画する際に役立つものでもある．

12.4　2層の入れ子をもつ ANOVA

ここでの例は前節のデータセットを拡張したものである．実験計画にさらにもう 1 層が追加されている（データは入れ子の葉 (leaves nested within plants) データセットにある）．その解析結果が Box 12.3 である．

入れ子

再び葉のカルシウム濃度が測定される．ただし，ここでは 4 つの異なる植物株が加わる．図 12.2 で図示するように，各株から 3 枚の葉が採られ，各葉から 2 枚の円盤が採られる．

円盤は入れ子の最も低い層にあるので，円盤間の変動は誤差の変動であると見なされる（前と同じように）．入れ子の次の層に上がると，A 群と B 群の円盤に差が生じる 2 つの理由が存在する．というのも，それらは異なる葉からきており，さらに測定誤差もあるからである．A 群と C 群の円盤を比較すると，ここでは両者に差を生じさせる 3 つの理由が存在する．つまり，植物株の間の変動と，葉の間の変動，測定誤差である．このように追加される分散の成分は各

BOX 12.3　入れ子をもつ 2 元配置分散分析

一般線形モデル

モデル式：CACONC2 = PLANT2 + LEAF2 (PLANT2)
PLANT2 と LEAF2 は変量要因

CACONC に対する分散分析表，検定は調整平方和を用いる

変動因	DF	Seq SS	Adj SS	Adj MS	F	P
PLANT2	3	2.71433	2.71433	0.90478	5.74	0.022
LEAF2 (PLANT2)	8	1.26200	1.26200	0.15775	3.74	0.020
誤差	12	0.50621	0.50621	0.04218		
合計	23	4.48254				

調整平方和を使う期待平均平方

変動因	各項の期待平均平方
1 PLANT2	(3) + 2.0000(2) + 6.0000(1)
2 LEAF2 (PLANT2)	(3) + 2.0000(2)
3 誤差	(3)

調整平方和を使った検定のための誤差項

変動因	誤差 DF	誤差 MS	誤差 MS の合成
1 PLANT2	8.00	0.15775	(2)
2 LEAF2 (PLANT2)	12.00	0.04218	(3)

調整平方和を使う分散成分

変動因	推定された値
PLANT2	0.12450
LEAF2 (PLANT2)	0.05778
誤差	0.04218

層での期待平方平均に反映されることになる．

期待平均平方と分散成分の結合

　入れ子の最も低い層には，唯一の分散成分である誤差 σ_E^2 がある．ゆえに，誤差の期待平均平方は σ_E^2 に等しい．しかし次の層の LEAF2 の期待平均平方は，葉の分散 σ_L^2 と誤差分散 σ_E^2 の 2 つの成分をもつ．1 葉当たり 2 枚の円盤があるので，その式は次のようになる．

$$\text{LEAF2 の期待平均平方} = 2\sigma_L^2 + \sigma_E^2$$

最も高い株の層では，1 株当たり 6 枚の円盤があるので，その式は次のようになる．

$$\text{PLANT2 の期待平均平方} = 6\sigma_P^2 + 2\sigma_L^2 + \sigma_E^2$$

これらの式の計算値は，Box 12.3 に示された出力から得られる．たとえば，適切な分散成分の

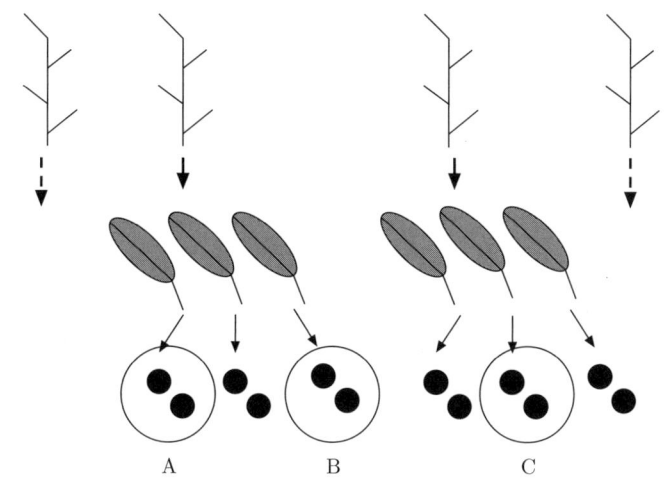

図 12.2 3層の入れ子構造をもつ実験計画

推定値を代入して，次のように得られる[†5].

$$\text{PLANT2 の平均平方} = 6\hat{\sigma}_P^2 + 2\hat{\sigma}_L^2 + \hat{\sigma}_E^2$$
$$= 6 \times 0.12450 + 2 \times 0.05778 + 0.04218$$
$$= 0.9048$$

これは ANOVA 表における AdjMS を少数第 4 位まで求めたものになる．

F 検定のための適切な分母

期待平均平方の式を見ると，F 比をどのように定義したらよいかがわかる．検定されるべき仮説は 2 つ存在する．その 1 番目は，$\sigma_L^2 = 0$ である．このとき，F 比 $= (2\hat{\sigma}_L^2 + \hat{\sigma}_E^2)/\hat{\sigma}_E^2$ は 1 に近い値を取るだろう（標本抽出の誤差だけによりばらつく）．適切な分母はこれまでと同様に誤差平均平方である．一方，2 番目の帰無仮説は，$\sigma_P^2 = 0$ である．このときも，F 比 $= (6\hat{\sigma}_P^2 + 2\hat{\sigma}_L^2 + \hat{\sigma}_E^2)/(2\hat{\sigma}_L^2 + \hat{\sigma}_E^2)$ は 1 に近くなるだろう．つまり，その適切な分母は，今度は LEAF2 に対する平均平方である．植物株が変動の有意な原因になっているかどうかについて調べるために，株間変動と株内変動を効果的に比較したものがこの F 比である．

ANOVA 表の F 比はこれらの公式を用いて計算されている．植物株に対する F 比は，株内の葉の平均平方が分母として使われ，次のように計算される．自由度は 3 と 8 で，$0.90478/0.15775 = 5.74$ である．F 比の自由度は，いつものようにそれぞれ分子と分母に対するものである．LEAF2 の F 比は，円盤間の変動を表す誤差平均平方を使い，次のように計算される．自由度は 8 と 12 で，$0.15775/0.04218 = 3.74$ である．

分散成分と結論

葉内の円盤間の変動はわずかである（0.0422）．株内の葉間の変動もそれほど大きいというわ

[†5]（訳注）この関係式も，これが成り立つように各分散成分が推定されたのである．

けではない（0.0578）．一方，株間の分散成分はかなり大きい（0.1245）．よって，将来の実験は，もっと多くの植物株を用いると改善されるだろう．しかし，こうすることが，実験計画の改善に最も役立つ方法であるかどうかは，分散成分の相対的な大きさばかりでなく，標本数やその測定項目が増えることによる相対的な費用の増大にも依存するだろう．この植物の場合，その自由度はわずか 3 と 8 であるにもかかわらず，株間の変動と同じ株内での葉間の変動はどちらも有意になっている（それぞれ $p = 0.022$ と $p = 0.020$）．

この例は 3 層をもつ入れ子の実験である．制限せずに入れ子を次々に連鎖させることも可能である．このときも，ある層での F 比の適切な分母はそのすぐ下の層から得られる．これは理にかなっている．なぜなら，ある層からすぐ上に移るとき，分散成分を 1 つ付け加えればよく，その分散成分が 0 であるかどうかが検定できるからである．連鎖の最下層（この例では円盤の層）では，その内部に反復をもたないので，F 比を設定することはできない．

12.5 変量効果と固定効果の混在

変量効果と固定効果を混在させるやり方を，例を使って説明する．また，生物個体はいつも変量要因である必要はなく，変量であるか固定であるかの違いは，興味が向けられている問題に大きく依存するということも説明しよう．

ある養豚業者が雄ブタの遺伝的資質を比較することに興味をもっているとしよう．飼育している 5 頭の雄ブタと 10 頭の雌ブタを使い，各雄ブタに 2 頭の雌ブタをあてがうことにした．1 腹当たり 2 頭の子ブタの体重が継続して観測され，2 週間の間の体重増加が測定された．データは雌雄ブタ（dams and sires）データセットにある．養豚業者は現在飼っている雄ブタに興味をもっているので（たぶん，種付け用の雄ブタを選別したり，あるいは種付け料金を決めたりするため），SIRE（雄ブタ）は固定効果であると解釈できる．しかし，2 頭の雌は雌ブタ全体からの代表であると考えられるので，DAM（雌ブタ）は変量要因である．また，各雌は雄 1 頭とだけ交尾したので，DAM は SIRE の内部に入れ子にされる．これによって，子ブタの体重が雄親あるいは雌親に依存して決まるかどうかを知ることができるだろう．

F 比

この実験の解析結果が Box 12.4 である．前の例のように，入れ子の上の層の F 比を計算するとき，分母はすぐ下の層の平均平方である．この例では SIRE に対する F 比は，雄ブタの間の変動を，同じ雄と交尾した雌ブタの間の変動と比較することによって得られる（つまり，DAM(SIRE)）．よって，

$$\text{SIRE に対する } F \text{ 比} = \frac{\text{雄ブタ間の変動}}{\text{同じ雄ブタと交尾した雌ブタ間の変動}}$$
$$= \frac{0.25860}{0.25780} = 1.00$$

しかし，DAM に対する F 比は，同じ雄親をもつ子ブタ間の変動（しかし，雌親は異なる）を，同じ雄親と同じ雌親をもつ子ブタ間の変動（誤差）と比較することによって得られる．

BOX 12.4　固定要因と変量要因を混在させた解析

一般線形モデル

モデル式：WGAIN = SIRE + DAM (SIRE)
SIRE は固定要因で，DAM は変量要因

WGAIN に対する分散分析表

変動因	DF	SS	MS	F	P
SIRE	4	1.03439	0.25860	1.00	0.484
DAM (SIRE)	5	1.28898	0.25780	3.12	0.059
誤差	10	0.82658	0.08266		
合計	19	3.14994			

調整平方和を使う期待平均平方

変動因	各項の期待平均平方
1 SIRE	(3) + 2.0000(2) + Q[1]
2 DAM (SIRE)	(3) + 2.0000(2)
3 誤差	(3)

調整平方和を使った検定のための誤差項

変動因	誤差 DF	誤差 MS	誤差 MS の合成
1 SIRE	5.00	0.25780	(2)
2 DAM (SIRE)	10.00	0.08266	(3)

調整平方和を使う分散成分

変動因	推定された値
DAM (SIRE)	0.08757
誤差	0.08266

$$\text{DAM に対する } F \text{ 比} = \frac{\text{同じ雄親だが異なる雌親をもつ子ブタ間の変動}}{\text{同じ雄親と同じ雌親をもつ子ブタ間の変動}}$$
$$= \frac{0.25780}{0.08266} = 3.12$$

結　論

雄親で子ブタの体重が異なるという証拠はない（$F = 1$, df $= 4, 5$, $p = 0.484$）．一方，子ブタの体重増加は雌親によって影響を受けるという証拠は有意に近い（$F = 3.12$, df $= 5, 10$, $p = 0.059$）．

固定効果の分散成分

前のように，誤差分散 σ_E^2 は，入れ子の最下層で推定される．つまり，同じ両親をもつ子ブタ間の変動である．雌親の期待平均平方は，誤差に由来する分散と，同じ雄と交尾した雌間の

違いに由来する分散をもつ（つまり，DAM(SIRE) の σ_D^2）．雌1頭当たり子ブタ2頭という事実から，後者は2倍されて次のようになる．

$$\text{DAM の期待平均平方} = 2\sigma_D^2 + \sigma_E^2$$

分散成分を使って表された SIRE の期待平均平方の式は Q[1] という項を含んでいる（Box 12.4 を参照）．ところで，雄親の間の変動は次のような原因によって生じている：(1) 異なる雄親をもつ子ブタ間の変動，(2) 同じ雄親であるが雌親が異なる子ブタ間の変動，(3) 同じ両親をもつ子ブタ間の変動．Q[1] 項はこの中の (1) の変動と関係しており，その変動は子ブタ1頭当たりで次のように表すことができる．

$$\frac{\sum(\rho_i - \bar{\rho})^2}{a - 1}$$

ただし，$\rho_i = i$ 番目の雄ブタを親とする子ブタがもつ真の体重増加，$\bar{\rho}$ = すべての子ブタにおける真の体重増加の平均，a は雄ブタの数である（ゆえに，$a - 1$ は雄ブタの自由度である）．SIRE はこの解析では固定効果なので，固定値である ρ_i が推定されることになる（雌に対するときとは対照的である．そこでは，雌の変動を表す分散成分の σ_D^2 が推定される）．1頭の雄ブタ当たり4頭の子ブタがいるので，SIRE の期待平均平方を表す関係式では，Q[1] は上記の ρ_i の形式的平均平方を4倍したものになる．

養豚業者は彼の飼う特定の雄ブタに興味をもっていたので，SIRE は固定効果として扱われた．しかし，この設定はその要因に内在する性質によって決められたというよりは，興味が向けられた問題に依存して決められたのである．その代わり，養豚業者が，一般的に，雄ブタは子ブタの質に影響を与えるのかということについて興味をもっていたとしたらどうすべきだろうか．このときは，これら5頭の雄ブタを雄ブタの母集団からの無作為抽出であると仮定し，変量効果として SIRE を扱い，解析をやり直すことが合理的かもしれない．

最後に，雄ブタの違いに興味があるだけならば，この問題を別のやり方で解析することもできる．まず，雌親の違いを単純には無視できない．なぜなら，子ブタ同士が同じ雌ブタを親にもっていると，お互いに関係しあうことになるので，雄親ブタの質の違いを証明する証拠としては不適当であろう（つまり，独立な反復とはいいがたい）．しかし，子ブタの体重をそれぞれの雌ブタごとに平均すると，雄親と雌親の各組合せに対する1つのデータ点になる．よって，1つの説明要因をもつモデルとして解析できるようになる．その解析結果が Box 12.5 である．F 比とその自由度は，入れ子にされた変量効果の解析の場合と全く同じであることに注目しよう．

これは2つの解析が完全に同等だからである．ゆえに，より複雑な入れ子解析を行うことによる利点は，雌親の変動の大きさについての情報が得られることだけである．さまざまな方法で非独立性を克服する一見巧みな解析が存在するが，ここで見たように，非独立なデータ点をまとめて平均して単純な GLM を実行することと全く同等になることが多い．

12.6　実験を計画するための模擬解析の使用

変量効果を含む実験計画は，注意深く設計されなければならない．実験計画は，利用する X

BOX 12.5　入れ子計画からの単純な問題に答えるための別の解析

一般線形モデル

モデル式：AVPIGLET = SIRE
SIRE はカテゴリカル型

AVPIGLET に対する分散分析表，検定は調整平方和を用いる

変動因	DF	Seq SS	Adj SS	Adj MS	F	P
SIRE	4	0.5177	0.5177	0.1294	1.00	0.484
誤差	5	0.6446	0.6446	0.1289		
合計	9	1.1624				

変数を決定し，Y 変数の大きさを定める．実際，実験を計画するということは X 変数を設計することに他ならない．この段階で解析を行えない唯一の理由は，Y の値がまだ得られていないことにある．当然ではあるが，誰も実験前に結果を知ることはできないのである．しかし，Y の値がなくても，この時点で計画について調べられる重要な性質もある．用いたい X 変数を含む架空のデータセットを作り，Y 変数に乱数を入れて，これらの性質を検討することができる．というのも，入れ子をもつ実験では，計画しだいで異なる F 比が計算されるからである．F 検定の分母の自由度が重要であり，この自由度が低いほど，検定の検出力は低下する．そこで，いろいろな計画の模擬解析を行うことによりそれらを比較することができる．そして，それにより特定の変数について，最も強力な検定を与えるのはどの計画かを見つけることができる．さらには，その計画では合成した分母を使わなければならないかもしれないという警告も事前にしてもらえるだろう．

次の例は，ある実験に対して最も良い計画を選びだすための模擬解析である．その目的はキジを使って配偶者選択の実験を行うことである．問題は，「黒色の雌は普通の表現型をもつ雌よりも雄から活発に求愛されるか？」である．実験での 1 反復は次のように行われる．夕方，雄と雌を別々のカゴに入れ，幕でお互いに見えないように仕切っておき，暗くなってから幕を取り除く．そして，夜が明けた 20 分後から 1 時間の間，雄の行動を記録する．雄の肉垂（頬の垂れた肉）が盛り上がっている時間を「求愛の活発さ」として測定する．

主な制限は，雨の多い（衝動を低下させる）繁殖シーズン中の限られた日数を利用するため，わずか 36 回の測定しか行えないことである．ではこの制限の下で，何匹の雄と雌が使われるべきか，またその雄と雌の対はどのように設定すればよいだろうか？　極端な 3 つの場合を次に挙げてみよう．(1) 6 匹の雄と 6 匹の雌を使い，それらをすべて組み合わせる対を利用する．(2) 6 匹の雄と 36 匹の雌を使い，雄は 6 回，雌は 1 回だけ組み合わせる対を利用する．(3) 36 匹の雄と 6 匹の雌を使い，雄は 1 回だけ，雌は 6 回組み合わせる対を利用する．いづれの計画においても半分の雌は黒色型で，もう半分は普通型にする．どの計画が，「黒色形質が雌キジの性的魅力に影響を与えるか」という問題の検定に最も適しているだろうか？　これらの解析に使

われた模擬データはキジ (pheasants) データセットにある.

計画1：6匹の雄と6匹の雌をすべて組み合わせる

MALE（雄）と FEMALE（雌）はどちらも変量要因である．しかし，FEMALE は処理変数 MELANIC（黒色形質であるか否か）の中で入れ子にされている（雌は2つの群に所属するので）．この計画の解析結果が Box 12.6 にある．興味の対象は MELANIC であるが，雄と雌のそれぞれに由来する変動を考慮する必要がある．そこで，モデル式は次のようになる．

$$\text{WATTLE} = \text{MELANIC} + \text{MALE} + \text{FEMALE (MELANIC)}$$

BOX 12.6　変量効果をもつ実験を計画する：計画1

一般線形モデル

モデル式：WATTLE = MELANIC + MALE + FEMALE (MELANIC)
MELANIC はカテゴリカル型，MALE と FEMALE は変量要因

WATTLE に対する分散分析表：検定には調整平方和を用いた

変動因	DF	Seq SS	Adj SS	Adj MS	F	P
MELANIC	1	0.003762	0.003762	0.003762	0.25	0.645
MALE	5	0.052756	0.052756	0.010551	2.06	0.105
FEMALE (MELANIC)	4	0.060705	0.060705	0.015176	2.96	0.039
誤差	25	0.128077	0.1281077	0.005123		
合計	35	0.245300				

調整平方和を使う期待平均平方

変動因	各項の期待平均平方
1 MELANIC	(4) + 6(3) + Q[1]
2 MALE	(4) + 6(2)
3 FEMALE (MELANIC)	(4) + 6(3)
4 誤差	(4)

調整平方和を使った検定のための誤差項

変動因	誤差 DF	誤差 MS	誤差 MS の合成
1 MELANIC	4.00	0.015176	(3)
2 MALE	25.00	0.005123	(4)
3 FEMALE (MELANIC)	25.00	0.005123	(4)

調整平方和を使う分散成分

変動因	推定された値
MALE	0.00090
FEMALE (MELANIC)	0.00168
誤差	0.00512

ここでの関心はこの解析の検出力にある．MELANIC の F 比は FEMALE (MELANIC) を分子に用いる．それは，雌の 2 群と雄との間での求愛行動の変動を，黒色群と普通群のそれぞれの内部での変動と比較するからである．結局，FEMALE (MELANIC) は自由度 4 をもち，これは検定の検出力を決める重要な要素になる．

別の意欲的な学生が，雄によって黒色雌を好むものと好まないものがいるかもしれないと考え，雄と黒色形質の間の交互作用も含むようなモデルを当てはめようとした．しかし，Box 12.7 にあるその出力を見てみると，F 比を計算するには合成された分子が必要であることがわかる．つまり，その F 比は正確ではない．

正確な検定を使って交互作用を検定するには，雄と黒色形質のすべての組合せのそれぞれにおいて反復した測定値が必要になるだろう．黒色群と普通群内の 3 匹の雌を固定要因の水準内の反復として考えることができれば，それは可能である．しかし，雌は確率変数であると宣言されているので，そのように扱うことはできない．これが，出力された F 比が近似値でしかないということの理由である．

計画 2：6 匹の雄と 36 匹の雌を使い，雄は 6 回，雌は 1 回だけ組み合わせる

この計画では，各雌は 1 度使われるだけなので，雌個体が反復単位として扱われてよい．しかし，その雌間の変動は誤差変動の中に含まれ分離できないので推定できない．モデル式は，WATTLE = MELANIC | MALE となる．ここでは，MALE が変量要因として扱われる．この解析結果が Box 12.8 である．

MELANIC に対する F 比の分母は自由度 5 の MELANIC*MALE である．これは，検出力の大きい検定であり，交互作用を検定することもできる．失われる唯一の情報は，雌の分散成分の推定値であるが，それは実験の本来の目的には入っていない．

計画 3：36 匹の雄と 6 匹の雌を使い，雄は 1 回だけ，雌は 6 回組み合わせる

この計画では，雄が反復単位として扱われ，そのためモデル式の中には現れない．そのモデル式は WATTLE = MELANIC + FEMALE (MELANIC) である．解析結果が Box 12.9 である．

MELANIC に対する F 比の分母は，再び，自由度 4 の FEMALE (MELANIC) である．要因 MALE はモデルの中に現れないので，MALE と MELANIC の間の交互作用は検定できない．

まとめると，計画 2 が要因 MELANIC の有意性の検定に最も適している．それは，最も検出力のある F 比を与え（分母は自由度 5 をもつ），交互作用の検定もできるという追加的な利点をもつからである（その F 比も近似値ではない）．しかし，この結論は，まず模擬解析を行って初めて明らかになったものである．この例は，計画段階で解決されなければならない問題が存在することを示している．変量効果があるとき，結果まで見通すことはしばしば困難なので，このような模擬試験は非常に有益である．すべての実験における一般的原理は，「実験前に良いモデルを選んでおけ」というものなのである．

BOX 12.7　変量効果をもつ実験を計画する：交互作用をもつ計画 1

一般線形モデル

モデル式：WATTLE = MELANIC | MALE + FEMALE (MELANIC)
MELANIC はカテゴリカル型，MALE と FEMALE は変量要因

WATTLE に対する分散分析表，検定には調整平方和を用いる

変動因	DF	Seq SS	Adj SS	Adj MS	F	P
MELANIC	1	0.003762	0.003762	0.003762	0.23	0.657†
MALE	5	0.052756	0.052756	0.010551	1.73	0.282
MELANIC * MALE	5	0.030540	0.030530	0.006108	1.25	0.322
FEMALE (MELANIC)	4	0.060705	0.060705	0.015176	3.11	0.038
誤差	20	0.097537	0.0976537	0.004877		
合計	35	0.245300				

† 正確な F 検定ではない

調整平方和を使う期待平均平方

変動因	各項の期待平均平方
1 MELANIC	(5) + 6(4) +3(3) + Q[1]
2 MALE	(5) + 3(3) +6(2)
3 MELANIC * MALE	(5) + 3(3)
4 FEMALE (MELANIC)	(5) + 6(4)
5 誤差	(5)

調整平方和を使った検定のための誤差項

変動因	誤差 DF	誤差 MS	誤差 MS の合成
1 MELANIC	4.06	0.016407	(3) + (4) − (5)
2 MALE	5.00	0.006108	(3)
3 MELANIC * MALE	20.00	0.004877	(5)
4 FEMALE (MELANIC)	20.00	0.004877	(5)

調整平方和を使う分散成分

変動因	推定された値
MALE	0.00074
MELANIC * MALE	0.00041
FEMALE (MELANIC)	0.00172
誤差	0.00488

12.7　要　約

- 固定要因と変量要因は次の2つの特性で区別できる．(1) 実験において，真に繰り返される

12.7 要約

BOX 12.8　変量効果をもつ実験を計画する：計画 2

一般線形モデル

モデル式：WATTLE = MELANIC | MALE
MELANIC はカテゴリカル型で，MALE は変量要因

WATTLE に対する分散分析表，検定は調整平方和を用いる

変動因	DF	Seq SS	Adj SS	Adj MS	F	P
MELANIC	1	0.003762	0.003762	0.003762	0.62	0.468
MALE	5	0.052756	0.052756	0.010551	1.73	0.282
MELANIC * MALE	5	0.030540	0.030540	0.006108	0.93	0.481
誤差	24	0.158242	0.158242	0.006593		
合計	35	0.245300				

調整平方和を使う期待平均平方

変動因	各項の期待平均平方
1 MELANIC	(4) + 3.0000(3) + Q[1]
2 MALE	(4) + 3.0000(3) + 6.0000(2)
3 MELANIC * MALE	(4) + 3.0000(3)
4 誤差	(4)

調整平方和を使った検定のための誤差項

変動因	誤差 DF	誤差 MS	誤差 MS の合成
1 MELANIC	5.00	0.006108	(3)
2 MALE	5.00	0.006108	(3)
3 MELANIC * MALE	24.00	0.006593	(4)

調整平方和を使う分散成分

変動因	推定された値
MALE	0.00074
MELANIC * MALE	−0.00016
誤差	0.00659

必要があるのは何か（固定効果の水準か，あるいは変量効果の母集団か）？(2) 変量要因についての結論は，実験の水準が無作為標本であると見なせるような，もっと大きな母集団に適用される．
- 変量要因の典型的な例は，生物個体である（人間，ムクドリ，植物など）．
- 4つの新しい概念が，変量要因の解析に関連して紹介された：(1) 分散成分，(2) 分散成分と期待平均平方の関係式，(3) 入れ子，(4) F 検定のための適切な分母．
- 変量効果モデルでは，次の2つの分散が推定されなければならない．誤差分散と変量要因で表される個体間の分散である（たとえば，ムクドリ個体間の分散）．

BOX 12.9　変量要因をもつ実験を計画する：計画3

一般線形モデル

モデル式：WATTLE = MELANIC + FEMALE (MELANIC)
MELANIC はカテゴリカル型，FEMALE は変量要因

WATTLE に対する分散分析表，検定は調整平方和を用いる

変動因	DF	Seq SS	Adj SS	Adj MS	F	P
MELANIC	1	0.003762	0.003762	0.003762	0.25	0.645
FEMALE (MELANIC)	4	0.060705	0.060705	0.015176	2.52	0.062
誤差	30	0.180833	0.180833	0.006028		
合計	35	0.245300				

調整平方和を使う期待平均平方

変動因	各項の期待平均平方
1 MELANIC	(3) + 6(2) + Q[1]
2 FEMALE (MELANIC)	(3) + 6(2)
3 誤差	(3)

調整平方和を使った検定のための誤差項

変動因	誤差 DF	誤差 MS	誤差 MS の合成
1 MELANIC	4.00	0.015176	(2)
2 FEMALE (MELANIC)	30.00	0.006028	(3)

調整平方和を使う分散成分

変動因	推定された値
FEMALE (MELANIC)	0.00152
誤差	0.00603

- 変量効果モデルでは，ある要因に対する期待平均平方は次のような分散成分をもつ：誤差による分散，同じ植物株上の葉間の違いによる分散，および植物株間の違いによる分散である．これらの分散成分を使って，ANOVA 表上の期待平均平方を表す式が導かれた．
- 入れ子の概念が導入された．入れ子の各層では，変量要因は群にまとめられる（たとえば，異なる植物株上の葉）．変量要因は，別の変量要因の内部に（たとえば，植物株内での葉），あるいは固定要因の内部に（固定効果である黒色形質の内部の雌キジ）入れ子にされるかもしれない．
- 変量効果をもつモデルでは，F 比の適切な分母は誤差分散（誤差平均平方）ではないかもしれない．入れ子があるならば，ある要因の適切な分母は，その1つ下の層にある平均平方である．
- 模擬解析は，実験を計画するとき，特にそれが変量効果をもつときに役立つ道具である．

12.8 練習問題

葉上で微生物の群集を調べる

砂糖大根の葉上で観測される細菌の密度に対して，2 つの土壌処理の効果を調べるためにある実験が行われた．土壌 1 に 3 株，土壌 2 に 3 株と，計 6 株が環境制御実験室で育てられた．10 標本が 6 株のおのおのから取られ，各標本において，葉の一定量のバイオマスが破砕および均質化され，さらに希釈され，一定量が培養皿の上に広げられた．その後，おのおのの培養皿上でのコロニー数を数えることによって，細菌の密度が調べられた．データは細菌 2（bacteria2）データセットにある．変数 TREATMENT（1, 2）と PLANT（1〜6）があり，コロニー数は変数 DENSITY で記録された．

土壌処理が葉上の細菌密度に影響を与えるかどうかについて調べるために，2 組の解析がこれらのデータで実行された．最初の解析ではモデル式 DENSITY = TREATMENT を当てはめ，2 番目の解析では植物株を変量要因とみなし，モデル式 DENSITY = TREATMENT + PLANT (TREATMENT) を当てはめた．その解析結果が Box 12.10 である．

(1) 解析 1 が妥当な解析であると仮定して，その結果を説明せよ．
(2) 解析 1 の結論との違いを強調しながら，2 番目の解析の結果を説明せよ．なぜそのような違いが生じたか，またどちらがより好ましいか述べよ．
(3) 変量効果と固定効果の違いは何か？ また交差要因と入れ子要因の違いについて述べよ．
(4) 2 番目の解析で 2.58 という F 比を計算するのにどのような分母が使われたか？
(5) 出力のどの部分を重視すれば良いか？ また，同じ実験を繰り返すとしたら，標本数をどのように配慮すべきだろうか？ 植物株を多く採取したほうが良いのか，あるいは 1 株当たりの測定数を多くしたほうが良いのか，これらについて述べよ．

入れ子をもつ解析は非独立性の問題をどのように解決するのか

8.6 節の最初で調べたヒツジデータセットに戻ってみよう．そこでは，シャープ博士が，雄ヒツジは雌ヒツジよりも摂餌中に頻繁に頭を上げるという仮説をもっていた．6 頭のヒツジのデータは，ヒツジデータセットに次の 5 つの項目で記録されている：(i) 分単位の摂食時間（DURATION），(ii) 頭を上

BOX 12.10(a)　解析 1

一般線形モデル

モデル式：DENSITY = TREATMNT
TREATMNT はカテゴリカル型

DENSITY に対する分散分析表，検定は調整平方和を用いる

変動因	DF	Seq SS	Adj SS	Adj MS	F	P
TREATMNT	1	9543.2	9543.2	9543.2	12.50	0.001
誤差	58	44265.9	44265.9	763.2		
合計	59	53809.1				

BOX 12.10 (b) 解析 2

一般線形モデル

モデル式：DENSITY = TREATMNT + PLANT (TREATMNT)
TREATMNT はカテゴリカル型で，PLANT は変量要因で TREATMNT の中に入れ子にされている

DENSITY に対する分散分析表，検定は調整平方和を用いる

変動因	DF	Seq SS	Adj SS	Adj MS	F	P
TREATMNT	1	9543.2	9543.2	9543.2	2.58	0.183
PLANT (TREATMNT)	4	14777.8	14777.8	3694.5	6.77	0.000
誤差	54	29488.1	29488.1	546.1		
合計	59	53809.1				

調整平方和を使う期待平均平方

変動因	各項の期待平均平方
1 TREATMNT	(3) + 10(2) + Q[1]
2 PLANT (TREATMNT)	(3) + 10(2)
3 誤差	(3)

調整平方和を使った検定のための誤差項

変動因	誤差 DF	誤差 MS	誤差 MS の合成
1 TREATMNT	4.00	3694.5	(2)
2 PLANT (TREATMNT)	54.00	546.1	(3)

調整平方和を使う分散成分

変動因	推定された値
PLANT (TREATMNT)	314.8
誤差	546.1

げる回数 (NLOOKUPS), (iii) 雌は 1, 雄は 2 と番号付けられた性 (SEX), (iv) 雄・雌ともそれぞれ 1 から 3 と付けられた識別番号 (SHEEP), (v) 1 から 20 まで番号付けられた観察時間 (OBSPER).

　第 8 章で議論されたデータの非独立性の解決策の 1 つに，1 頭のヒツジが 1 つのデータ点を代表するように測定値をまとめる方法があった．しかし，本章で入れ子をもつ解析を学んだので，別の解決策も考えられる．

(1) 入れ子をもつ解析を使って，より適切な解析を行え．
(2) 入れ子をもつ解析における LUPRATE の F 比と自由度を，以前の単一代表解析の結果と比較せよ．

第13章
カテゴリカル型データ

　前章までは，連続型の Y 変数に焦点を当てた説明を行ってきた．現在，カテゴリカル型データに対しては対数線形モデルを使って解析することが多いが，その手法は本書の意図する範囲を超えている．一方，一般線形モデルの範囲内でも，カテゴリカル型データを解析できる例がいくつか存在している．本章ではそのような解析の概略について述べ，別の手法としてよく利用されている分割表による解析法と比較してみよう．

13.1　カテゴリカル型データ：その基本

　通常，カテゴリカル型データは個々の要素を数えたもの（計数）になるので，離散的である．表 13.1 にあるデータはカテゴリカル型データの例である．そこでは女子学生と男子学生の目の色が青であるか否かで分類されている．各要素（ここでは各学生個人）は互いに独立である．まず，これに対して分割表解析を適用してみよう．

分割表解析
　帰無仮説は，「青い目をした学生の割合は女子学生の中でも男子学生の中でも同じである」としてみよう．この仮説が正しいならば，分割表の任意のセルにおける期待頻度を，確率論に従って計算できる．母集団（分割表はそこからの無作為標本であると見なされる）において青い目をした学生の割合の推定値は $(88+70)/952$ である．ゆえに，青い目の男子学生の数は $467 \times 158/952$ であると期待できる．また，女子学生に対しても $485 \times 158/952$ である．同様に，青い目をもたない割合は $794/952$ であり，そのような男子学生は $467 \times 794/952$，女子学生は $485 \times 794/952$ と期待できる．

　これを一般的に書くと次の公式になる．

表 13.1　カテゴリカル型データの 2×2 表

	男子学生	女子学生	合計
青い目	88	70	158
青くない目	379	415	794
合計	467	485	952

表 13.2　2×2 分割表の観測値と期待値

	男子学生	女子学生	合計
青い目	88	70	158
	77.5	**80.5**	
青くない目	379	415	794
	389.5	**404.5**	
合計	467	485	952

$$セルの期待値 = \frac{行和 \times 列和}{全合計}$$

各期待値は表 13.2 において太字体で観測値の下に書き込まれている．

　問題は，期待値と観測値がどれくらい近いのかということである．その「近さ」は，次の公式で表されるカイ 2 乗値を計算することにより数量化される．

$$\chi^2 = \sum \frac{(O-E)^2}{E}$$

ただし，$O = $ 観測値 であり，$E = $ 期待値 である．この公式の導き方については 13.3 節で議論するが，ここでは話を続けるために，帰無仮説の下での期待値と観測値との近さを測る指標としてこの統計量を考えておこう．この例では，次のようになる．

$$\chi^2 = \frac{(88-77.5)^2}{77.5} + \frac{(70-80.5)^2}{80.5} + \frac{(379-389.5)^2}{389.5} + \frac{(415-404.5)^2}{404.5} = 3.35$$

カイ 2 乗値は必ず自由度を伴う（観測値と期待値の近さとは全く無関係に，セルの数が多くなればカイ 2 乗値も大きくなるので，データセットの大きさを考慮に入れる必要がある）．また，期待値を計算するとき，周辺和によって制約を受けることになる（つまり，男性の数，女性の数，青い目の学生数，そうでない学生数，これらの総数は固定されている）．つまり，表の列和および行和はわかっているので，1 つの期待値が計算されると，他の期待値もすべて求められることになる．よって，この 2×2 分割表の自由度は 1 である．このデータを GLM で解析しようとすると，同等な問題は「性別と目の色の間には交互作用が存在するか」となる．その交互作用もまた自由度 1 をもつ．分割表の自由度を計算する一般的な公式は次で与えられる．

$$自由度 = (行数-1) \times (列数-1)$$

自由度 1 のカイ 2 乗分布では，$\chi^2=3.35$ は $p = 0.062$ に対応する．つまり，男性と女性の間で青い目をもつ比率は等しいとする帰無仮説を棄却するだけの十分な証拠はないという結論になる．

真のカテゴリカル型データとはどのようなものか

　カテゴリカル型データのための解析が，適切でないデータに対して用いられることは珍しくない．そこで，まず確かめるべき点は，どのようなときにデータは真にカテゴリカル型であるのかということである．表 13.1 のデータはカテゴリカル型である．ゆえに，その分割表解析に

問題はない．しかし，次の例を考えてみよう．

1. 952個のデータ点は，ミツバチが花に飛来した952回分のデータであるとしよう．花の違いは (a) 大きさ（小さい，大きい），(b) 色（黄色，青色）で分類されている．解析の目的は，ミツバチが花の大きさや色を識別しているかどうかを調べることである．飛来回数そのものはカテゴリカル型変数であると認められるが，個々の飛来が独立であるとはとても考えられない．ミツバチはそれぞれ同じ花に何度となく飛来するかもしれず，そのような場合でもそれらは複数回に数え上げられてしまう．また，ミツバチには同じ花に仲間を誘う習性もある．このようにそれぞれの飛来はおそらく独立ではないだろうから，カテゴリカル型データで使う手法を用いて，これらのデータを解析することは賢明ではないだろう．

2. 952個のデータ点は，ある4枚の葉に開いた穴の総数であるとしよう．4枚の葉は2植物種の株のそれぞれから2枚ずつ取られている．どの葉も1枚ずつ2種の蛾の幼虫，A，Bどちらか1匹と一緒にガラス瓶の中に入れられた．この実験の目的は，2種の蛾の幼虫が，異なる植物種の葉を同等に好んで食べるかどうかを調べることにある．1枚の葉にできる穴は互いに独立ではない．それは1匹の幼虫によって食べられた結果でしかないからである．極端な場合は（でも，十分にあり得ることではあるが），幼虫はガラス瓶の中で食べ始める前に死んでしまうかもしれない．そのときの穴の個数は0である．これは葉の穴が独立な要素としては考えられないことを示している．ゆえに，この場合の分割表解析も適当ではないだろう．

3. 4匹の動物に訓練プログラムを課し，ある課題を解決するまでに要する時間を調べる実験を行った．2種類の訓練期間（B1, B2）と2種類の実験方法（A1, A2）を組み合わせた．各セルのデータはおのおのの動物が課題を解決するまでに要した時間（分単位）である．このとき，連続型変数を人為的にカテゴリカル型にみなすという間違いを犯すことになる．最も近い秒数で近似すると，それらはほぼ60倍されたものになるが，この実験における独立な要素の数は変化していない．この実験における真の標本数は4であって，952ではないはずである．

まとめると，データがカテゴリカル型であるためには，それらは**独立な個々の要素の計数**でなければならない．では，カテゴリカル型データが従う分布とはどのようなものだろうか？ 連続型変数を解析するとき，GLMはそれらが正規分布に従うと仮定する．そうでないときは，正規分布に従うように変換する．それに対して，カテゴリカル型データは計数なので，これに適した分布はポアソン分布，2項分布，超幾何分布などである．ここでは，**ポアソン分布**（Poisson distribution）について詳しく述べることにしよう．というのも，他の分布の場合も，理論的にはある線形的な制約条件の下で，ポアソン確率変数と同等であることが示されるからである[†1]．

[†1]（訳注） 複数の独立なポアソン確率変数に関して，その部分和などで条件をつけた条件付分布を考えることにより他の分布は導くことができる．

13.2 ポアソン分布

ポアソン過程の2つの性質

ポアソン分布はカテゴリカル型データの解析において中心的な役割をはたしている．それは，時間あるいは空間における無作為性を記述するための離散分布であるということである．カテゴリカル型データがポアソン分布に従うと仮定する理由は何だろうか？ もちろん，すべてのカテゴリカル型データがこれに従うわけではないが，最初に調べるべきものとしての価値をもっているからである．これは，データは偶然だけで生じたとする帰無仮説の下で解析を始めるようなものである．ポアソン分布は，この仮説が正しいとしたときの，単位時間内または単位空間内において期待できる発生件数について記述したものになる．このとき，データは適合値である平均の周りでポアソン分布に従って分布することになる．ポアソン分布は計数データを表現するのに適した離散分布なのである．

すべてのカテゴリカル型データがポアソン分布に従うわけではないが，ポアソン過程で近似できる1例として，アルファ粒子を放射する放射性物質を挙げてみよう．このような物質は多くの原子からなり，その1つ1つが1秒後に崩壊する確率は非常に小さなものである．これは，母数 n（原子の個数）と p（1つの原子が1秒後に崩壊する確率）をもつ2項分布で記述できる．しかし，n が非常に大きく，p が非常に小さい場合は，1秒当たりで放射されるアルファ粒子数の分布はポアソン分布でよく近似される．このとき，ポアソン分布は1秒間に放射されるアルファ粒子の平均数を使って表現される．一方，「空間的なポアソン過程」の例としては，宿主に寄生する寄生虫の数の分布が挙げられるかもしれない．ただし，種によっては寄生虫が少数の宿主に集中する傾向をもつようなものもある．そのときは1宿主当たりの寄生虫の数はポアソン分布というよりも塊状になって散らばるだろう．このように時間と空間という異なる状況で現れる分布をどのように理解すればよいのだろうか？

ポアソン過程に従うどの過程も次の2つの条件を満足している．**独立性**と**均質性**である．さらにポアソン過程を，塊状に散在する分布や一様的な分布[†2]と区別するには，「要素」と「容器」という概念を考えると都合が良い．抽象的であるが，このような用語を用いると，空間内および時間内で起る過程を統一的に理解できる．このとき，その満たすべき条件とは「要素の独立性」および「容器の均質性」ということになる．放射性物質の場合，要素は放射性物質から放射される粒子であり，その独立性とは，1つのアルファ粒子の放射が他のアルファ粒子の放射に影響を与えないというものになる（もっとも，これは絶対に正しいというわけではない．放射されたアルファ粒子が原子核と衝突して融合し重くなると崩壊するかもしれないからである）．

[†2]（訳注） 適当な区画で全体を区分すると，各区画に出現する個体はさまざまな変動をもつ．生態学では，その出現がポアソン過程に従うとき，各個体の時空間的な配置を「無作為な分布」（あるいは「ランダム分布」）と呼んでいる．一方，各区画の個体数が平均に近いような場合は「一様的な分布」となる．また，一部の区画で個体が集中し，他の区画ではほとんどいないという場合は「塊状に散在する分布」ということになる（生態学では，普通これを「集中分布」と呼んでいる）．通常，後者の2つの個体分布は「区画の個体数はポアソン分布に従う」という帰無仮説が棄却されることを前提に，さらに分散のもつ傾向から判定される．

この場合の容器は単位時間である．その均質性の条件とは，1つのアルファ粒子が放射される確率がどの単位時間でも一定であるということである（これもまた，放射性物質の半減期が観測時間に比べ非常に長いときに成り立つ）．宿主と寄生虫の場合は，要素は寄生虫であり，容器は宿主である．どの寄生虫も他の寄生虫と全く独立に寄生し（たとえば，宿主内で繁殖しないような場合），さらに宿主が均質であるならば（たとえば，感染への感受性や寄生虫に接する機会はどの宿主でも等しい場合），寄生虫は空間内でのポアソン分布に従うだろう．実際は，寄生虫と宿主の種によって，この2つの条件が満たされる場合もあれば，そうでない場合もあるだろう．

ポアソン過程のこれら2つの性質について考慮すると，変数がポアソン分布に従っていそうなのか経験的に推測できることが多い．しかし，個体の配置様式としての分布の無作為性を判定するには，もっと正確な方法がある．それは散布度検定といわれるものである．これについては，本節の後半で説明する．

ポアソン分布の数学的表現

ポアソン分布を式で表すと，次のようになる．

$$1\text{単位時間内に}y\text{個の出来事が起る確率} = \frac{e^{-\lambda}\lambda^y}{y!}$$

ただし，λ は単位時間内で起る発生数の平均であり，$y!$ は y 階乗と読み，y と1との間にあるすべての整数を掛け合わせたものである，つまり $y! = y \times (y-1) \times (y-2) \times \cdots \times 2 \times 1$．この式の「1単位時間」という言葉を「1単位空間」と読み換えれば，空間におけるポアソン分布を表す式になる．ではこの分布はどのような形になるのだろうか？

平均が変わると，ポアソン分布の形も変化する（図13.1）．平均が1より小さいとその最頻値は0である．0より小さな計数はありえないので，かなり右に裾を延ばした形になる（図13.1(a)）．平均が大きくなると，最頻値は x 軸に沿って移動していき，分布は対称形に近づく．このポアソン分布と同じ平均と分散をもつ正規分布をいつでも考えることができるが，平均が5より大きくなると，統計家はポアソン分布の近似としてこの正規分布を利用してもよいのではないかと考え始める（これはあくまでも近似である．正規分布は連続型，ポアソン分布は離散型だからである）．この性質はカテゴリカル型データの解析において広く利用されているものである．カイ2乗検定を導くときに再度触れることにしよう（13.3節参照）．

式からわかるように，ポアソン分布は母数として λ しか含んでいない．したがって，その分散は λ によって表されることになるが，実は，分散は λ，つまり平均に等しいことが示される．分布を定義するのに平均という1つの母数しか必要としないのである．これは，2つの母数，平均と分散を必要とする正規分布とは対照的である．このことはまた，カテゴリカル型データをGLMで解析するには，どうしても変換しなければならないということの理由にもなっている．平均が大きくなると，分散も大きくなるため，分散の均一性に反してしまうからである（第9章参照）．実際は，ポアソン分布に従うデータは平方根変換により均一な分散にすることができる（これは第9章で議論した変換の中では，最も弱いものである）．カテゴリカル型データをGLMの手法で解析するとき，この変換を利用することになるだろう．

250　第13章　カテゴリカル型データ

(a) 平均0.5のポアソン分布

(b) 平均2のポアソン分布

(c) 平均5のポアソン分布

(d) 平均10のポアソン分布

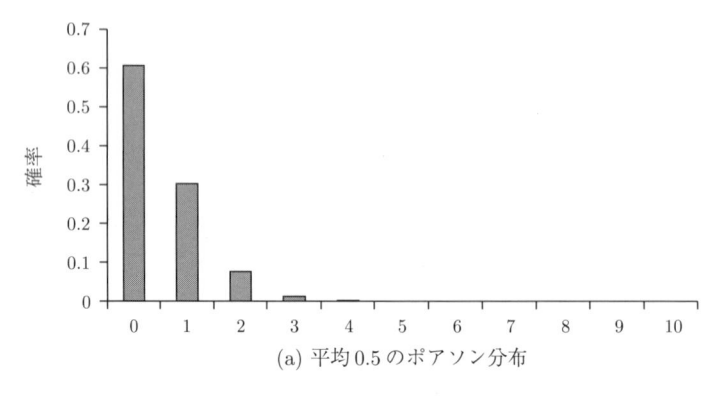

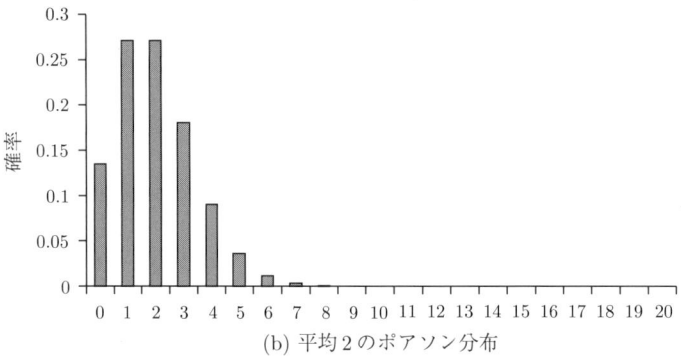

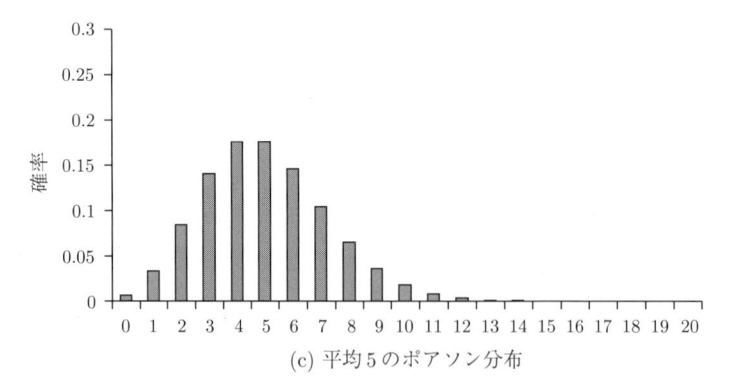

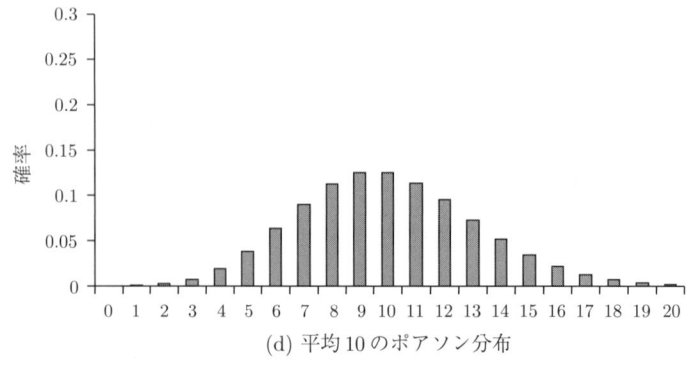

図 **13.1**　平均が大きくなるときのポアソン分布の変化

散布度検定

平均と分散が等しいという帰無仮説を検定して，データがポアソン分布に従っているかどうかを調べることができる．分散と平均の比は 1 になるべきであるが，実際の比が正確に 1 になるわけではない．その離れ具合がどの程度になるのかはデータ数に依存する．少数のデータでは，ポアソン分布からのデータであっても，かなり大きく 1 から離れることがある．その離れ具合を見ることが**散布度検定**（dispersion test）の本質である．ポアソン分布に従うという帰無仮説の下では，次の式で表される比が近似的に自由度 $n-1$ のカイ 2 乗分布に従うことがわかっている．

$$(n-1)\frac{s^2}{m}$$

ただし，s^2 は分散の推定値，m は平均の推定値，n はデータ数である（これは近似分布である．というのも，カイ 2 乗分布は連続分布であるが，上記の比は離散的なデータから計算されるので，それもまた離散的な値しか取らない）．平均に対する分散の比が 1 よりも有意に小さいならば，データは非常に小さな変動しかもっていない．このような種類の分布は**過小分散**（underdispersed）と呼ばれる．ポアソン分布から期待されるものよりも変動が小さいからである．このとき，各データ点は互いに似よって出現し，お互いの独立性が失われている場合が考えられる．一方，平均に対する分散の比が有意に 1 よりも大きいならば，その確率分布は時間あるいは空間のあちこちで塊状になる．期待されるものよりも変動は大きくなるので，**過大分散**（overdispersed）と呼ばれる．過大分散は，重要な説明変数が見落とされているような場合に起りやすい．しかし，その変数で説明できる変動が統計的に消去されると，平均に対する分散の比はポアソン分布で予想される適切な値に減少するかもしれない．たとえば，雄における寄生虫の分布が $\lambda=1.2$ のポアソン分布に従い，雌は $\lambda=3.6$ のポアソン分布であるとき，雄と雌を一緒にして解析すると母集団は過大分散になる．しかし，性別による変動が考慮されると，残された変動はポアソン分布に従うようになるだろう．

2 種の鳥に寄生する蠕虫の数の分布が調べられた．それぞれ 119 匹の鳥が死後解剖された．各鳥の蠕虫数が記録され，寄生虫（parasites）データセットの 2 つの変数 SPA と SPB に納められた．この 2 つの頻度分布の記述統計が Box 13.1 である．また，分布形を見るためのヒストグラムが図 13.2 である．

記述統計を見てまず気付くことは，平均は近いが（小数 2 桁まで求めると 2.13 と 2.74 である），分散はかなり違っていることである（標準偏差の平方は 1.52 と 16.4 である）．一方は平均よりも小さく，他方は大きい．これらの違いは有意なのだろうか？ 2 種の鳥における寄生虫

BOX 13.1 寄生虫データの記述統計（**Q1** = 第 1 四分位数; **Q3** = 第 3 四分位数）									
記述統計									
変数	データ数	平均	中央値	モード	標準偏差	最小値	最大値	Q1	Q3
SPA	119	2.126	2.000	2.000	1.232	0.000	5.000	1.000	3.000
SPB	119	2.739	1.000	0.000	4.045	0.000	22.000	0.000	4.000

(a) 種Aのヒストグラム

(b) 種Bのヒストグラム

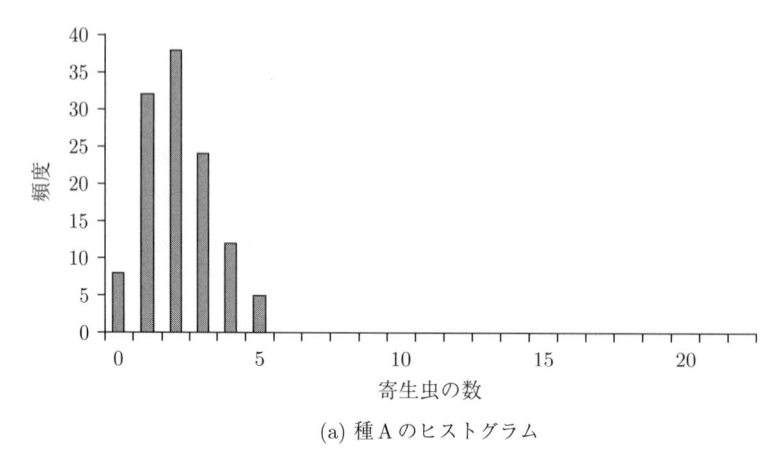

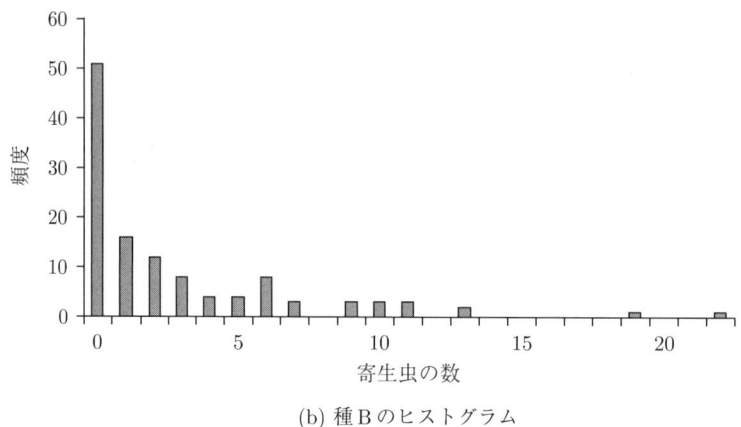

図 **13.2** 寄生虫データのヒストグラム

BOX 13.2　鳥類の A 種に寄生する蠕虫の散布度検定

検定統計量
$$\chi^2_{118} = \frac{118 * 種 A の分散}{種 A の平均} = 84.2$$

検定結果
帰無仮説の下で，χ^2 がこの値，あるいはこれより極端な値を取るときの両側確率は 0.0162.

の頻度分布を同じ x 軸に対して描いたものが図 13.2 である．種 B における分布は右に裾を延ばしているが，種 A の分布はかなり対称的である．

　種 A に対して散布度検定を行った結果が Box 13.2 である．検定は次の 3 段階に分けて行う．(1) 平均に対する分散の比に $n-1$ を掛けてカイ 2 乗統計量を求める（この場合，$n-1 = 118$ である）．(2) そのカイ 2 乗統計量から p 値を求める．ただし，それはそのカイ 2 乗統計量よりも小さい値が出現する確率である．(3) この p 値を検定のための適切な p 値に修正する．

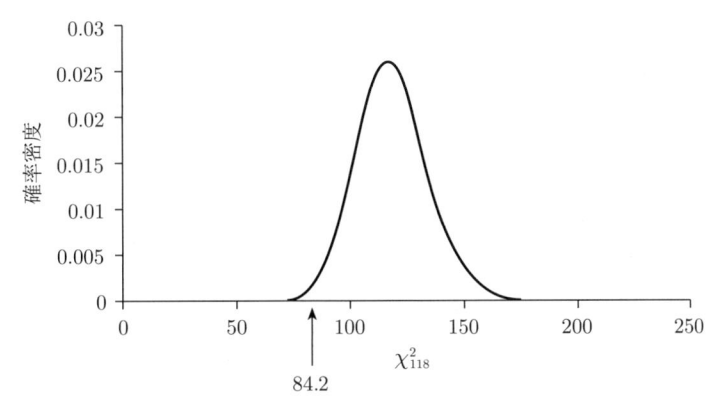

図 **13.3** 自由度 118 の χ^2 分布，矢印は種 A に関する検定統計量

BOX 13.3 鳥類の B 種に寄生する蠕虫の散布度検定

検定統計量
$$\chi^2_{118} = \frac{118 * 種 B の分散}{種 B の平均} = 704.8$$

検定結果
帰無仮説の下で，χ^2 がこの値，あるいはこれより極端な値を取るときの両側確率は <0.001.

第 1 段階

χ^2 値は，種 A における分散と平均との比と自由度から計算される．帰無仮説の下でデータはポアソン分布に従うので，この計算された値は自由度 118 のカイ 2 乗分布に従わなければならない．

第 2 段階

次の段階は，計算された χ^2 値が自由度 118 のカイ 2 乗分布からのものであると仮定して，その χ^2 値よりも小さい値を得る確率を計算することである．言い換えると，χ^2_{118} の密度関数の計算値 84.2 よりも左側にあたる部分の面積を求めることになる．これは統計数値表から得られるが，統計パッケージでも簡単に得られる．この確率は 0.0081 になる．自由度 118 のカイ 2 乗分布を描いた図 13.3 を見てみると，この確率は 84.2 よりも左側にあたる部分の確率に相当する．

第 3 段階

これで検定に必要な最終的な確率が得られたのだろうか？ そうではない．ここでの散布度検定は両側検定として用いる．というのも，分散が平均に比較して大きすぎるのか小さすぎるのかについて興味があるからである．求めた p 値を検定のための適切な p 値に変換するには，2 倍するだけでよい．ゆえに，この散布度検定で最終的に得られる p 値は 0.0162 である．今回の例では分散は平均よりも有意に小さいので，分布は過小分散であるという結論になる．

では次に，種 B の鳥における蠕虫寄生に対して同様に散布度検定を行った結果が Box 13.3 である．

この場合，χ^2 値は 704.8 となり，非常に大きい．この値は図 13.3 の中に書き込むにはあまりにも大きすぎる．この値より左側にある部分の確率はまさに 1 である．これを検定のための適切な値に変換するには，まず 1 からこの確率を引き（χ^2 値が分布の右側半分に現れたのでこのような計算を行った．興味があるのは分布の裾の部分である），2 倍すればよい（両側検定になるように）．結局，p 値は 0 である．ゆえに，この例では分散が平均に比較して極端に大きいので，種 B の鳥の寄生虫の分布は過大分散・塊状であるという結論になる．

種 A の鳥の寄生虫の分布は過小分散である．これは，「要素」間に独立性が欠けているために生じていると思われる（寄生虫の競争により繁殖が抑制されたり，免疫反応によってそうなっているのかもしれない）．一方，種 B の鳥の寄生虫では過大分散であるが，これもまた各「要素」が独立性を失うことから生じうる（たとえば，互いに惹かれあって宿主内で繁殖したり，あるいは寄生虫の存在により宿主が弱り寄生されやすくなっているのかもしれない）．しかし，過大分散は宿主に均質性がない場合でも起りうる（たとえば，宿主は雄と雌とで寄生虫への感受性が異なるかもしれない．あるいは年齢によって寄生虫に接触する期間が異なるかもしれない．また，生息地によってはその寄生虫の感染率も異なることだろう）．

この例では，カイ 2 乗検定を両側検定として用いるような状況について説明した．分割表に対するカイ 2 乗値は片側検定として用いられるので，統計数値表に載せてある p 値もほとんどの場合，片側確率である．このため，片側検定の p 値を両側検定の p 値に変換するやり方は，明確な式として書いておく価値があるだろう．片側の p 値を $onep$ と置くと，両側の p 値 $twop$ は次で与えられる．

$onep < 0.5$ ならば $twop = 2 \times onep$

$onep > 0.5$ ならば $twop = 2 \times (1 - onep)$

13.3　分割表に関するカイ 2 乗検定

カイ 2 乗の計算式の導出

ポアソン分布を仮定してカテゴリカル型データを解析する

小さな平均をもつカテゴリカル型データは，裾をかなり右に延ばしたポアソン分布（図 13.1 a 参照）からのものかもしれない．このような種類のデータセットは，そのままポアソン分布を仮定して直接的に解析することができる．たとえば，ある新聞が，ある町で小児白血病の希な型が 2 件発生したと報じ，その町は何か有害なものに曝されているのではないかと警告したとしよう．国民統計によると，ほぼ同じ規模の町での発症の平均値は 0.5 人である．2 人という数は 0.5 人に比較して有意に大きいと判断してよいのだろうか？ 帰無仮説は「この病気の発症はイギリス国内どこでも無作為に起る」というものである．つまり，発症は平均 0.5 のポアソン分布に従うと考えることになる．では，2 以上の値を観測する確率はいくらだろうか？ この確率は 1 − (0 人または 1 人が発症する確率) なので，前節で与えられたポアソン分布での確率の計算式を用いると，1 − 0.910 = 0.09 になる．つまり，9% の確率で「この病気の小児が少なくとも 2 人はいる町」を見つけることになる．両側検定で有意性を評価する場合，これは 2 倍

されて 18% となる．判断の境界値である 5% よりもかなり大きい．よって，「この町は普通ではない」とする証拠はこのデータからは得られないと結論できるだろう．

この例では，ポアソン分布を使った直接的な確率の計算法について説明した．平均がかなり大きくなると，たとえば平均が 150 にもなると，このやり方では難しくなる．幸い，平均が 5 より大きくなると，ポアソン分布の正規分布への近似（正規近似）を利用できるようになる．これについて次の例で説明しよう．

ポアソン分布の正規近似を利用してカテゴリカル型データを解析する

ある架空の大学が生物学専攻の志願者数の減少について関心をもったとしよう．1994 年に 204 名が志願し，1995 年には 180 名であった．この減少は有意なのだろうか？ まず，志願者の期待値はどうやって計算したらよいだろうか？ それには平均を取ればよい．その平均志願者数は $(204 + 180)/2 = 192$ になる．では，この期待平均から各年の志願者数はどれくらい異なるだろうか？ これには，次のことを利用しよう．つまり，データはカテゴリカル型であり，ポアソン分布に従うと仮定でき，その平均は十分に大きいので正規近似が利用できるということである．データが期待値からどの程度の近さにあるのかを知るには，毎年の志願者数に対する z 値を次のように計算すればよい．

$$z = \frac{観測値 - 平均}{標準偏差}$$

しかし，データはポアソン分布に従うので，その平均は分散に等しい．よって，この計算式は次のように書き換えることができる．

$$z = \frac{観測値 - 期待値}{\sqrt{期待値}}$$

ここで，期待値とは平均のことである．z 値の計算は表 13.3 にある．

この z 値から，標準偏差を単位としてどれだけ平均と観測値が離れているのか知ることができる．正規分布では，平均から 2 標準偏差内には 96% の確率が存在する（巻末の「復習」を参照）．データの 2 つの z 値が平均から 1 標準偏差内にあるということは，志願者数の減少は有意ではないことを示唆している[†3]．

上の結論は，2 つの z 値を別々に見ることにより得られた．これらを 1 つの検定統計量にま

表 13.3 生物学専攻志願者の z 値

	1994	1995
観測値	204	180
平均値	*192*	*192*
z 値	$\dfrac{204 - 192}{\sqrt{192}} = 0.866$	$\dfrac{180 - 192}{\sqrt{192}} = -0.866$

[†3] (訳注) 上の 2 つの z 値は実際は近似的に平均 0, 分散 1/2 の正規分布に従うので，$\sqrt{2} \times 0.866 = 1.225$ と 2（あるいは 1.96）とを比較すべきである．この場合でも，志願者数の減少は有意ではないことを示唆している．

とめる方法はないのだろうか？ 2つの z 値の和は常に 0 であるが，2 乗して和を取ると，観測値が平均からどの程度の近さにあるかを測る指標として使えるだろう．一般的には次のようになる．

$$\sum z^2 = \sum \frac{(観測値 - 期待値)^2}{期待値}$$

この式がカイ 2 乗の計算式である．よって，自由度 1 のカイ 2 乗分布は標準正規確率変数の 2 乗の分布になることがわかる[†4]．この式を使ってデータを解析するとき，次の 2 つのことを仮定している．データが真にカテゴリカル型であり（つまり，平均に等しい分散をもつポアソン分布にデータは従う），正規分布で近似できるということである（平均が十分に大きければ良い）．正規分布に十分近い近似であることを保証するために，各セル内のデータ数にしばしば制約がつけられる．その厳しい場合の条件はすべてのセルでの期待値が 5 以上になることであるが，あまり厳しくない条件はすべてのセルが 1 以上の期待値をもち，その少なくとも 80％以上が 5 以上になるというものである．

どのセルも全体のカイ 2 乗値に貢献している．その貢献している値を合計すると，1 つの検定統計量にすべての情報がまとめられて，仮説全体を検定するために利用できるようになる．これは，データを利用するときの効果的な方法であり，p 値の多重性の問題も避けられる（第 11 章を参照）．また，カイ 2 乗値に対して各セルが貢献している値の平方根は，そのセルの観測値が期待値から有意に離れているかどうかについての情報を与えてくれる．これはカイ 2 乗検定の検定結果を解釈する上で便利な方法である．次の例で解説しよう．

残差の点検

Charles Darwin は，植物にとって自家受粉よりは他家受粉のほうが有利であると信じていた．植物が大型になると，自家受粉の危険性が大きくなる．なぜなら，花粉媒介者が連続して同じ植物上の花を訪れることが多くなるからである．そこで，大型植物は，この危険性を減少させるために，両性花（1 つの花がオシベとメシベをもつ）であるよりは，雌雄異株（各株は雄の花か雌の花のどちらかしかもたない）となる傾向があるという仮説を Darwin は立てた．そして，雌雄同株（各株は雄花と雌花の両方をもつ）の植物はその中間の大きさだろうと考えた．ニュージーランドの草本類，低木樹種，高木樹種に関するカイ 2 乗解析（Box 13.4）は Darwin の主張を裏付けているように見える（表 13.4 に与えられたデータは J.D. Hooker が 1856 年に Darwin に提供したものである．それらはダーウィン（Darwin）データセットの変数 STRATEGY，PLSIZE，NOSP に納めてある）．

このカイ 2 乗統計量は極めて有意である（$p < 0.0005$）．Darwin の仮説が正しいならば，右下がりの対角線上のセルの残差は正であるべきである．というのも，草本類の種は期待される以上に両性花であるものが多いだろうし，高木樹種も期待される以上に雌雄異株が多いだろうからである．同様に，その対角線上にないセルの残差は負になるはずである．残差を調べれば，この予想される符号の方向に有意であるか調べることができる．

[†4]（訳注） 2 つの z 値を z_1, z_2 と置くと，$\sum z^2 = z_1^2 + z_2^2 = (\sqrt{2} z_1)^2$ となる．z_1 は近似的に平均 0，分散 1/2 の正規分布に従うので，右辺は近似的に標準正規確率変数の 2 乗になる．

BOX 13.4　ダーウィンの仮説のカイ2乗解析

分割表の解析

	両性花	雌雄同株	雌雄異株	合計
草本類	379	102	19	500
	345.44	113.61	40.95	
	1.81	−1.09	−3.45	
低木樹種	88	30	31	149
	102.94	33.85	12.20	
	−1.47	−0.66	5.38	
高木樹種	56	40	12	108
	74.62	24.54	8.85	
	−2.16	3.12	1.06	
合計	523	172	62	757

$\chi^2 = 63.282$, DF $= 4$, p 値 $= 0.000$

分割表内の数値：
　　観察頻度
　　期待頻度
　　標準化された残差

表 13.4

	両性花	雌雄同株	雌雄異株
草本類	379	102	19
低木樹種	88	30	31
高木樹種	56	40	12

　両性花の草本類と雌雄異株の高木樹種に対する残差は期待どおりの符号をもっているが，期待外れのセルもある．雌雄異株の低木樹種と雌雄同株の高木樹種は大きな正の残差をもち，仮説から予想されるものとは異なっている．よって，種の数をデータとするこのような解析は全く受け入れがたいものであると認めざるをえない．ポアソン分布に関する独立性の仮定が成り立っていないことが考えられる．植物種が同じ系統の仲間であるとき，たとえば同属であるとき，ある交配システムの進化はその系統で1度しか起きていないのかもしれない．そのようなときは，1回の進化的出来事は分割表においては1個の計数として扱われるべきである．よって，その同属内の各種が独立であるとはいいがたい．

　このように，残差を調べると，有意性の傾向が前もって期待されたものなのか見ることができる．カイ2乗解析が強く有意であり，しかし残差に意味のある傾向がないならば，独立性の仮定が成り立っていない可能性がある．独立性を欠くということは，本来得られるべき各セルの計数を大きく見せかけているということに等しい．たとえば，表 13.4 において，10種類の

植物種からなる交配システムが1回の進化的出来事で発生していたならば，各観測値は10倍されていることになる．つまり，これにより，カイ2乗統計量の分子は100倍になるが，分母は単に10倍になるだけである．つまり，

$$\frac{(観測値 \times 10 - 期待値 \times 10)^2}{期待値 \times 10} = \frac{100 \times (観測値 \times 10 - 期待値 \times 10)^2}{10 \times 期待値} = 10 \times \chi^2$$

よって，自由度は変化していないが，カイ2乗統計量は10倍されることになる．独立性が成り立たないと，カイ2乗値は人工的に膨らむことになり，見せかけの有意性が導かれてしまう．

13.4 一般線形モデルとカテゴリカル型データ

分割表を用いて直交性を説明する

青い目の男女の解析やダーウィンデータセットの解析で見たように，分割表解析では2つの説明変数間の関係が検定される．ここでは，実際のデータの解析というよりは，2変数間の直交関係を説明するためにこの検定を利用してみよう．第7章の小麦データセットの解析を思い出してみると，そこでの変数 VARIETY と SOWRATE は直交していた．また，第5章で与えた直交性の定義によると，2つの変数が直交しているとは，ある変数についての知識が他方の変数についての知識からは得られないということであった．このことを分割表解析の立場から見ると，2つの変数間には全く関連がないという定義に等しい．Box 13.5 の変数 VARIETY

BOX 13.5　均衡した計画における直交的な2つの変数間の分割表

カイ2乗検定：
行：SOWRATE　　列：VARIETY

	1	2	合計
1	3	3	6
	3	3	6
2	3	3	6
	3	3	6
3	3	3	6
	3	3	6
4	3	3	6
	3	3	6
合計	12	12	24
	12	12	24

$\chi^2 = 0.000$, DF $= 3$, p 値 $= 1.000$

分割表内の数値：
　処理の各組合せにおける区画数

13.4 一般線形モデルとカテゴリカル型データ

BOX 13.6 均衡しない計画における直交的な 2 つの変数間の分割表

カイ 2 乗検定：
行：BLOCKS　　列：TREATMENTS

	T1	T2	T3	T4	合計
1	2	4	4	6	16
	2.00	4.00	4.00	6.00	
2	1	2	2	3	8
	1.00	2.00	2.00	3.00	
3	2	4	4	6	16
	2.00	4.00	4.00	6.00	
4	3	6	6	9	24
	3.00	6.00	6.00	9.00	
合計	8	16	16	24	64

$\chi^2 = 0.000$, DF $= 9$, p 値 $= 1.000$

分割表内の数値：
　処理の各組合せにおける区画数

と SOWRATE の間の分割表解析によると，そのカイ 2 乗値は正確に 0 である．このとき，ある区画での播種密度の水準を知っていることが，その区画にどの品種が植えられたかという情報を与えることはないので，これは直交性を特徴づけるもう 1 つの性質になるのである．

この例の計画は直交的であるだけでなく均衡的でもある．しかし，第 5 章で説明したように，均衡性は直交性をもつために必ずしも必要というわけではない．一方，Box 13.6 で解析している計画は図 5.7 の計画 C である．この計画では，区画はブロックと処理に対して比例的に配分されている．カイ 2 乗値は正確に 0 になり，2 つの説明変数の間に関連がないことを示している．このことから，分割表解析とは，各列での計数の配分が互いに比例しているかどうかを検出するように設計されたものであることがわかるだろう．

本節では，直交性の意味を解説するために，ある解析法を道具として利用した．これは，6.3 節で解説した連続型とカテゴリカル型変数間の直交性についての補足説明でもある．そこでは，連続型変数とカテゴリカル型変数に対する GLM 解析を行い，カテゴリカル型変数が連続型変数に対して何も情報をもたらさないことがありうることを示した．本章の後半では，実際のデータの解析に戻ることにしよう．

分割表と GLM を用いた解析

GLM の枠組みの中でカテゴリカルデータを取り扱った解析はあまり多くない．次の例では，まず分割表解析を行ったのち，GLM を適用して解析してみよう．

ウドンコ病菌の攻撃に対する大麦の抵抗性を調べる野外実験が行われた．5 系統の菌

BOX 13.7　ウドンコ病に対する大麦の抵抗性を調べる分割表解析

分割表の解析
行：WATER　　列：STRAIN

	1	2	3	4	5	合計
1	6	5	5	6	6	28
	5.27	6.02	6.32	5.12	5.27	
	0.32	−0.42	−0.53	0.39	0.32	
2	17	14	17	16	19	83
	15.62	17.85	18.74	15.17	15.62	
	0.35	−0.91	−0.40	0.21	0.86	
3	5	7	6	5	5	28
	5.27	6.02	6.32	5.12	5.27	
	−0.12	0.40	−0.13	−0.05	−0.12	
4	7	14	14	7	5	47
	8.84	10.11	10.61	8.59	8.84	
	−0.62	1.22	1.04	−0.54	−1.29	
合計	35	40	42	34	35	186

$\chi^2 = 7.832$, DF $= 12$, p 値 $= 0.798$

分割表内の数値：
　　観察頻度
　　期待頻度
　　標準化された残差

（STRAIN）が4水準の散水頻度（WATER）の下で比較された．各処理の組合せに対して大麦の6株が使われ，病斑である斑点の個数（SPOTS）が記録された（データはウドンコ病（powdery mildew）データセットにある）．斑点の個数がポアソン分布に従うと仮定できるためには，斑点の発生がそれぞれ独立でなければならないし，実験に使われるどの大麦の感受性も同じ程度でなくてはならない．初めに，このような仮定が成り立つものとして解析された．

このデータセットの分割表解析が Box 13.7 である．カイ2乗値は有意ではない（$p = 0.798$）．各散水水準での斑点の割合は，菌系統が違っていても同じであるという結論になる．この結論は，「どの散水水準でも斑点の数は同じである」でもなく，「斑点の数はどの菌系統においても同じである」でもない．分割表解析でのカイ2乗統計量は2つの説明変数間の**交互作用**を検定するものなのである．

このデータセットは GLM を使って解析することもできる．GLM で最初に試みた解析結果が Box 13.8 である．そこでは，次のモデルが当てはめられた．

$$\text{SPOTS} = \text{WATER} + \text{STRAIN}$$

しかし，図13.4の適合値に対する残差プロットを見てみると，明らかに分散の均一性に問題

BOX 13.8　大麦に感染したウドンコ病の斑点数に対する GLM

一般線形モデル

モデル式：SPOTS = WATER + STRAIN
WATER と STRAIN はカテゴリカル型

SPOTS に対する分散分析表，検定は調整平方和を用いる

変動因	DF	Seq SS	Adj SS	Adj MS	F	P
WATER	3	403.400	403.400	134.467	20.66	0.000
STRAIN	4	12.700	12.700	3.175	0.49	0.745
誤差	12	78.100	78.100	6.508		
合計	19	494.200				

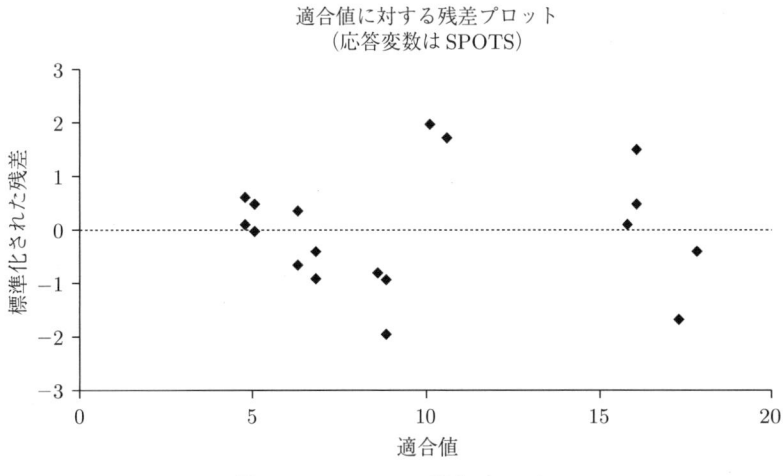

図 13.4　SPOTS の残差プロット

がある．データがポアソン分布に従うならば，分散は平均と共に増加するはずなので，これは予想できたことである．これはデータの変換で解決できる．実際，データが本当にポアソン分布に従うならば，平方根変換を用いると問題は解決できるはずである．斑点の個数を平方根変換して解析した結果が Box 13.9 である．図 13.5 の残差にはいくらかの改善が見られるが，これで十分なのだろうか？　このような場合，データがポアソン分布に従うという帰無仮説をさらに検定する方法がある．データがポアソン分布に従っているならば，平方根変換を行い，関係する重要な説明変数を統計的に消去すると，その誤差平均平方は平均的に 0.25 という値になるのである（この理由をここで理解する必要はないだろう．ともかく，この事実を利用することにしよう）．

データの誤差平均平方は 0.1628 であり，0.25 よりも小さい．これが有意に小さいのかどうかを知るためには，散布度検定の 1 種である**ポアソン分散検定**（Poisson variance test）を用いるとよい．

第13章 カテゴリカル型データ

BOX 13.9　大麦に感染したウドンコ病の斑点数の平方根変換後の GLM 解析

一般線形モデル

モデル式：SQRTSP = WATER + STRAIN
WATER と STRAIN はカテゴリカル型

SQRTSP に対する分散分析表，検定は調整平方和を用いる

変動因	DF	Seq SS	Adj SS	Adj MS	F	P
WATER	3	9.7311	9.7311	3.2437	19.92	0.000
STRAIN	4	0.3728	0.3728	0.0932	0.57	0.688
誤差	12	1.9541	1.9541	0.1628		
合計	19	12.0579				

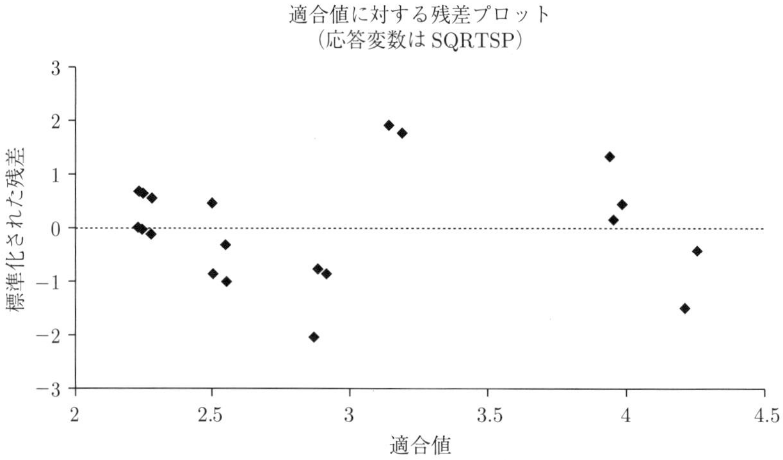

適合値に対する残差プロット
（応答変数は SQRTSP）

図 **13.5**　SQRTSP の残差プロット

$$\chi^2_{\text{誤差の自由度}} = \text{誤差の自由度} \times \frac{\text{誤差平均平方}}{0.25}$$

帰無仮説は，誤差分布がポアソン分布であるというものである．

　Box 13.9 の SQRTSP の解析結果に対して，ポアソン分散検定を行った結果が Box 13.10 である．繰り返して注意しておくが，これは両側検定である．というのも，誤差平均平方が 0.25 から有意に離れているかどうかに興味があるからである．これが有意に大きいならば過大分散を示すことになり，有意に小さいならば過小分散を示すことになる．カイ2乗値は 7.81 であり，これより大きな値を取る確率は 0.2005 である．検定に適した p 値に変換するには2倍すればよい．結局，p 値は 0.401 になる．よって，ポアソン分布からのデータであるという帰無仮説を棄却することはできない．

　以上により，ポアソン分布からのデータであるとして，その SQRTSP を GLM 解析してもよい段階まできた．では，この解析からどのような結論が導けるのだろうか？ **GLM 解析**で

BOX 13.10　Box 13.9 にある誤差平均平方のポアソン分散検定

ポアソン分散検定
$$\chi^2_{12} = \frac{12 \times 0.1628}{0.25} = 7.81$$
$$P(X \leq x) = 0.2005$$
$$p = 0.401$$

は WATER と STRAIN の**主効果**を調べることになる．これは**分割表解析が交互作用**の検定であったこととは対照的である．Box 13.9 の F 比は，WATER がウドンコ病の斑点数に影響しているが（$p < 0.0005$），STRAIN はそうではない（$p = 0.688$）ことを示している．しかし，データがポアソン分布に従っているならば，F 比よりもさらに検出力の高い検定が存在するのである．それは変数 WATER と STRAIN によって説明される平方和に基づく**ポアソン分散検定**である．効果がないという帰無仮説の下で，処理の平均平方は，ポアソンデータを平方根変換したものの近似的な分散である 0.25 に平均的に等しいはずである．一般的な式は次のとおりである．

$$\chi^2_{処理の自由度} = 処理の自由度 \times \frac{処理平均平方}{0.25} = \frac{処理の SS}{0.25}$$

WATER に対しては

$$\chi^2_3 = 3 \times \frac{3.2437}{0.25} = 38.9$$

STRAIN に対しては

$$\chi^2_4 = 4 \times \frac{0.0932}{0.25} = 1.49$$

これらのカイ 2 乗値による片側検定の p 値はそれぞれ 0.000 と 0.828 である（カイ 2 乗値が仮説の値よりも有意に大きいかということに興味があるだけである）．これらは前の解析結果と一致している．これらの検定は常に近似検定ではあるが，ポアソン分布の仮定を利用して検定したいときには適当な方法である．このような状況では，それらの検出力は F 検定よりも高い．なぜならば，誤差平均平方で誤差分散を推定する必要がないからである．また，ポアソン分布を仮定することが妥当かどうかはポアソン分散検定を利用すれば判定できるのである．

ところで，分割表解析を使って主効果を検定できるのだろうか？ ある説明変数について調べたいときには，表をいわば押し潰せばよい．表 13.5 は，そうしたときの WATER の適切な頻度表である．これは，大きな分割表（Box 13.7 を参照）の周辺和に他ならない．帰無仮説が正しいならば，斑点数は 4 つのセルで等分に分けられるはずである．そうでないようならば，前

表 13.5　ウドンコ病における WATER の主効果を調べるための分割表

	WATER				
	1	2	3	4	
観測値	28	83	28	47	186
期待値	46.5	46.5	46.5	46.5	

表 13.6　ウドンコ病における STRAIN の主効果を調べるための分割表

	STRAIN					
	1	2	3	4	5	
観測値	35	40	42	34	35	186
期待値	37.2	37.2	37.2	37.2	37.2	

BOX 13.11　各処理における稚樹数を平方根変換後に解析する

一般線形モデル

モデル式：SQRTSLD = TRT1
TRT1 はカテゴリカル型

SQRTSLD に対する分散分析表，検定は調整平方和を用いる

変動因	DF	Seq SS	Adj SS	Adj MS	F	P
TRT1	1	5.5586	5.5586	5.5586	9.49	0.005
誤差	28	16.4063	16.4063	0.5859		
合計	29	21.9650				

のようにカイ 2 乗統計量を計算して検定すればよい．

　ここでは，$\chi_3^2 = 43.4$ となり，$p = 0.0000$ である．同様に，STRAIN の周辺和（表 13.6）に対しても同じ計算を行うことができる．この場合は $\chi_4^2 = 1.37$ となり，$p = 0.850$ である．この 2 つ解析から得られた結論は前と同じである．

　ここで，どちらの解析手法が好ましいのかという問題がまだ残されている．分割表解析は，主効果と交互作用とを一度に調べられるような単一の解析法ではない．また，過大分散を仮定して主効果を検出できるような適当な方法も今のところ存在していない．ここが GLM の限界のようである．このようなデータを解析するための次の段階は，対数線形モデルの利用であろう（第 14 章参照）．

重要な変数の見落とし

　カテゴリカル型データを GLM で解析するとき，ポアソン分散検定の結果，過大分散が疑われるようならば，重要な説明変数を見落としている可能性がある．2 つの異なる処理（TRM1）を受けた苗木の発芽数を調べるために野外調査が行われたとしよう．応答変数は発芽した苗木数であり，それを平方根変換したものが GLM で解析された．データは発芽 (seedling germination) データセットにある．その解析結果が Box 13.11 である．

　ポアソン分散の散布度検定の結果は次のようになる．

$$\chi_{28}^2 = 28 \times \frac{0.5859}{0.25} = 65.6$$

対応する p 値は 0.001 よりも小さいので，データは過大分散を示している．これは，データの

BOX 13.12 ブロックと各処理における苗木数を平方根変換後に解析する

一般線形モデル

モデル式：SQRTSLD = BLOCK1 + TRT1
BLOCK1 と TRT1 はカテゴリカル型

SQRTSLD に対する分散分析表，検定は調整平方和を用いる

変動因	DF	Seq SS	Adj SS	Adj MS	F	P
BLOCK1	2	12.3474	12.3474	6.1737	39.55	0.000
TRT1	1	5.5586	5.5586	5.5586	35.61	0.000
誤差	26	4.0590	4.0590	0.1561		
合計	29	21.9650				

BOX 13.13 ブロックと各処理における子葉数を平方根変換後に解析する

一般線形モデル

モデル式：SRNCOT = BLOCK + TREAT
BLOCK と TREAT はカテゴリカル型

SRNCOT に対する分散分析表，検定は調整平方和を用いる

変動因	DF	Seq SS	Adj SS	Adj MS	F	P
BLOCK	5	23.9098	23.9098	4.7820	53.45	0.000
TREAT	4	20.5340	20.5340	5.1335	57.37	0.000
誤差	20	1.7895	1.7895	0.0895		
合計	29	46.2333				

不均質性が原因かもしれない．実は，3ヶ所の異なる温室で実験は行われたので，3ブロックをもつデータなのである．そこで，要因としてさらに BLOCK1 を加えて，再度，解析を行った (Box 13.12)．

すると，今回の散布度検定は次のようになる．

$$\chi^2_{26} = 26 \times \frac{0.1561}{0.25} = 16.2$$

この p 値は 0.137 であり，ポアソン分布に従うという帰無仮説はもはや棄却できない．

一様性の解析

上の実験と比較するため，別の学生がキャベツの苗の発芽データを集めようとした．6つの苗床をブロックとして準備し，害虫への防除法として5種類の異なる処理法を考えた．1週間後に生えてきた子葉の数を計測し，平方根変換して解析を行った (Box 13.13)．データはキャ

ベツ（Brassica）データセットである．

この解析では，BLOCKとTREATは共に高い有意性を示している．実際，これらの要因による変動が消去されると，子葉数には小さな分散が残るだけである．ポアソン性についての散布度検定の結果は次のとおりである．

$$\chi^2_{20} = 20 \times \frac{0.0895}{0.25} = 7.16$$

対応する p 値は 0.00774 である．よって，ポアソン分布に従うという帰無仮説は棄却される．これら 2 つの説明変数が考慮されると，子葉数に残される分散は偶然により期待されるものよりも小さくなりすぎている．このような場合は，強力な散布度検定を用いるよりも，F 比検定を利用すべきだろう．

子葉数の分散はどのような要因でポアソン分散よりも小さくなったのだろうか？ これには明らかな 2 つの理由が考えられる．

1. 発芽して数えられた種子の割合が小さくなかった．決められた数の種子が蒔かれ，発芽した子葉が数え上げられる．その数を表す分布は分散 npq をもつ 2 項分布である（n は種子の総数，p は発芽する割合，また $q = 1-p$ である）．p が小さいようならば，q は 1 に近くなり，2 項分布の分散はポアソン分散 np で近似できる．しかし，p が小さくないとき，np は観測される分散を過大に見積もってしまうことになる．
2. 種子間の競争が非常に均一的な発芽をもたらした．発芽して周りに陰を作ったり，周りの他の子葉の成長を阻害する物質を分泌するようならば，種子の発芽はもはや独立であるとはいえない．ポアソン分布に関するこの仮定が満足されないならば，分散はポアソン分散よりも小さくなるだろう．

散布度検定が近似検定であることを強調しておくことは重要である．平均が 15 よりも大きいときは，100 までの自由度に対してこの近似はかなり有効である．一方，平均が 5 よりも小さいときの近似は全く良くない．このことは，カテゴリカル型データを取り扱うときには，一般化線形モデルのほうが好ましいと考える理由の 1 つになっている．

13.5 要 約

- データが真にカテゴリカル型であるためには，それらは個々の要素の独立な計数でなければならない．
- 分割表にまとめられたカテゴリカル型データは分割表解析で調べられる．
- カテゴリカル型データの解析が前提とする分布はポアソン分布である．これは 1 つの母数しかもたない分布であり，その平均は分散に等しい．
- 小さな平均（<5）をもつポアソン分布は，右に裾を延ばした形をしている．5 以上の場合は，分布はかなり対称的であり，正規近似が十分に有効なのでカイ 2 乗検定が利用できる．
- ポアソン過程のもつ 2 つの性質は要素の独立性と容器の均質性である．独立性とは，ある要素の発生が他の要素の発生と無関係であるということである．均質性とは，時間あるいは空間

- 上の単位区間で要素が発生する確率はどの単位区間においても一定であるということである.
- 散布度検定は，分布の平均と分散が等しいことを検定するために用いられる．分散が平均よりも有意に小さいならば，データは過小分散（一様）である．逆に大きいならば，データは過大分散（塊状に散在）である．散布度検定の妥当性は平均と標本数に依存する.
- カイ2乗式は次の2つの仮定に依存する．データがポアソン分布に従うこと，正規近似が成り立つぐらいに平均が大きいことである.
- 分割表解析における残差を調べると，効果の方向性についての情報が得られる．残差に明白な傾向がないにもかかわらず，カイ2乗値が高い有意性を示すならば，その計数は独立ではないかもしれない．そのとき，その有意性は見せかけのものになる.
- カテゴリカル型データは，平方根変換を用いるとGLMを使って解析できるようになる．そのとき，分割表における主効果を検定できるようなモデルが当てはめられる．一方，$r \times c$ 分割表解析は交互作用を検定するためのものである.
- GLM解析においては，ポアソン分散検定により誤差平均平方が 0.25 に近いかどうかを検定できる．データがポアソン分布からのものならば，処理効果は F 比検定でなくカイ2乗検定を用いて調べたほうが良い.

13.6 演習問題

大豆データの再検討

完全に無作為化された実験計画において，大豆を栽培するために 24 区画が 3 グループに等分された．各グループには雑草を選択的に枯らす除草剤が異なる処方で散布された．この大豆データセットを初めて扱ったのは第 9 章の最初の練習問題である．そのとき，平方根変換が分散を最もうまく安定させるという結果が得られている．ここでも，Y 変数の平方根変換である SQRTDAM を解析し，出力結果をさらに詳しく調べてみよう（Box 13.14）．

(1) DAMAGE が独立な要素の計数ならば，平方根変換すると，その誤差平均平方は平均的に 0.25 になるべきである．DAMAGE が独立な要素の計数であると判断してよいだろうか？
(2) ポアソン分散検定を用いて，正式な仮説検定を行え．その p 値はいくらになるか？
(3) ポアソン仮説が採択されたとして，カイ2乗検定により WDKLR の効果を検定せよ．その p 値はいくらになるか？
(4) カイ2乗検定と GLM による F 比検定，どちらを好ましいと考えるか？ その理由も述べよ．

コスタリカのイチジク

あるイチジク種の分布がコスタリカで調査された．3 地域でそれぞれ 100 個の正方形区画が設置され，その区画内に生育する株数が数えられた．この調査の興味の対象は，地域によってイチジクの分布に違いがあるか，各株はその地域内で無作為に分布しているかというものであった．2 つの変数がイチジク (fig tree) データセットにある：SITE（地域コードの値 1, 2, 3），NINDIVS（区画内の株数）．

(1) 地域 1 からのデータがポアソン分布からの 100 個のデータであると解釈できるためにはどのような条件が必要だろうか？

268　第 13 章　カテゴリカル型データ

BOX 13.14　再び解析された大豆データセット

一般線形モデル

モデル式：SQRTDAM = WDKLR
WDKLR はカテゴリカル型

SQRTDAM に対する分散分析表，検定は調整平方和を用いる

変動因	DF	Seq SS	Adj SS	Adj MS	F	P
WDKLR	2	46.180	46.180	23.090	83.18	0.000
誤差	21	5.829	5.829	0.278		
合計	23	52.010				

項	Coef	SECoef	T	P
定数	5.3268	0.1075	49.53	0.000
WDKLR				
1	−1.6860	0.1521	−11.09	0.000
2	−0.0256	0.1521	−0.17	0.868
3	*1.7116*			

---

(2) 統計パッケージを使い平均と分散を求めよ．これらの値を見て，地域間および地域内でのイチジクの分布についてどのように考えるか？ 直感的な意見を述べよ．

(3) イチジクの分布が地域間および地域内において無作為に生育しているという仮説を正式に検定するため，散布度検定を行え．

(4) 同じ仮説に対して GLM 解析を行え．

(5) 正方区画内におけるこのイチジク種の株数はポアソン分布よりも大きな変動をもつかもしれない．その理由を述べよ．

(6) また逆に，正方区画内におけるこのイチジク種の株数はポアソン分布よりも小さな変動しかもたないかもしれない．その理由を述べよ．

第14章
さらに向こうにあるもの

　一般線形モデルはその名の示すとおり一般的である．本書で学んだ手法を使えば，統計的問題の主要な範囲を十分に扱うことができる．1つのモデルに，連続型であってもカテゴリカル型であっても，好きなだけたくさんの変数を入れることができる（自由度が許す限り）．また交互作用を自由にモデルに入れてもよい（境界設定の考え方に従う限り）．仮説検定と推定もごく普通に利用できる．しかし，一般線形モデルでできる範囲にも限界はある．学部学生向けの生物学履修課程において設定される統計学としてはかなりの内容であるが，十分であるとはいえないような多くの状況も存在する．本章では，さらに進んだ方法を必要とするような問題を紹介し，その可能な解決法にも目を向けてみよう．

14.1　一般化線形モデル

　カテゴリカル型データはGLMの仮定を満足しない．そのため，第13章では別の方法を検討し，GLMがうまく当てはまるようにカテゴリカル型データを変換する方法について調べた．しかしここでは，これらの解決法に至る前の段階に戻って，カテゴリカル型データにGLMの方法を適用すると，何が本当に悪いのかを考えてみよう．表14.1は，GLMに適した正規誤差をもつデータと，ポアソン誤差をもつカテゴリカル型データの違いを挙げている．

　一般化線形モデル（Generalised Linear Model）と呼ばれる一群のモデルは，一般線形モデルの適用範囲を拡張したものであり，カテゴリカル型データなどいろいろな状況を扱えるようになっている．これを可能にしているのが，3種類の柔軟性である．それは次のような3つの要素を指定できるということを意味している．

表 14.1　正規誤差とポアソン誤差をもつデータの比較

正規/GLM	ポアソン/離散
対称・連続型の誤差	非対称・離散型の誤差
分散は平均と無関係	分散は平均に依存
（分散は均一的）	（分散は不均一）
分散は未知	分散は既知（平均に等しい）
加法演算が自然	乗法演算が自然

1. **分散関数**（Variance function）

    この関数は，誤差分散と適合値との間の関係を表している．普通の GLM では，データ点のばらつき具合はモデル全体を通して等しいと仮定されるので，その分散関数は可能な全ての適合値に対してちょうど 1 に等しい．ポアソン誤差の場合，分散関数はその適合値そのものに等しい．ポアソン分布の分散はその平均に等しいからである．一般的には，正値を取る関数ならばどれでも分散関数として指定できる．

2. **連結関数**（Link function）

    一般化線形モデルの適合式の右辺には，一般線形モデルでのものと全く同じ形式が現れる．それは，選択的な括弧付きで表されるカテゴリカル型変数の項，傾きをもつ連続変数の項，そしてすべての種類の交互作用を含んでいる．その式は線形予測子（LP）と呼ばれている．一般化線形モデルでは，それを適合値に直接等しいとはおかない．そのかわり，線形予測子を適合値（FV）にどのように関係させるかを指定しなければならない．普通の GLM の場合，線形予測子を適合値に等しいとおく恒等連結が明らかにその連結関数である．一方，$LP = \log(FV)$，あるいは $FV = \exp(LP)$ のように指定される対数連結においては，適合値に対する X 変数の効果は加法的にではなく乗法的に作用することになる（連結関数の名前は，明解さというよりも，FV を LP に変換する関数形を見て名付けられている）．よって，対数連結はカテゴリカル型データに適している．というのも，そこでは自然な帰無仮説は乗法的であるからである．他の連結関数もそれぞれに適した効果をもっている．原理的には，どのような単調関数でも使うことができる．

3. **誤差分散はわかっているのか，あるいは推定する必要があるのか**

    誤差分散は分散関数と尺度因子（分布のばらつき具合を表す母数）との積であると設定される．ときには，普通の GLM で s^2 が推定されるように，この尺度因子は推定されなければならない．しかし，ポアソン誤差のように，分散は平均に等しいということが事前にわかっている場合もあるので，このときの尺度因子は 1 に等しいということになる．尺度因子が適当に推定できると，カテゴリカル型データにおける過大・過小分散の問題はうまく取り扱える．このように，最後の柔軟性の要素は，尺度因子をデータから推定すべきであるとするか，あるいは既知の数値を指定するのかというものになる．

このような 3 つの追加要素を除くと，一般化線形モデルは一般線形モデルと基本的に同じである．

たとえば，カテゴリカル型データを扱うための方法は，誤差項や他の要因との間の線形関係と対数連結関数を利用する．これが，カテゴリカル型データに適した一般化線形モデルを，対数線形モデル（log-linear models）と呼ぶ理由である．それには，カイ 2 乗解析や平方根変換で扱えないさまざまな種類の解析が含まれる．たとえば，3 元配置分割表は，3 つのカテゴリカル型 X 変数をもつ単純な対数線形モデルである．3 元配置表が特に重要になる場合とは，いくつかの 2 元配置表を結合させるときである．連続型変数を対数線形モデルの中に説明変数として含めることができる．よって，カテゴリカル型データの解析を真剣に行おうとするときには，対数線形モデルは適切な方法である．

生物学でよくある状況であるが，たとえば生死や雌雄などの2値の応答変数が与えられる場合がある．これらのデータは，正規分布ではなく2項分布に従うだろう．このようなデータに対する一般化線形モデルは，ロジスティック連結と2項誤差をもつロジスティック回帰（logistic regression）として知られている．このときも，カテゴリカル型や連続型の説明変数やそれらの交互作用が Y 変数に影響をもつことになる．

一般化線形モデルの利用についてここで最後に述べておきたいことは，第9章で議論したことと関連する．そこでは，GLM の仮定が成立しないとき，その対応策として変数変換が有効であるということを述べている．しかし，分散の均一性をもたらす変数変換が必ずしも非線形性を修正するわけではないということも見てきた．その点，一般化線形モデルは，仮定を満足するような解析を見つけ出すためのもう少し広い探索範囲をもっている．というのも，「一般化」によって分散関数も連結関数も指定できるからである．これにより，非線形性や分散の不均一性の問題を非常に簡単に解決できるようになるのである．

一般化線形モデルにすでにどれくらい慣れているのか認識しておくことは重要である．モデル式，係数や標準誤差などの母数，主効果と交互作用，入れ子などの概念がある．調整された平均は，適合式を使って係数から計算される．多項式回帰も利用できるが，そのとき，境界設定の考え方も考慮されなければならない．適合値，残差とモデル評価，外れ値と影響力のあるデータ点なども存在する．変動は分解されるし，統計的消去の概念も重要である．よくモデルを選ばなければならないことがあるが，段階法というちょっと怪しげな方法も利用できる．コンピュータは人間と同じように一般化線形モデルのモデル式を理解してくれるので，議論するときと同じ言語で解析実行の命令を与えることができる．よって，本書で一般線形モデルを学ぶことは，さらに発展した膨大な技法群を学ぶための良い準備になるのである．

14.2 複数の Y 変数，繰返し測定，対象内要因

本書では，1例を除いたすべてで，Y 変数はただ1つであるとされてきた．また，データ点の独立性と繰返し測定（repeated measures）の問題について厳しい警告が与えられてきた．繰返し測定は，時系列分析（time-series analysis）や，社会学での「対象内要因」（within-subject factor）と呼ばれるものの解析でよく現れる．また，多くの重要な生物学的な応用においてもよく見られる．これに関して，第8章では次のような見解を述べた．「同じ個体を繰返し測定することにより2個以上のデータ点を作り出すことは許されるべきではなく，それが必要であるとしても，その多重測定値を多変量 Y 変数に当てはめて MANOVA を利用すべきである」と．この考え方を多くの生物学者や統計学者は厳しすぎると見なすだろう．このことは知っていたほうが良い．というのも，繰返し測定値を使って，1個体に多くのデータ点を許容してしまう統計手法と統計パッケージが存在するからである．しかし，統計の専門家も認めるように，重要なことは，自分の分野でよく認知されている方法を使うことである．それが良い実践的方法であれば発達していくものなので，1個体当たり1データ点を用いるべきであるという原則への傾向がまだ残っていたとしても驚くべきことではない．いずれ MANOVA 法ももっと広く理解されていくかもしれない．また，繰返し測定に関しては，故意によるデータの膨らましとい

う倫理上の問題も含まれている．曖昧な言い方かもしれないが，「ふさわしい自由度」というものを我々著者は信じているのである．

14.3 結 論

一般化線形モデルは，一般線形モデルについてわかっていることをさらに拡張する非常に強力な道具である．これを使えば，さらに広範囲の統計的問題に取り組むことができる．しかし，一般化線形モデルを利用できるコンピュータ環境が，一般線形モデルと同じくらい整っているとはまだいいがたい．一般化線形モデルはこれからの方法であり，本書を読むことが，それを学ぶための準備になるだろう．

第15章

練習問題の解答

第1章

メロン

(1) 帰無仮説は「メロンの平均収穫量に品種間で差はない」である．
(2) 帰無仮説は棄却される（$p < 0.0005$）．メロンの平均収穫量には品種間で有意な違いがあると結論される．品種2が最も高い平均収穫量をもち，品種1と3が最も低い平均収穫量をもつと推定される．
(3) 説明されなかった変動（誤差変動）である281.2は自由度18をもつので，分散は $281.2/18 = 15.6$ と推定される．
(4) 平均の標準誤差は $s/\sqrt{n}$ によって計算される．ここでは，$s = \sqrt{15.6} = 3.95$ なので，品種1，2，4の標準誤差は1.612，品種3の標準誤差は1.975となる．
(5) 情報は平均とそれに関する信頼区間で表すことができる．信頼区間は次の式で計算できる．

$$平均 \pm t_{crit} \mathrm{SE}_{mean}$$

ただし，t_{crit} は臨界 t 値であり，SE_{mean} は各群の標準誤差である．95%信頼区間の場合，自由度が18なので，このときの臨界 t 値は $t_{crit} = 2.10$ になる．これによって，表15.1のような区間が求められる．

雌雄異株の樹木

(1) SEX は2水準をもつカテゴリカル型変数である．雄株と雌株は同数の花を咲かせるという

表 15.1 信頼区間

平均	95%信頼区間
20.49	(17.11, 23.88)
37.40	(34.02, 40.79)
20.46	(16.32, 24.61)
29.90	(26.51, 33.28)

274   第 15 章　練習問題の解答

BOX 15.1　雌雄異株の樹木の解析

モデル式：FLOWERS = SEX
SEX はカテゴリカル型

FLOWERS に対する分散分析表

変動因	DF	SS	MS	F	P
SEX	1	171841	171841	1.18	0.284
誤差	48	7017255	146193		
合計	49	7189097			

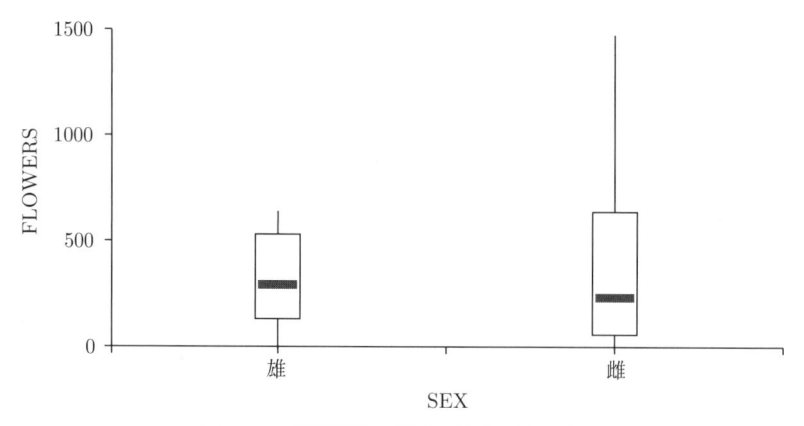

図 15.1　雌雄異株の樹木に対する箱ひげ図

帰無仮説を検定するためには，次のようなモデル式を当てはめる必要がある．

$$\text{FLOWER} = \text{SEX}$$

これに対する ANOVA 表は Box 15.1 にある．雄株と雌株が同数の花を咲かせるという仮説は統計的には否定できない．

(2) データの図示にはいろいろな方法がある．ここでは箱ひげ図を用いてみよう．それは，データの半分 50% を長方形で表し，その箱を横切る線でメジアン（中央値）を表し，上方の四分値から最大値まで延ばすひげ（線分）と，下方の四分値から最小値まで延ばすひげをもつ（図 15.1 を参照）．これから，メジアンは非常に近いが，雌株の花数のもつ変動は雄株よりも非常に大きいことがわかる．

第 2 章

体重は脂肪量の多さを意味するか

(1) 最良の適合式は FAT = 26.9 + 0.0207 WEIGHT である．
(2) 説明できた変動の割合は 1.33/218.42 = 0.006 である．

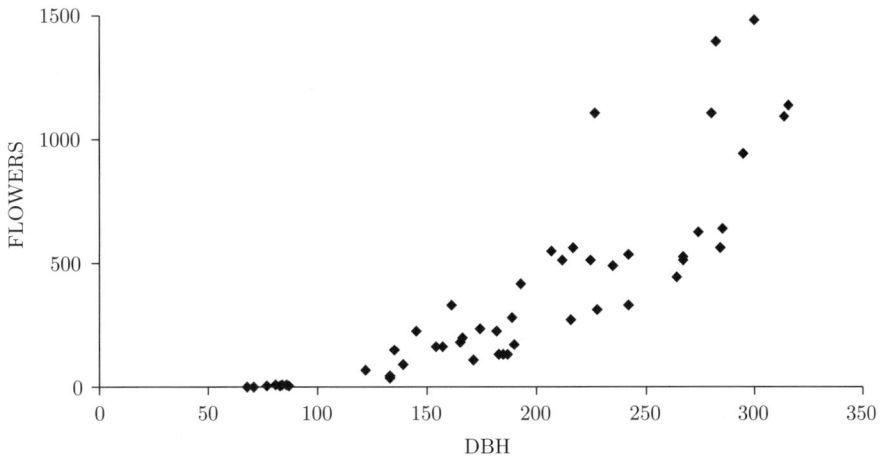

図 15.2 DBH に対する FLOWERS のプロット

BOX 15.2 雌雄異株の樹木の解析

モデル式：FLOWERS = DBH
DBH は連続型

FLOWERS に対する分散分析表

変動因	DF	SS	MS	F	P
SEX	1	5060723	5060723	114.13	0.000
誤差	48	2128374	44341		
合計	49	7189097			

係数表

項	Coef	SECoef	T	P
定数	−481.16	86.24	−5.58	0.000
DBH	4.5128	0.4224	10.68	0.000

---

(3) 傾きは 0.02069 と推定され，この標準誤差は 0.06414 である．この情報から，さらに自由度 17 に対する臨界 t 値を使って，信頼区間を求めることもできる．この場合，傾きの 95% 信頼区間は $(-0.115, 0.156)$ と推定される．

(4) 傾きが 0 と有意に異なるとはいえない（$p = 0.751$）．

(5) 傾きが 0 と異ならないということは，WEIGHT は FAT について何も情報を与えないことを意味する．

雌雄異株の樹木

(1) DBH に対して花数をプロットすると，図 15.2 のグラフのようになる．

(2) 回帰分析でモデル式 FLOWERS = DBH を用いると，その出力は Box 15.2 になる．こ

れより，最良の適合式は FLOWERS = −481.16 + 4.5128 DBH である．

(3) その傾きが 4 であるという帰無仮説を検定するために，次のような検定統計量が計算された．
$$t_s = \frac{4.5128 - 4}{0.4224} = 1.21$$
これより，$p = 0.232$ である．ゆえに，傾きは 4 と有意に異なるとはいえないと結論される．

第3章

母集団のもつ変動は解析にどのような影響をもたらすか

図 15.3 は，誤差の標準偏差を 2, 4, 8, 16 と置いてシミュレーションを実行したとき，生成された全平均に関する 4 つのヒストグラムである．母数の推定値の精度は，誤差標準偏差が大きくなるにつれて明らかに低下する．シミュレーションごとにその低下の度合は変わるが，その傾向自体は変わらないだろう．

全平均についての傾向は，記述統計によっても説明できる．特に平均の標準誤差（母数推定値の正確さの逆の尺度）が σ とともに増加することに注目すべきである．Box 15.3 にその詳細がある．平均の標準誤差は，標本分布の標準偏差なので「標準偏差」の列にある．

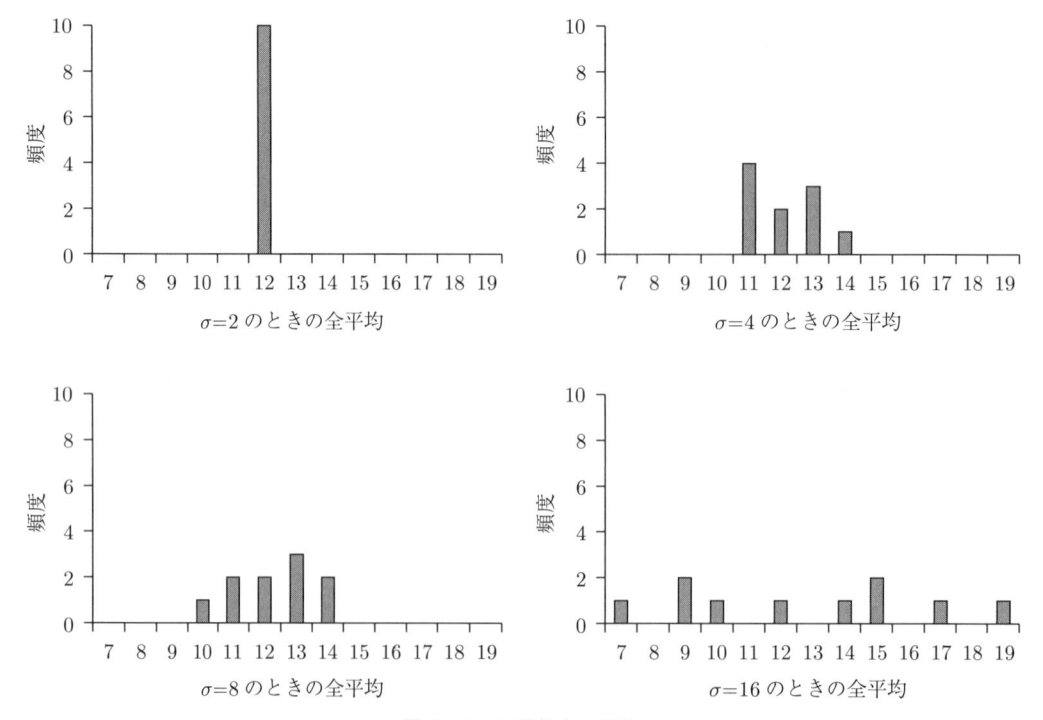

図 15.3 母数推定の変動

BOX 15.3 全平均の精度

σ を変化させたときの全平均の記述統計

σ	データ数	平均	中央値	標準偏差
2	10	12.114	12.154	0.296
4	10	12.217	11.998	1.198
8	10	12.285	12.636	1.241
16	10	12.71	13.05	3.94

第 4 章

繁殖のコスト

(1) LEGGRATE に対する LLONGVTY の傾きの 95%信頼区間は次のとおりである．

$$0.2813 \pm t_{23} * 0.1165 = 0.2813 \pm 0.2410$$
$$= (0.0403,\ 0.5223)$$

(2) 体長を統計的に消去した後の，LEGGRATE に対する LLONGVTY の傾きの 95%信頼区間は次のとおりである．

$$-0.2899 \pm t_{22} * 0.0996 = -0.2899 \pm 0.2066$$
$$= (-0.4955,\ -0.0833)$$

(3) 6 つに分類された体長の違いが無視されるならば，生存率と繁殖努力の間には正の関係がある．しかし，大きいハエほど長く生き多くの卵を産むので，体長が交絡変数であることが見て取れる．繁殖と生存率への体長の影響がいったん統計的に消去され，同じ体長のハエが比較されると，繁殖努力と生存率の間には実は負の関係がある．

肥満の調査

(1) Box 15.4 は，HT あるいは WT を使って FOREARM を説明した 2 つの解析である．これらの解析から，HT よりも WT のほうが FOREARM の良い予測を与えそうである．なぜならば，平方和が HT では 0.944 であるのに対して，WT では 59.137 だからである．身長よりも体重のほうが肥満の予測に役立つということは直感的には理解できる．

(2) Box 15.5 は両方の説明変数を一緒に使った解析の結果である．これによると，WT と HT の F 比（調整平方和での）が上昇するので，両者はモデルに寄与する情報を互いに増加させることがわかる．事実，HT はこのとき有意になる（$p = 0.009$）．身長と体重を組み合わせたほうが，片方だけの情報を知ることよりも，肥満の良い予測力を与えるからである．

(3) これらの傾向と結論は，3 番目の解析における 2 つの説明変数の逐次平方和と調整平方和

BOX 15.4(a) FOREARM の最初の解析

一般線形モデル

モデル式：FOREARM = HT
HT は連続型

FOREARM に対する分散分析表，検定は調整平方和を用いる

変動因	DF	Seq SS	Adj SS	Adj MS	F	P
HT	1	0.944	0.944	0.944	0.18	0.678
誤差	37	199.094	199.094	5.381		
合計	38	200.038				

BOX 15.4(b) FOREARM の 2 番目の解析

一般線形モデル

モデル式：FOREARM = WT
WT は連続型

FOREARM に対する分散分析表，検定は調整平方和を用いる

変動因	DF	Seq SS	Adj SS	Adj MS	F	P
WT	1	59.137	59.137	59.137	15.53	0.000
誤差	37	140.901	140.901	3.808		
合計	38	200.038				

BOX 15.5 両方の説明変数を使った FOREARM の解析

一般線形モデル

モデル式：FOREARM = HT + WT
HT と WT は連続型

FOREARM に対する分散分析表，検定は調整平方和を用いる

変動因	DF	Seq SS	Adj SS	Adj MS	F	P
HT	1	0.944	24.777	24.777	7.68	0.009
WT	1	82.970	82.970	82.970	25.72	0.000
誤差	36	116.124	116.124	3.226		
合計	38	200.038				

項	Coef	SECoef	T	P
定数	17.452	8.274	2.11	0.042
HT	−0.17173	0.06196	−2.77	0.009
WT	0.23317	0.04598	5.07	0.000

を比較することによって推測できるかもしれない．変数 WT では両者に違いはないが，変数 HT では本質的な違いがある．身長の逐次平方和が低いので，モデルにおいて単独では低い説明力しかもっていない．しかし，調整平方和が高いということは，モデルのなかで WT と一緒になると説明力が改善されることを示している．

第5章

カーネーションの生育

(1) 答えはイエス．逐次平方和と調整平方和は同じである，それはデータセットが直交性をもつことを示す．
(2) 答えはイエス．BED でブロック化することには意味がある．それは変動の有意な量を説明するからである．説明変数から BED を除くと，BED によって説明される変動が誤差の変動として残されることになる．そのため2つの処理の F 比は減少してしまう（そしてすべての母数の推定値の正確さも低下する）．
(3) 直交性を失ったために，Box 5.8 の逐次平方和と調整平方和はもはや正確には一致しない．しかし，その違いはわずかで，どの変数が有意かという結論に変わりはない．
(4) 2つのグラフは図 15.4 に示されている．

雄のスムースイモリの背びれ

(1) Box 15.6 の解析は，$p < 0.001$ なので，LSVL が LCREST の有意な予測要因であることを示している．
(2) 場所についての条件はたぶん LCREST と LSVL の関係に影響を与えそうなので，POND を含めることは良い考えである．しかしここでの研究では，$p = 0.881$（Box 15.7 参照）なので POND は有意ではない．ゆえに，それを含めることは重要ではない．
(3) データが繁殖期を通して取られたものならば，その背びれが研究期間内に育つことがあったかもしれない．そうならば，データが取られる過程において，LCREST と LSVL の間の関係はほぼ確実に変化したことだろう．この場合，DATE を含めると，そのような季節的な効果が消去できて，季節変化によらない LCREST と LSVL の間の関係を調べられる

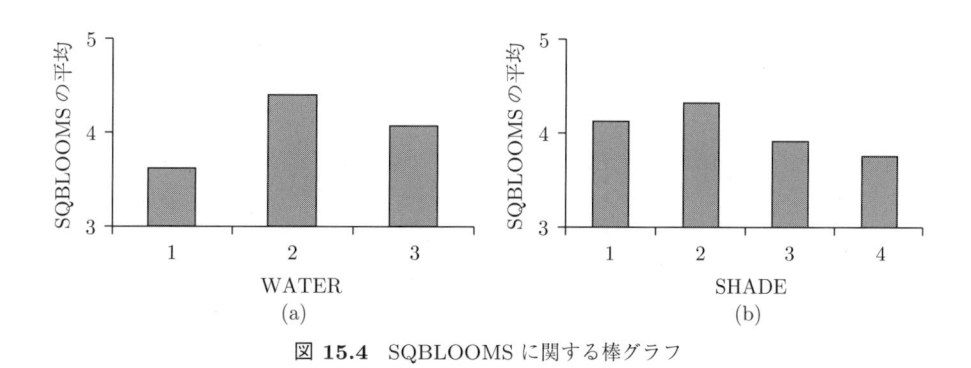

図 **15.4** SQBLOOMS に関する棒グラフ

BOX 15.6 背びれの解析

一般線形モデル

モデル式：LCREST = LSVL
LSVL は連続型

LCREST に対する分散分析表，検定は調整平方和を用いる

変動因	DF	Seq SS	Adj SS	Adj MS	F	P
LSVL	1	2.3894	2.3894	2.3894	45.81	0.000
誤差	85	4.4337	4.4337	0.0522		
合計	86	6.8231				

係数表

項	Coef	SECoef	T	P
定数	-9.381	1.501	-6.25	0.000
LSVL	5.0870	0.7516	6.77	0.000

BOX 15.7 さらなる背びれの解析

一般線形モデル

モデル式：LCREST = POND + LSVL
POND はカテゴリカル型，LSVL は連続型

LCREST に対する分散分析表，検定は調整平方和を用いる

変動因	DF	Seq SS	Adj SS	Adj MS	F	P
POND	9	0.32519	0.24063	0.02674	0.48	0.881
LSVL	1	2.30483	2.30483	2.30483	41.78	0.000
誤差	76	4.19310	4.19310	0.05517		
合計	86	6.82312				

ようになるだろう．このような状況を検出するためならば，DATE をモデルに連続型変数として含めてよい．それが有意ならば，季節的効果は重要だということになるだろう．

第 6 章

バイオマスにおける保全とその影響

(1) BIOMASS = $2.21156 - 0.02443 - 0.002907 \times 200 + 0.10574 = 1.711$ （少数第 3 位まで）
(2) BIOMASS = $2.21156 + 0.02443 - 0.002907 \times 300 - 0.12526 = 1.239$ （少数第 3 位まで）
(3) 植物バイオマスが，保全域内であることに依存する証拠は弱い（$p = 0.101$ なので有意で

はない）．標本中の植物バイオマスは，保全域内では低い．

(4) 土質タイプがバイオマスに影響する強い証拠がある（$p < 0.0005$）．バイオマスは，チョーク土質で最も高く，ローム土質で最も低い．

(5) バイオマスに対する海抜高度の回帰直線の傾きが，海抜高度が1メートル増加するときのバイオマスへの効果である．その95%信頼区間は次のとおりである．

$$-0.002907 \pm t_{45} \times 0.00013 = -0.002907 \pm 2.0141 \times 0.00013$$
$$= (-0.00317, -0.00265)$$

(6) CONS の調整平方和は逐次平方和よりかなり低い．これは，CONS, ALT, SOIL の3者が情報を共有するためである．特定の海抜高度あるいは特定の土質，またはそれらが両方そろった場所に，保全域は存在するようだということを示唆する．逐次平方和を見ると，CONS のもつたいへん強い効果は，それが BIOMASS と高い相関をもつことを示している．しかし，調整平方和は低いので，それは ALT あるいは SOIL との相関で説明されてしまうことも示唆している．

(7) 無作為実験では相関からその原因を推測することができるが，観察による研究ではできない．

成績平均値の決定要因

(1) 成績データの解析結果が Box 15.8 である．YEAR あるいは MATH が GPA を予測するという証拠はない（それぞれ $p = 0.094$, $p = 0.124$）．標本の点数は1学年が高い．また MATH の点数が高いとき，GPA の点数も高いという傾向が標本には見られる．しかし，この傾向は非常にわずかなので，母集団でもこのような傾向があるという証拠は弱い．VERBAL が GPA を予測する証拠は強いので（$p = 0.0005$），VERBAL の点数が高いとき，GPA の点数が高くなるという関連性がある．

(2) VERBAL が700点，MATH が600点である1年生は，

$$\text{GPA} = 0.6582 + 0.06521 + 700 \times 0.002288 + 600 \times 0.000937 = 2.887$$

VERBAL が600点，MATH が700点である2年生は，

$$\text{GPA} = 0.6582 + (-0.06521) + 600 \times 0.002288 + 700 \times 0.000937 = 2.622$$

第7章

解毒剤

(1) 全モデルの係数は表 15.2 にある．その係数から，図 15.5 の交互作用図が得られる．

(2) ANOVA 表から交互作用 ANTIDOTE*DOSE は有意であることが結論づけられる（$p = 0.015$）．言い換えると，投与された毒物濃度によって，2つの解毒剤の効果は異なる度合で変化しているということである．解毒剤2の効果は毒物濃度によってほとんど変わらないが，解毒剤1では顕著に変化することが，交互作用図によってわかる．

> **BOX 15.8　成績データセットの解析**
>
> 一般線形モデル
>
> モデル式：GPA = YEAR + VERBAL + MATH
> YEAR はカテゴリカル型，VERBAL と MATH は連続型
>
> GPA に対する分散分析表，検定は調整平方和を用いる
>
> | 変動因 | DF | Seq SS | Adj SS | Adj MS | F | P |
> |---|---|---|---|---|---|---|
> | YEAR | 1 | 1.1552 | 0.8460 | 0.8460 | 2.84 | 0.094 |
> | VERBAL | 1 | 6.7595 | 5.1600 | 5.1600 | 17.32 | 0.000 |
> | MATH | 1 | 0.7092 | 0.7092 | 0.7092 | 2.38 | 0.124 |
> | 誤差 | 196 | 58.3961 | 58.3961 | 0.2979 | | |
> | 合計 | 199 | 67.0200 | | | | |
>
> 係数表
>
> | 項 | Coef | SECoef | T | P |
> |---|---|---|---|---|
> | 定数 | 0.6582 | 0.4404 | 1.49 | 0.137 |
> | YEAR | | | | |
> | 1 | 0.06521 | 0.03870 | 1.69 | 0.094 |
> | 2 | −0.06521 | | | |
> | VERBAL | 0.002288 | 0.000550 | 4.16 | 0.000 |
> | MATH | 0.000937 | 0.000608 | 1.54 | 0.124 |

表 15.2　解毒剤の解析での係数

解毒剤	投与量			
	5	10	15	20
1	0.897	8.657	21.997	33.757
2	0.127	0.500	1.593	2.053

(3) 交互作用が有意ならば，「1つの複雑な説明」を表した交互作用図を用いるのが結果を表示するのに良い方法である．別のやり方としては，表 15.3 のように平均とその標準誤差を 2×4 表で表すこともできる．この表にはもう1つ注目すべき興味深い点がある．それは，多くの場合で平均の標準誤差が平均自身よりも大きいことである．標準偏差 s はさらに大きいに違いない．データセット全体のどこでも s が誤差の標準偏差の良い推定量になると仮定すると，そのような場合，負の濃度部分を含むことになり，明らかにおかしい．ゆえに，この結論としては，すべての処理の組合せにおける一定の誤差 SD などは存在せず，むしろ分散は一定ではないとすべきである．第9章ではこれにどう対処するかが議論されるだろう．

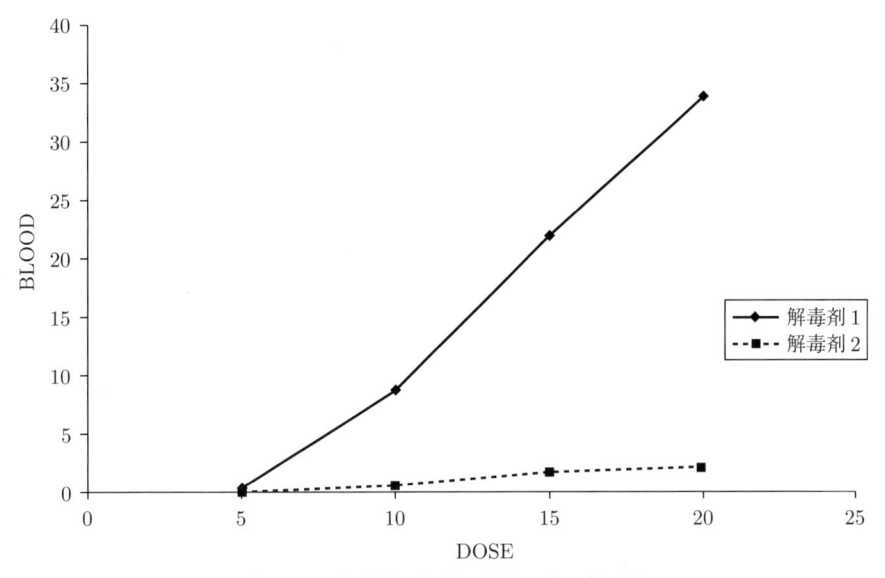

図 15.5 解毒剤の解析に対する交互作用図

表 15.3 平均とその標準誤差

解毒剤	投与量	平均	標準誤差
1	5	0.8967	4.434
1	10	8.6567	4.434
1	15	21.9967	4.434
1	20	33.7567	4.434
2	5	0.1267	4.434
2	10	0.5000	4.434
2	15	1.5933	4.434
2	20	2.0533	4.434

体重，脂肪，性別

Box 15.9 は，男性と女性の関係と，その交互作用の項も入れて解析したものである．

(1) 男性では，適合式 FAT $= 11.571 + 0.1855 \times$ WEIGHT が得られる．
(2) 女性では，適合式 FAT $= 5.239 + 0.4029 \times$ WEIGHT が得られる．
(3) 両者の交互作用の p 値は 0.035 なので，これらの傾きが異なるという証拠になる．

第 8 章

非独立性はどのように標本数を膨らませるか

(1) データ点は独立ではない．ヒツジ 1 頭当たり 1 つのデータ点であるべきである．あるヒツジが頻繁に頭を上げる傾向をもつなら（たとえば，神経質な気質），そのヒツジの観察期間 20 回のそれぞれの期間は独立ではないだろう．にもかかわらず，頭を上げる頻度について

> **BOX 15.9　体重，脂肪量，性別に対する解析**
>
> 一般線形モデル
>
> モデル式：FAT = SEX + WEIGHT + SEX * WEIGHT
> SEX はカテゴリカル型，WEIGHT は連続型
>
> FAT に対する分散分析表，検定は調整平方和を用いる
>
> | 変動因 | DF | Seq SS | Adj SS | Adj MS | F | P |
> |---|---|---|---|---|---|---|
> | SEX | 1 | 90.321 | 2.108 | 2.108 | 1.05 | 0.322 |
> | WEIGHT | 1 | 87.105 | 79.542 | 79.542 | 39.59 | 0.000 |
> | SEX * WEIGHT | 1 | 10.857 | 10.875 | 10.875 | 5.40 | 0.035 |
> | 誤差 | 15 | 30.138 | 30.138 | 2.009 | | |
> | 合計 | 18 | 218.421 | | | | |
>
> 係数表
>
> | 項 | Coef | SECoef | T | P |
> |---|---|---|---|---|
> | 定数 | 8.405 | 3.091 | 2.72 | 0.016 |
> | SEX | | | | |
> | 1 | −3.166 | 3.091 | −1.02 | 0.322 |
> | 2 | 3.166 | | | |
> | WEIGHT | 0.29420 | 0.04676 | 6.29 | 0.000 |
> | WEIGHT * SEX | | | | |
> | 1 | 0.10869 | 0.04676 | 2.32 | 0.035 |
> | 2 | −0.10869 | | | |

の 20 個の独立な情報として見なされてしまっているだろう．

(2) 頭上げの頻度（AVLUPRATE）を計算するために，平均摂食時間と頭上げの平均回数が各ヒツジで計算されるべきである．ただし，データ数 6 のデータセットになる．その解析結果が Box 15.10 である．Box 8.7 の結果とは対照的に，SEX はもはや有意ではない（$p = 0.251$）．

(3) 学部学生は非常に少ない数のヒツジを詳しく調べることに，あまりにも長時間かけすぎた．この解析に関する限り，彼はもっと多くのヒツジからデータを取るほうがはるかに良い．観察にかけた努力に見あうような，ヒツジの行動のもっと複雑な研究法が他にあるはずである．

異なる実験からのデータを結合する

(1) 異なる年のデータを年でブロック化することにより，それらを 1 つの一般線形モデルで解析してよいことを彼は理解していない．

(2) すべてのデータを 3 つの変数 YEAR，SONGDAY，YOUNG としてまとめて，モデル式 YONG = YEAR + SONGDAY を当てはめることができる．毎年の違いを考慮した後な

```
BOX 15.10  ヒツジデータセットの解析

SEX      SHEEP      AVLUPRATE
1        1          0.132729
1        2          0.234845
1        3          0.167530
2        4          0.194874
2        5          0.217035
2        6          0.322807

一般線形モデル

モデル式：AVLUPRAT = SEX
SEX はカテゴリカル型

AVLUPRAT に対する分散分析表，検定は調整平方和を用いる
変動因    DF    Seq SS      Adj SS      Adj MS      F        P
SEX       1     0.006641    0.006641    0.006641    1.80     0.251
誤差      4     0.014739    0.014739    0.003685
合計      5     0.021379
```

らば，「さえずりに使われた日数でヒナ数を説明できるか」という問題を考えることになる.
(3) Box 15.11 の解析結果にあるように，グレイキット博士の仮説の正しさが，データによって示されている．クロウタドリが早くさえずり始めれば始めるほど，多くのヒナが巣立ちしている（$p = 0.003$）．またヒナの数は年ごとに有意に変化している（$p = 0.008$）．

第 9 章

分散の安定化
(1) 平方根変換がグループ内で最も安定した分散を与える．

ブロック化された実験での分散の安定化
(1) 応答変数は計数データなので，ポアソン分布に従うと期待される．このため分散を安定させるには平方根変換が良さそうである．
(2) この仮定の下で解析すると，Box 15.12 にあるような出力結果が得られる．
(3) 図 15.6 と Box 15.13 を見よ．
(4) 他の 2 つの変換の結果は，Box 15.14–15.17 と図 15.7–15.8 にある．
(5) 最初の予想どおり，平方根変換が最も良い．これは，残差プロットの様子と残差標準偏差がどの処理でもよく似ていることから確かめられる．

BOX 15.11 結合された鳥のデータ

一般線形モデル

モデル式：YOUNG = YEAR + SONGDAY
YEAR はカテゴリカル型，SONGDAY は連続型

YOUNG に対する分散分析表，検定は調整平方和を用いる

変動因	DF	Seq SS	Adj SS	Adj MS	F	P
YEAR	4	10.698	19.782	4.945	4.06	0.008
SONGDAY	1	12.202	12.202	12.202	10.02	0.003
誤差	38	46.282	46.282	1.218		
合計	43	69.182				

係数表

項	Coef	SECoef	T	P
定数	5.4922	0.8637	6.36	0.000
YEAR				
1	0.1776	0.3746	0.47	0.638
2	1.4089	0.3772	3.73	0.001
3	−0.4916	0.4761	−1.03	0.308
4	0.4453	0.3998	1.11	0.272
5	−1.5402			
SONGDAY	−0.10913	0.03448	−3.17	0.003

BOX 15.12 ブロック化された実験の解析

一般線形モデル

モデル式：SQRTNCOT = BLOCK + TRMNT
BLOCK と TRMNT はカテゴリカル型

SQRTNCOT に対する分散分析表，検定は調整平方和を用いる

変動因	DF	Seq SS	Adj SS	Adj MS	F	P
BLOCK	5	23.9098	23.9098	4.7820	53.45	0.000
TRMNT	4	20.5340	20.5340	5.1335	57.37	0.000
誤差	20	1.7895	1.7895	0.0895		
合計	29	46.2333				

トカゲの頭蓋骨

(1) 残差プロットは，非線形で分散の非均一性を示している．
(2) データは相対成長の測定値なので，データ変換が必要であると期待される．このような場

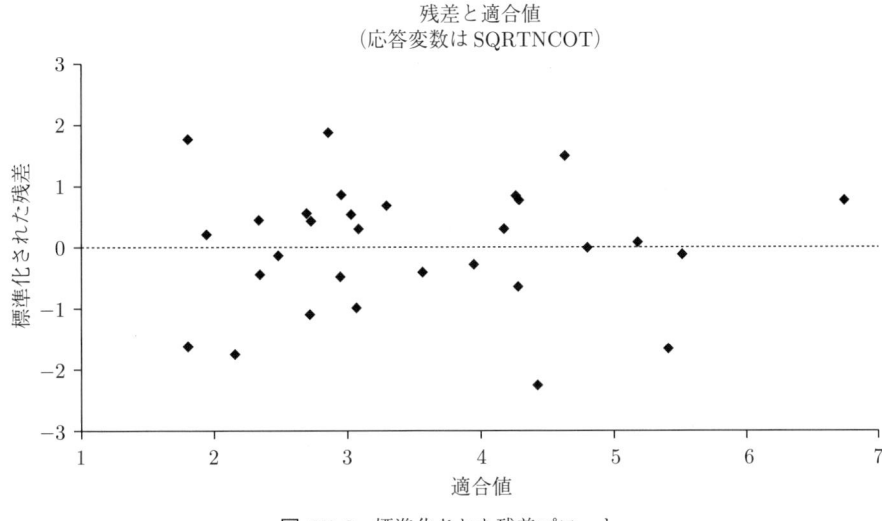

残差と適合値
（応答変数はSQRTNCOT）

図 15.6 標準化された残差プロット

BOX 15.13　平方根変換後の解析の残差を調べる

TRMNT によって標準化された残差の記述統計

TRMNT	データ数	平均	中央値	標準偏差
1	6	−0.000	0.297	0.936
2	6	−0.000	−0.108	1.091
3	6	0.000	−0.075	0.425
4	6	−0.000	0.376	1.402
5	6	0.000	0.319	1.336

合，対数変換が最もよく使われる（それは，小さい値よりも大きい値を特に圧縮する効果をもつ）．また対数変換は非線形性の問題も解決できる．

(3) 2 番目のモデルが好ましい．残差プロットが良形である．また，モデルに要因としての場所を入れたことにより，場所による違いが統計的に消去されている．

(4) 2 番目の残差プロットからは非線形性あるいは分散の不均一性の証拠を見つけられない．

(5) 場所は有意ではない（$p = 0.992$）．しかし，それは，どの場所でもトカゲの大きさは同じぐらいであるということを必ずしも意味するわけではない．どの場所からのデータ点もすべて同じ直線の周りに存在するという意味である．ある場所のデータ点は，直線に沿いながら他の場所のデータ点より遠くにあるかもしれない．

(6) $t = (1.9904 − 3)/0.2747 = −3.68$．これは自由度 70 の t 分布において p 値 0.0004 を与える．このことから，傾きは 3 とは有意に異なっていると結論できる．

「完全」なモデルの検証

(1) 生データと対数変換したデータのヒストグラムが図 15.9 である．生データは 2 つとも右

BOX 15.14 対数変換を行った後の解析

一般線形モデル

モデル式：LOGNCOT = BLOCK + TRMNT
BLOCK と TRMNT はカテゴリカル型

LOGNCOT に対する分散分析表，検定は調整平方和を用いる

変動因	DF	Seq SS	Adj SS	Adj MS	F	P
BLOCK	5	7.1245	7.1245	1.4249	21.54	0.000
TRMNT	4	7.1755	7.1755	1.7939	27.12	0.000
誤差	20	1.3230	1.3230	0.0662		
合計	29	15.6231				

BOX 15.15 対数変換後の解析の残差を調べる

TRMNT によって標準化された残差の記述統計

TRMNT	データ数	平均	中央値	標準偏差
1	6	0.000	0.003	0.773
2	6	0.000	−0.155	0.870
3	6	0.000	−0.056	0.412
4	6	0.000	0.543	1.841
5	6	0.000	−0.264	1.042

BOX 15.16 逆数変換を行った後の解析

一般線形モデル

モデル式：INVNCOT = BLOCK + TRMNT
BLOCK と TRMNT はカテゴリカル型

INVNCOT に対する分散分析表，検定は調整平方和を用いる

変動因	DF	Seq SS	Adj SS	Adj MS	F	P
BLOCK	5	0.081283	0.081283	0.016257	3.74	0.015
TRMNT	4	0.129070	0.129070	0.032267	7.43	0.001
誤差	20	0.086895	0.086895	0.004345		
合計	29	0.297247				

BOX 15.17　逆数変換後の解析の残差を調べる

TRMNT によって標準化された残差の記述統計

TRMNT	データ数	平均	中央値	標準偏差
1	6	0.000	0.176	0.658
2	6	0.000	0.176	0.624
3	6	0.000	−0.007	0.313
4	6	0.000	−0.612	2.084
5	6	0.000	−0.023	0.859

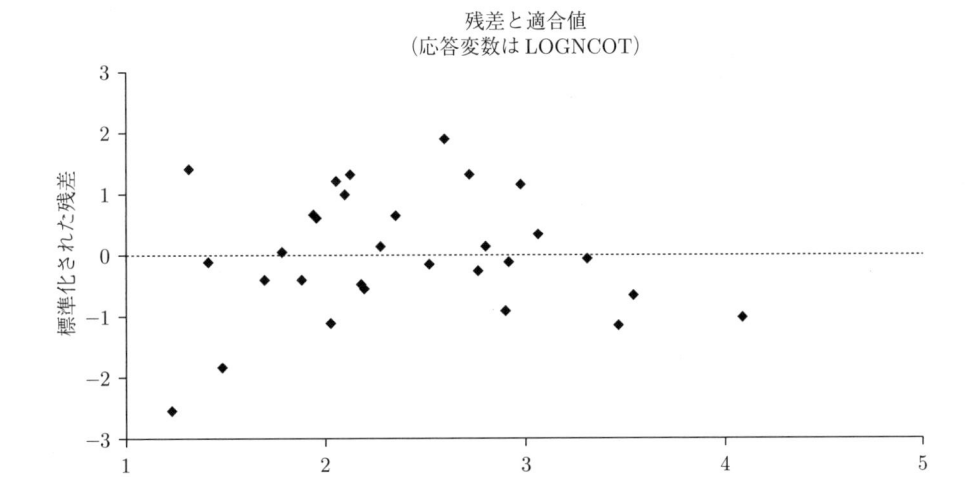

残差と適合値
（応答変数は LOGNCOT）

図 15.7　対数変換後の残差プロット

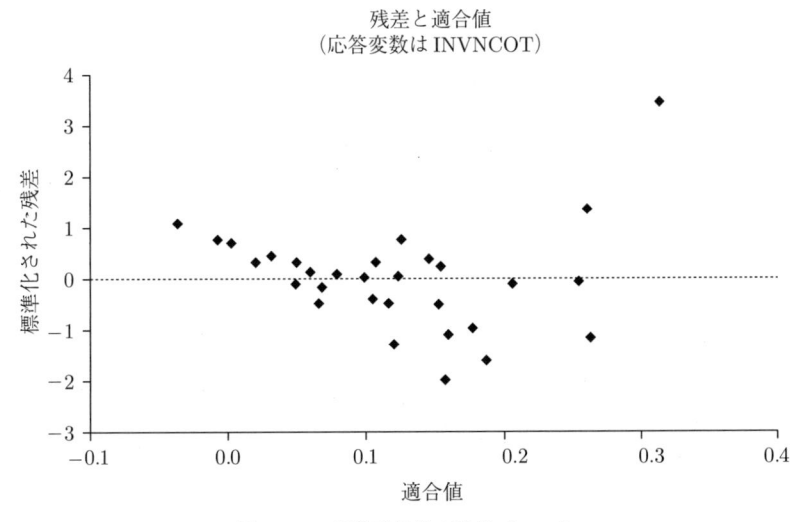

残差と適合値
（応答変数は INVNCOT）

図 15.8　逆数変換後の残差プロット

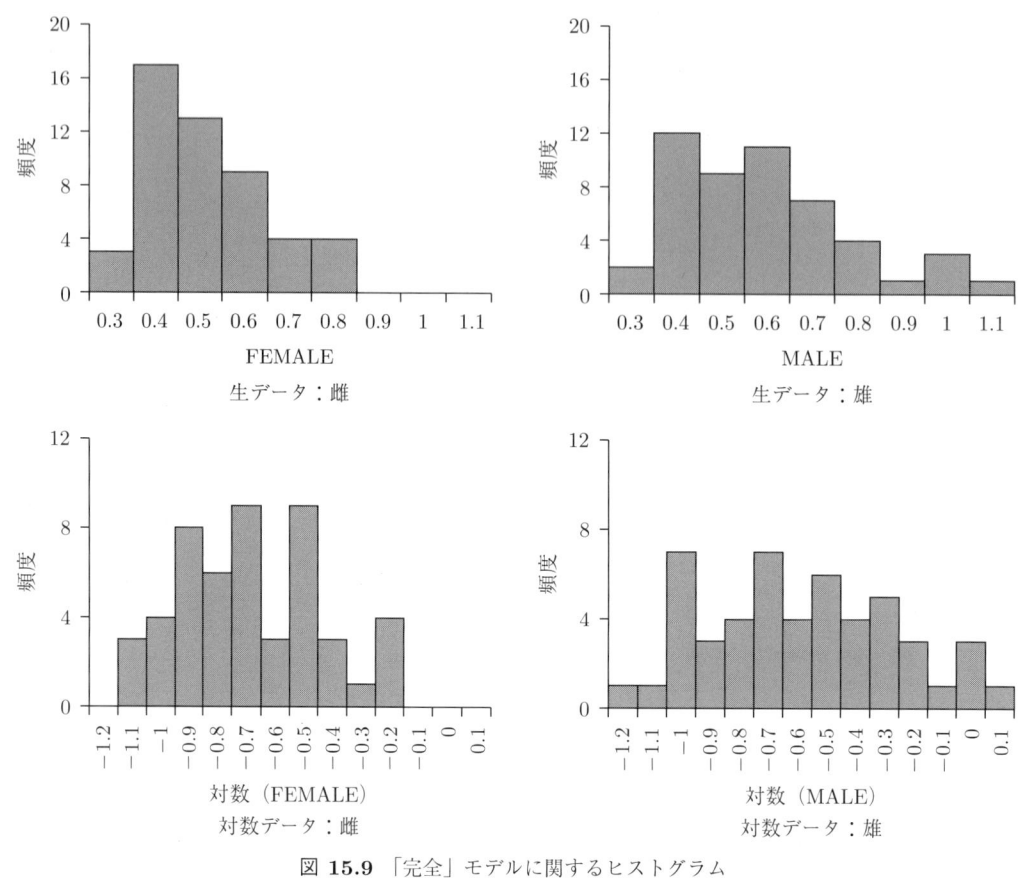

図 15.9 「完全」モデルに関するヒストグラム

表 15.4 リスデータセットの平均と標準偏差

	平均	標準偏差
雌	0.5180	0.1315
雄	0.5908	0.1979

に裾を延ばした形をしているが，対数変換したデータはもっと対称的になっている．
(2) 生データと対数変換したデータの正規確率プロットが図 15.10 である．雄でも雌でも，生データは直線から離れているが，対数変換したデータは直線にもう少し近くなっている．多くの統計パッケージで，正規確率プロットの直線性を検定するための p 値を出力できるだろう．ここでの p 値は十分に小さいので，生データの正規性の仮説は否定される．しかし，対数変換されたデータでは否定できない（生データでは $p = 0.025$ と $p = 0.033$ であり，また対数変換されたデータでは $p = 0.411$ と $p = 0.775$ である）．
(3) 雄と雌の平均と標準偏差は表 15.4 にある．
(4) 図 15.11 は，雌リスの体重の平均と標準偏差を使ってシミュレーションした，いくつかのグラフを表している．これらのデータは，正規分布からの無作為な大きさ 50 の標本であるが，その分布はさまざまな形をしている．

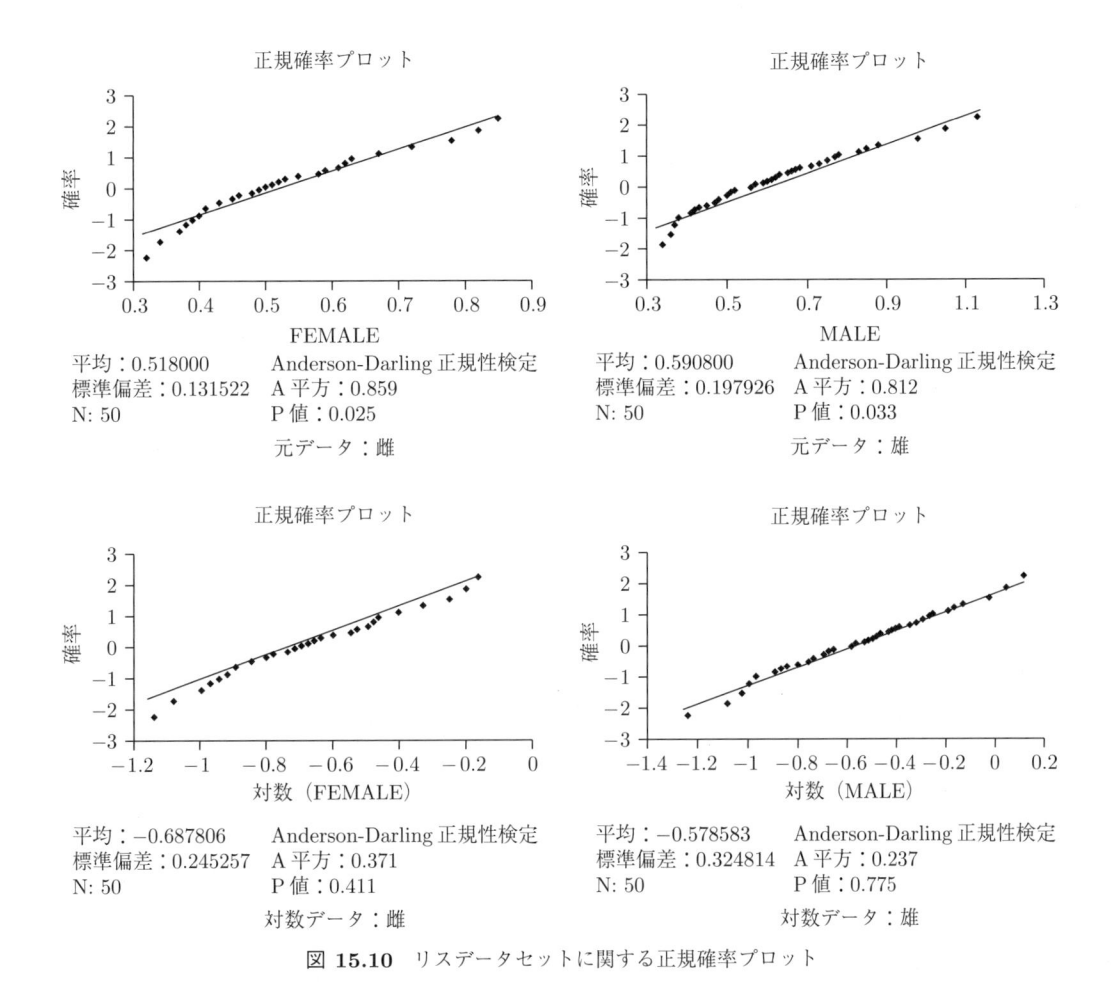

正規確率プロット（左上 FEMALE）
平均：0.518000　　Anderson-Darling 正規性検定
標準偏差：0.131522　A 平方：0.859
N: 50　　　　　　　P 値：0.025
元データ：雌

正規確率プロット（右上 MALE）
平均：0.590800　　Anderson-Darling 正規性検定
標準偏差：0.197926　A 平方：0.812
N: 50　　　　　　　P 値：0.033
元データ：雄

正規確率プロット（左下 対数 (FEMALE)）
平均：−0.687806　　Anderson-Darling 正規性検定
標準偏差：0.245257　A 平方：0.371
N: 50　　　　　　　P 値：0.411
対数データ：雌

正規確率プロット（右下 対数 (MALE)）
平均：−0.578583　　Anderson-Darling 正規性検定
標準偏差：0.324814　A 平方：0.237
N: 50　　　　　　　P 値：0.775
対数データ：雄

図 15.10　リスデータセットに関する正規確率プロット

(5) 図 15.12 は Anderson-Darling の正規性検定を行った結果である．これら 10 例の中で，正規性から有意に外れたものはない．しかし，1 例はきわどく $p = 0.072$ である（実際，すべての有意性検定がそうであるように，20 個の正規データセットのうちの 1 つぐらいは $p \leq 0.05$ となり直線から外れることだろう）．

　最後に，警告の一言を．分布の，正規性からの外れ方はさまざまである．それゆえ，データの正規性を検定するにもさまざまな方法がある．これらの検定法のどれもが第 1 種の過誤をおかす確率 0.05 をもっている．ここでは，ヒストグラムと正規確率プロットの視覚的な検査に焦点をあててきたが，見て判断するのが難しければ難しいほど，正規性から外れる明らかな証拠を見つけようとするかもしれない．第 9 章の初めで述べたように，またシミュレーションが明らかにしているように，仮定の検査は近似的な行為である．完全に仮定を満足しているような場合でも，ときどき正規性から外れるパターンを示すし，それに近いことなら頻繁に起るのである．

292　第15章　練習問題の解答

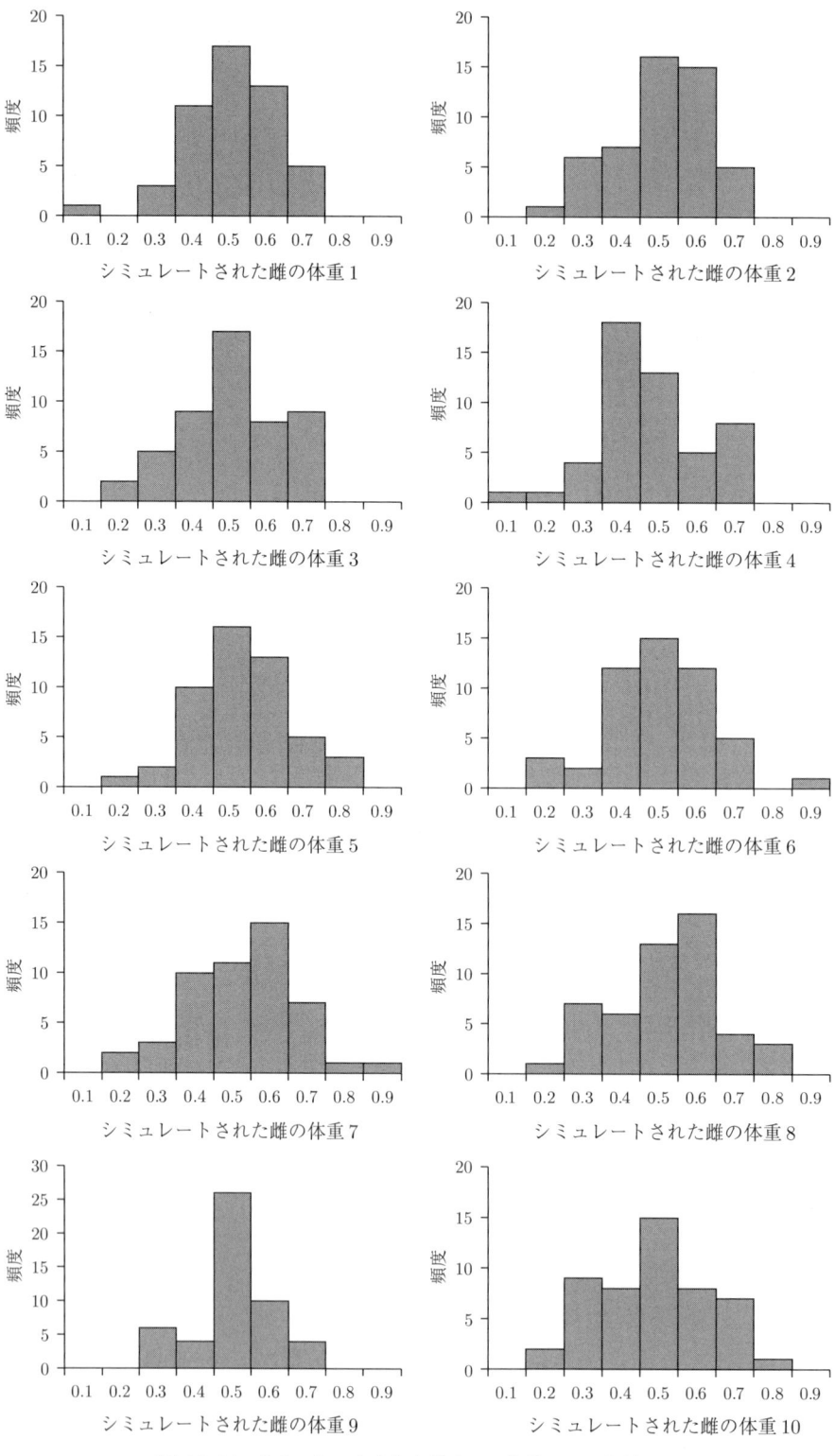

図 **15.11**　シミュレートされた雌リスの体重のヒストグラム

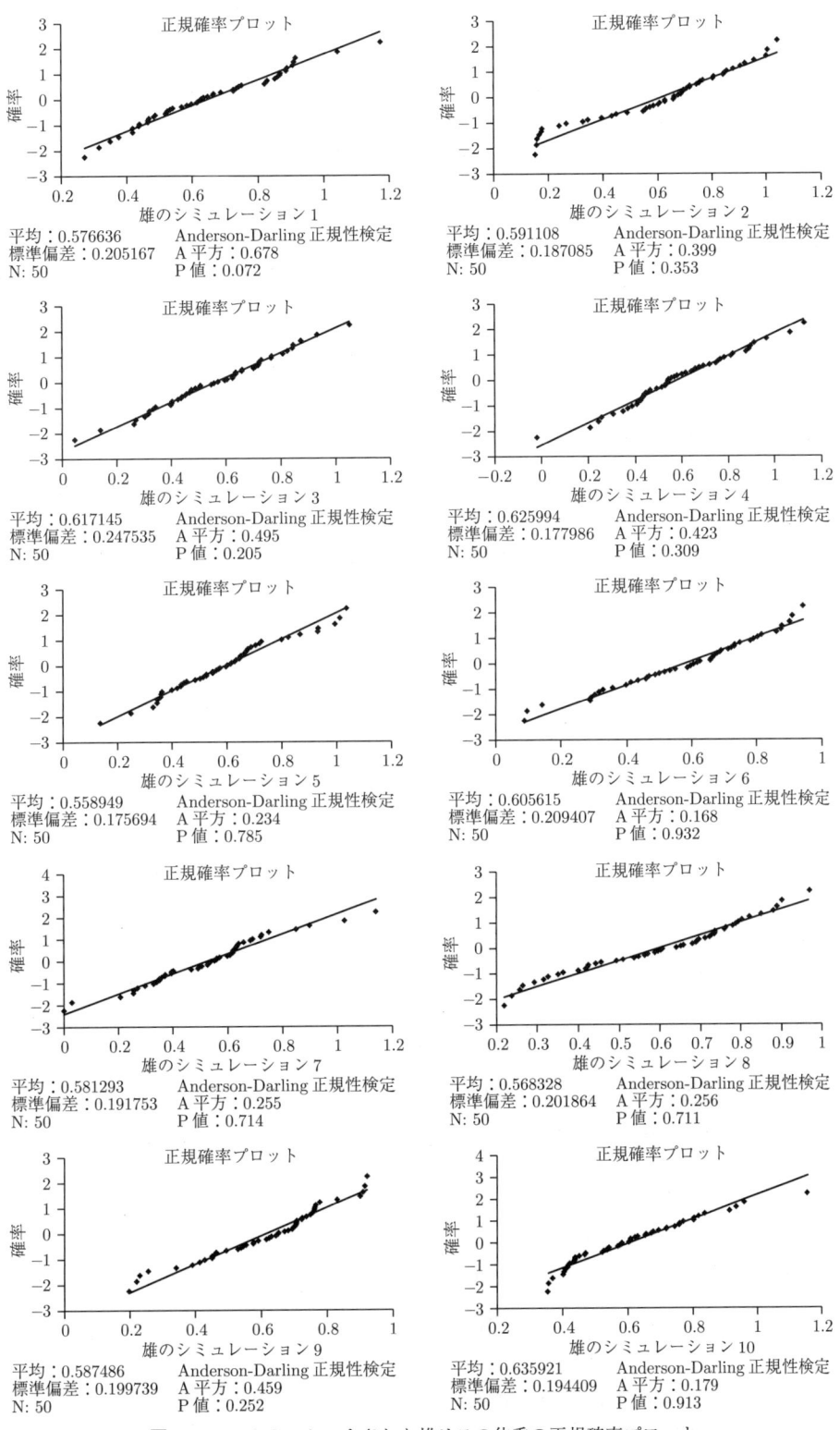

図 **15.12** シミュレートされた雄リスの体重の正規確率プロット

第 10 章

多項式を検出するには逐次平方和を必要とする

(1) 逐次平方和は X から定数を引いても変化しないが，調整平方和は変化する．ゆえに，逐次平方和が最も役に立つ．
(2) 逐次平方和を用いて有意性の検定をするほうが好ましい．なぜなら，X と Y の関係の形状について安定した答えを与えるから．
(3) 交絡変数が潜在的に存在するような「多重回帰」的問題に対しては，調整平方和が好ましい．そこでは，追加しても価値がないような変数を次々に外していきたいからである．

平方和の多項式成分への分解

(1) 解析結果は Box 15.18 である．この平均の一覧表を用いて交互作用図が作れる．
(2) 実験は直交的である．ゆえに，ANOVA 表の調整平方和と逐次平方和のどちらを使ってもよい．列間隔と品種の間の交互作用は有意なので（$p = 0.0005$），列間隔と品種の主効果も共に重要でなければならない．大麦の収穫量は実験区画の列間隔の影響をうけ，その影響の程度は品種によって異なることになる．図 10.8 の交互作用図を見てみると，品種 1 と 3 を用いた区画の全収穫量が列間隔に伴って増加するが，品種 2 では減少していることがわかる．次の解析で，これらの変化が直線的か曲線的かについて検定する．
(3) 第 2 の解析では列間隔を連続変数として扱い，Box 15.19 にある ANOVA 表は逐次平方和を利用している．これは正しいやり方であるが，表 15.5 を完成させるためには，調整平方和に基づいた正しくない解析もやらなければならないだろう（逐次平方和の項は $155.05 \neq 155.06$ となっているが，誤差を四捨五入したためである）．
(4) BSPACE の直線成分の逐次平方和と 2 次成分の逐次平方和の和が，カテゴリカル型変数としての BSPACE の平方和（調整平方和，逐次平方和のどちらでもよい）に等しい．自由度についても同様である．
(5) 多項式分解の直線成分は有意だが（$p = 0.007$），2 次成分は有意ではない（$p = 0.978$）．ゆえに，回帰線が曲線であるという証拠はないが，傾きが 0 でないという強い証拠ならある．
(6) BYIELD と BSPACE の関係が線形となるという点で，結論が変わっている．ただし，異なる品種ではその傾きが異なるということには留意すべきである．

第 11 章

ネコノミを駆除する最も良い方法を見つける

(1) 解析 1 によると，ネコノミの 2 つの駆除法の効果に有意な違いはない（TRTMT に対して $p = 0.199$）．
(2) 解析 2 では $R^2 = 0.297$，解析 3 で $R^2 = 0.371$ である．
(3) モデル評価法によると，3 番目のモデルが最も良さそうだと期待できる．なぜなら，より

BOX 15.18　大麦の収穫量についての解析

一般線形モデル

モデル式：BYIELD = BBLOCK + BSPACE | BVARIETY
BBLOCK, BSPACE, BVARIETY はカテゴリカル型

BYIELD に対する分散分析表，検定は調整平方和を用いる

変動因	DF	Seq SS	Adj SS	Adj MS	F	P
BBLOCK	3	255.64	255.64	85.21	4.82	0.009
BSPACE	2	155.06	155.06	77.53	4.39	0.024
BVARIETY	2	1027.39	1027.39	513.69	29.07	0.000
BSPACE * BVARIETY	4	765.44	765.44	191.36	10.83	0.000
誤差	24	424.11	424.11	17.67		
合計	35	2627.64				

BYIELD の最小 2 乗平均

BSPACE		平均	平均の標準誤差
1		55.25	1.214
2		57.83	1.214
3		60.33	1.214
BVARIETY			
1		51.33	1.214
2		57.67	1.214
3		64.42	1.214
BSPACE * BVARIETY			
1	1	47.50	2.102
1	2	62.25	2.102
1	3	56.00	2.102
2	1	50.75	2.102
2	2	58.50	2.102
2	3	64.25	2.102
3	1	55.75	2.102
3	2	52.25	2.102
3	3	73.00	2.102

高い割合で分散は説明され，より有意な p 値が得られているからである．これらは，モデルの仕様が改善されたことを意味している．

(4) 追加された説明変数は，誤差平均平方を減少させるので，2 つの駆除法の比較に明らかに役立っている．解析 3 では TRTMT が有意である（$p = 0.004$）．一方，変数 HAIRL は有意ではない（$p = 0.613$）．ゆえに，Box 15.20 に示されるように最終モデルではこの変数を含んでいない．

BOX 15.19 大麦の収穫量についての 2 番目の解析

一般線形モデル

モデル式：BYIELD = BBLOCK + BVARIETY | BSPACE | BSPACE

BYIELD に対する分散分析表，検定は逐次平方和を用いる

変動因	DF	Seq SS	Adj SS	Seq MS	F	P
BBLOCK	3	255.64	255.64	85.21	4.82	0.009
BVARIETY	2	1027.39	38.17	513.69	29.07	0.000
BSPACE	1	155.04	3.59	155.04	8.77	0.007
BVARIETY * BSPACE	2	759.08	5.65	379.54	21.48	0.000
BSPACE * BSPACE	1	0.01	0.01	0.01	0.00	0.978
BVARIETY * BSPACE * BSPACE	2	6.36	6.36	3.18	0.18	0.836
誤差	24	424.11	424.11	17.67		
合計	35	2627.64				

表 15.5 大麦の収穫量についての平方和の一覧表

	調整平方和	逐次平方和	自由度
2 番目の解析での線形な項 BSPACE	3.59	155.04	1
2 番目の解析での 2 次の項 BSPACE*BSPACE	0.01	0.01	1
上記の項の和	3.60	155.05	2
1 番目の解析でのカテゴリカル型変数 BSPACE	155.06	155.06	2

最終モデルでは，

$$R^2 = 0.369$$
$$R^2_{adj} = 0.347$$

比較のために解析 3 の場合を示すと，

$$R^2 = 0.371$$
$$R^2_{adj} = 0.341$$

R^2 は解析 3 のほうが高い．というのも，余分な変数を含んでいるからである（たとえ有意でない変数であったとしても）．一方，調整 R^2 は，有意な変数ばかりを含む最終モデル

> **BOX 15.20　ネコノミの解析**
>
> 一般線形モデル
>
> モデル式：LOGFLEAS = TRTMT + NCATS + CARPET
> TRTMT と CARPET はカテゴリカル型，NCATS は連続型
>
> LOGFLEAS に対する分散分析表，検定は調整平方和を用いる
>
> | 変動因 | DF | Seq SS | Adj SS | Adj MS | F | P |
> |---|---|---|---|---|---|---|
> | TRTMT | 1 | 1.612 | 5.750 | 5.750 | 9.09 | 0.003 |
> | NCATS | 1 | 23.730 | 22.962 | 22.962 | 36.31 | 0.000 |
> | CARPET | 1 | 6.103 | 6.103 | 6.103 | 9.65 | 0.003 |
> | 誤差 | 85 | 53.759 | 53.759 | 0.632 | | |
> | 合計 | 88 | 85.203 | | | | |

表 15.6　無関係な変数を使った多重回帰

解析	全回帰の p 値	最小の p 値	R^2	R^2_{adj}
1	0.853	0.154	0.216	0
2	0.106	0.028	0.503	0.241
3	0.792	0.117	0.241	0
4	0.182	0.029	0.457	0.171
5	0.101	0.053	0.506	0.246
6	0.919	0.130	0.181	0
7	0.454	0.055	0.352	0.011
8	0.380	0.060	0.377	0.049
9	0.954	0.388	0.156	0
10	0.323	0.037	0.397	0.079

のほうが高くなる．

p 値の多重性

問題の説明に従って作られたデータセットの解析を 10 回行った結果が表 15.6 である．

(1) これらの解析で，全体に対して行った回帰（全回帰）の p 値は有意ではない（平均的には全体の 5% が有意になることが期待されるが）．

(2) 対照的に，10 回のうち 3 回で有意な変数をもつ解析があった（つまり全体の約 30%）．この帰無データセットでは，10 個の変数から 1 個の有意な変数を見つける確率のほうが，全回帰が有意になる確率よりも高いのである．

(3) R^2_{adj} 値は R^2 値よりも常に低くなっている．4 つの例で，0 と区別がつかないぐらい低い（小数第 3 位までは）．このデータセットは独立な変数で配列されるので，R^2_{adj} のほうがこのモデルの説明力について有益な情報を与えているということがわかる．

(4) 説明変数として使われる独立な X 変数の数が増えると，p 値が 0.05 を下回るような有意な X 変数をみつける場合も増えると期待される．言い換えると，第 1 種の過誤（帰無仮説が成り立っているときに有意であると結論すること）を犯す確率が増加する．しかし，全回帰モデルの p 値はいつでも平均して全体の 5％ で有意である．説明変数の数が増加すると，変動の説明される部分の割合も増加するので，同様に R^2 値は上昇する．一方，R^2_{adj} 値は増加するとは限らないだろう．ゆえに，回帰の説明力をモデルでの 1 説明変数当たりで見たときの指標として利用できる．

第 12 章

葉上での微生物の群集を調べる

(1) 2 つの処理の間には細菌密度において有意な違いがある（$p = 0.001$）．
(2) 第 2 の解析では，処理間に有意な違いはなかったが（$p = 0.183$），処理内の植物株間には有意な違いがあった（$p < 0.0005$）．第 2 の解析が好ましいのは，処理の比較をするとき株自体を独立な要素として扱っているからである．一方，第 1 の解析は，処理ごとに，同じ株からの測定値を独立と見なして解析するので，独立性の仮定が満たされていないのである．
(3) 変量要因とは，その要因の反復される要素が，実験で設定されるようなものではなく，ある母集団からの標本であると見なされるようなものである．その要素は，母集団全体を構成するすべての採取可能な要素からの無作為標本であると考えられる．この性質から，そのような要素から導かれる結論には，母集団全体に関するものも含めることができる．対照的に，固定要因とは，将来の実験において再設定できる定まった水準をもつ要因のことである．これらの水準について導き出された結論は，それら特定の水準に対してのみ適用可能である．交差する要因の場合，2 つの要因のすべての組合せが，実験計画の中で配置されるが，入れ子になった要因の場合は，実験計画の中ですべての組合せが用意されるわけではない．B が A の入れ子になっているならば，B の各水準は A のある水準内に設定され，A の各水準内には B の 2 つ以上の水準が存在することになる．
(4) PLANT (TREATMNT) の平均平方は，TREATMNT の F 比を計算するために使われた．これは，同じ処理内の株間変動と異なる処理の株間変動を比較するのに効果的である．
(5) 解答のための出力結果は，TREATMNT の F 比の分母の自由度（つまり，4）と，PLANT と誤差の分散成分（それぞれ，314.8，546.1）の 2 つである．誤差の分散成分は PLANT の分散成分よりもかなり大きい．また自由度も F 比の検定をするには小さい．基本的に TREATMNT 間の比較に興味があるならば，植物株数を増やしたほうが良いだろう．あるいは同じ処理内での株間の違いに興味があるのなら（めったにないだろうが），1 株当たりの測定数を増やしたほうが良い．

入れ子をもつ解析は非独立性の問題をどのように解決するのか

(1) 入れ子解析の結果は Box 15.21 にある．
(2) 自由度と F 比に違いはない．

> **BOX 15.21　入れ子解析**
>
> 一般線形モデル
>
> モデル式：LUPRATE = SEX + SHEEP (SEX)
> SEX はカテゴリカル型で，SHEEP は変量要因
>
> LUPRATE に対する分散分析表，検定は調整平方和を用いる
>
> | 変動因 | DF | Seq SS | Adj SS | Adj MS | F | P |
> |---|---|---|---|---|---|---|
> | SEX | 1 | 0.132816 | 0.132816 | 0.132816 | 1.80 | 0.251 |
> | SHEEP (SEX) | 4 | 0.294774 | 0.294774 | 0.073693 | 26.89 | 0.000 |
> | 誤差 | 114 | 0.312387 | 0.312387 | 0.002740 | | |
> | 合計 | 119 | 0.739977 | | | | |
>
> 調整平方和を使う期待平均平方
>
> | 変動因 | 各項の期待平均平方 |
> |---|---|
> | 1 SEX | (3) + 20.0000(2) + Q[1] |
> | 2 SHEEP (SEX) | (3) + 20.0000(2) |
> | 誤差 | (3) |
>
> 調整平方和を使った検定のための誤差項
>
> | 変動因 | 誤差 DF | 誤差 MS | 誤差 MS の合成 |
> |---|---|---|---|
> | 1 SEX | 4.00 | 0.073693 | (2) |
> | 2 SHEEP (SEX) | 114.00 | 0.002740 | (3) |
>
> 調整平方和を使う分散成分
>
> | 変動因 | 推定された値 |
> |---|---|
> | SHEEP (SEX) | 0.00355 |
> | 誤差 | 0.00274 |

第13章

大豆データの再検討

(1) 以下のような状況ならば，あり得る：(i) すべての植物株が除草剤に等しく敏感で，そのため等しく被害を受けている，(ii) 1区画当たりの株数が多い，(iii) 各1株が被害を受ける確率が低い．たとえば，1区画に1株しかないとすると，被害を受けるか受けないか，つまり0あるいは1の計数値しか取れない（ベルヌーイ確率変数（Bernoulli variable）と呼ばれる）．

(2) $\chi^2_{21} = \dfrac{21 \times 0.278}{0.25} = 23.35$

数表から，$P(X \leq 23.35) = 0.326$ である．つまり，この検定の p 値は 0.652 なので，

DAMAGE がポアソン分布に従うという帰無仮説を棄却できない（ポアソン分布は独立な要素の計数値を記述する）．

(3) $\chi_2^2 = \dfrac{2 \times 23.09}{0.25} = 184.7$

数表から，$P(X \leq 184.7) = 1.0000$ である．つまり，$p < 0.0001$ なので極めて有意である．よって，WDKLR が被害に対し効果がないという帰無仮説は棄却される．

(4) カイ 2 乗検定は，ポアソン分布が仮定できるときにのみ正しい（ここの例ではそれは確認された）．そのときは，このような状況でのカイ 2 乗検定は通常，高い検出力をもつ．

コスタリカのイチジク

(1) 1 区画当たりの株数が独立性と分散の均一性の条件を満足するならば，ポアソン分布からの標本として見なしてよい．独立性とは，この文脈では，1 個体の存在が他の個体の存在と全く無関係であることを意味する．分散の均一性とは，どの区画もイチジクの木の生育に等しく適しているということを意味する．

調査地域内および調査地域間の平均と分散は表 15.7 にある．

(2) 調査地域内の平均と分散はよく一致している．よって，調査地域内のイチジクの木の分布にはポアソン分布がよく当てはまるかもしれない．しかし，すべてのデータを用いると，分散は平均の 10 倍近いので，イチジクの木の分布は調査地域全体では塊状になっているようである．地域全体で比較的適した条件になっているものもあれば，そうでないものもあるということかもしれない．実際，地域ごとに平均は大きく異なっている．

(3) 4 つの散布度検定の結果が表 15.8 に示されている．これらの検定で上記の結論が確認できる．調査地域内では分散と平均に有意な違いはないが，地域間では分散が平均よりも有意に大きい．

表 15.7　調査地域における平均と分散

変数	区画数	平均	分散
地域 1	100	9.51	10.35
地域 2	100	18.93	19.44
地域 3	100	41.43	39.20
全体	300	23.29	202.76

表 15.8　散布度検定

地域 1	$\chi^2 = \dfrac{99 \times 10.35}{9.51} = 107.7$	$p = 0.258$
地域 2	$\chi^2 = \dfrac{99 \times 19.44}{18.93} = 101.7$	$p = 0.406$
地域 3	$\chi^2 = \dfrac{99 \times 39.2}{41.43} = 98.8$	$p = 0.487$
全体	$\chi^2 = \dfrac{299 \times 202.76}{23.29} = 2603.1$	$p < 0.001$

> **BOX 15.22　平方根変換後の GLM 解析**
>
> 一般線形モデル
>
> モデル式：SQRTN = SITE
> SITE はカテゴリカル型
>
> SQRTN に対する分散分析表，検定は調整平方和を用いる
>
> | 変動因 | DF | Seq SS | Adj SS | Adj MS | F | P |
> |---|---|---|---|---|---|---|
> | SITE | 2 | 582.63 | 582.63 | 291.31 | 1091.99 | 0.000 |
> | 誤差 | 297 | 79.23 | 79.23 | 0.27 | | |
> | 合計 | 299 | 661.86 | | | | |

(4) ポアソン分布の分散が一定でないという問題を修正するために，解析に入る前に変数 NINDIVS の平方根変換を行った．そして，モデル式 SQRTN = SITE が調査地域間の違いを検定するために当てはめられた．Box 15.22 を参照せよ．

　調査地域内のデータがポアソン分布から有意に異なっていないならば，誤差平均平方は 0.25 とは有意に異なっていないはずである．この検定統計量は次のように計算される．

$$\chi^2 = \frac{297 \times 0.270}{0.25} = 320.76$$

自由度は 297 で，$p = 0.164$ である．よって上記のように，調査地域内のデータはポアソン分布に従って分布していると結論できる．

(5) 稚樹が母樹の近くに生育するとき，あるいはいくつかの木のみが生存稚樹を主に供給するとき，塊状になった分布が生じるかもしれない．また，パッチ状の生息場所が塊状の分布を生じさせるかもしれない．

(6) 空間的に一様な分布は，個体間で広さを確保するための競争の結果かもしれない．あるいは，すべての区画が植林域にあったとすると．人間の介入で生じたかもしれない．

復習
統計の基礎

　この「復習」の章では，本書を読むにあたり，前もって知っていなければならない統計の基本概念について概説する．ここでのすべての話題は初等的な教科書に体系的に述べられているので，このあたりに全く不案内な読者はそれらを参照するとよいだろう．たとえば，ML Samuels著「*Statistics for the life sciences*」，Maxwell-Macmillan International (1989) は優れた教科書である．

R1.1　母集団と標本

　統計の問題で正確な答えが得られることはめったにない．通常は，推定値が得られるだけである．そして，その推定値の精度は，大まかなものからかなり精確なものまでいろいろである．このことを形式的な用語で記述するところに統計学の基本的な考え方がある．たとえば，英国の25〜35歳までの男性の平均身長に興味があるとしよう．その年齢のすべての男性を測定するという最大限の努力を払わない限り，正確な答えを得ることはできない．その代わりに，標本を取り，その平均を計算し，それが全体を代表するものであると望むことで満足しなければならない．ここで重要なことは，**標本** (sample) は**母集団** (population) 全体から**無作為** (random) に選ばれているということである．同じく重要なことは，そうであるように母集団は正確に定義されているということである．たとえば，母集団がオックスフォード州に限定されるならば，標本抽出のやり方も違ったものになるだろう．

　標本が得られると，和を求め，標本数で割り，平均を計算する．

$$\bar{y} = \frac{\sum y_i}{n}$$

これが，真の母集団平均 μ の推定値である．この標本抽出という考え方は実験にも適用できる．実験を行い，データを記録するとき，誤差が生じることは避けられない．そのとき，その実験処理によって起る可能性のあるすべてのデータの中から，実質的には標本抽出を行っていると考えるのである．そこで得られた平均は真の平均 μ_A の推定値であると見なされる．この μ_A は全く誤差のない実験によってのみ得られるものである．

R1.2 標本，母集団，推定値に関する変動

標本の変動

標本平均を計算した後，その同じ n 個のデータから，標本がどれくらい変動するのかという情報も得られる．この情報は興味深い．というのも，推定値が大まかなものか，それともかなり精確なものかについて教えてくれるからである．2 つの標本が同じ平均をもつが，かなり異なる変動をもっていてもよい．たとえば，学部学生 30 名の数学の試験の点数の範囲が 40〜70 であり，英語の点数範囲が 44〜64 であったとしよう．そして，両方の平均は 55 であったとする（図 R1.1）．

前者のデータは，後者に比べて，平均から大きく離れているようである．これを表す偏差は次のように定義される．

$$偏差 = データ点 - 平均$$

平均より大きなデータ点は正の偏差をもち，逆に小さなデータ点は負の偏差をもつ．偏差の絶対値は，数学のデータセットでは英語の場合よりも大きい傾向が見られる．しかし，どちらも偏差の和を取ると 0 になる．これは平均の定義から明らかだろう．そこで，和を取る前に平方し，その後に和を取ると，平均の周りでのデータ点の散らばり具合を測る指標となるだろう（表 R1.1）．

明らかに数学の能力には英語よりも大きな変動が存在する．変動を測るこの指標は**平方和**と呼ばれるが，これには大きな欠点がある．データ数に依存するという点である．この例では両者のデータ数が同じなので，これらの平方和をこのまま比較しても問題はない．しかし，一般的には，データセットが大きくなれば平方和の値も大きくなるので，データ数の異なるものを

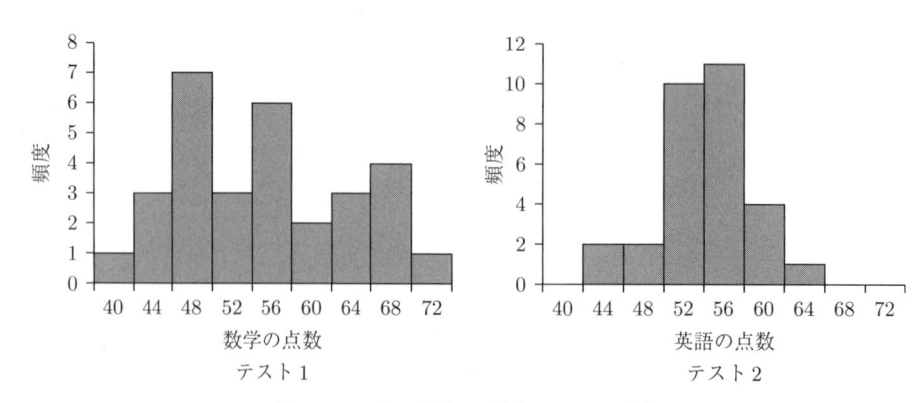

図 R1.1 共に平均 55 をもつ 2 つの分布

表 R1.1

| 数学について | $\sum(y_i - \bar{y})^2 = 2100.6$ |
| 英語について | $\sum(y_i - \bar{y})^2 = 591.2$ |

公平に比較するには，データ数の影響を受けない変動の指標が必要なのである．この指標は，データ数を考慮することで，簡単に補正できる．まず，平均を定義するために n 個のデータ点を使った．さらに，同じ n 個のデータ点を使い（その平均も利用し），平均の周りでのばらつきの程度を定義した．しかし，平均の定義からわかるように，偏差の和は 0 である．このことは，平均の周りでの標本のばらつきについての独立な情報要素は $n-1$ 個しかないことを意味している．ゆえに，変動の指標として，次のように計算される**分散**（variance）を最終的に採用しよう．

$$s^2 = \frac{\sum(y_i - \bar{y})^2}{n-1}$$

ある統計量を計算するために用いられる独立な情報要素の数は，**自由度**（degrees of freedom）と呼ばれる．この分散を平均と同じ測定単位に戻すには，平方根を取ればよい．その統計量 s は**標準偏差**（standard deviation）と呼ばれている．

ここでは，標本分散に関する独立な情報要素の個数を考慮することにより，n ではなく $n-1$ を分母に用いるべき理由を直感的に説明した．しかし，「付録2」では $n-1$ が正しい分母であることを形式的に証明している．

母集団の変動

真の母集団平均を決して知ることができないように，真の分散も決して知ることはできない．にもかかわらず，母集団分散という概念を使う必要があるので，それを定義しておくと便利である．それは通常 σ^2 と書かれ，その最良の推定量は標本分散 s^2 である．母集団分散は，母集団の全ての個体に対する真の平均からの偏差の平方の期待値として定義される．しかし，母集団の大きさは無限大であることが多いので，母集団分散の定義式にはここには出てこない表記法が含まれることになる．

標本の変動

平均 $\bar{y}$ が得られると，次に知る必要があるのは $\bar{y}$ のもつ精度である．これに答えるために，少し脇道に逸れて，正規分布を簡単に紹介しておこう．

標準正規分布

連続型変数は，平均に関して対称な釣鐘形の分布に従う場合が多い（図 R1.2）．そのような分布はしばしば正規分布で近似できる．この分布を定義するには 2 つの母数，平均と分散が必要である．標準正規分布は平均 0 と分散 1 をもつ正規分布であり，z **分布**と呼ばれることもある．どの正規分布も 2 つの操作で標準正規分布に変換できる．変数 Y が平均 5 と標準偏差 2 の正規分布に従っているとする（図 R1.2 参照）．まず Y として出現するすべての値から 5 を引くと，Y は平均 0 の分布に従うことになる（このことは Y が平均 0 になるように X 軸に沿って分布全体を左に 5 だけ平行移動させると考えればよい）．さらにそのすべての値を 2 で割ると，Y の標準偏差は 1 になる（平均に向かって分布を押し縮めることになる）．一般の正規分布を標準正規分布に変換するために，平均を移動させ分散を変更するというこの操作は**標準化**（standardising）と呼ばれている．

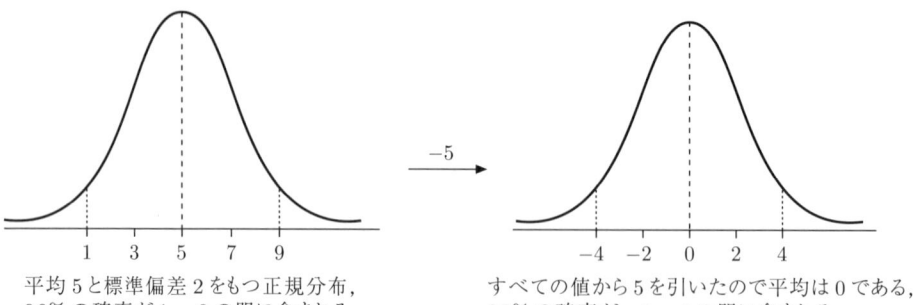

平均5と標準偏差2をもつ正規分布，96%の確率が1〜9の間に含まれる．

すべての値から5を引いたので平均は0である，96%の確率が−4〜4の間に含まれる．

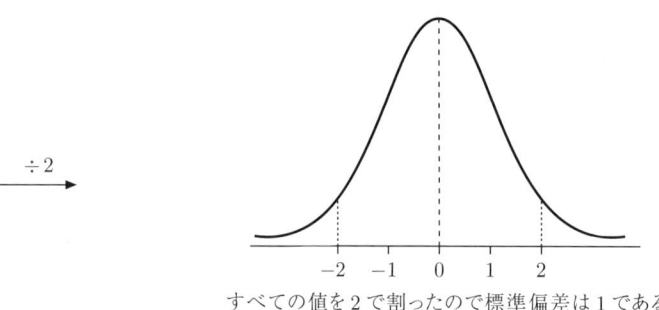

すべての値を2で割ったので標準偏差は1である，96%の確率が−2〜2の間に含まれる．

図 R1.2 一般の正規分布を標準正規分布へ変換する

まとめると，正規分布（平均 μ，分散 σ^2）に従う任意の確率変数 Y を，標準正規分布に従うように変換するには，Y に対して次の操作を行えばよい．

$$z = \frac{Y - \mu}{\sigma}$$

なぜこのような変換を行うのだろうか？　その理由は，標準正規分布が便利な性質をもつからである．その性質とは，平均から2標準偏差内に値が出現する確率が96%（1標準偏差内なら確率68%）であるというものである．これは，扱うことになる統計量の多くに対して基礎となる性質なのである．

推定値の精度

母集団平均の推定値の信頼度を定量化する話に戻ろう．標本は偶然性により少しずつ異なることだろう．どの標本からも母集団平均の推定値である標本平均が計算される．このとき，このような標本平均で構成される無限個の要素からなる母集団を考えることができる．すると，具体的に計算された $\bar{y}$ はそのような値の中の1つにすぎず，この母集団からの確率変数であると見なせることになる．では，標本を取りその平均 $\bar{y}$ を計算するという操作が何回も繰り返されると想像してみよう．すると，これらの $\bar{y}$ の変化を表す分布が描けるだろう．それが $\bar{Y}$ の分布である．この分布はどのような形になるのだろうか？

まず平均について考えてみると，これらすべての推定値（標本平均）の平均は，母集団平均 μ になると期待できるだろう．実際，$\bar{y}$ は平均 μ の周りで正規的に分布するのである（n が十

表 R1.2　3種類の変動

発生源	平均	分散
母集団	μ	σ^2
標本	$\bar{y}$	s^2
標本平均の推定値（$\bar{y}$）	μ	$\dfrac{\sigma^2}{n}$

分に大きい必要がある — **中心極限定理**（central limit theorem）を参照．では，この分布の分散については何がいえるだろうか？　非常に大きな変動を含んだ（つまり分散 σ^2 が大きい）母集団から標本（データ数は n）が取られた場合，標本平均も平均 μ の周りでかなり変動しそうである（分散 σ^2 が比較的小さい場合は小さいだろう）．また，データ数 n が大きくなれば，データ数が小さいときに比べ，推定値は μ に近い所に現れやすくなる．これら2つの事実から想像できるように，推定値の分布の分散は実際は σ^2/n になるのである．その標準偏差 $\sigma/\sqrt{n}$ は**平均についての標準誤差**（standard error of the mean）とも呼ばれている．

まとめると，本節では表 R1.2 にある3種類の変動について述べた．

母集団や標本は，容易に視覚化できる分布をもっている．その標本から母数は推定される．母数の中でもとりわけ簡単で重要なものが平均である．これら母数の推定値は標本分布をもち，それは推定値がどのような値を取りやすいのかを表現している．しかし，その標本分布を通常の解析でプロットすることはできない．というのも，1つの標本から得られる推定値は1つしかないからである．標本分布の形を見るには，実験を何度も繰り返すというシミュレーションを行う必要がある．標本分布を思い描くことはかなり難しいのである．標本分布の平均は母集団の母数の真の値に等しい．一方，標本分布の分散は，対象としている母数に依存する．ここの例では，なぜ推定値 $\bar{y}$ の分散が σ^2/n になるのか理解するのは簡単であったが，推定すべき母数が複雑なものになると，その分散を導く公式も複雑なものにならざるをえない．もっとも，これらの分散がどのように導かれるのかを詳細に知る必要はないだろう．しかし，興味があるようならば，「付録2」に標本平均の分布の分散に対する形式的な証明があるので参照するとよい．ここで理解しておくべき重要な点は以下のことである．(i) 母数の推定値は理論的な分布（つまり標本分布）をもち，その標準誤差が計算できること（統計パッケージを利用できる），(ii) この標準誤差の統計的意味（推定値の精度を表す），(iii) その利用法．

R1.3　信頼区間：不確実性を正確に表現する方法

$\bar{y}$ についてほぼ確実にわかっていることは，それが正確には μ とは等しくないということである．しかし，どの程度 μ に近いのか，これについて何かいえるだろうか？　今のところわかっていることは，推定値 $\bar{y}$ が，起りうるすべての $\bar{y}$ についての分布からのものであり，その分布が平均 μ と分散 σ^2/n をもつ正規分布であるということである．本節では，**信頼区間**（confidence interval）の求め方を解説しよう．信頼区間とは，データに対して5%水準の検定で棄却されない母数の値の範囲である（「付録1」では信頼区間の定義がもう少し詳しく議論されている）．高い信頼性で推定された母数は狭い区間をもつが，情報が少ない場合は広い信頼区

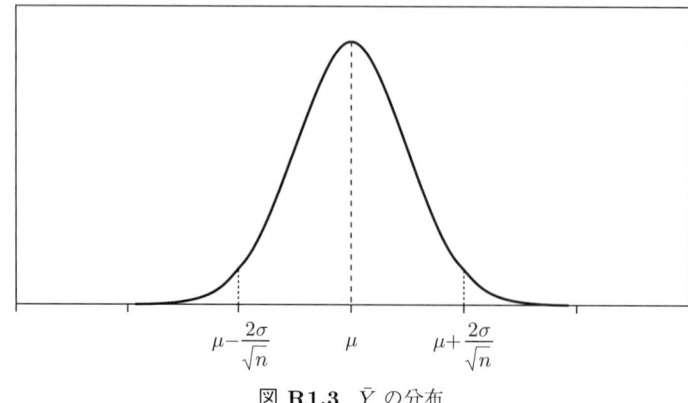

図 R1.3 $\bar{Y}$ の分布

間をもつことになる．

標準正規分布の性質により，このような $\bar{y}$ の 96% が μ の両側 2 標準偏差内に出現することはわかっている（図 R1.3 参照）．これにより，次のように述べてよいだろう．

$$96\%の確率で：\quad \mu - 2\frac{\sigma}{\sqrt{n}} < \bar{y} < \mu + 2\frac{\sigma}{\sqrt{n}}$$

しかし，統計学では伝統的に 96% よりも 95% の信頼水準を用いるので，この場合は 2 が 1.96 に変更される．また，信頼区間は $\bar{y}$ ではなく μ について述べることになっているので，上の式は次のように書き換えられる．

$$\bar{y} - 1.96\frac{\sigma}{\sqrt{n}} < \mu < \bar{y} + 1.96\frac{\sigma}{\sqrt{n}}$$

これが求めていたものである．μ の正確な値について述べることはできないけれども，95% の信頼水準でデータに整合的な μ の範囲についてならば記述できるのである．

しかし，この式に数値を書き込もうとすると，少し困ったことになる．式は母集団標準偏差 σ を含んでいて，これは決して知りえないものなのである．代わりに，σ の推定量である標本標準偏差 s がわかるだけである．20 世紀の初頭，s が σ に代用され，その近似で満足しようということになった．しかし，標本が小さいとこの近似はあまり良くない．というのも，そのときの s は，σ の推定量として精度の悪いものになるからである（これに伴って $\bar{Y}$ の分散も大きくなるのだが，ここことは直接関係のない話である）．その結果，分布は図 R1.4 のように少し平たくなる．それは，もはや正規分布ではなく，**t 分布**（t-distribution）と呼ばれるものになる．この「発見」は 1900 年代に Gossett によってなされた．彼は，t 分布が正規分布よりどれくらい平たくなっているのか正確に計算した数表も作成している．

この解決法は，s の推定値としての良さに関係している．言い換えると，独立な情報要素をいくつ用いて s を求めたのか，つまり，s の自由度（R1.2 節を参照）$n-1$ に関係する．図 R1.4 には，自由度が 3, 10, ∞ の場合の t 分布が描かれている．自由度が小さくなると，t 分布は平たく幅広くなるので，平均を含めて分布の 95% を覆うには区間を広く取らなければならない．自由度が大きくなると，t 分布は標準正規分布へ収束し，大標本ではその 2 つの分布は

図 R1.4　自由度 3, 10, ∞ をもつ t 分布

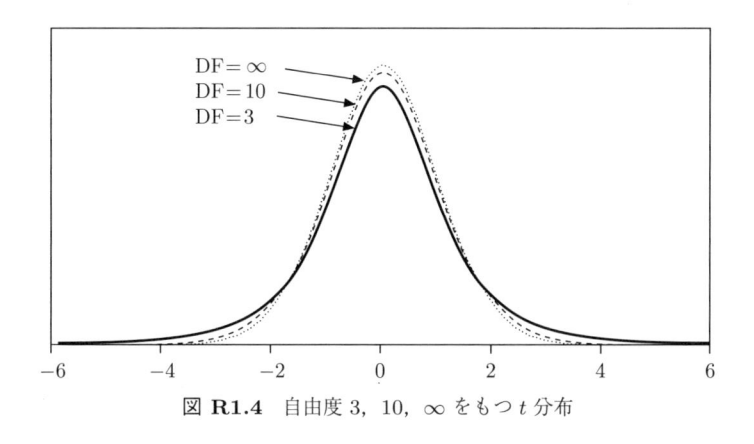

BOX R1.1　1 標本における信頼区間

EXAMRES の値
53 83 66 71 59 45 46 67 34 50 51 49 25 62 28 36 61 29 65 56 65 39 47 67 41 18 50 51 28 68

信頼区間

変数	データ数	平均	標準偏差	標準誤差	95.0% CI
EXAMRES	30	50.33	15.86	2.89	(44.41, 56.25)

区別がつかなくなる．

　元の問題に戻ろう．母集団の 95% を覆うには標準偏差を単位としてどれほどの大きさが必要なのか正確に算出する必要がある．そのためには適切な**臨界 t 値**（t_{crit}）を t 分布表から見つけなければならない．たとえば，$n-1=10$ のときは，平均から 2.228 倍の標準偏差だけ離れた両端をもつ区間が必要である．結局，区間の式は次のようになる．

$$\bar{y} - t_{crit}\frac{s}{\sqrt{n}} < \mu < \bar{y} + t_{crit}\frac{s}{\sqrt{n}}$$

あるいは，普通の言葉で書けば次のようになる．

$$推定値 \pm t_{crit} \times 推定値の標準誤差$$

これが **95% 信頼区間**と呼ばれる理由は，95% 水準でデータと整合する μ 値の範囲であるからである．この信頼区間は平均に対して求められたが，この教科書の本文で見られるように，他の母数に対しても，また別の水準に対しても同様の信頼区間を作ることができる．

　1 例として，30 名の学生の試験結果の基本統計と信頼区間が Box R1.1 にある（変数 EXAMRES のデータである）．

R1.4 帰無仮説 — 保守的なアプローチ

本節では，帰無仮説の概念やその仮説検定について復習するために，t 検定の背後にある原理について概説しよう．標本平均と標本分散が計算され，その情報を元に信頼区間が求められた．これと同じ情報を用いて仮説検定を行うことができる．標本が 30 個の差で与えられたとしよう（たとえば，30 人の学部生における，数学の講義を受けた前後での試験の点数差）．講義を受けてもその能力に改善が見られない場合は，その差の平均は 0 であるべきだろう．差を DIFF = (講義後の点数) − (講義前の点数) と定義すると，その差の平均は正であると望みたい所である．もっとも，学生達がその講義を受けてかえって混乱するようならば，負になるということもありうるかもしれない．

まずやるべきことは，**帰無仮説（H_0）**（null hypothesis）を設定することである．通常，効果が期待できない（$\mu = 0$）という保守的な仮説を採用する．同様に，真の平均はある特定の別の値であるという仮説を採用することも可能である．このとき，

H_0 : 2 つの点数の間に違いはない，$\mu = 0$

この否定は，違いが存在するということなので（その差の正負まではあまり特定しない．片側・両側検定の節を参照せよ），対立仮説（alternative hypothesis）は次のようになる．

H_A : $\mu \neq 0$

検定の背後にある原理とは「帰無仮説が正しくないとする確かな証拠がない限り，帰無仮説を棄却しない」というものである．帰無仮説および対立仮説は母数を使って表現されることに注意しよう．求めたい「大いなる真理」をそこに要約するのである．標本平均 $\bar{y}$ が 0 にならないのはほとんど確実だろうが，たとえそうだったとしても，必ずしも $\mu = 0$ を意味するわけではないだろう．そこで，帰無仮説が正しいと仮定して，観測されたデータが（あるいは，もっと極端なデータが）出現する確率を計算する．この確率が 0.05 よりも小さいならば，H_0 が正しいとする仮定を棄却するのが従来の慣習である．これは，帰無仮説が本当は正しいにもかかわらず，それを間違って棄却してしまう確率が 0.05 はあるということを意味する．これは第 1 種の過誤（Type I error）と呼ばれている．

t 検定は，図を用いて視覚的に表すことができる．帰無仮説は，$\bar{Y}$ の分布における平均が 0 であるというものである（図 R1.5）．

$\bar{y}$ の値は，この理論的分布（標本分布）から出現した 1 つのデータ点である．このとき，解きたい問題は「その値は帰無仮説の分布から出てきているように見えるか」である．2 つの可能性がある．1 つは，$\bar{y}$ が 0 に十分近い場合で，このときの結論は，$\bar{y}$ はたぶんこの分布から出てきたものだろうというものである．もう 1 つは，それが 0 からかなり離れている場合で，この分布からのものではなさそうであると結論する．ただ，その 0 からの距離は，絶対的な長さを用いるのではなく，標準偏差との比で測る．標準偏差を単位とした距離（**t 統計量**（t-statistic）と呼ばれる）は次のような式で表される．

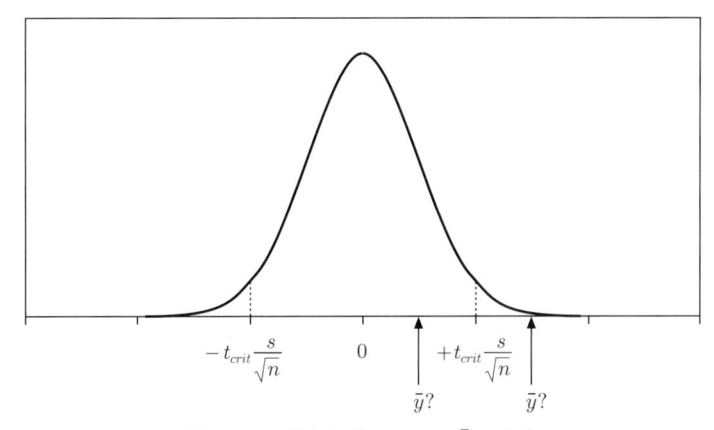

図 R1.5 帰無仮説の下での $\bar{Y}$ の分布

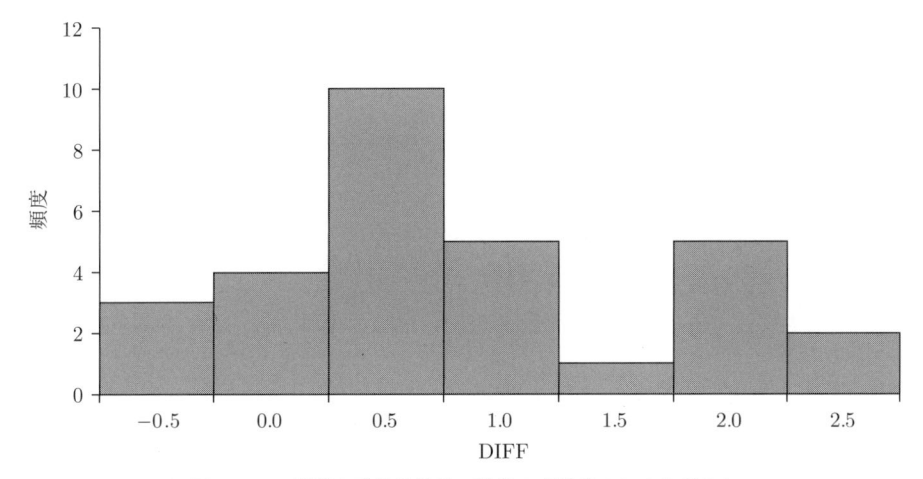

図 R1.6 講義を受ける前後の数学の点数差のヒストグラム

$$t_s = \frac{\bar{y} - 0}{s/\sqrt{n}}$$

この値を分布表の該当する臨界 t 値と比較して，$\bar{y}$ が 95%限界（図 R1.5）内にあるか否かを判定することになる．$t_s > t_{crit}$ または $t_s < -t_{crit}$ ならば，「$\bar{y}$ が平均 0 の $\bar{Y}$ の分布から出てきているならば，このような t_s を得る確率は 0.05 より小さい」と結論する．言い換えると，**p 値 < 0.05** である．これは，**帰無仮説を棄却**しなければならないほどの強い証拠があったということになる．

p 値の意味を正確に説明すると，帰無仮説が真であるときに，t_s 値あるいはそれよりも極端な値が得られる確率のことである．

数学の試験を 2 回も受けなければならなかった不運な 30 名の学生達に話を戻そう．彼らの DIFF（= 講義後の点数 − 講義前の点数）のヒストグラムが図 R1.6 にある．

ヒストグラムを見ると，講義前よりも講義後の成績が悪かった学生が数名いる．しかし，Box R1.2 の 1 標本 t 検定の p 値は 0.00005 より小さい．よって，講義を受けた後の学生達は一般

BOX R1.2　1標本 t 検定

平均の t 検定
$\mathbf{H}_0 : \mu = 0$
$\mathbf{H}_A : \mu \neq 0$

変数	データ数	平均	標準偏差	標準誤差	T	P
DIFF	30	0.862	0.838	0.153	5.64	0.0000

的には良い点を取るようになったと結論できる（差の平均が正であるという事実から，どの方向に変化したのかを推測することができる）．

この仮説検定法を拡張して，母集団平均を任意の値に設定した仮説を検定することもできる．また，他の母集団母数の仮説的な値に対して推定値を検定するということもできる．その t 検定の全手順は次のように項目に分けられる．

- 帰無仮説と対立仮説を母数で表現する．
- 母数の推定値をデータから計算する．
- この推定値の標準偏差を計算する．
- t 統計量を計算し，分布表からの臨界 t 値と比較する．

このやり方は異なる母数の推定値に対しても適用できる．たとえば，独立な2つの標本平均の差について考えることができる．

R1.5　2つの平均の比較

2標本 t 検定

リスの雌雄間に体重差があるという仮説について考えてみよう．それぞれ50匹の体重を測定し，自然対数で変換した後，記録した．図 R1.7 はそのヒストグラムである．LOG(FEM) は雌，LOG(MALE) は雄に対してのものである．データはリス（squirrels）データセットにある．

帰無仮説は，「これら100個の測定値は同じ分布からのものである」というものである．ゆえに，

$\mathbf{H}_0 : \mu_A = \mu_B \ (\mu_A - \mu_B = 0)$
$\mathbf{H}_A : \mu_A \neq \mu_B$

データから雄と雌の標本平均である $\bar{y}_A = -0.579$ と $\bar{y}_B = -0.688$ がそれぞれ得られる．ゆえに，$\bar{y}_A - \bar{y}_B = 0.109$ である．しかし，今回の検定に用いる分布は，1つの標本平均 $\bar{Y}$ の分布ではなく，2つの独立な標本平均の差である $\bar{Y}_A - \bar{Y}_B$ の分布である．この分布の分散は次の式で与えられる．

$$s^2 \left(\frac{1}{n_A} + \frac{1}{n_B} \right)$$

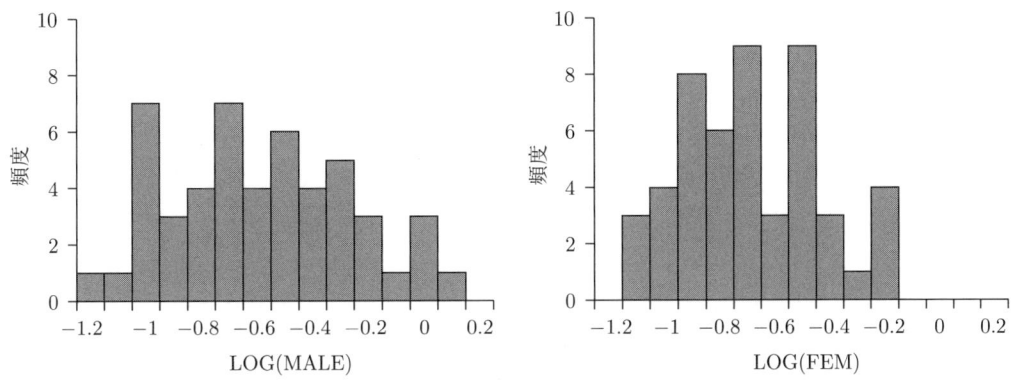

図 **R1.7** 50匹の雄リスと50匹の雌リスの体重の自然対数を取ったデータのヒストグラム

BOX R1.3　2標本 t 検定

LOG (MALE) vs LOG (FEM) に関する2標本 t 検定と信頼区間
H_0: (LOG(MALE) の μ) − (LOG(FEM) の μ) = 0

	データ数	平均	標準偏差	標準誤差
LOG (MALE)	50	−0.579	0.325	0.046
LOG (FEM)	50	−0.688	0.245	0.035

[(LOG (MALE) の μ − LOG (FEM) の μ)] に対する 95% CI:　(−0.005, 0.223)

$t = 1.90$　$p = 0.061$　DF $= 98$
両方を一緒にした標準偏差 $= 0.288$

これの平方根がその標準誤差である．実は，仮定する条件の違いで，この標本分散の計算方法には2通りがある．それは，2つのデータを一緒に合わせて計算する方法と別々に行う方法である．ここでは，前者が用いられている．このとき，t 統計量は次のように定義される．

$$t_s = \frac{(\bar{y}_A - \bar{y}_B) - 0}{\sqrt{s^2 \left(\frac{1}{n_A} + \frac{1}{n_B}\right)}}$$

リスのデータの標準誤差は 0.0575 であり，$t_s = 1.90$ となる．この値は，自由度 98 ($n_A + n_B - 2 = 98$) のときの臨界値 1.98 よりも小さい．よって，これら2つのデータセットは有意に異なっているとはいえないという結論になる（Box R1.3 を参照せよ）．

式がだんだん複雑になっていくように感じるかもしれないが，実際はどれも次の公式に従っているだけである．

$$t_s = \frac{\text{推定値} - \text{帰無仮説の値}}{\text{推定値の標準誤差}}$$

もう一つの検定

図 R1.7 において，雄と雌のリスに対する LOG(MALE) と LOG(FEM) のヒストグラムは，ほぼ対称で大きめの分散をもつ分布を示している．一方，図 R1.8 は対数変換する前の同じデータをプロットしたものである．これらに対して，2 標本 t 検定を適用するとどうなるだろうか？

Box R1.4 の出力は，雄と雌の体重に有意な違いがあることを示している．

変換後の解析と変換前の解析では違った結論になった．図 R1.8 を見てみると，両分布とも右に裾を延ばしている．それは，特に雄のデータで顕著である．ここで用いた統計量は，扱う分布が大まかに正規分布であることを前提としているため，極端に離れたデータ点があるとその影響を強く受けやすい．雄の体重の分布の右側に存在する 4 個のデータ点は，標本平均の値をかなり増加させる．そのため，雄の体重の分布全体が実際よりも右側にあるように錯覚させてしまうのである．このような歪んだ分布を扱うには，2 通りの方法がある．本節の前半でやったようにデータを前もって変換するか，あるいは極端な値の影響を受けにくい検定，つまり

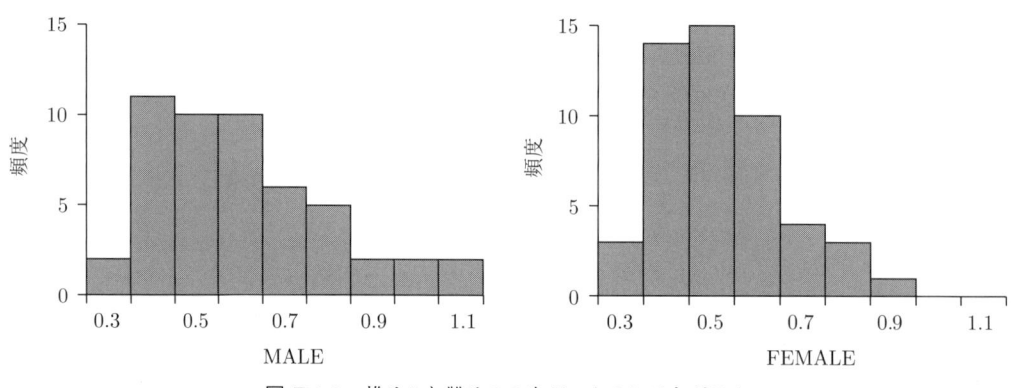

図 R1.8 雄リスと雌リスの生データのヒストグラム

BOX R1.4　リスの体重の 2 標本 t 検定

MALE vs FEMALE に関する 2 標本 t 検定と信頼区間
H_0: (MALE の μ) $-$ (FEMALE の μ) $= 0$

	データ数	平均	標準偏差	標準誤差
MALE	50	0.591	0.198	0.028
FEMALE	50	0.518	0.132	0.019

[(MALE の μ) $-$ (FEMALE の μ)] に対する 95% CI: (0.006, 0.140)

$t = 2.17$　$p = 0.033$　$DF = 98$
一緒にした標準偏差 $= 0.168$

ノンパラメトリック検定[†1]を用いるかである．とはいっても，本書ではノンパラメトリック検定は扱っていない．ML Samuels 著「*Statistics for the life sciences*」，Maxwell-Macmillan International (1989) を初めとした，多くの初等的な統計学の教科書がこの話題について明解に解説している．

この例で強調したいことは，解析に先立ってデータを調べ，その分布がほぼ対称であるか見ておくことは重要であるということである．対称でないようならば，その修正のためにいろいろな変換が利用できるだろう．この忠告を無視すると，ここで述べたような不適切な検定によって，見せかけの有意性が導かれることになるかもしれない．第8章と第9章では，パラメトリック検定の背後にある仮定を詳細に調べている．また，そこでは，これらの仮定が満足されているかを調べるための，データ（およびモデル）の検定法や，問題が起ったときの解決法を解説している．

片側検定と両側検定

2 標本を比較するとき，**片側検定**（one-tailed test）と**両側検定**（two-tailed test）のどちらを利用するか選択できる．これまでは，両側検定を選択してきた．その理由は，両者について解説していく中でおのずと明らかになるだろう．

片側なのか両側なのか，これを実際に決めるのは対立仮説（H_A）であって，帰無仮説（H_0）ではない．雄と雌のリスの比較において，H_A は「雌雄の体重は異なっている」というものであった．しかし，ここでは「雄は雌よりも平均的に重い」というさらに詳しく設定した仮説を検定してみよう．このときの H_0 は，前と同じで次のようになる．

$$\text{LOG(MALE)} \text{の} \mu - \text{LOG(FEM)} \text{の} \mu = 0$$

一方，H_A には方向性があって，次のようになる．

$$\text{LOG(MALE)} \text{の} \mu - \text{LOG(FEM)} \text{の} \mu > 0$$

言い換えると，雄と雌の間の違いを1方向に限って調べるのである．この場合，データを解析して，雌が雄よりかなり重いと判断できたとしても，帰無仮説が棄却されることはない．

では，この方向性をもつ新しい対立仮説に対し，t 検定はどのようなものになるのだろうか？実は，t 比の計算は前とまったく同じである．唯一の違いは，Box R1.5 にあるように，t 比から p 値を求めるときに現れる．

Box R1.3 では，LOG(MALE) と LOG(FEM) は有意に異なってはいないと結論したが，Box R1.5 では，LOG(MALE) が LOG(FEM) よりも有意に大きいと結論している．これはなぜだろうか？ 図 R1.9 に，帰無仮説が棄却されるような t 比の範囲を示している．図 R1.9 (a) は両側検定を表し，図 R1.9 (b) は片側検定を表している．どちらも第1種の過誤（帰無仮説が

[†1]（訳注） 母数で記述された分布を仮定してその母数の検定を行うとき，パラメトリック検定と呼ばれる．分布形にそのような強い仮定を入れずに，その順序などを利用して行う検定をノンパラメトリック検定と呼んでいる．

BOX R1.5　リスの体重の対数変換後の片側 2 標本 t 検定

LOG (MALE) vs LOG (FEM) に関する 2 標本 t 検定と信頼区間

	データ数	平均	標準偏差	標準誤差
LOG (MALE)	50	-0.579	0.325	0.046
LOG (FEM)	50	-0.688	0.245	0.035

$[$(LOG (MALE) の μ) $-$ (LOG (FEM) の μ)$]$ に対する 95% CI: $(-0.005, 0.223)$

片側 t 検定の帰無仮説　(LOG(MALE) の μ) $=$ (LOG (FEM) の μ)　（対立仮説は $>$）
$t = 1.90$　$p = 0.030$　DF $= 98$
両方を一緒にした標準偏差 $= 0.288$

(a) 両側検定の棄却域　　(b) 片側検定の棄却域

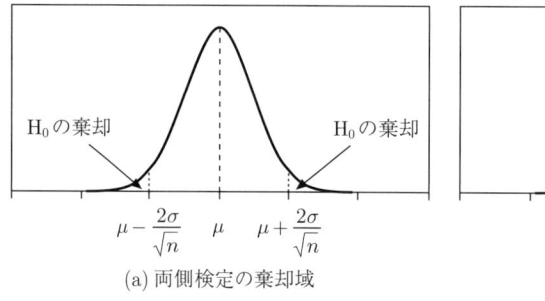

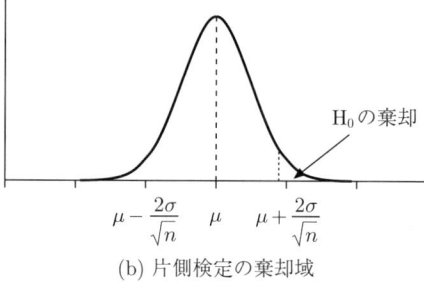

図 R1.9　片側検定と両側検定の比較

正しいにもかかわらず棄却される）を犯す確率は 0.05 である．両側検定の場合，棄却域は分布の両裾に別れて設定されるが，片側検定の場合は一方の裾にだけである．

Box R1.5 を見ると，片側検定の場合，p 値（$p = 0.03$）は有意である．一方，両側検定の場合，p 値は 0.061 であり，有意ではなかった．このような状況では，片側検定を選択するほうに誘惑されるけれども，そのときの問題点も考えておくべきである．

データを集め，t 比を求め，その後で片側検定を選択するとしたら，どうなるだろうか？　標本から差の向きはすでにわかっているので，たぶんその情報が対立仮説の向きを決定するのに使われてしまうことだろう．すると，図 R1.10 が示すように，t 比の落ちる範囲が広がってしまい，帰無仮説が頻繁に棄却されることになる．実際，いつもデータを見て向きを確かめた後で H_A の向きを決めたとすると，第 1 種の過誤を犯す確率は 10% に増加するのである．

ゆえに，片側検定が最も適切であると示すような例外的な事情がない限り，両側検定を用いることが推奨される．データを見る前に H_A は決めておくといった完全に厳格なやり方を取っていたとしても，そのことを他人に確信させるのは難しいことだろう．両側検定で同じ結論にならないときには，とりわけそうにちがいない．

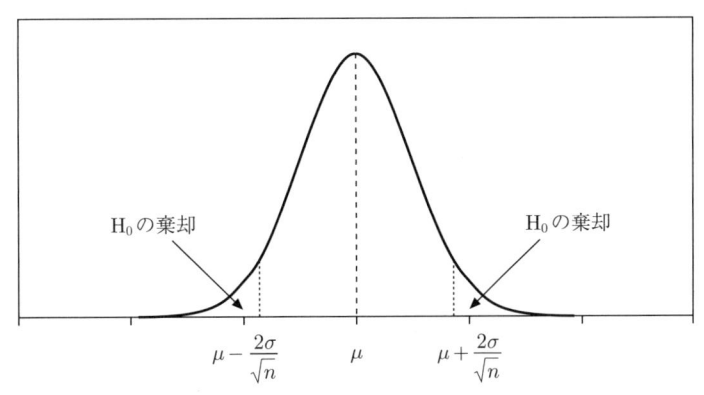

図 **R1.10** 標本を μ と比較した後で対立仮説を選ぶと，第 1 種の過誤を犯す確率は 10 ％になる

R1.6 結 論

この「復習」の章では，最も簡単なパラメトリック検定の背後にある理論を簡単に概説した．次のようなものが説明された．

- 母集団と標本，それらの関係と母数
- 平均と分散
- 自由度
- 正規分布の標準化
- 信頼区間
- 帰無仮説
- t 分布と t 検定
- 片側検定と両側検定
- p 値

ここで取り扱わなかったが，先に進む前に知っておくべき概念に中心極限定理がある．

取り扱った概念のいくつかは，本書の初めほうの章でさらに詳しく議論されるだろう．特に，帰無仮説は至る所で設定されている．また，p 値や自由度の意味も最初の 2 つの章や「付録 1」でさらに深く議論されている．

付録1

p 値の意味と信頼区間

p 値とは何か

p 値とは 0 から 1 の間の数であり，その値が小さいほど強い証拠があることを表す．たとえば，$p = 0.001$ ならば非常に強い証拠となり，$p = 0.2$ または $p = 0.9$ なら証拠としては弱く何も結論は引き出せないと判断される．科学の世界では，証拠が十分強いかそうでないかを判断するための境界値は，慣習的に 0.05 とされている．

では，何の証拠だろうか？ すべての統計的検定は帰無仮説を伴っており，p 値はその帰無仮説を否定する証拠の強さなのである．帰無仮説の例としては次のようなものがある．

- ある肥料は収穫量に対して何の効果ももたない．
- ある薬は患者の回復期間に対して何の効果も及ぼさない．
- 男性と女性は同等の知性をもつ．

p 値は，証拠の強さを測るものであって，効果の大きさを測るものではない．肥料 A が，肥料 B に比べて収穫量を増やす効果を少ししかもたないとき，非常に小さな実験では効果の差を検出するほどの証拠は通常は得られないだろう．一方，中規模な実験になると，たまに $p \leq 0.05$ となって効果が証明される場合が出てくる．さらに大規模な実験では，たいてい $p \leq 0.001$ となり，両者の差は明確になるだろう．しかし，これらのすべての実験で，収穫量に対する効果の差は同じなのである．

$p = 0.03$ であったとしよう．これから有意な結論を導くとき，この確率自体はいったい何を意味しているのだろうか？ この質問に対する**不正解**の例を下に挙げてみよう．

1. 帰無仮説が正しい確率は 0.03 である．
2. 処理効果に差がない確率は 0.03 である．
3. F 比を見て有意であると結論するとき，実は 5%の割合で帰無仮説は正しく，処理効果に差がない．

実は，p 値は条件付き確率なのである．「帰無仮説が正しい」という条件の下で，偶然にその統計量が得られる確率なのである．実際には，帰無仮説が本当に正しいのか間違っているのか

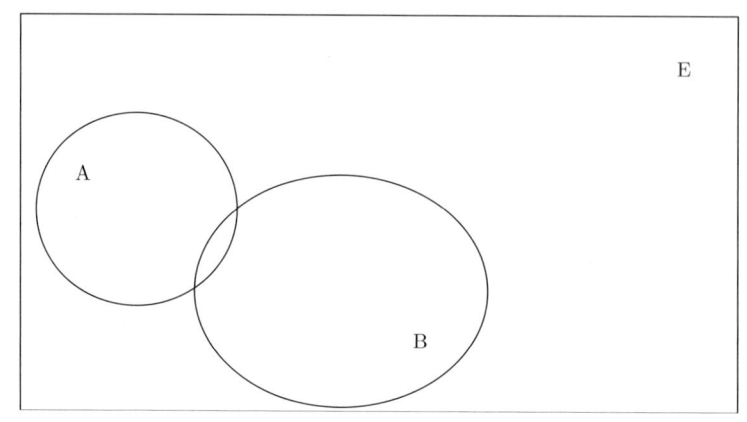

図 A1.1 p 値に関するベン図. A = 帰無仮説が正しいという事象. B = 帰無仮説が棄却されるという事象.

知ることは決してないだろう．できることといえば，帰無仮説に反する証拠を収集することぐらいである．帰無仮説が正しいとはとても思えないような証拠が得られたとき，それを棄却するのである．このやり方は，帰無仮説に肩入れしていて非常に不公平に見えるかもしれない．また，保守的であるとも思えるだろう（ほとんど起りそうにもないと説得されるまでは，処理効果はないと仮定するのだから）．もっとも，これが統計学での唯一の考え方というわけではない．たとえば，ベイズ統計学では，母数の相対的な確からしさを表すのに確率分布を用いる (Hilborn と Mangel 著「*The ecological detective*」（プリンストン大学出版部）を参照).

条件付き確率をベン図を使って説明してみよう．図 A1.1 が表しているのは，全集合内で交わる 2 つの集合である．

E は全集合，A は帰無仮説が本当に真である実験全体の集合（A の大きさあるいは容量は不明である），B は統計量の値が帰無仮説を棄却することになるような実験の集合である．実験から常に正しい結論が導かれるといった理想的な世界では，A と B は交わらないのだろう．しかし，現実では，p 値の境界値を 0.05 に設定することにより，その共通部分の大きさを定めるのである．この値は，集合 A の中の要素が（つまり，帰無仮説が正しいときに）集合 B の中に現れる（つまり，帰無仮説を棄却する）確率である．このような誤った判断が第 1 種の過誤である．5% の確率でそれを許容するのである．

実験を行うとき，集合 A の中にいるのか（帰無仮説が正しい），外なのか（帰無仮説は正しくない），これらについて実際に知ることはできない．A も B もその大きさは評価できない．しかし，p 値が小さくなればなるほど，帰無仮説に反する証拠の強さが大きくなるのである．

先の不正解の例に戻って，それらをベン図に関連づけることができる．

1. 帰無仮説が正しい確率は 0.03 である．
2. 処理効果に差がない確率が 0.03 である．

どちらの場合でも，帰無仮説が正しい確率は 0.03 であるといっているので，A の確率が 0.03 ということになるが，これは正しくない．A の大きさはわからないからである．

3. F 比を見て有意であると結論するとき,実は 5%の割合で帰無仮説は正しく,処理効果に差がない.

集合 B は帰無仮説を棄却する実験の集合を表しているので,この 3 番目の記述は全く間違っている.それは,集合 B の中にあるという条件の下で,さらに集合 A の中にある確率は 0.05 であるということになる.これは集合 A と集合 B の大きさが全く同じならば成り立つのであるが,そうであるという保証は何もない.

まとめると,p 値の正しい定義は「帰無仮説が正しいときに,検定統計量の値よりも極端な値を得る確率」である.ベン図でいえば,集合 A の中にあるという条件の下での,さらに集合 B の中にもあるという条件付き確率である.統計学を日々利用するときには,帰無仮説に反する証拠力の指標だと考えておけばよい.

信頼区間とは何か

母数 β に対する 95%信頼区間とは,次で定義される部分集合 C である.

$$C = \{b : 帰無仮説 \beta = b は有意水準 5\%で棄却されない\}$$

これを言葉で表すと,信頼区間とは「95%水準で推定量と異なっているとは判断できない母数の集合」となる.教科書でときどき見られる表現に「C が 95%信頼区間ならば,β が 95%の確率で C に含まれる」というものがある.これは,厳密にいうと,Fisher の「フィデューシャル区間」(fiducial interval) と呼ばれるものである.状況によっては,フィデューシャル区間と信頼区間が存在し,数値的には一致することもある.正規分布の平均を標本から推定するときなどである.しかし,2 項確率の推定では成り立たない.

付録2

標本平均の分散に関する解析学的な結果

本書で議論した多くの統計的事実の背後にある数学的論理は非常に専門的である．しかし，これらの論理のいくつかは，**期待値に関する代数**（expectation algebra）を使うと全く単純なものになる．この「付録」ではその代数を紹介し，それを利用して次のような統計的事実を示そう．

- 母集団から大きさ n の標本を無作為に取り出す．この標本平均の分布の分散は母集団分散を n で割ったものになる．
- 分母を $n-1$ と置いて計算された標本分散は母集団分散の不偏推定量である．

基本的表記法の導入

期待値演算子と呼ばれる記号 E を導入する．$E[Y]$ は Y の期待値（言い換えると，確率変数 Y の平均）を表す．このとき，次の5つの重要な性質が成り立つ．

1. $E[k] = k$, k は定数
2. $E[k+Y] = k + E[Y]$, k は定数，Y は確率変数
3. $E[X+Y] = E[X] + E[Y]$, X と Y は確率変数
4. $E[kY] = kE[Y]$, k は定数，Y は確率変数
5. $E[XY] = E[X]E[Y]$, X と Y は独立な確率変数

これらの性質は極めて直感的に理解できるものなので，これらを利用して上に述べた2つの統計的事実を示そう．しかし，まずは，この表記法で標本の分散と平均を定義してみよう．

上記の表記法を用いて標本の分散を定義する

ある標本の分散は，平均からの偏差の2乗の期待値として定義される．ここでの表記法を用いると，$E[(Y-\mu)^2]$ である．これは，次のように表すこともできる．

$$\begin{aligned} E[(Y-\mu)^2] &= E[Y^2 - 2\mu Y + \mu^2] \quad (\text{2乗を展開する}) \\ &= E[Y^2] - 2\mu E[Y] + \mu^2 \quad (\text{上の性質 1, 3, 4 を用いる}) \end{aligned}$$

$$\begin{aligned}
&= \mathrm{E}[Y^2] - 2\mu^2 + \mu^2 \quad (\mathrm{E}[Y] = \mu \text{である}) \\
&= \mathrm{E}[Y^2] - \mu^2 \quad (\text{計算}) \\
&= \mathrm{E}[Y^2] - (\mathrm{E}[Y])^2 \quad (\text{再び, } \mathrm{E}[Y] = \mu \text{ を用いる})
\end{aligned}$$

次に，確率変数 X に対して分散演算子 V を定義する．

$$\mathrm{V}[X] = \mathrm{E}[X^2] - (\mathrm{E}[X])^2 \tag{1}$$

すでに分散がわかっているならば，しばしば次の変形も便利である．

$$\mathrm{E}[X^2] = \mathrm{V}[X] + (\mathrm{E}[X])^2 \tag{2}$$

この表記法を用いて標本の平均を定義する

$Y_i, i = 1, 2, ..., n$ を独立で同じ分布に従う確率変数とする．ただし，その平均と分散を次のように定義する．

$$\mathrm{E}[Y_i] = \mu, \quad \mathrm{V}[Y_i] = \sigma^2$$

また，次のように定義する．

$$\bar{Y} = \frac{\sum Y_i}{n}$$

$\bar{Y}$ は大きさ n の標本の平均を表す確率変数である．性質3, 4を単純に用いると，標本平均の期待値は μ であるという明らかな命題の証明が得られる．

$$\mathrm{E}[\bar{Y}] = \mathrm{E}\left[\frac{\sum Y_i}{n}\right] = \frac{\mathrm{E}[\sum Y_i]}{n} = \frac{\sum \mathrm{E}[Y_i]}{n} = \frac{\sum \mu}{n} = \frac{n\mu}{n} = \mu \tag{3}$$

標本平均の分散の定義

では1番目の「標本平均の分散は n で割った母集団分散である」という統計的事実の証明に入ろう．記号で書けば，

$$\mathrm{V}[\bar{Y}] = \frac{\sigma^2}{n}$$

$\bar{Y}$ に関するすでに証明した等式 (1), (3) を用いると次のようになる．

$$\mathrm{V}[\bar{Y}] = \mathrm{E}[\bar{Y}^2] - \mu^2$$

ゆえに，$\bar{Y}$ の定義より

$$\mathrm{V}[\bar{Y}] = \mathrm{E}\left[\left(\frac{\sum Y_i}{n}\right)^2\right] - \mu^2 = \frac{\mathrm{E}[(\sum Y_i)^2]}{n^2} - \mu^2 \tag{4}$$

$\mathrm{E}[(\sum Y_i)^2]$ を簡単にするにはどうしたらよいだろうか？ まず，

$$(\sum Y_i)^2 = (\sum Y_i)(\sum Y_i)$$

なので，右辺を展開すると，Y_1^2 のような n 個の項と Y_1Y_2 のような $n(n-1)$ 個の項が出てくる（なぜならば，n 個の Y_i のそれぞれに，掛ける相手として $n-1$ 個の異なる添え字をもつ Y_j が存在するためである）．形式的には，

$$(\sum Y_i)^2 = \sum Y_i^2 + \sum_{i \neq j} Y_i Y_j$$

ゆえに，

$$\mathrm{E}\left[(\sum Y_i)^2\right] = \mathrm{E}\left[\sum Y_i^2 + \sum_{i \neq j} Y_i Y_j\right] = \sum \mathrm{E}[Y_i^2] + \sum_{i \neq j} \mathrm{E}[Y_i Y_j]$$

次に，等式 (2) で X の代わりに Y_i と置くと，次が得られる．

$$\mathrm{E}[Y_i^2] = \mu^2 + \sigma^2, \quad \sum \mathrm{E}[Y_i^2] = \sum(\mu^2 + \sigma^2) = n(\mu^2 + \sigma^2) \tag{5}$$

また，性質 5 を用いると，$i \neq j$ の場合は Y_i と Y_j は独立なので，$\mathrm{E}[Y_i Y_j] = \mu^2$ となって，次のようになる．

$$\sum_{i \neq j} \mathrm{E}[Y_i Y_j] = \sum_{i \neq j} \mu^2 = n(n-1)\mu^2$$

最後の等号は，μ^2 が $n(n-1)$ 個あることによる．ゆえに，

$$\mathrm{E}\left[(\sum Y_i)^2\right] = n(\mu^2 + \sigma^2) + n(n-1)\mu^2 = n\sigma^2 + n^2\mu^2$$

このように簡単になったので，これを等式 (4) に代入して，求める結果が得られる．

$$\mathrm{V}[\bar{Y}] = \frac{n\sigma^2 + n^2\mu^2}{n^2} - \mu^2 = \frac{\sigma^2}{n} \tag{6}$$

標本分散を母集団分散の不偏推定量とするために分母を $n-1$（n ではなく）にする理由

この表記法を用いると，示すべきことは次のように表せる．

$$\mathrm{E}\left[\frac{\sum(Y_i - \bar{Y})^2}{n-1}\right] = \sigma^2$$

分子は次のように変形できる．

$$\mathrm{E}\left[\sum(Y_i - \bar{Y})^2\right] = \mathrm{E}\left[\sum(Y_i^2 - 2Y_i\bar{Y} + \bar{Y}^2)\right] = \mathrm{E}\left[\sum Y_i^2 - 2\bar{Y}\sum Y_i + n\bar{Y}^2\right]$$

このとき，$\sum Y_i = n\bar{Y}$ なので，

$$\mathrm{E}\left[\sum(Y_i - \bar{Y})^2\right] = \mathrm{E}\left[\sum Y_i^2 - 2n\bar{Y}^2 + n\bar{Y}^2\right] = \mathrm{E}\left[\sum Y_i^2 - n\bar{Y}^2\right]$$

ゆえに

$$\mathrm{E}\left[\sum(Y_i - \bar{Y})^2\right] = \mathrm{E}\left[\sum Y_i^2\right] - n\mathrm{E}[\bar{Y}^2] \tag{7}$$

等式 (5) より $\mathrm{E}[\sum Y_i^2] = n\mu^2 + n\sigma^2$ である．また，等式 (2) において，X の代わりに $\bar{Y}$ と置き，$\bar{Y}$ の平均と分散を表す等式 (3) と等式 (6) を用いると $\mathrm{E}[\bar{Y}^2] = \mu^2 + \sigma^2/n$ を得る．ゆえに，等式 (7) は次のようになる．

$$\mathrm{E}\left[\sum(Y_i - \bar{Y})^2\right] = n\mu^2 + n\sigma^2 - n\left(\mu^2 + \frac{\sigma^2}{n}\right) = (n-1)\sigma^2$$

両辺を $n-1$ で割って，次の求める式を得る．

$$\mathrm{E}\left[\frac{\sum(Y_i - \bar{Y})^2}{n-1}\right] = \sigma^2$$

$n-1$ の代わりに n で割ると

$$\mathrm{E}\left[\frac{\sum(Y_i - \bar{Y})^2}{n}\right] = \left(\frac{n-1}{n}\right)\sigma^2$$

となるので，このときは σ^2 を過小に評価してしまうことになる．

最後に，μ の推定量として $\bar{Y}$ を用いたために，n ではなく $n-1$ を分母に置くことになったことに注意を向けてみよう．これは，次の結果が示されるならば，理解できるだろう．

$$\mathrm{E}\left[\frac{\sum(Y_i - \mu)^2}{n}\right] = \sigma^2$$

読者はこれを練習問題として証明できるだろうが，簡単な証明なら与えておこう．

$$\mathrm{E}\left[\sum(Y_i - \mu)^2\right] = \mathrm{E}\left[\sum(Y_i^2 - \mu^2)\right] = \mathrm{E}\left[\sum Y_i^2 - n\mu^2\right]$$

さらに，等式 (5) を用いて，

$$\mathrm{E}\left[\sum(Y_i - \mu)^2\right] = n(\mu^2 + \sigma^2) - n\mu^2 = n\sigma^2$$

ゆえに，求める等式，

$$\mathrm{E}\left[\frac{\sum(Y_i - \mu)^2}{n}\right] = \sigma^2$$

が得られる．μ が既知ならば，分散の推定量の分母は n になるだろう．

付録3

確率分布

ある穏やかな理論

本書には次の確率分布が出てくる．正規分布，標準正規分布，t 分布，χ^2 分布，F 分布である．ポアソン分布も出てくるが，ここでは解説しない．この「付録」では，連続型の Y 変数に関係した分布をどのように調べればよいかを示し，それらの関係についても説明しよう．

確率変数の概念が必要である．確率変数とは，その値そのものはわからないが，任意に指定された範囲の中に値を取る確率ならわかっているようなものである．たとえば，$X \sim N(\mu, \sigma)$ と書くとき，X がある区間 (a, b) の中の値になる確率がわかることになる．それは，平均 μ と標準偏差 σ をもつ正規密度関数よりも下側にあり，区間 (a, b) で切られた図形の面積である．

「復習」の章で学んだ**標準化**によると，$X \sim N(\mu, \sigma)$ のとき，$Y = (X - \mu)/\sigma$ は標準正規分布 $N(0, 1)$ に従うことになる．大きさ n の標本を $N(\mu, \sigma)$ から取ってきて，その標本平均と標本分散を確率変数 M および V と定義しよう．まず，M の分布について考えてみると，その答えは $M \sim N(\mu, \sigma/\sqrt{n})$ である．これにより，$Z = (M - \mu)/(\sigma/\sqrt{n})$ は標準正規分布に従うことになる．

次に，V の分布について考えてみよう．その前に，2つのことを調べておく必要がある．まずは，$Z \sim N(0, 1)$ のとき，Z^2 の分布は何になるのかということである．Z^2 は正でなければならない．また，その平均は1である．なぜならば Z^2 の平均は Z の分散に他ならないからである．この分布は自由度1の χ^2 分布と呼ばれる．そこで，$C = Z^2$ と置いて，$C \sim \chi_1^2$ と書くことにする．次に調べるべきは，自由度1の χ^2 分布に従う k 個の確率変数 $C_1, C_2, ..., C_k$ についてである．これらを加えて $D = C_1 + C_2 + \cdots + C_k$ と置く．この k 個の変数が互いに独立ならば，D は自由度 k の χ^2 分布に従う．このことを $D \sim \chi_k^2$ と書く．和の平均は平均の和なので，χ_k^2 分布の平均は k である．

これで V の分布について答える準備ができた．V の分布そのものに名前は付いていないが，実は $(n-1)V/\sigma^2$ の分布は χ_{n-1}^2 分布なのである．これは良い情報である．というのも，V が σ^2 の不偏推定量になってほしいのであるが，そうであるためには，V/σ^2 の平均は1でなければならず，ゆえに $(n-1)V/\sigma^2$ の平均は $n-1$ でなければならない．ところが，χ_{n-1}^2 分布の平均はその自由度に等しいことはわかっているので，実際，$n-1$ になるからである．

このように，正規分布からの標本平均は正規分布に従い，標本分散は χ^2 分布に従うのである．

上の X を標準化する際，標準偏差を用いたが，通常これは既知ではない．そのため，代わりに標準偏差の推定量を用いる（実際，M の標準化ではそうすることになる）．このとき，何が起るだろうか？ 標準偏差の推定量とは，標本分散から計算された確率変数であり，$S = \sqrt{V}$ である．ゆえに，標本平均のもつ標準誤差（つまり，M の標準偏差）の推定量は $S/\sqrt{n} = \sqrt{V/n}$ となる．見通しよくするために，$T = (M - \mu)/(S/\sqrt{n})$ と置こう．この分子・分母を共に $\sigma/\sqrt{n}$ で割ると，次のようになる．

$$T = \frac{(M - \mu)/(\sigma/\sqrt{n})}{S/\sigma}$$

この分子は標準正規分布に従い，分母は χ^2 分布に従う変数をその自由度 $n - 1$ で割ったものの平方根になる．ゆえに，

$$T = \frac{\frac{M-\mu}{(\sigma/\sqrt{n})}}{\sqrt{\frac{V}{\sigma^2}}} \sim \frac{N(0, 1)}{\sqrt{\chi^2_{n-1}/(n-1)}}$$

この分布は自由度 $n - 1$ の t 分布と呼ばれている．

$\chi^2_{n-1}/(n-1)$ の興味深い特徴は，すでに知っているように，その平均が 1 になることである．では，このような変数で独立な 2 変数の比について考えてみよう．つまり，

$$\frac{\chi^2_m/m}{\chi^2_n/n}$$

この分布は F 分布と呼ばれ，その命名は R.A. Fisher の名前からきている．彼は非常に有用な統計量を次々と発明し，この統計量も最初に使い始めたからである（もっとも，初めはその対数を利用していた）．より正確には，自由度 m と n をもつ F 分布と呼ばれる．また，m は分子の自由度，n は分母の自由度とも呼ばれるが，その理由は明らかだろう．

このように，F 比は 2 つの平均平方の比として定義されている．平均平方は分散の推定量なので，F 比は分散比とも呼ばれる．F 検定においては，帰無仮説の下で，分子と分母は同じ分散 σ^2 の独立な推定量であるように選ばれる．よって，どちらの平均平方も $\sigma^2 \chi^2_k/k$ の分布に従う（ただし，k はそれぞれの自由度である）．両者の比を取ると，σ^2 は約分されて，χ^2_k/k の形の比が残る．それが F 比の定義式である．

最後に，自由度 k の t 分布に従う確率変数を平方すると，自由度 1 と k の F 分布が得られることを指摘して，この専門的な節を終えることにしよう．理由は次のとおりである．

$$\left(\frac{N(0, 1)}{\sqrt{\chi^2_k/k}}\right)^2 = \frac{(N(0, 1))^2}{\chi^2_k/k} = \frac{\chi^2_1/1}{\chi^2_k/k}$$

これは，分散分析における自由度 1 の項についての重要な事実と関連している．係数表における t 比は平方すると，分散分析表における F 比になる．このことにより，それぞれの p 値は等しくなる．つまり，同じ帰無仮説に対して，2 つの異なる検定ではなく，同じ 1 つの検定を行っているのである．

シミュレーションで確かめよう

数学の教科書ならば，前節で紹介したいろいろな命題は，確率分布に関する公式を利用して証明されることだろう．しかし，ここでは代わりに，単純なシミュレーションを使って命題が成り立つことを理解し，その考え方に慣れることにしよう．やり方の詳細はWeb上のパッケージ専用の補足に載せている．

正規変数の標準化

シミュレーションの方法を説明するために，この簡単な例をやってみよう．まず，ある変数を設定して，それを X と呼ぼう．確率変数とは「その値が不確かなもの」であるが，ここでは，データセットの中のある変数として X を当てることにする．データセットでは，変数は多数の行を含む列形式で与えられている．1000個もの行をもつ変数であれば，そのヒストグラムはその確率変数の確率分布にかなり近くなるだろう．また，統計パッケージで得られる平均の推定値も，数学者が解析的に導き出す真の平均に非常に近くなるだろう．利用できるコンピュータやプログラムのさまざまな能力，また計算者の忍耐力に依存するが，10000個以上の行でも扱うことができるかもしれない．では，X は平均と分散を任意に設定した正規分布からの変数としよう．ここでは，それらの数値を μ, σ^2 と書くが，もちろんプログラムを動かす際は，数値を入力する必要がある．さらに，式 $(X-\mu)/\sigma$ により変数 Y を定義する．X と Y のヒストグラムを描くことができ，基本統計も得られる．Y の平均と標準偏差は0と1になっているはずである．

正規分布からの標本に基づく平均と分散の推定量の標本分布

まず，標本の大きさを決める．ここでは6としよう．6個の変数 $X_1, X_2, ..., X_6$ を作り，これらに同じ正規分布 $N(\mu, \sigma)$ から発生させた数値を入れる．公式 $M = (X_1 + X_2 + \cdots + X_6)/6$ により，平均 M を計算する．分散 V は次の公式 $V = ((X_1 - M)^2 + (X_2 - M)^2 + \cdots + (X_6 - M)^2)/5$ で求める．ヒストグラムを描くと，M は平均 μ，標準偏差 $\sigma/\sqrt{6}$ をもつ正規分布に従っていることがわかるだろう．V は，かなり右に裾を延ばした分布をもつに違いない．これが自由度5の χ^2 分布である．統計パッケージを使って，χ_5^2 分布に従う乱数をもつ変数を生成できるので，そのヒストグラムを描き，V のヒストグラムと比較するとよいだろう．

T の標本分布

母集団平均が実際に μ であることを検定するために，t 比である $M/\sqrt{V/6}$ を計算し，その値を変数 T と置く．統計理論によると，自由度 k の t 分布の分散は $k/(k-2)$ である．ここでは，その値は $5/3 = 1.667$ になる．真の分散 $\sigma^2/6$ を使って M を標準化できるようならば，その分散は1になる．分散を推定することによる影響は，T の基本統計を計算して，その分散を1あるいは1.667と比較してみればよくわかるだろう（$Z = (M-\mu)/(\sigma/\sqrt{6})$ を作り，分散は1であることを確かめることもできる）．また，V の取る値を眺めることにより，T の分

散がなぜこのように大きいのか理解できるだろう．その V の値は，ときどき非常に大きくなるが，かなり小さいことも多い．このように分散の推定の精度は相当に悪いのである．もちろん，実際に分散が小さく推定されてしまうと，T は非常に大きな値を取ることになる．そのため，T の帰無分布はこのような値をもつことになる．

T の標本分布と標本の大きさについての注釈

変数に 1000 個のデータ点を設定して，上のシミュレーションを 50 回繰り返した．T の最小の分散と最大の分散は 1.36 と 1.97 となり，その 50 個の分散の平均は 1.66437 になった．よって，データ数 1000 は，T の分散が 1 でないということを知るには十分な大きさである．50000 個にもなると，理論値である 1.667 に対して非常に良い近似となるだろう．

T^2 は F 分布に従う

T2 $= T^2$ により変数 T2 を計算する．これと比較するために自由度 1 と 5 の F 分布をもつ乱数を生成し，列データとする．両者のヒストグラムを描き，基本統計を計算してみると，両者は非常に似ているはずである．前に述べたように，t 分布の分散は $k/(k-2)$ であるが．t 分布の平均は 0 なので，T の平方の平均は $k/(k-2)$ でなければならない．実際，一般的には分母に自由度 k をもつ F 分布の平均は $k/(k-2)$ なのである．この例では，T2 の平均は $5/3 = 1.667$ になるはずである．

F は自由度で割られた χ^2 の比に等しい

自由度 3 の χ^2 分布に従う変数 C1 と，自由度 6 の χ^2 分布に従う変数 C2 を作る．これらは Web 上のパッケージ専用の補足を参照すればすぐにできる．また，式 (C1/3)/(C2/6) により F12 を計算する．さらに自由度 3 と 6 をもつ F 分布に従う変数を作り，それと F12 を比較してみよう．ヒストグラムも基本統計も似ているはずである．平均も $6/(6-2) = 1.5$ に近いだろう．大きさ 10000 もの標本であれば，この理論値にかなり近づくことになるだろう．

一般的に言って，最新の統計パッケージを利用すると，以前だったら数学者にしか許されていなかったやり方で，簡単に確率分布を用いていろいろなことを試すことができるようになっている．ここでのシミュレーションも，統計的推測の過程をかなり具体的に感じさせてくれるだろう．

参考文献

　本書は，一般線形モデルを学びやすいように書かれた入門書であるが，読者は他の統計学の本もいろいろな理由から参考にしたいと考えることもあるだろう．そこで，下のリストに挙げた文献を推薦する．統計学はさまざまな研究分野で使われているけれども，当然ながら生物学に関するものに片寄った選書になっている．

■**初歩的な教科書**．それぞれの本は異なる主題にあわせて，自身の統計入門書リストを備えているだろう．すべて挙げるとすると，それは数百にもなるにちがいない．

TA Watt (1997) *Introductory statistics for biology students* (2nd edition), CRC Press.
　　簡単で読みやすい統計学の入門書．

R Mead, RN Curnow and AM Hasted (1993) *Statistical methods in agriculture and experimental biology* (2nd edition), Chapman and Hall.
　　初心者向けの良い教科書．

ML Samuels (1989) *Statistics for the life sciences*, Maxwell-Macmillan International.
　　どの話題も丁寧に書かれた，全編入門的な教科書．「多重性」の章は優れている．

H Motulsky (1995) *Intuitive biostatistics*, Oxford University Press.
　　数学よりも説明に重きを置いた魅力的な入門書．

MG Bulmer (1979) *Principle of statistics* (2nd edition), Dover Publications, New York.
　　数学志向の読者向けの入門書．t 分布，F 分布などの式を導いている．少し数学的な興味をもつ読者にはとても読みやすい．

■**広範囲にわたり包括的な教科書**．コンピュータ処理の説明は含まれない．教師や大学院生にとって役立つだろう．

GW Snedecor and WG Cochran (1989) *Statistical methods* (8th edition), Ames: Iowa University Press.
　　古典的な権威のある教科書．GLM 以前の教科書であるが，その統計的見識と詳細な内容は統計学の相談役としての役割をはたす．

P Armitage and G Berry (1987) *Statistical methods in medical research* (3rd edition), Blackwell Scientific.
　　事前の知識を必要とせず，統計検定や原理を極めて明快に簡潔に説明している．統計学で権威のある教科書だが，Snedecor and Cochran よりも現代的で，実用的．

RR Sokal and FJ Rohlf (1981) *Biometry* (2nd edition), W.H. Freeman.

広く包括的ではあるが高価．ただし，生物学の多くの研究者にとっては標準的な教科書．

RR Sokal and FJ Rohlf (1987) *Introduction to biostatistics* (2nd edition), W.H. Freeman.
上記 *Biometry* の簡略本．

■**さらに発展した内容の教科書**．本書で出てきた結果の詳細や導出を調べ，さらに勉強したい読者向け．

DJ Saville and GR Wood (1991) *Statistical methods: the geometrical approach*, Springer.
幾何的アプローチを採用し，統計パッケージ（Minitab）を利用するが，かなり数学的である．モデル式は使わない．

AJ Dobson (1990) *An introduction to generalized linear models*, Chapman and Hall.
一般化線形モデルの数学理論への入門書．

P McCullagh and JA Nelder (1989) *Generalized Linear Models* (2nd edition), Chapman and Hall.
一般化線形モデルについての権威ある教科書．根気のない読者には向かない．このモデルをよく使うつもりなら，学生にもその助言者にも重要な教科書．

MJ Crawley (1993) *GLIM for ecologists*, Blackwell Scientific Publications.
生物学者向けの，GLIM やその手法への入門書．

M Aitkin, D Anderson, B Francis and J Hinde (1989) *Statistical modelling in GLIM*.
一般化線形モデルの幅広い応用において，有効だった多くの例を紹介する．

R Mead (1988) *The design of experiments*, Cambridge University Press.
完璧で優れた現代的なやり方を紹介する．コンピュータソフトが利用できるようになったため，実験計画における均衡性と直交性の重要性が一変してしまったと Mead は説明する．「変量効果」に関しては，社会学者向けというよりは，まさに生物学者向けの本．

索 引

【欧字】

ANOVA 2

Box-Cox の公式 172

CI 30

df 4

F 比 8
F 分布 8, 328

GLM 1

MANOVA 141, 271

p 値 311, 319
p 値の多重性 138, 184
PI 31

R^2 30

t 統計量 310
t 分布 308, 328

X データセット 197
XS データセット 197

z 分布 305

χ^2 分布 327

【あ行】

足（Legs）データセット 58
雨と発芽（rain and germination）
　データセット 136
異常な観測値 37
1 元配置 ANOVA 10
イチジク（fig tree）データセット 267
一様的な分布 248
一般化線形モデル 269
一般線形モデル 1
イモリ（newt）データセット 91
入れ子 142, 227, 231
入れ子の葉（leaves nested within plants）データセット 231
ウドンコ病（powdery mildew）データセット 260
エンドウ（pea）データセット 183
応答変数 10
大麦（barley）データセット 200

【か行】

回帰係数 24
回帰分析 21
回帰平方和 23
カイ 2 乗検定 254
カイ 2 乗値 246
カイ 2 乗の計算式 256
外挿 25
階層構造 185
確率分布 327
確率変数 323, 327
過小分散 251
花数（blooms）データセット 88
仮説検定 21
過大分散 251
片側検定 315
傾き 24

カテゴリカル型 21
加法性 150
加法的 16
空モデル 211
仮の PI 31
仮の予測区間 31
観測値 246
幾何的アプローチ 14
幾何的類似 64, 81
棄却域 316
キジ（pheasants）データセット 238
擬似反復 74
寄生虫（parasites）データセット 251
期待値 246
期待値演算子 323
期待値に関する代数 323
期待平均平方 226
帰無仮説 310
帰無仮説の棄却 311
逆数変換 152
逆正弦変換 173
キャベツ（Brassica）データセット 266
95％信頼区間 309
境界設定 185
均衡性 85
均質性 248
緊迫性 210
鯨観光（whale watching）データセット 212
繰返し測定 137, 271
クロウタドリ（blackbirds）データセット 135
計数データ 248

係数表　27
塊状に散在する分布　248
解毒剤（antidotes）データセット　129
交互作用　108, 260
交互作用図　111
交互作用の信頼区間　125
交差　227
恒等連結　270
交絡　76
誤差の正規性　148
誤差分散　13
誤差平均平方　8
誤差平方和　6
誤差棒　119
固定効果　224
言葉による式　10
小麦（wheat）データセット　109, 258

【さ行】

細菌（bacteria）データセット　162
細菌2（bacteria2）データセット　243
細菌増殖（bacterial growth）データセット　99
細菌増殖2（bacterial growth 2）データセット　102
最小2乗平均　115
最小2乗法　22
最小十分モデル　183
最適なモデル　214
採油種子用アブラナ（oilseed rape）データセット　79
さえずり（birdsong）データセット　146
雑音　131
差の標準誤差　119
サボテン（cactus plants）データセット　190
残差　38
残差のヒストグラム　151
残差プロット　148
算数（school children's maths）データセット　53

散布図　22
散布度検定　251
3Ys データセット　157
時系列分析　271
シジュウカラ（great tits）データセット　125
詩人（poets）データセット　60
実験計画　73
実際の残差　151
自動的モデル選択法　211
脂肪（fats）データセット　96, 129
脂肪量減少（reduced fats）データセット　43
シミュレーション　329
ジャガイモ（potatoes）データセット　189
尺度因子　270
雌雄異株（dioecious trees）データセット　19, 43
重回帰分析　201
従属変数　10
集中分布　248
自由度　4, 305
自由度の分解　7
雌雄ブタ（dams and sires）データセット　234
主効果　109
種子（seeds）データセット　33
出荷材木（merchantable timber）データセット　167
樹木（trees）データセット　26, 47, 65, 126
条件付き確率　319
ショウジョウバエ（Drosophila）データセット　69
子葉（cotyledons）データセット　175
食事療法（diets）データセット　148
処理平均　7
信号　131
信頼区間　13, 30, 121, 307
推定　21
正規確率プロット　154
正規近似　255

正規分布　305
成績（grades）データセット　104
切片　24
説明変数　10
線形性　150
線形予測子　270
潜在反復　108
全平均平方　8
全平方和　5
全モデル　212
相対成長データ　172
測定誤差　41

【た行】

ダーウィン（Darwin）データセット　256
第1種の過誤　184, 310
対象内要因　271
対数線形モデル　245, 270
対数変換　152
対数連結　270
大豆データ　267
大豆（soya beans）データセット　174
タイプIの平方和　58
タイプIIIの平方和　58
対立仮説　310
多項式（simple polynomial）データセット　179
多次元空間　15, 140
多重比較　210
多変量アプローチ　139
多変量統計学　139
単一代表アプローチ　138
段階的回帰　211
逐次平方和　47, 58
中心極限定理　161, 307
チューリップ（tulips）データセット　116
調整 R^2　202
調整平均　122
調整平方和　47, 58
直交性　84, 258
ツマキチョウ（Orange Tips）データセット　135
定数　48, 49

データの均質性　134
適合式　95
適合値　25
適合直線　22
適切な分母　228
点数（scores）データセット　34
統計的消去　55
都会のキツネ（urban foxes）　94
都会のキツネ（urban foxes）データセット　62, 183
トカゲ（lizards）データセット　176
独立性　131, 248
独立変数　10
トマト（tomatoes）データセット　143

【な行】

内挿　25
苗木（saplings）データセット　54
2標本 t 検定　312
ネコノミ（cat fleas）データセット　220
ネズミ（rodent）データセット　36
ノンパラメトリック検定　315

【は行】

外れ値　37, 39
発芽（seedling germination）データセット　264
葉（leaves）データセット　228
パラメトリック検定　315
ハンセン病（leprosy）データセット　95, 123
反復　73
反復水準　74
比重（specific gravity）データセット　210
ピタゴラスの定理　16, 25
ヒツジ（sheep）データセット　145, 243
肥満（obesity）データセット　71
標準化　305, 327
標準化された残差　151

標準誤差　119, 307
標準正規分布　305, 327
標準偏差　119, 305
標本　303
標本分散　327
標本平均　304, 327
肥料（fertilisers）データセット　2, 47
フィデューシャル区間　321
ブタ（pigs）データセット　137
不偏推定量　323
ブロック化　76
分割表解析　245
分散　305
分散演算子　324
分散関数　270
分散成分　225
分散の均一性　147
分散分析　2
分散分析表　27
平均平方　8
ベイズ統計学　320
平方根変換　152
平方和　3
平方和分解　7
ベクトル　16
別名表記　49, 83
ペルー（Peru）データセット　203
変換　151, 168
偏差　304
ベン図　320
変数減少法　211
変数増加法　211
変数の節約　181
変動　4
変動因　16
変量効果　223
ポアソン過程　248
ポアソン分散検定　261
ポアソン分布　247
母集団　45, 303
母集団分散　305
母集団平均　303
母数　45
母数効果　224

ポストホック比較法　209
保全（conservation）データセット　104
ボンフェローニの修正　209

【ま行】

豆（beans）データセット　77
密度関数　253
無限母集団　46
無作為　303
無作為化　75
無作為な分布　248
メロン（melons）データセット　18
モデルⅠ回帰　41
モデルⅡ回帰　41
モデル式　10
モデルの単純化　183
モデル評価　151

【や行】

有意　5
要因実験　108
容器の均質性　248
幼樹（plantlets）データセット　154
要素の独立性　248
幼虫（caterpillars）データセット　132
予測　21
予測区間　31

【ら行】

ラテン方格計画　79
乱数　49
ランダム分布　248
離散分布　248
リス（squirrels）データセット　178, 312
両側検定　315
臨界 t 値　31, 309
連結関数　270
連続型　21
ロジスティック回帰　271

Memorandum

Memorandum

訳者紹介

野間口謙太郎 (のまくち けんたろう)

- 1951 年　生まれ
- 1974 年　九州大学理学部数学科卒業
- 1978 年　九州大学理学部理学研究科数学専攻中退
- 専　攻　数理統計学
- 現　在　高知大学理学部理学科教授・理学博士

野間口眞太郎 (のまくち しんたろう)

- 1955 年　生まれ
- 1987 年　九州大学理学部理学研究科博士課程修了
- 専　攻　行動生態学
- 現　在　佐賀大学農学部応用生物科学科助教授・理学博士
- 著　書　共訳書『トンボ博物学 — 行動と生態の多様性 —』(コーベット著, 海游舎)

一般線形モデルによる
生物科学のための現代統計学
— あなたの実験をどのように解析するか —

原題：Modern Statistics for the Life Sciences

2007 年 1 月 30 日　初版 1 刷発行
2011 年 9 月 10 日　初版 5 刷発行

訳　者　野間口謙太郎・野間口眞太郎　ⓒ 2007
発行者　南條光章

発行所　**共立出版株式会社**
郵便番号 112-8700
東京都文京区小日向 4-6-19
電話 03-3947-2511（代表）
振替口座 00110-2-57035
URL http://www.kyoritsu-pub.co.jp/

印　刷　藤原印刷
製　本　協栄製本

社団法人
自然科学書協会
会員

検印廃止
NDC 461.9, 417
ISBN 978-4-320-05639-8　Printed in Japan

JCOPY ＜(社)出版者著作権管理機構委託出版物＞
本書の無断複写は著作権法上での例外を除き禁じられています．複写される場合は，そのつど事前に，(社)出版者著作権管理機構（電話 03-3513-6969, FAX 03-3513-6979, e-mail: info@jcopy.or.jp）の許諾を得てください．

実力養成の決定版！　学力向上への近道!!

▼ "やさしく学べる" ▼ シリーズ

やさしく学べる基礎数学 ―線形代数・微分積分―
石村園子著・・・・・・・・・A5判・246頁・定価2100円（税込）

やさしく学べる線形代数
石村園子著・・・・・・・・・A5判・224頁・定価2100円（税込）

やさしく学べる微分積分
石村園子著・・・・・・・・・A5判・230頁・定価2100円（税込）

やさしく学べるラプラス変換・フーリエ解析 増補版
石村園子著・・・・・・・・・A5判・268頁・定価2205円（税込）

やさしく学べる微分方程式
石村園子著・・・・・・・・・A5判・228頁・定価2100円（税込）

やさしく学べる統計学
石村園子著・・・・・・・・・A5判・230頁・定価2100円（税込）

やさしく学べる離散数学
石村園子著・・・・・・・・・A5判・230頁・定価2100円（税込）

★レポート作成から学会発表まで！

100ページの文章術
わかりやすい文章の書き方のすべてがここに
酒井聡樹著
A5判・本文100頁・定価1050円（税込）

これからレポート・卒論を書く若者のために
酒井聡樹著
A5判・242頁・定価1890円（税込）

これから論文を書く若者のために【大改訂増補版】
酒井聡樹著
A5判・326頁・定価2730円（税込）

これから学会発表する若者のために
ポスターと口頭のプレゼン技術
酒井聡樹著
B5判・182頁・定価2835円（税込）

詳解演習シリーズ

詳解 線形代数演習
鈴木七緒・安岡善則他編・・・・定価2625円

詳解 微積分演習Ⅰ
福田安蔵・安岡善則他編・・・・定価2310円

詳解 微積分演習Ⅱ
鈴木七緒・黒崎千代子他編・・・・定価2100円

詳解 微分方程式演習
福田安蔵・安岡善則他編・・・・定価2520円

詳解 物理学演習 上
後藤憲一・山本邦夫他編・・・・定価2520円

詳解 物理学演習 下
後藤憲一・西山敏之他編・・・・定価2520円

詳解 物理/応用数学演習
後藤憲一・山本邦夫他編・・・・定価3570円

詳解 力学演習
後藤憲一・神吉　健他編・・・・定価2625円

詳解 電磁気学演習
後藤憲一・山崎修一郎編・・・・定価2835円

詳解 理論/応用量子力学演習
後藤憲一・西山敏之他編・・・・定価4410円

詳解 構造力学演習
彦坂　熙・崎山　毅他著・・・・定価3675円

詳解 測量演習
佐藤俊朗編・・・・・・・・・定価2625円

詳解 建築構造力学演習
蜂巣　進・林　貞夫著・・・・定価3570円

詳解 機械工学演習
酒井俊道編・・・・・・・・・定価3045円

詳解 材料力学演習 上
斉藤　渥・平井憲雄著・・・・定価3570円

詳解 材料力学演習 下
斉藤　渥・平井憲雄著・・・・定価3570円

詳解 制御工学演習
明石　一・今井弘之著・・・・定価4200円

詳解 流体工学演習
吉野章男・菊山功嗣他著・・・・定価2940円

詳解 電気回路演習 上
大下眞二郎著・・・・・・・・定価3675円

詳解 電気回路演習 下
大下眞二郎著・・・・・・・・定価3675円

■各冊：A5判・176〜454頁（価格税込）

http://www.kyoritsu-pub.co.jp/

共立出版

※価格は変更される場合がございます。